科学出版社"十四五"普通高等教育本科规划教材

高 等 数 学

（上册）

赵　辉　李莎莎　付作娴　主编

科学出版社

北　京

内 容 简 介

本书是根据教育部高等学校大学数学课程教学指导委员会制定的非数学专业"高等数学"课程教学基本要求,参考了全国大学生数学竞赛非数学类竞赛大纲和全国硕士研究生入学考试数学考试大纲的内容和要求,并结合了作者的"高等数学"慕课,精心制作完成的数字化新形态教材,读者可以扫描二维码学习相关资源.

本书层次清晰,结构严谨,内容充实,选材精心.全书分上、下两册.上册共 8 章,内容包括预备知识、函数与极限、导数与微分、微分中值定理与导数的应用、不定积分、定积分、定积分的应用、微分方程等内容.本书精选了大量的例题、习题和慕课资源,题型丰富全面,题量适中,每章末配备思维导图助力回顾全章内容,书末附有习题参考答案与提示.

本书可作为高等学校理工类、经管类、农林类等相关专业的教材和教学参考书.特别适合理工科大学生在学习和复习高等数学课程中使用,也可作为理工科大学生参加全国大学生数学竞赛和考研复习的参考用书.

图书在版编目(CIP)数据

高等数学. 上册/赵辉, 李莎莎, 付作娴主编.—北京:科学出版社,2023.8
科学出版社"十四五"普通高等教育本科规划教材
ISBN 978-7-03-076266-5

I.①高⋯ Ⅱ.①赵⋯②李⋯③付⋯ Ⅲ.①高等数学–高等学校–教材
Ⅳ.①O13

中国国家版本馆 CIP 数据核字 (2023) 第 158402 号

责任编辑:王 静 李香叶/责任校对:杨聪敏
责任印制:师艳茹/封面设计:陈 敬

科 学 出 版 社 出版
北京东黄城根北街 16 号
邮政编码:100717
http://www.sciencep.com
天津文林印务有限公司 印刷
科学出版社发行 各地新华书店经销
*
2023 年 8 月第 一 版 开本:720×1000 1/16
2023 年 8 月第一次印刷 印张:22 1/4
字数:449 000
定价:69.00 元
(如有印装质量问题,我社负责调换)

前　　言

在"互联网 + 教育"时代, 随着大数据、云计算和人工智能的迅猛发展, 新的教育形势对高等数学这门课程提出了全新要求, 传统的教材已经不能适应新时期高等教育改革的需要, 尤其是在"双一流"建设背景下, 新工科、新文科、新农科、新医科的发展如火如荼, 高等数学课程的教材改革应运而生.

本书作者在高等数学教学上, 经验丰富、成果丰硕. 赵辉曾获评国家级课程思政教学名师, 主讲课程高等数学获评首批国家级一流本科课程和国家级课程思政示范课程, 其所在的教学团队是国家级课程思政教学团队, 所在的教研室为省级虚拟教研室. 在本书的编写过程中, 作者融入了多年来在高等数学课程教学中积累的实际教学工作经验, 并吸取了国内外许多教材的精华, 力求教材的体系和内容符合一流本科教育背景下课程改革的总体目标, 并兼顾许多学生参加大学生数学竞赛和报考硕士研究生的需求. 同时注意信息化时代的特点, 充分利用慕课等优秀教学资源, 在传统纸本教材的基础之上, 全新设计打造立体化新形态高等数学教材.

本书以落实立德树人为根本任务, 遵循"以学生为中心、问题导向 (成果导向)、持续改进"的教学理念, 以"理论—实践—应用"为编写路径, 按照"两性一度"的标准, 对高等数学内容重新梳理并进行创新设计. 本书重视高等数学知识结构的完整性, 增设了第 0 章, 其内容主要为高等数学必需的中学数学知识, 但在中学数学中选修的教学内容, 借以搭建中学数学和大学数学衔接的桥梁. 在每一章的开头增设了教学基本要求、教学重点、教学难点, 以备读者了解本章各节内容的知识关联度、教学设计意图以及核心内容等. 在每一节的开头增设了教学目标、教学重点、教学难点、教学背景、思政元素, 使读者能以正确的价值观认识微积分的发展历史和科学发现, 有针对性地学习、有效地学习, 起到事半功倍、触类旁通的效果. 本书以鲜活的工程案例和课程思政案例为背景切入知识内容, 对客观现象进行深入的分析, 并给出解决问题的高等数学方案. 在每个章节中增加了 MATLAB 软件的学习内容, 帮助学生尽快熟悉微积分数学模型的建立及相应数学软件的使用, 明晰科学计算和程序设计的方法, 为今后进行有效数值计算的科学研究和工程设计提供了解决方案. 线上慕课强调教学中的实时互动, 注重启发式、引导式等多种教学方法的使用, 充分调动学生的学习兴趣, 提升学生学习积极性. 创新的设计有利于激发学生的学习动能, 教会学生学以致用, 培养学生的应用意识和综合运用数学方法解决实际问题的能力, 并通过课程思政元素的有效融入, 实现价值引领, 知识、能力、素质协调发展, 最终实现学生学习成效的有效达成.

高等数学是理工科大学生进入大学接触到的第一门数学课程, 以微积分为主要学习内容, 具有高度的抽象性、严密的逻辑性和广泛的应用性. 学生在学习的过程中要有效运用逻辑规则, 遵循思维规律, 重视总结有关概念和表述、判断和推理、定理和方法. 教师可以充分利用习题课、实际案例和相关慕课资源增强学生的认知能力、数学思维能力和解决问题的能力. 同时学生也可以通过扫描二维码进入作者在 "学银在线" 平台开设的 "高等数学" 慕课课程, 进行线上学习, 与线下教学内容有机融合, 实现该课程学习的二次升华. 为方便读者查找相应慕课资源, 二维码的标号为慕课章节的序号.

本书内容分为一元微积分 (第 0 章 ～ 第 6 章)、微分方程 (第 7 章)、空间解析几何 (第 8 章)、多元微积分 (第 9 章 ～ 第 11 章)、级数 (第 12 章) 五个部分, 可根据专业的需要选用. 本书全部内容所需学时为 170~210 学时, 对于要求不同的专业 (例如某些专业不需要讲级数内容、空间解析几何内容或多元积分学内容), 可适当删减部分内容和略去某些定理的证明过程, 因此本书也适用于学时为 110~150 学时的高等数学课程.

全书分上、下两册, 均由赵辉设计和统稿. 上册由赵辉、李莎莎 (第 0 章 ～ 第 3 章)、付作娴 (第 4 章 ～ 第 7 章) 共同完成编写工作, 下册由罗来珍 (第 8 章, 第 12 章的 12.4~12.6 节)、汪海蓉 (第 9 章, 第 10 章)、张健 (第 11 章, 第 12 章 12.1~12.3 节) 共同完成编写工作. 在本书的编写过程中得到了哈尔滨理工大学教务处和工科数学教学中心的大力支持, 作者在此一并深表感谢.

本书层次清晰、结构严谨、内容充实、选材精心, 并充分利用 "互联网 + 教育" 的教学优势, 将线上慕课与线下教学内容有机融合, 同时在编写难度上注重循序渐进, 结合考研的实际情况, 精选了大量的例题、习题和慕课资源, 充分体现了高等数学教学的高阶性、创新性和挑战度, 能有效提高学生的抽象思维能力、空间想象能力和知识迁移能力, 有效提升学生科学计算和解决复杂工程问题能力. 本书适合理工科大学生在学习和复习高等数学课程中使用, 也可作为理工科大学生参加全国大学生数学竞赛和考研复习的参考用书.

由于作者水平所限, 书中不妥之处在所难免, 殷切地希望广大读者批评指正、不吝赐教, 以便不断改进和完善.

作　者

2023 年 7 月于哈尔滨

目　　录

第 0 章 预 备 知 识

本章的主要目的是为初等数学与高等数学的教学进行知识上的衔接.

0.1 邻 域

1. 直线上的点邻域

设 x_0 与 δ 是两个实数, 且 $\delta > 0$, 则数集 $\{x \,|\, |x - x_0| < \delta\}$ 称为点 x_0 的 δ 邻域, 点 x_0 叫做这个邻域的中心, δ 叫做这个邻域的半径 (图 0-1). 点 x_0 的 δ 邻域还可记成下式

$$U_\delta(x_0) = \{x \,|\, x_0 - \delta < x < x_0 + \delta\}.$$

点 x_0 的去心邻域记为

$$U_\delta^0(x_0) = \{x \,|\, 0 < |x - x_0| < \delta\}.$$

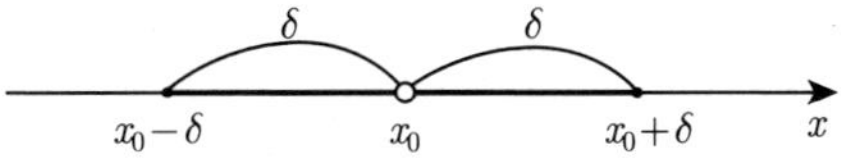

图 0-1

2. 左、右邻域

左邻域记作 $U^-(x_0, \delta) = (x_0 - \delta, x_0)$;
右邻域记作 $U^+(x_0, \delta) = (x_0, x_0 + \delta)$.

3. 平面上的点邻域

设 $P(x_0, y_0)$ 为平面上的点, 平面上所有与点 P 的距离小于 δ 的点的全体, 称为点 P 的 δ 邻域 (图 0-2), 记为

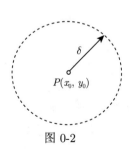

图 0-2

$$U(P, \delta) = \left\{(x, y) \,\middle|\, 0 \leqslant \sqrt{(x - x_0)^2 + (y - y_0)^2} < \delta\right\}.$$

4. 空间上的点邻域

设 $P(x_0, y_0, z_0)$ 为空间上的点, 空间上所有与点 P 的距离小于 δ 的点的全体, 称为点 P 的 δ 邻域 (图 0-3), 记为

$$U(P, \delta) = \left\{(x, y, z) \,\middle|\, 0 \leqslant \sqrt{(x - x_0)^2 + (y - y_0)^2 + (z - z_0)^2} < \delta\right\}.$$

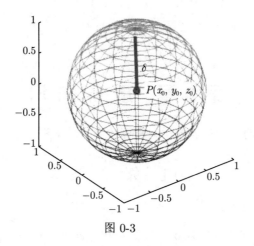

图 0-3

0.2　三角函数补充

1. 余切函数 $y = \cot x = \dfrac{1}{\tan x}$（图 0-4）

(1) 定义域: $\{x \,|\, x \neq k\pi, k \in \mathbf{Z}\}$.

(2) 值域: 实数集 $\mathbf{R}$.

(3) 周期性: 周期函数, 最小正周期为 π.

(4) 奇偶性: 奇函数, 图像关于原点对称.

(5) 单调性: 开区间 $(k\pi, (k+1)\pi)$, $k \in \mathbf{Z}$ 上为减函数.

2. 正割函数 $y = \sec x = \dfrac{1}{\cos x}$（图 0-5）

(1) 定义域: $\left\{x \,\middle|\, x \neq k\pi + \dfrac{\pi}{2}, k \in \mathbf{Z}\right\}$.

(2) 值域: $(-\infty, -1] \cup [1, +\infty)$.

(3) 周期性: 周期函数, 最小正周期为 2π.

(4) 奇偶性: 偶函数, 图像关于 y 轴对称.

(5) 单调性: 区间 $\left(2k\pi - \dfrac{\pi}{2}, 2k\pi\right]$, $\left[2k\pi + \pi, 2k\pi + \dfrac{3\pi}{2}\right)$, $k \in \mathbf{Z}$ 上为减函数;

区间 $\left[2k\pi, 2k\pi + \dfrac{\pi}{2}\right)$, $\left(2k\pi + \dfrac{\pi}{2}, 2k\pi + \pi\right]$, $k \in \mathbf{Z}$ 上为增函数.

3. 余割函数 $y = \csc x = \dfrac{1}{\sin x}$（图 0-6）

(1) 定义域: $\{x \,|\, x \neq k\pi, k \in \mathbf{Z}\}$.

(2) 值域: $[1, +\infty) \cup (-\infty, -1]$.

(3) 周期性: 周期函数, 最小正周期为 2π.

(4) 奇偶性: 奇函数, 图像关于原点对称.

(5) 单调性: 区间 $\left[2k\pi - \dfrac{\pi}{2}, 2k\pi\right)$, $\left[2k\pi, 2k\pi + \dfrac{\pi}{2}\right)$, $k \in \mathbf{Z}$ 上为减函数;

区间 $\left[2k\pi + \dfrac{\pi}{2}, 2k\pi + \pi\right)$, $\left(2k\pi + \pi, 2k\pi + \dfrac{3\pi}{2}\right]$, $k \in \mathbf{Z}$ 上为增函数.

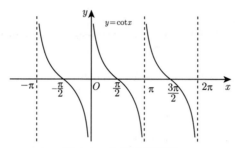

图 0-4　余切函数图像

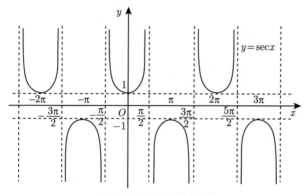

图 0-5　正割函数图像

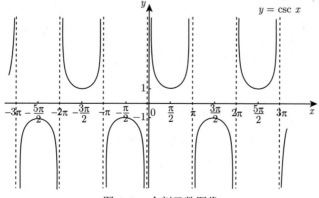

图 0-6　余割函数图像

4. 公式关系

(1) 倒数关系: $\sin x \cdot \csc x = 1$; $\cos x \cdot \sec x = 1$; $\tan x \cdot \cot x = 1$.

(2) 商数关系: $\tan x = \dfrac{\sin x}{\cos x}$; $\cot x = \dfrac{\cos x}{\sin x}$.

(3) 平方关系: $\sin^2 x + \cos^2 x = 1$; $1 + \tan^2 x = \sec^2 x$; $1 + \cot^2 x = \csc^2 x$.

5. 积化和差公式

$$\sin\alpha\cos\beta = \frac{1}{2}[\sin(\alpha+\beta)+\sin(\alpha-\beta)]\,;\ \cos\alpha\sin\beta = \frac{1}{2}[\sin(\alpha+\beta)-\sin(\alpha-\beta)].$$

$$\cos\alpha\cos\beta = \frac{1}{2}[\cos(\alpha+\beta)+\cos(\alpha-\beta)]\,;\ \sin\alpha\sin\beta = -\frac{1}{2}[\cos(\alpha+\beta)-\cos(\alpha-\beta)].$$

6. 和差化积公式

$$\sin\alpha + \sin\beta = 2\sin\frac{\alpha+\beta}{2}\cos\frac{\alpha-\beta}{2}\,;\quad \sin\alpha - \sin\beta = 2\cos\frac{\alpha+\beta}{2}\sin\frac{\alpha-\beta}{2}.$$

$$\cos\alpha + \cos\beta = 2\cos\frac{\alpha+\beta}{2}\cos\frac{\alpha-\beta}{2}\,;\quad \cos\alpha - \cos\beta = -2\sin\frac{\alpha+\beta}{2}\sin\frac{\alpha-\beta}{2}.$$

0.3　反三角函数

1) 反正弦函数 $y = \arcsin x$ 为正弦函数 $y = \sin x, \left(x \in \left[-\dfrac{\pi}{2}, \dfrac{\pi}{2}\right]\right)$ 的反函数, 如图 0-7.

(1) 定义域: $[-1, 1]$.

(2) 值域: $\left[-\dfrac{\pi}{2}, \dfrac{\pi}{2}\right]$.

(3) 奇偶性: 奇函数, 图像关于原点对称, $\arcsin(-x) = -\arcsin x$.

(4) 单调性: $[-1, 1]$ 上单调增加.

例如: $\arcsin\dfrac{1}{2} = \dfrac{\pi}{6}$; $\arcsin\dfrac{\sqrt{3}}{2} = \dfrac{\pi}{3}$; $\arcsin\left(-\dfrac{1}{2}\right) = -\arcsin\dfrac{1}{2} = -\dfrac{\pi}{6}$.

2) 反余弦函数 $y = \arccos x$ 为余弦函数 $y = \cos x$ $(x \in [0, \pi])$ 的反函数, 如图 0-8.

(1) 定义域: $[-1, 1]$.

(2) 值域: $[0, \pi]$.

(3) 非奇非偶函数, $\arccos(-x) = \pi - \arccos x$.

(4) 单调性: $[-1, 1]$ 上单调减少.

例如: $\arccos\dfrac{\sqrt{3}}{2} = \dfrac{\pi}{6}$; $\arccos\dfrac{1}{2} = \dfrac{\pi}{3}$; $\arccos\left(-\dfrac{1}{2}\right) = \pi - \arccos\dfrac{1}{2} = \dfrac{\pi}{6}$.

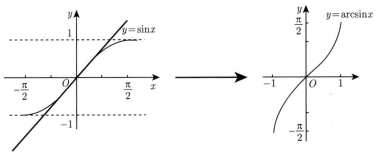

图 0-7

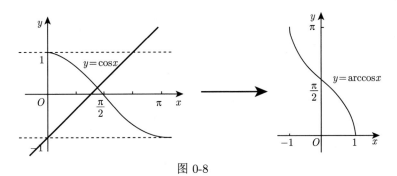

图 0-8

3) 反正切函数 $y = \arctan x$ 为正切函数 $y = \tan x$ $\left(x \in \left(-\dfrac{\pi}{2}, \dfrac{\pi}{2}\right)\right)$ 的反函数, 如图 0-9.

(1) 定义域: $\mathbf{R}$.

(2) 值域: $\left(-\dfrac{\pi}{2}, \dfrac{\pi}{2}\right)$.

(3) 奇偶性: 奇函数, 图像关于原点对称, $\arctan(-x) = -\arctan x$.

(4) 单调性: $(-\infty, +\infty)$ 上单调递增.

例如: $\arctan 1 = \dfrac{\pi}{4}$; $\arctan \sqrt{3} = \dfrac{\pi}{3}$; $\arctan(-1) = -\arctan 1 = -\dfrac{\pi}{4}$.

4) 反余切函数 $y = \operatorname{arccot} x$ 为余切函数 $y = \cot x$ $(x \in (0, \pi))$ 的反函数, 如图 0-10.

(1) 定义域: $\mathbf{R}$.

(2) 值域: $(0, \pi)$.

(3) 非奇非偶函数, $\operatorname{arccot}(-x) = \pi - \operatorname{arc cot} x$.

(4) 单调性: $(-\infty, +\infty)$ 上单调递减.

例如: $\operatorname{arccot} 1 = \dfrac{\pi}{4}$; $\operatorname{arccot} \sqrt{3} = \dfrac{\pi}{6}$; $\operatorname{arccot}(-1) = \pi - \operatorname{arccot} 1 = \dfrac{3\pi}{4}$.

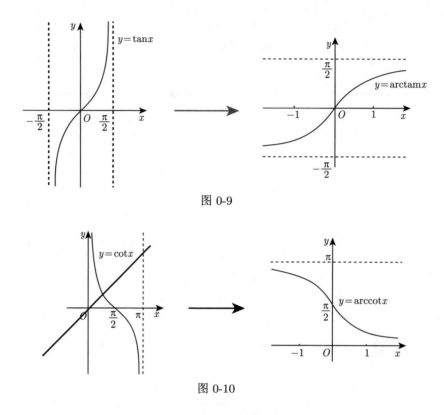

图 0-9

图 0-10

0.4　数学归纳法

法国数学家费马 1640 年提出了以下的猜想, 他观察到

$$F_0 = 2^{2^0} + 1 = 3,$$
$$F_1 = 2^{2^1} + 1 = 5,$$
$$F_2 = 2^{2^2} + 1 = 17,$$
$$F_3 = 2^{2^3} + 1 = 257,$$
$$F_4 = 2^{2^4} + 1 = 65537$$

都是质数, 于是他提出任何形如 $F_n = 2^{2^n} + 1, n \in \mathbf{N}$ 的数都是质数 (没有给予证明), 后来人们把形如 $F_n = 2^{2^n} + 1, n \in \mathbf{N}$ 的数叫做费马数. 1732 年, 欧拉算出

$$F_5 = 2^{2^5} + 1 = 641 \times 6700417$$

不是质数, 宣布了费马的这个猜想是不成立的, 它不能作为一个求质数的公式.

这告诉我们, 由合情推理所获得的结论不一定可靠.

数列 $\{a_n\}$，已知 $a_1 = 1$，$a_{n+1} = \dfrac{a_n}{1 + a_n}(n \in \mathbf{N}^*)$，通过对 $n = 1, 2, 3, 4$ 前四项的归纳，我们能否猜想出通项公式为 $a_n = \dfrac{1}{n}$？

我们从有限项归纳猜想得到的通项公式一定是正确的吗？怎么去验证？正整数有无限多个，不可能一一验证，那么该如何证明这类有关正整数的命题？我们要寻求一种方法：通过有限步骤推理，证明 n 取所有正整数都成立. 这就是数学归纳法.

类比多米诺骨牌的原理，来验证我们对于通项公式的猜想，设想将全部正整数由小到大依次排列为无限长一队 $1, 2, 3, 4, \cdots, k, k+1, \cdots$，将多米诺骨牌原理中的第一块骨牌倒下对应于验证猜想 $n = 1$ 成立，第 k 块倒下，使第 $k+1$ 块倒下对应于当 $n = k$ 时猜想成立，即 $a_k = \dfrac{1}{k}$，那么能推出 $n = k+1$ 时等式也成立，那么 $a_{k+1} = \dfrac{1}{k+1}$，这样，对于猜想，$n = 1$ 时等式成立 $\Rightarrow n = 2$ 时等式成立 $\Rightarrow n = 3$ 时等式成立 $\Rightarrow \cdots$，所以 n 取任何正整数猜想都成立，即数列的通项公式是 $a_n = \dfrac{1}{n}$.

上面这种证明方法叫做数学归纳法. 数学归纳法一般被用于证明与正整数有关的数学命题，探索性问题在数学归纳法中的应用 (思维方式)：观察、归纳、猜想、推理论证.

下面请同学们总结一下用数学归纳法证题的步骤.

(1) 显然 $n_0 = 1$ 或 2 等正整数时结论正确；

(2) 假设当 $n = k(k \in \mathbf{N}^*$，且 $k \geqslant n_0)$ 时结论正确；

(3) 证明当 $n = k+1$ 时结论也正确.

例 1 证明不等式 $1 + \dfrac{1}{\sqrt{2}} + \dfrac{1}{\sqrt{3}} + \cdots + \dfrac{1}{\sqrt{n}} < 2\sqrt{n} \ (n \in \mathbf{N})$.

证明 (1) 当 $n = 1$ 时，左边 $= 1$，右边 $= 2$.

左边 $<$ 右边，不等式成立.

(2) 假设 $n = k$ 时，不等式成立，即 $1 + \dfrac{1}{\sqrt{2}} + \dfrac{1}{\sqrt{3}} + \cdots + \dfrac{1}{\sqrt{k}} < 2\sqrt{k}$.

(3) 那么当 $n = k+1$ 时，

$$1 + \frac{1}{\sqrt{2}} + \frac{1}{\sqrt{3}} + \cdots + \frac{1}{\sqrt{k}} + \frac{1}{\sqrt{k+1}}$$

$$< 2\sqrt{k} + \frac{1}{\sqrt{k+1}} = \frac{2\sqrt{k}\sqrt{k+1} + 1}{\sqrt{k+1}}$$

$$< \frac{k+(k+1)+1}{\sqrt{k+1}} = \frac{2(k+1)}{\sqrt{k+1}} = 2\sqrt{k+1},$$

这就是说, 当 $n = k + 1$ 时, 不等式成立.

综上, 原不等式对任意自然数 n 都成立.

总 习 题 0

1. 计算:

(1) $\arccos 1$;

(2) $\arccos 1 + \arcsin 1$;

(3) $\arccos\left(-\dfrac{\sqrt{3}}{2}\right)$;

(4) $\arctan\left(-\dfrac{\sqrt{3}}{3}\right)$;

(5) $\cos(\arccos x)$;

(6) $\arcsin(\sin x)$, 注意成立时 x 的范围.

2. 证明:

(1) $1 + \tan^2 x = \sec^2 x$;

(2) $1 + \cot^2 x = \csc^2 x$;

(3) $\arctan A - \arctan B = \arctan \dfrac{A-B}{1+AB}$.

3. 求下列函数的定义域:

(1) $y = \arcsin(x-1)$;

(2) $y = \arctan(x-1)$.

4. 已知 $n \in \mathbf{N}^*$, 证明: $1 - \dfrac{1}{2} + \dfrac{1}{3} - \dfrac{1}{4} + \cdots + \dfrac{1}{2n-1} - \dfrac{1}{2n} = \dfrac{1}{n+1} + \dfrac{1}{n+2} + \cdots + \dfrac{1}{2n}$.

第 1 章　函数与极限

初等数学的研究对象基本上是不变的量, 高等数学的研究对象则是变动的量. 所谓函数关系就是变量之间的依赖关系, 极限方法是研究变量的一种基本方法. 本章将介绍映射、函数、极限和函数的连续性等基本概念以及它们的一些性质.

一、教学基本要求

1. 理解函数的概念, 了解函数的奇偶性、单调性、周期性和有界性.
2. 理解复合函数及分段函数的概念, 了解反函数及隐函数的概念.
3. 掌握基本初等函数的性质及其图形, 会建立简单应用问题中的函数关系式.
4. 理解极限的概念, 理解函数左极限与右极限的概念.
5. 掌握极限的性质及四则运算法则.
6. 掌握极限存在的两个准则, 并会利用它们求极限, 掌握利用两个重要极限求极限的方法.
7. 理解无穷小、无穷大的概念及无穷小阶的概念, 会用等价无穷小求极限.
8. 理解函数连续性的概念 (含左连续与右连续), 会判别函数的间断点的类型.
9. 理解闭区间上连续函数的性质 (有界性、最大值和最小值定理、介值定理) 并会应用这些性质.
10. 用科学家的家国情怀感召引领学生. 相关案例体现助人为乐、中华古诗词等思政元素.

二、教　学　重　点

1. 函数的概念与函数的特征.
2. 等价无穷小及其应用.
3. 极限运算法则、两个重要极限.
4. 函数连续的概念与运算及闭区间上连续函数的性质.

三、教　学　难　点

1. 极限的概念.

2. 极限存在准则与两个重要极限.

3. 未定式的极限的计算.

4. 闭区间上连续函数性质的应用.

1.1 映射与函数

映射是现代数学中的一个基本概念, 而函数是微积分的研究对象, 也是映射的一种. 本节主要介绍映射、函数及有关概念、函数的性质与运算等.

教学目标:

1. 理解映射、函数的概念, 函数的性质;

2. 理解复合函数、分段函数的概念;

3. 掌握反函数的概念;

4. 掌握基本初等函数的性质及其图形.

教学重点: 函数的概念及函数的性质.

教学难点: 函数的性质及反函数的概念.

教学背景: 一天的温度变化、出租车收费与里程的关系、利润与销售量的关系等.

思政元素: 结对帮扶, 互学互助, 共同进步; 正和反、简单和复合、对称和非对称.

在数千年的数学史中, 人们对 "映射" 曾有过不同的认识, 直到康托尔的 "集合论" 之后, 对 "映射" 的阐述才真正地清晰起来, 这一节我们来学习映射与函数.

1.1.1 映射的概念

定义 1.1.1 设 X, Y 是两个非空集合, 如果存在一个法则 f, 使得对 X 中每个元素 x, 按法则 f, 在 Y 中有唯一确定的元素 y 与之对应, 那么称 f 为从 X 到 Y 的**映射**, 记作

慕课1.1.1

$$f : X \to Y,$$

其中 y 称为元素 x(在映射 f 下) 的**像**, 并记作 $f(x)$, 即

$$y = f(x),$$

而元素 x 称为元素 y(在映射 f 下) 的一个**原像**; 集合 X 称为映射 f 的定义域, 记作 D_f, 即 $D_f = X$; X 中所有元素的像所组成的集合称为映射 f 的值域, 记作 R_f 或 $f(X)$, 即

$$R_f = f(X) = \{f(x) | x \in X\}.$$

说明几个问题

(1) 构成一个映射必须具备以下三个要素: 集合 X, 即定义域 $D_f = X$; 集合 Y, 即值域的范围: $R_f \subset Y$; 对应法则 f, 使对每个 $x \in X$, 有唯一确定的 $y = f(x)$ 与之对应.

(2) 对每个 $x \in X$, 元素 x 的像 y 是唯一的; 而对每个 $y \in R_f$, 元素 y 的原像不一定是唯一的; 映射 f 的值域 R_f 是 Y 的一个子集, 即 $R_f \subset Y$, 不一定有 $R_f = Y$.

(3) 设 f 是从集合 X 到集合 Y 的映射, 若 $R_f = Y$, 即 Y 中任一元素 y 都是 X 中某元素的像, 则称 f 为 X **到 Y 上的映射或满射**; 若对 X 中任意两个不同元素 $x_1 \neq x_2$, 它们的像 $f(x_1) \neq f(x_2)$, 则称 f 为 X 到的**单射**; 若映射 f 既是单射, 又是满射, 则称 f 为**一一映射** (或**双射**), 如图 1-1-1 所示.

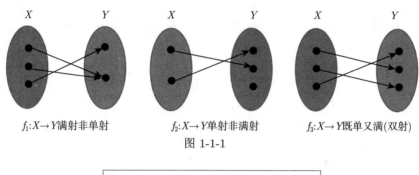

$f_1: X \to Y$ 满射非单射　　$f_2: X \to Y$ 单射非满射　　$f_3: X \to Y$ 既单又满(双射)

图 1-1-1

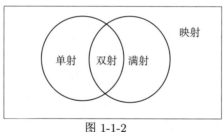

图 1-1-2

例 1 设 $f: \mathbf{R} \to \mathbf{R}$, 对每个 $x \in \mathbf{R}$, $f(x) = x^2$.

显然, f 是一个映射, f 的定义域 $D_f = \mathbf{R}$, 值域 $R_f = \{y \mid y \geqslant 0\}$, 它是 $\mathbf{R}$ 的一个真子集. 对于 R_f 中的元素 y, 除 $y = 0$ 外, 它的原像不是唯一的, 如 $y = 4$ 的原像就有 $x = 2$ 和 $x = -2$ 两个. 既非单射, 又非满射.

例 2 设 $X = \{(x, y) \mid x^2 + y^2 = 1\}$, $Y = \{(x, 0) \mid |x| \leqslant 1\}$, $f: X \to Y$, 对每个 $(x, y) \in X$, 有唯一确定的 $(x, 0) \in Y$ 与之对应, 显然 f 是一个映射.

f 的定义域 $D_f = X$, 值域 $R_f = Y$. 在几何上, 这个映射表示将平面上一个圆心在原点的单位圆周上的点投影到 x 轴的区间 $[-1, 1]$ 上. 映射不是单射, 是满射.

例 3 设 $f:\left[-\dfrac{\pi}{2},\dfrac{\pi}{2}\right]\to[-1,1]$, 对每个 $x\in\left[-\dfrac{\pi}{2},\dfrac{\pi}{2}\right]$, $f(x)=\sin x$.

f 是一个映射, 其定义域 $D_f=\left[-\dfrac{\pi}{2},\dfrac{\pi}{2}\right]$, 值域 $R_f=[-1,1]$. 既是单射, 又是满射, 因此是一一映射.

例 4 一方有难八方支援, 团结一心, 共克时艰.

汶川大地震一省帮一重灾县, 比如黑龙江省支援四川省剑阁县; 辽宁省支援四川省安县, 吉林省支援四川省黑水县等.

这也可以看作一种一对一的映射.

1.1.2 逆映射与复合映射

1. 逆映射

定义 1.1.2 设 f 是 X 到 Y 的单射, 则由定义, 对每个 $y\in R_f$, 有唯一的 $x\in X$, 适合 $f(x)=y$. 于是, 我们可定义一个从 R_f 到 X 的新映射 g, 即

$$g:R_f\to X,$$

对每个 $y\in R_f$, 规定 $g(y)=x$, 其中 x 满足 $f(x)=y$. 这个映射 g 称为 f 的**逆映射**, 记作 f^{-1}, 其定义域 $D_{f^{-1}}=R_f$, 值域 $R_{f^{-1}}=X$.

说明: 只有**单射**才存在逆映射.

所以, 在例 1—例 3 中, 只有例 3 中的映射 f 才存在逆映射 f^{-1}, 这个 f^{-1} 就是反正弦函数的主值

$$f^{-1}(x)=\arcsin x,\quad x\in[-1,1],$$

其定义域 $D_{f^{-1}}=[-1,1]$, 值域 $R_{f^{-1}}=\left[-\dfrac{\pi}{2},\dfrac{\pi}{2}\right]$.

2. 复合映射

定义 1.1.3 设有两个映射

$$g:X\to Y_1,\quad f:Y_2\to Z,$$

其中 $Y_1\subset Y_2$, 则由映射 g 和 f 可以定出一个从 X 到 Z 的对应法则, 它将每个 $x\in X$ 映成 $f[g(x)]\in Z$. 显然, 这个对应法则确定了一个从 X 到 Z 的映射, 这个映射称为映射 g 和 f 构成的**复合映射**, 记作 $f\circ g$, 如图 1-1-3 所示, 即

$$f\circ g:X\to Z,\quad (f\circ g)(x)=f[g(x)],\quad x\in X.$$

说明几个问题

(1) 映射 g 和 f 构成复合映射的条件是: g 的值域 R_g 必须包含在 f 的定义域内, 即 $R_g\subset D_f$.

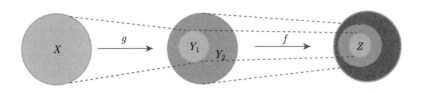

$$Y_1 = \text{Im}(g), \quad Z = \text{Im}(f \circ g)$$

图 1-1-3

(2) 映射 g 和 f 的复合是有顺序的, $f \circ g$ 有意义并不表示 $g \circ f$ 也有意义. 即使 $f \circ g$ 与 $g \circ f$ 都有意义, 复合映射 $f \circ g$ 与 $g \circ f$ 也未必相同.

例 5 设有映射 $g : \mathbf{R} \to [-1, 1]$, 对每个 $x \in \mathbf{R}$, $g(x) = \sin x$, 映射 $f : [-1, 1] \to [0, 1]$, 对每个 $u \in [-1, 1]$, $f(u) = \sqrt{1 - u^2}$, 则映射 g 和 f 构成的复合映射 $f \circ g : \mathbf{R} \to [0, 1]$, 对每个 $x \in \mathbf{R}$, 有

$$(f \circ g)(x) = f[g(x)] = f(\sin x) = \sqrt{1 - \sin^2 x} = |\cos x|.$$

1.1.3 函数的概念

定义 1.1.4 设数集 $D \subset \mathbf{R}$, 则称映射 $f : D \to \mathbf{R}$ 为定义在 D 上的**函数**, 通常简记为

慕课1.1.2

$$y = f(x), \quad x \in D,$$

其中 x 称为**自变量**, y 称为**因变量**, D 称为**定义域**, 记作 D_f, 即 $D_f = D$.

例 6 函数

$$y = |x| = \begin{cases} -x, & x < 0, \\ x, & x \geqslant 0 \end{cases}$$

的定义域 $D = (-\infty, +\infty)$, 值域 $R_f = [0, +\infty)$, 它的图形如图 1-1-4 所示. 这函数称为**绝对值函数**.

例 7 函数

$$y = \text{sgn}x = \begin{cases} -1, & x < 0, \\ 0, & x = 0, \\ 1, & x > 0 \end{cases}$$

称为**符号函数**, 它的定义域 $D = (-\infty, +\infty)$, 值域 $R_f = \{-1, 0, 1\}$, 它的图形如图 1-1-5 所示. 对于任何实数 x, 下列关系成立

$$x = \text{sgn}x \cdot |x|.$$

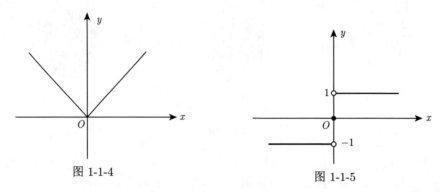

图 1-1-4　　　　　　　　　　　　　　　　图 1-1-5

例 8　取整函数 $y=[x]$, 其中 $[x]$ 表示不超过 x 的最大整数. 例如, $\left[-\dfrac{1}{3}\right]=$ -1, 函数 $y=[x]$ 的定义域 $D_f=(-\infty,+\infty)$, 值域 $R_f=\mathbf{Z}$. 如图 1-1-6 所示.

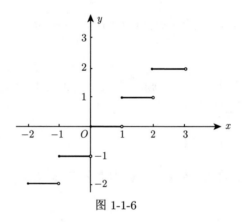

图 1-1-6

1.1.4　复合函数与反函数

1. 复合函数

定义 1.1.5　设函数 $y=f(u)$ 的定义域为 D_f, 值域为 R_f; 而函数 $u=g(x)$ 的定义域为 D_g, 值域为 $R_g\subseteq D_f$, 则对任意 $x\in D_g$, 通过 $u=g(x)$ 有唯一的 $u\in R_g\subseteq D_f$ 与 x 对应, 再通过 $y=f(u)$ 又有唯一的 $y\in R_f$ 与 u 对应. 这样, 对任意 $x\in D_g$, 通过 u, 有唯一的 $y\in R_f$ 与之对应. 因此 y 是 x 的函数, 称这个函数为 $y=f(u)$ 与 $u=g(x)$ 的**复合函数**, 记作 $y=(f\circ g)(x)=f[g(x)], x\in D_g$, u 称为**中间变量**.

慕课1.1.3

两个函数的复合也可推广到多个函数复合的情形.

例如, $y=x^{\mu}=a^{\mu\log_a x}(a>0$ 且 $a\neq 1)$ 可看成由指数函数 $y=a^u$ 与 $u=\mu\log_a x$ 复合而成.

2. 反函数

定义 1.1.6 设函数 $f : D \to f(D)$ 是单射, 则它存在逆映射 $f^{-1} : f(D) \to D$, 称此映射 f^{-1} 为函数 f 的**反函数**.

按此定义, 对每个 $y \in f(D)$, 有唯一的 $x \in D$, 使得 $f(x) = y$, 于是有 $f^{-1}(y) = x$. 这就是说, 反函数 f^{-1} 的对应法则是完全由函数 f 的对应法则所确定的.

一般地, $y = f(x)$, $x \in D$ 的反函数记成 $y = f^{-1}(x)$, $x \in f(D)$.

若 f 是定义在 D 上的单调函数, 则 $f : D \to f(D)$ 是单射. 于是 f 的反函数 f^{-1} 必定存在, 且 f^{-1} 也是 $f(D)$ 上的单调函数.

相对于反函数 $y = f^{-1}(x)$ 来说, 原来的函数 $y = f(x)$ 称为**直接函数**. 把直接函数 $y = f(x)$ 和它的反函数 $y = f^{-1}(x)$ 的图形画在同一坐标平面上, 这两个图形是关于直线 $y = x$ 对称的.

1.1.5 函数的几种特性

1. 函数的有界性

定义 1.1.7 设函数 $f(x)$ 的定义域为 D_f, 数集 $X \subseteq D_f$, 若存在某个常数 K_1(或 K_2), 使得对任一 $x \in X$, 都有

$$f(x) \leqslant K_1 \quad (\text{或} f(x) \geqslant K_2),$$

则称函数 $f(x)$ 在 X 上**有上界** (或**有下界**), 常数 K_1(或 K_2) 称为 $f(x)$ 在 X 上的**一个上界** (下界), 否则, 称 $f(x)$ 在 X 上**无上界** (或**无下界**). 若函数 $f(x)$ 在 X 既有上界又有下界, 则称 $f(x)$ 在 X 上**有界**, 否则, 称 $f(x)$ 在 X 上**无界.**

易知, 函数 $f(x)$ 在 X 上有界的充要条件是: 存在常数 $M > 0$, 使得对任一 $x \in X$, 都有

$$|f(x)| \leqslant M.$$

例 9 函数 $y = \sin x$ 在其定义域 $(-\infty, +\infty)$ 内是有界的, 因为对任一 $x \in (-\infty, +\infty)$ 都有 $|\sin x| \leqslant 1$, 函数 $y = \dfrac{1}{x}$ 在 $(0,1)$ 内无上界, 但有下界.

从几何上看, 有界函数的图像介于直线 $y = \pm M$ 之间.

2. 函数的单调性

定义 1.1.8 设函数 $f(x)$ 的定义域为 D_f, 数集 $I \subseteq D_f$, 若对 I 中的任意两数 $x_1, x_2 (x_1 < x_2)$, 恒有 $f(x_1) \leqslant f(x_2)$(或 $f(x_1) \geqslant f(x_2)$), 则称函数 $y = f(x)$ 在 I 上是**单调增加** (或**单调减少**) 的.

若上述不等式中的不等号为严格不等号时, 则称为**严格单调增加** (或**严格单调减少**) 的. 单调增加或单调减少的函数统称为单调函数; 严格单调增加或严格单调减少的函数统称为**严格单调函数**, 如图 1-1-7 所示.

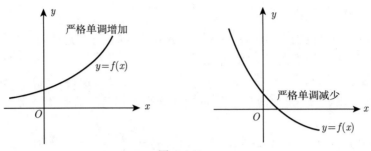

图 1-1-7

例如, 函数 $f(x) = x^3$ 在其定义域 $(-\infty, +\infty)$ 内是严格单调增加的; 函数 $f(x) = \cot x$ 在 $(0, \pi)$ 内是严格单调减少的.

从几何上看, 若 $y = f(x)$ 是严格单调函数, 则任意一条平行于 x 轴的直线与它的图像最多交于一点, 因此 $y = f(x)$ 有反函数.

3. 函数的奇偶性

定义 1.1.9 设函数 $f(x)$ 的定义域 D_f 关于原点对称 (即若 $x \in D_f$, 则必有 $-x \in D_f$). 若对任意的 $x \in D_f$, 都有 $f(-x) = -f(x)$(或$f(-x) = f(x)$)), 则称 $f(x)$ 是 D_f 上的**奇函数** (或**偶函数**).

奇函数的图像对称于坐标原点, 偶函数的图像对称于 y 轴, 如图 1-1-8 所示.

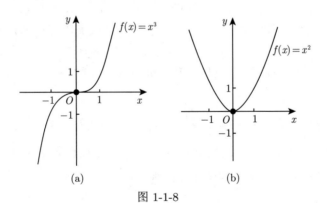

(a)   (b)

图 1-1-8

例 10 讨论函数 $f(x)=\ln(x + \sqrt{1 + x^2})$ 的奇偶性.

解 函数 $f(x)$ 的定义域 $(-\infty, +\infty)$ 是对称区间, 因为

$$f(-x) = \ln(-x + \sqrt{1 + x^2}) = \ln\left(\frac{1}{x + \sqrt{1 + x^2}}\right) = -\ln(x + \sqrt{1 + x^2}) = -f(x),$$

所以, $f(x)$ 是 $(-\infty, +\infty)$ 上的奇函数.

4. 函数的周期性

定义 1.1.10 设函数 $f(x)$ 的定义域为 D_f, 若存在一个不为零的常数 T, 使得对任意 $x \in D_f$, 有 $(x \pm T) \in D_f$, 且 $f(x \pm T) = f(x)$, 则称 $f(x)$ 为**周期函数**, 其中使上式成立的常数 T 称为 $f(x)$ 的**周期**, 通常, 函数的周期是指它的最小正周期, 即使上式成立的最小正数 T(如果存在的话).

函数 $f(x) = \sin x$ 的周期为 2π; $f(x) = \tan x$ 的周期是 π. 但并非每个周期函数都有最小正周期. 下面的函数就属于这种情形.

例 11 狄利克雷 (Dirichlet) 函数

$$D(x) = \begin{cases} 1, & x \in \mathbf{Q}, \\ 0, & x \in \mathbf{Q}^{\mathrm{C}}, \end{cases}$$

容易验证这是一个周期函数, 任何正有理数 r 都是它的周期. 因为不存在最小的正有理数, 所以它没有最小正周期.

1.1.6 函数的运算

设函数 $f(x)$, $g(x)$ 的定义域依次为 D_1, D_2, $D = D_1 \cap D_2 \neq \varnothing$, 则我们可以定义这两个函数的下列运算.

和 (差) $f \pm g$: $(f \pm g)(x) = f(x) \pm g(x), x \in D$.

积 $f \cdot g$: $(f \cdot g)(x) = f(x) \cdot g(x), x \in D$.

商 $\dfrac{f}{g}$: $\left(\dfrac{f}{g}\right)(x) = \dfrac{f(x)}{g(x)}, x \in D \backslash \{x \,|\, g(x) = 0, x \in D\}$.

1.1.7 初等函数

幂函数、指数函数、对数函数、三角函数和反三角函数统称为**基本初等函数**.

慕课1.1.4

幂函数: $y = x^{\mu} (\mu \in \mathbf{R}$ 是常数$)$.

指数函数: $y = a^x (a > 0$ 且 $a \neq 1)$.

对数函数: $y = \log_a x (a > 0$ 且 $a \neq 1$, 特别地, 当 $a = \mathrm{e}$ 时, 记为 $y = \ln x)$.

三角函数: 如 $y = \sin x$, $y = \cos x$, $y = \tan x$, $y = \cot x$, $y = \sec x$, $y = \csc x$ 等.

反三角函数: 如 $y = \arcsin x$, $y = \arccos x$, $y = \arctan x$ 等.

由常数和基本初等函数经过**有限次的四则运算**和**有限次的函数复合**步骤所构成并可用一个式子表示的函数, 称为**初等函数.**

* 在工程技术上常常要用到称为双曲函数的初等函数, 其定义为

双曲正弦 $\mathrm{sh}x = \dfrac{\mathrm{e}^x - \mathrm{e}^{-x}}{2}$, 双曲余弦 $\mathrm{ch}x = \dfrac{\mathrm{e}^x + \mathrm{e}^{-x}}{2}$, 双曲正切 $\mathrm{th}x = \dfrac{\mathrm{sh}x}{\mathrm{ch}x} = \dfrac{\mathrm{e}^x - \mathrm{e}^{-x}}{\mathrm{e}^x + \mathrm{e}^{-x}}$.

$$\mathrm{sh}(x+y) = \mathrm{sh}x \cdot \mathrm{ch}y + \mathrm{ch}x \cdot \mathrm{sh}y, \quad \mathrm{sh}(x-y) = \mathrm{sh}x \cdot \mathrm{ch}y - \mathrm{ch}x \cdot \mathrm{sh}y,$$

$$\mathrm{ch}(x+y) = \mathrm{ch}x \cdot \mathrm{ch}y + \mathrm{sh}x \cdot \mathrm{sh}y, \quad \mathrm{ch}(x-y) = \mathrm{ch}x \cdot \mathrm{ch}y - \mathrm{sh}x \cdot \mathrm{sh}y.$$

由双曲函数的定义, 可以得到类似三角函数的一些简单性质:

(1) $\mathrm{sh}0 = 0, \mathrm{ch}0 = 1$;

(2) $\mathrm{sh}x$ 是 $(-\infty, +\infty)$ 上的奇函数, $\mathrm{ch}x$ 是 $(-\infty, +\infty)$ 上的偶函数;

(3) $\mathrm{sh}x$ 在 $(-\infty, +\infty)$ 上是严格递增函数, $\mathrm{ch}x$ 在 $(-\infty, 0]$ 上是严格递减函数, 在 $[0, +\infty)$ 上是严格递增函数;

(4) $\mathrm{sh}x$ 和 $\mathrm{ch}x$ 满足下列恒等式

$$\mathrm{ch}^2 x - \mathrm{sh}^2 x = 1, \quad \mathrm{sh}2x = 2\mathrm{sh}x\mathrm{ch}x, \quad \mathrm{ch}2x = \mathrm{ch}^2 x + \mathrm{sh}^2 x.$$

小结与思考

1. 小结

函数是微积分学中重要的基本概念, 是微积分学研究的主要对象. 函数理论深刻地揭示了客观世界中各种变量之间的联系和变化规律, 成为科学技术的有力工具, 比如计算机原理中, 一一映射常常用来描述硬盘上文件的位置与进程逻辑地址空间中一块大小相同的区域之间的一一对应关系等.

本节主要讲授了函数的概念及其性质, 给出了复合函数与反函数的概念. 介绍了基本初等函数的概念并给出初等函数的定义.

(1) 函数的基本概念及性质.

(2) 复合函数与反函数的概念.

(3) 初等函数.

2. 思考

$$y = \mathrm{sgn}x \text{ 是初等函数吗?}$$

数学文化

中国著名数学家——华罗庚, 自学成才的天才数学家, 在解析数论、矩阵几何学、典型群、复变函数论、偏微分方程、高维数值积分等广泛数学领域中都作出了卓越贡献. 在祖国需要的时候发出 "梁园虽好, 非久居之乡" 的倡议, 呼吁在国外的科学家学成回来报效祖国.

习 题 1.1

1. 求下列函数的定义域:

(1) $y = \dfrac{(x-3)^0}{\sqrt{x-2}}$;

(2) $y = \tan(x+1)$;

(3) $y = \arcsin(2x-1)$;

(4) $y = \dfrac{\ln(x+1)}{\arcsin x}$.

2. 下列各题中, 函数 $f(x)$ 和 $g(x)$ 是否相同? 为什么?

(1) $f(x) = \lg x^2$, $g(x) = 2\lg x$;

(2) $f(x) = x$, $g(x) = \sqrt{x^2}$;

(3) $f(x) = \dfrac{x^2-1}{x-1}$, $g(x) = x+1$;

(4) $f(x) = 1$, $g(x) = \sec^2 x - \tan^2 x$.

3. 作出函数 $y = x + \dfrac{|x|}{x}$ 的图形.

4. 已知 $f\left(\dfrac{1}{2}x - 1\right) = 2x + 3$, 且 $f(m) = 6$, 求 m 的值.

5. 设下面所考虑的函数都是定义在区间 $(-l, l)$ 上的. 证明:

(1) 两个偶函数的和是偶函数, 两个奇函数的和是奇函数;

(2) 两个偶函数的乘积是偶函数, 两个奇函数的乘积是偶函数, 偶函数与奇函数的乘积是奇函数.

6. 下列函数中哪些是偶函数, 哪些是奇函数, 哪些既非偶函数又非奇函数?

(1) $y = x^2\left(1 - x^2\right)$;

(2) $y = \lg(\sqrt{x^2+1} - x)$;

(3) $y = \sin x - \cos x + 1$;

(4) $y = \dfrac{a^x + a^{-x}}{2}$.

7. 求下列函数的反函数:

(1) $y = 3x + 1$;

(2) $y = \dfrac{1-x}{1+x}$.

8. 设 $f(x) = \dfrac{2^x - 1}{2^x + 1}$, 求 $f^{-1}(0)$ 的值.

9. 在下列各题中, 求由所给函数构成的复合函数, 并求该函数分别对应于给定自变量值 x_1 和 x_2 的函数值.

(1) $y = u^2$, $u = \sin x$, $x_1 = \dfrac{\pi}{6}$, $x_2 = \dfrac{\pi}{3}$;

(2) $y = \sin u$, $u = 2x$, $x_1 = \dfrac{\pi}{8}$, $x_2 = \dfrac{\pi}{4}$.

10. 设 $f(x)$ 的定义域 $D = [0,1]$, 求下列各函数的定义域:

(1) $f\left(x^2\right)$;

(2) $f(\sin x)$.

11. 设 $f(x+1)$ 的定义域 $D = [0,1]$, 求下列各函数的定义域:

(1) $f(x)$;

(2) $f(3-x) + f(x-2)$.

12. 设

$$f(x) = \begin{cases} 1-x, & x \leqslant 0, \\ x+2, & x > 0; \end{cases} \qquad g(x) = \begin{cases} x^2, & x < 0, \\ -x, & x \geqslant 0, \end{cases}$$

求 $f[g(x)]$.

1.2　数列的极限

极限的理论是高等数学的基础之一, 其建立与产生对微积分的理论有着重要的意义. 它的概念是在探求某些实际问题的精确解答过程中产生的. 中国古代《庄子·天下篇》中提到 "一尺之棰, 日取其半, 万世不竭" 就蕴含着极限的思想.

教学目标:

1. 理解数列极限的概念;

2. 掌握数列极限的有关性质.

教学重点: 数列极限的概念与性质.

教学难点:

1. 极限的 "ε-N" 定义;

2. 用极限定义证明 $\lim\limits_{n\to\infty} x_n = a$.

教学背景: 割圆术求圆的面积, 无限项之和等.

思政元素: 中国古代先进的极限思想, 数学思维的逻辑性与严谨性.

预 备 知 识

等差数列的和　若数列 $\{x_n\}$ 为等差数列, 则它的和

$$s_n = x_1 + x_2 + \cdots + x_n = \frac{n}{2}(x_1 + x_n)$$

或

$$s_n = x_1 + x_2 + \cdots + x_n = nx_1 + \frac{n(n-1)}{2}d,$$

其中, d 为等差数列 $\{x_n\}$ 的公差.

等比数列的和　若数列 $\{x_n\}$ 为等比数列, 则它的和为

$$s_n = x_1 + x_2 + \cdots + x_n = x_1 + x_1 q + \cdots + x_1 q^{n-1} = \frac{x_1(1 - q^n)}{1 - q},$$

其中, q 为等比数列 $\{x_n\}$ 的公比, 且 $q \neq 1$.

极限的思想的萌芽很早就已经有了. 例如我国古代数学家刘徽 (公元 3 世纪) 的割圆术 "割之弥细, 所失弥少, 割之又割以至于不可割, 则与圆合体而无所失矣" 就是极限思想在几何学上的应用, 可视为中国古代极限观念的佳作.

设有半径为 r 的圆, 用其圆内接正 n 边形的面积 $A_n(n = 3, 4, 5, \cdots)$ 逼近圆面积 S. 如图 1-2-1 所示, 可知

$$A_n = nr^2 \sin \frac{\pi}{n} \cos \frac{\pi}{n}.$$

当 n 无限增大时, A_n 无限逼近 S.

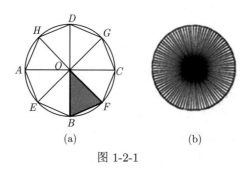

图 1-2-1

1.2.1 数列的概念

数列 按一定规律排列的一列数

$$x_1, x_2, x_3, \cdots, x_n, \cdots$$

称为数列, x_n 称为一般项.

例如, 2, 4, 8, 16, $\cdots$, $2^n, \cdots$; 1, $\dfrac{1}{4}$, $\dfrac{1}{9}$, $\dfrac{1}{16}$, $\cdots$, $\dfrac{1}{n^2}, \cdots$; 1, -1, 1, -1, $\cdots$, $(-1)^{n-1}, \cdots$.

在**几何上**, 数列 $\{x_n\}$ 可看作数轴上的一个 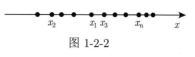 动点, 它依次取数轴上的点 x_1, x_2, $x_3, \cdots, x_n$,

$\cdots$ (图 1-2-2).

图 1-2-2

数列 $\{x_n\}$ 可看作自变量为正整数 n 的函数

$$x_n = f(n), \quad n \in \mathbf{N}_+.$$

当自变量 n 依次取 $1, 2, 3, \cdots$ 一切正整数时, 对应的函数值就排列成数列 $\{x_n\}$.

1.2.2 数列极限的概念

我们要解决的问题: 当 n 无限增大时 (即 $n \to \infty$), 对应的 $x_n = f(n)$ 是否能**无限接近于某个确定的数值**? 如果能够的话, 这个数值等于多少?

慕课1.2.1

1. 数列极限的描述性定义

在数轴上用点来表示下面的数列:

(1) $\dfrac{1}{2}, \dfrac{2}{3}, \dfrac{3}{4}, \cdots, \dfrac{n}{n+1}, \cdots$;

(2) $\dfrac{1}{2}, \dfrac{1}{4}, \dfrac{1}{8}, \cdots, \dfrac{1}{2^n}, \cdots$;

(3) $-1, 1, -1, \cdots, (-1)^n, \cdots$;

(4) $2, \dfrac{1}{2}, \dfrac{4}{3}, \cdots, \dfrac{n+(-1)^{n-1}}{n}, \cdots$.

依次观察数列 $\{x_n\}$ 当项数 n 无限增大时通项 x_n 的变化趋势. 容易看出, 有些数列随着 n 无限增大而跟一个常数无限接近, 则称该数列以常数为极限.

由以上分析, 可得到数列极限的描述性概念.

定义 1.2.1　如果 n 无限增大时, 数列 $\{x_n\}$ 的通项 x_n **无限接近于**常数 a, 则称该数列以 a 为极限. 记作 $\lim\limits_{n \to \infty} x_n = a$ 或 $x_n \to a\,(n \to \infty)$, 其中 $n \to \infty$ 表示 n 无限增大, 此时也称该数列**收敛**. 如果 $n \to \infty$ 时, x_n 不以任何常数为极限, 则称数列 $\{x_n\}$ **发散**.

2. 数列极限的定义

怎么用数学的语言来刻画无限接近呢?

我们对上述第四个数列

$$2, \frac{1}{2}, \frac{4}{3}, \cdots, \frac{n+(-1)^{n-1}}{n}, \cdots$$

进行分析, 在这数列中,

$$x_n = \frac{n+(-1)^{n-1}}{n} = 1 + (-1)^{n-1}\frac{1}{n}.$$

我们知道, 两个数 a 与 b 之间的接近程度可以用这两个数之差的绝对值 $|b - a|$ 来度量 (在数轴上 $|b-a|$ 表示点 a 与点 b 之间的距离), $|b-a|$ 越小, a 与 b 就越接近.

从上述数列发现, 当项数 n 无限增大时通项 x_n 无限接近常数 1.

$$|x_n - 1| = \left| (-1)^{n-1}\frac{1}{n} \right| = \frac{1}{n}.$$

由此可见, 当 n 越来越大时, $\dfrac{1}{n}$ 越来越小, 从而 x_n 就越来越接近于 1. 我们知道只要 n 足够大, $\dfrac{1}{n}$ 可以小于任意给定的正数, 所以说, 当 n 无限增大时, x_n 无限接近于 1.

例如, 给定 $\dfrac{1}{100}$, 欲使 $\dfrac{1}{n} < \dfrac{1}{100}$, 只要 $n > 100$, 即从第 101 项起, 都能使不等式

$$|x_n - 1| < \frac{1}{100}$$

成立.

给定 $\dfrac{1}{10000}$, 那么从第 10001 项起, 都能使不等式

$$|x_n - 1| < \frac{1}{10000}$$

成立.

一般地, 不论给定的正数 ε 多么小, 存在着一个正整数 N, 使得当 $n > N$ 时, 不等式

$$|x_n - 1| < \varepsilon$$

都成立. 这样的一个数 1, 叫做数列 $x_n = \dfrac{n + (-1)^{n-1}}{n}$ $(n = 1, 2, \cdots)$ 当 $n \to \infty$ 时的**极限**.

由此得到如下定义.

定义 1.2.2 (数列极限的 ε-N 定义, 简称 ε-N 定义) 设 $\{x_n\}$ 为一数列, 如果存在常数 a, 对于任意给定的正数 ε(不论它多么小), 总存在正整数 N, 使得当 $n > N$ 时, 不等式 $|x_n - a| < \varepsilon$ 都成立, 那么就称常数 a 是**数列** $\{x_n\}$ 的**极限**, 或者称数列 $\{x_n\}$ **收敛于** a, 记作

$$\lim_{n \to \infty} x_n = a \quad \text{或} \quad x_n \to a \quad (n \to \infty).$$

如果不存在这样的常数, 就说数列 $\{x_n\}$ 没有极限, 或者说数列 $\{x_n\}$ 是**发散**的, 习惯上也说 $\lim\limits_{n \to \infty} x_n$ 不存在.

为了表达方便, 引入记号 "$\forall$" 表示 "对于任意给定的" 或 "对于每一个", 记号 "$\exists$" 表示 "存在". 于是 "对于任意给定的 $\varepsilon > 0$" 写成 "$\forall \varepsilon > 0$", "存在正整数 N" 写成 "$\exists$ 正整数 N", 数列极限 $\lim\limits_{n \to \infty} x_n = a$ 的定义可表达为

$$\lim_{n \to \infty} x_n = a \Leftrightarrow \forall \varepsilon > 0, \exists \text{ 正整数 } N, \text{当 } n > N \text{ 时, 有 } |x_n - a| < \varepsilon.$$

3. 数列极限的几何意义 (数列 $\{x_n\}$ 的极限是 a 的几何解释)

由于不等式 $|x_n - a| < \varepsilon$ 与 $a - \varepsilon < x_n < a + \varepsilon$ 是等价的. 于是, 数列 $\{x_n\}$ 的极限是 a, 其几何意义是: 对任意 $\varepsilon > 0$, 数列 $\{x_n\}$ 中总存在一项 x_N, 在此项后面的所有项 $x_{N+1}, x_{N+2}, \cdots$ (即除了前 N 项 $x_1, x_2, \cdots, x_N$ 以外), 它们在数轴上所对应的点, 都位于区间 $(a - \varepsilon, a + \varepsilon)$ 之中, 至多能有 N 个点 $x_1, x_2, \cdots, x_N$ 在此区间之外. 因为 $\varepsilon > 0$ 可以任意小, 所以数列 $\{x_n\}$ 中各项所对应的点 x_n 都**无限集聚在点 a 的附近**.

定义中 "当 $n > N$ 时, 有 $|x_n - a| < \varepsilon$" 是指下标 $n > N$ 的无穷多项 x_n 都进入数 a 的 ε 邻域 $(a - \varepsilon, a + \varepsilon)$, 即在 a 的 ε 邻域外最多只有 $\{x_n\}$ 的有限项. 由此可知, 改变或增减数列 $\{x_n\}$ 的有限项, 并不影响数列 $\{x_n\}$ 的收敛性.

数列极限的定义并未直接提供如何去求数列的极限, 以后要讲极限的求法, 而现在只先举几个说明极限概念的例子.

例 1 证明数列

$$2, \frac{1}{2}, \frac{4}{3}, \cdots, \frac{n + (-1)^{n-1}}{n}, \cdots$$

的极限是 1.

证明 $|x_n - a| = \left| \dfrac{n + (-1)^{n-1}}{n} - 1 \right| = \dfrac{1}{n}$, $\forall \varepsilon > 0$, 为了使 $|x_n - a| < \varepsilon$, 只要

$$\frac{1}{n} < \varepsilon \quad \text{或} \quad n > \frac{1}{\varepsilon}.$$

这个 $\dfrac{1}{\varepsilon}$ 是一个确定的实数, 而对于任何一个实数都有无穷多个大于它的正整数存在, 所以, 任取一个大于 $\dfrac{1}{\varepsilon}$ 的正整数作为 N, 则当 $n > N$ 时, 就有

$$\left| \frac{n + (-1)^{n-1}}{n} - 1 \right| < \varepsilon,$$

即

$$\lim_{n \to \infty} \frac{n + (-1)^{n-1}}{n} = 1.$$

可以看到根据 ε-N 定义证明 $\lim\limits_{n \to \infty} x_n = a$ 的关键步骤是由 $|x_n - a| < \varepsilon$ 寻找正整数 N (找 N 的方法是解不等式 $|x_n - a| < \varepsilon$ 求 n).

例 2 已知 $x_n = \dfrac{(-1)^n}{(n+1)^2}$，证明数列 $\{x_n\}$ 的极限是 0.

证明 $|x_n - a| = \left| \dfrac{(-1)^n}{(n+1)^2} - 0 \right| = \dfrac{1}{(n+1)^2} < \dfrac{1}{n^2}.$

$\forall \varepsilon > 0$，为了使 $|x_n - a| < \varepsilon$，只要

$$\frac{1}{n^2} < \varepsilon \quad \text{或} \quad n > \frac{1}{\sqrt{\varepsilon}},$$

这个 $\dfrac{1}{\sqrt{\varepsilon}}$ 是一个确定的实数，大于 $\dfrac{1}{\sqrt{\varepsilon}}$ 的正整数有无穷多个存在，任取其中一个作为 N，则当 $n > N$ 时，就有

$$\left| \frac{(-1)^n}{(n+1)^2} - 0 \right| < \varepsilon,$$

即

$$\lim_{n \to \infty} \frac{(-1)^n}{(n+1)^2} = 0.$$

说明几个问题

(1) 在利用数列极限的定义来论证某个数 a 是数列 $\{x_n\}$ 的极限时，重要的是对于任意给定的正数 ε，要能够指出定义中所说的这种正整数 N 确实存在，找到即可没有必要去求最小的 N. 如果知道 $|x_n - a|$ 小于某个量，那么当这个量小于 ε 时，$|a_n - a| < \varepsilon$ 当然也成立. 若令这个量小于 ε 来定出 N 比较方便的话，就可采用这种方法. 例 2 便是这样做的.

(2) 用极限定义证明 $\lim\limits_{n \to \infty} x_n = a$ 的关键在于给了 ε，求对应的 $N = N(\varepsilon)$，这往往通过解不等式实现，有时 N 可直接解出，有时要利用一些技巧将不等式放大.

例 3 设 $|q| < 1$，证明等比数列

$$1, q, q^2, \cdots, q^{n-1}, \cdots$$

的极限是 0.

证明 $\forall \varepsilon > 0$(设 $\varepsilon < 1$)，因为

$$|x_n - 0| = \left| q^{n-1} - 0 \right| = |q|^{n-1},$$

要使 $|x_n - 0| < \varepsilon$，只要

$$|q|^{n-1} < \varepsilon.$$

取自然对数, 得 $(n-1)\ln|q| < \ln\varepsilon$. 因 $|q| < 1$, $\ln|q| < 0$, 故

$$n > 1 + \frac{\ln\varepsilon}{\ln|q|}.$$

取 $N = \left[n > 1 + \dfrac{\ln\varepsilon}{\ln|q|}\right]$, 则当 $n > N$ 时, 就有

$$\left|q^{n-1} - 0\right| < \varepsilon,$$

即

$$\lim_{n\to\infty} q^{n-1} = 0.$$

1.2.3　收敛数列的性质

下面四个定理都是有关收敛数列的性质.

定理 1.2.1(极限的唯一性)　如果数列 $\{x_n\}$ 收敛, 那么它的极限唯一.

慕课1.2.2

证明　用反证法. 假设同时有 $x_n \to a$ 及 $x_n \to b$, 且 $a < b$. 取 $\varepsilon = \dfrac{b-a}{2}$. 因为 $\lim\limits_{n\to\infty} x_n = a$, 故 $\exists$ 正整数 N_1, 当 $n > N_1$ 时, 不等式

$$|x_n - a| < \frac{b-a}{2} \tag{1-2-1}$$

都成立. 同理, 因为 $\lim\limits_{n\to\infty} x_n = b$, 故 $\exists$ 正整数 N_2, 当 $n > N_2$ 时, 不等式

$$|x_n - b| < \frac{b-a}{2} \tag{1-2-2}$$

都成立. 取 $N = \max\{N_1, N_2\}$(这式子表示 N 是 N_1 和 N_2 中较大的那个数), 则当 $n > N$ 时, (1-2-1) 式及 (1-2-2) 式会同时成立, 但由 (1-2-1) 式有 $x_n < \dfrac{a+b}{2}$, 由 (1-2-2) 式有 $x_n > \dfrac{a+b}{2}$, 这是不可能的.

例 4　证明数列 $x_n = (-1)^{n+1}$ $(n = 1, 2, \cdots)$ 是发散的.

证明　如果这数列收敛, 根据定理 1.2.1 它有唯一的极限, 设极限为 a, 即 $\lim\limits_{n\to\infty} x_n = a$. 按数列极限的定义, 对于 $\forall\varepsilon > 0$, $\exists$ 正整数 N, 当 $n > N$ 时, $|x_n - a| < \varepsilon$ 成立, 即 $a - \varepsilon < x_n < a + \varepsilon$ 这个区间的长度是 2ε, 当 $\varepsilon = \dfrac{1}{2}$ 即 $n > N$ 时, x_n 都在开区间 $\left(a - \dfrac{1}{2}, a + \dfrac{1}{2}\right)$ 内. 但这是不可能的, 因为 $n \to \infty$ 时,

x_n 无休止地一再重复取得 1 和 −1 这两个数, 而这两个数不可能同时属于长度为 1 的开区间 $\left(a - \dfrac{1}{2}, a + \dfrac{1}{2}\right)$ 内. 因此这数列发散.

由函数有界性的概念可得以下的数列有界性概念.

对于数列 $\{x_n\}$, 如果存在正数 M, 使得对于一切 x_n 都满足不等式

$$|x_n| \leqslant M,$$

那么称数列 $\{x_n\}$ 是**有界的**; 如果这样的正数 M 不存在, 就称数列 $\{x_n\}$ 是**无界的**.

例如, 数列 $x_n = \dfrac{n}{n+1} \, (n = 1, 2, \cdots)$ 是有界的, 因为可取 $M=1$, 而使

$$\left| \frac{n}{n+1} \right| \leqslant 1$$

对于一切正整数 n 都成立.

数列 $x_n = 2^n \, (n = 1, 2, \cdots)$ 是无界的, 因为当 n 无限增加时, 2^n 可超过任何正数.

数轴上对应于有界数列的点 x_n 都落在某个闭区间 $[-M, M]$ 上.

定理 1.2.2 (收敛数列的有界性) 如果数列 $\{x_n\}$ 收敛, 那么数列 $\{x_n\}$ 一定有界.

证明 因为数列 $\{x_n\}$ 收敛, 设 $\lim\limits_{n \to \infty} x_n = a$. 根据数列极限的定义, 对于 $\varepsilon = 1$, $\exists$ 正整数 N, 当 $n > N$ 时, 不等式

$$|x_n - a| < 1$$

都成立. 于是, 当 $n > N$ 时,

$$|x_n| = |(x_n - a) + a| \leqslant |x_n - a| + |a| < 1 + |a|.$$

取 $M = \max \{|x_1|, |x_2|, \cdots, |x_N|, 1 + |a|\}$, 那么数列 $\{x_n\}$ 中的一切 x_n 都满足不等式

$$|x_n| \leqslant M.$$

这就证明了数列 $\{x_n\}$ 是有界的.

根据上述定理, 如果数列 $\{x_n\}$ 无界, 那么数列 $\{x_n\}$ 一定发散. 但是, 如果数列 $\{x_n\}$ 有界, 却不能断定数列 $\{x_n\}$ 一定收敛, 例如数列

$$1, -1, 1, \cdots, (-1)^{n+1}, \cdots$$

有界, 但例 4 证明了这数列是发散的. 所以数列有界是数列收敛的必要条件, 但不是充分条件.

定理 1.2.3 (收敛数列的保号性)　如果 $\lim\limits_{n\to\infty} x_n = a$, 且 $a > 0$(或 $a < 0$), 那么存在正整数 N, 当 $n > N$ 时, 都有 $x_n > 0$ (或 $x_n < 0$).

证明　就 $a > 0$ 的情形证明. 由数列极限的定义, 对 $\varepsilon = \dfrac{a}{2} > 0$, $\exists$ 正整数 N, 当 $n > N$ 时, 有

$$|x_n - a| < \frac{a}{2},$$

从而

$$x_n > a - \frac{a}{2} = \frac{a}{2} > 0.$$

推论 1　如果数列 $\{x_n\}$ 从某项起有 $x_n \geqslant 0$ (或 $x_n \leqslant 0$), 且 $\lim\limits_{n\to\infty} x_n = a$, 那么 $a \geqslant 0$(或 $a \leqslant 0$).

证明　设数列 $\{x_n\}$ 从第 N_1 项起, 即当 $n > N_1$ 时有 $x_n \geqslant 0$. 现在用反证法证明. 若 $\lim\limits_{n\to\infty} x_n = a < 0$, 则由定理 1.2.3 知, $\exists$ 正整数 N_2, 当 $n > N_2$ 时, 有 $x_n < 0$. 取 $N = \max\{N_1, N_2\}$ 时, 当 $n > N$ 时, 按假定有 $x_n \geqslant 0$, 按定理 1.2.3 有 $x_n < 0$, 这引起矛盾. 所以必有 $a \geqslant 0$.

数列 $\{x_n\}$ 从某项起有 $x_n \leqslant 0$ 的情形, 可以类似地证明.

最后, 介绍子数列的概念以及关于收敛数列与其子数列间关系的一个定理.

在数列 $\{x_n\}$ 中任意抽取无限多项并保持这些项在原数列 $\{x_n\}$ 中的先后次序, 这样得到的一个数列称为原数列 $\{x_n\}$ 的**子数列** (或**子列**).

设在数列 $\{x_n\}$ 中, 第一次抽取 x_{n_1}, 第二次在 x_{n_1} 后抽取 x_{n_2}, 第三次在 x_{n_2} 后抽取 $x_{n_3}, \cdots$, 这样无休止地抽取下去, 得到一个数列

$$x_{n_1}, \quad x_{n_2}, \quad x_{n_3}, \quad \cdots, \quad x_{n_k}, \quad \cdots,$$

这个数列 $\{x_{n_k}\}$ 就是数列 $\{x_n\}$ 的一个子数列.

注　在子数列 $\{x_{n_k}\}$ 中, 一般项 x_{n_k} 是第 k 项, 而 x_{n_k} 在原数列 $\{x_n\}$ 中却是第 n_k 项. 显然, $n_k \geqslant k$.

定理 1.2.4 (收敛数列与其子数列间的关系)　如果数列 $\{x_n\}$ 收敛于 a, 那么它的任一子数列也收敛, 且极限也是 a.

证明　设数列 $\{x_{n_k}\}$ 是数列 $\{x_n\}$ 的任一子数列.

由于 $\lim\limits_{n\to\infty} x_n = a$, 故 $\forall \varepsilon > 0$, $\exists$ 正整数 N, 当 $n > N$ 时, $|x_n - a| < \varepsilon$ 成立.

取 $K = N$, 则当 $k > K$ 时, $n_k > n_K = n_N \geqslant N$. 于是 $|x_n - a| < \varepsilon$. 这就证明了 $\lim\limits_{n\to\infty} x_{n_k} = a$.

由定理 1.2.4 可知, 如果数列 $\{x_n\}$ 有两个子数列收敛于不同的极限, 那么数列 $\{x_n\}$ 是发散的. 例如, 例 4 中的数列

$$1, -1, 1, \cdots, (-1)^{n+1}, \cdots$$

的子数列 $\{x_{2k-1}\}$ 收敛于 1, 而子数列 $\{x_{2k}\}$ 收敛于 -1, 因此数列 $x_n = (-1)^{n+1}$ $(n = 1, 2, \cdots)$ 是发散的. 同时这个例子也说明, 一个发散的数列也可能有收敛的子数列.

小结与思考

1. 小结

微分学是研究微分法与导数理论及应用的科学, 数列极限的概念是微分学的一个重要概念, 它是建立函数极限概念以及研究微分法与导数理论的前提和基础. "ε-N" 这种语言精细地刻画了极限过程中诸变量之间的动态关系, 表达了极限概念的本质, 并为极限的运算奠定了基础.

(1) 数列 $\{x_n\}$ 收敛于 A 的 "ε-N" 语言描述:

$\lim\limits_{n \to \infty} x_n = a \Leftrightarrow \forall \varepsilon > 0, \exists$ 正整数 N, 当 $n > N$ 时, 有 $|x_n - a| < \varepsilon$.

(2) 收敛数列 $\{x_n\}$ 的性质: 极限的唯一性、有界性、保号性、子数列收敛性等.

2. 思考

(1) 例 4 证明过程中 ε 还可以取其他的数值吗?

(2) 你能从 "孤帆远影碧空尽, 唯见长江天际流" 这句古诗中体会出极限的思想吗?

(3) 温故而知新, 假设每看高数笔记一次, 都能学到一定的新内容, 其掌握程度设为 $r(0 < r < 1)$, a_0 表示开始学习笔记时所掌握的程度, a_n 表示经过 n 次学习笔记后所掌握的程度, 假设学习总量为 m, 试用数学知识来描述经过足够多次学习, 就能基本掌握这本笔记的知识.

数学文化

中国著名数学家——刘徽 (约 225—295), 魏晋期间伟大的数学家, 中国古典数学理论的奠基人之一, 他是最早明确主张用逻辑推理的方式来论证数学命题的人. 在数学史上作出了极大的贡献, 他的杰作《九章算术注》和《海岛算经》, 是中国最宝贵的数学遗产.

习 题 1.2

1. 下列各题中, 哪些数列收敛, 哪些数列发散? 对收敛数列, 通过观察 $\{x_n\}$ 的变化趋势, 写出它们的极限:

(1) $\left\{\dfrac{1}{3^n}\right\}$;

(2) $\left\{(-1)^n \dfrac{1}{n}\right\}$;

(3) $\left\{2 + \dfrac{1}{n^2}\right\}$;   (4) $\{n(-1)^n\}$.

2. (1) 数列的有界性是数列收敛的什么条件？

(2) 无界数列是否一定发散？

(3) 有界数列是否一定收敛？

3. 下列结论正确的是 (   ).

A. 单调数列必收敛   B. 有界数列必收敛

C. 无界数列必发散   D. 发散数列必无界

4. 已知数列 $\{x_n\}$ 收敛，则下列结论错误的是 (   ).

A. 数列 $\{x_{2n}\}$ 收敛   B. 数列 $\{x_{2n-1}\}$ 收敛

C. 数列 $\{x_n + (-1)^n\}$ 收敛   D. 数列 $\{x_{10+n}\}$ 收敛

*5. 根据数列极限的定义证明:

(1) $\displaystyle\lim_{n\to\infty} \frac{1}{n^2} = 0$;   (2) $\displaystyle\lim_{n\to\infty} \frac{3n+1}{2n+1} = \frac{3}{2}$;

(3) $\displaystyle\lim_{n\to\infty} \frac{3n^2 + 5n + 1}{3n^2 - n + 6} = 1$; (4) $\displaystyle\lim_{n\to\infty} 0.\underbrace{999\cdots9}_{n\text{个}} = 1$.

*6. 若 $\displaystyle\lim_{n\to\infty} u_n = a$, 证明: $\displaystyle\lim_{n\to\infty} |u_n| = |a|$. 并举例说明如果数列 $\{|x_n|\}$ 有极限, 但数列 $\{x_n\}$ 未必有极限.

*7. 设数列 $\{x_n\}$ 有界, 又 $\displaystyle\lim_{n\to\infty} y_n = 0$, 证明: $\displaystyle\lim_{x\to\infty} x_n y_n = 0$.

*8. 对于数列 $\{x_n\}$, 若 $x_{2k-1} \to a\,(k\to\infty)$, $x_{2k} \to a\,(k\to\infty)$, 证明: $x_n \to a\,(n\to\infty)$.

1.3 函数的极限

数列是 $x_n = f(n)$ 的极限, 是研究函数 $y = f(x)$ 当自变量 x 跳跃式地按 $1, 2, 3, \cdots, n, \cdots$ 的顺序无限变大时其函数值的变化趋势的. 那么当自变量 x 在具有连续性的全体实数集合或部分区间内无限变化时, 函数 $y = f(x)$ 的变化趋势如何呢? 这是函数的极限问题.

本节将按照 $x \to x_0$ 和 $x \to \infty$ 的不同变化情形来研究函数的各种极限, 以及函数极限的性质.

教学目标:

1. 理解函数极限及左极限, 右极限的概念;

2. 掌握函数的极限与左右极限之间的关系;

3. 掌握函数极限的性质.

教学重点:

1. 正确理解自变量不同变化过程的函数极限定义, 并用其证明简单极限问题;

2. 左右极限存在与极限存在的关系.

教学难点: 正确理解自变量不同变化过程的函数极限定义, 并用其证明简单极限问题 (函数极限 "ε-δ" 的定义 (关键: 极限存在的条件)).

教学背景: 函数图像、导数的定义、瞬时速度等.

思政元素: 过程与结果、有限与无限、近似与精确的对立统一.

1.3.1 函数极限的定义

1. 自变量趋于有限值时函数的极限

案例

慕课1.3.1

小明在十一假期到来之前早早计划好要去哈尔滨进行深度游玩, 做了攻略, 定了宾馆, 买了车票, 在这期间他浏览了中央大街、索菲亚教堂、果戈里大街、防洪纪念塔等著名景点的图片, 对这次哈尔滨之行充满想象. 随着时间的临近, 这种对哈尔滨假期之旅的期待之情达到了顶峰, 可是到了出发那一天由于身体原因未能出行, 他的情绪一下就低落了. 现在我们把小明对哈尔滨十一旅游的期待和向往之情抽象成一个期待函数 $f(x)$.

这里有两个趋近过程:

(1) 现在的时间与假期出发当天.

(2) 小明对哈尔滨的期待之情与实际没到达哈尔滨的现状.

那么即使小明最后没有到达哈尔滨, 但这影响他从计划哈尔滨之旅开始到假期临近时对哈尔滨之旅的期待和向往之情了吗? 从数学的角度该如何描述这件事情呢?

现在我们来观察函数 $f(x) = \dfrac{\sin x}{x}$ 当 $x \to \infty$ 时的变化趋势, 如图 1-3-1.

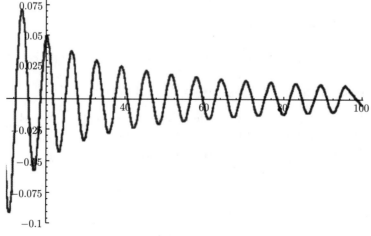

图 1-3-1

通过上面演示试验的观察: 当 x 无限增大时, $f(x) = \dfrac{\sin x}{x}$ 无限接近于 0.

首先, 假定函数 $f(x)$ 在点 x_0 的某个去心邻域内是有定义的. 如果在 $x \to x_0$ 的过程中 (自变量 x 从 x_0 左、右两边同时趋近于 x_0), 对应的函数值 $f(x)$ 无限接近于确定的数值 A, 那么就说 A 是函数 $f(x)$ 当 $x \to x_0$ 时的极限.

在 $x \to x_0$ 的过程中, 对应的函数值 $f(x)$ 无限接近于 A, 就是 $|f(x) - A|$ 能任意小. 如数列极限概念所述, $|f(x) - A|$ 能任意小可以用 $|f(x) - A| < \varepsilon$ 来表达, 其中 ε 是任意给定的正数. 因为函数值 $f(x)$ 无限接近于 A 是在 $x \to x_0$ 的过程中实现的, 所以对于任意给定的正数 ε, 只要求充分接近于 x_0 的 x 所对应的函数值 $f(x)$ 满足不等式 $|f(x) - A| < \varepsilon$; 而充分接近于 x_0 的 x 可表达为 $0 < |x - x_0| < \delta$, 其中 δ 是某个正数. 从几何上看, 适合不等式 $0 < |x - x_0| < \delta$ 的 x 的全体, 就是点 x_0 的去心 δ 邻域, 而邻域半径 δ 则体现了 x 接近 x_0 的程度.

1) $x \to x_0$ 时函数极限的定义

通过以上分析, 我们给出 $x \to x_0$ 时函数的极限的定义如下:

定义 1.3.1　设函数 $f(x)$ 在点 x_0 的某一去心邻域内是有定义. 如果存在常数 A, 对于任意给定的正数 ε(不论它多么小), 总存在正数 δ, 使得当 x 满足不等式 $0 < |x - x_0| < \delta$ 时, 对应的函数值 $f(x)$ 都满足不等式 $|f(x) - A| < \varepsilon$, 那么常数 A 就叫做函数 $f(x)$ 当 $x \to x_0$ 时的极限, 记作

$$\lim_{x \to x_0} f(x) = A \quad \text{或} \quad f(x) \to A \quad (x \to x_0).$$

注　(1) 定义中 $0 < |x - x_0|$ 表示 $x \neq x_0$, 所以 $x \to x_0$ 时 $f(x)$ 有没有极限, 与 $f(x)$ 在点 x_0 是否有定义或定义的值并无关系.

(2) $x \to x_0$ 表示从 x_0 的左右两侧同时趋于 x_0.

定义 1 可以简单地表述为

$$\lim_{x \to x_0} f(x) = A \Leftrightarrow \forall \varepsilon > 0, \exists \delta > 0, \text{当 } 0 < |x - x_0| < \delta \text{ 时, 有 } |f(x) - A| < \varepsilon.$$

2) 函数 $f(x)$ 当 $x \to x_0$ 时的极限为 A 的几何解释

任意给定一正数 ε, 作平行于 x 轴的两条直线 $y = A + \varepsilon$ 和 $y = A - \varepsilon$, 介于这两条直线之间是一横条区域. 根据定义, 对于给定的 ε, 存在着点 x_0 的一个 δ 邻域 $(x_0 - \delta, x_0 + \delta)$, 当 $y = f(x)$ 的图形上的点的横坐标 x 在邻域 $(x_0 - \delta, x_0 + \delta)$ 内, 但 $x \neq x_0$ 时, 这些点的纵坐标 $f(x)$ 满足不等式

$$|f(x) - A| < \varepsilon$$

或

$$A - \varepsilon < f(x) < A + \varepsilon.$$

亦即这些点落在上面所作的横条区域内 (图 1-3-2).

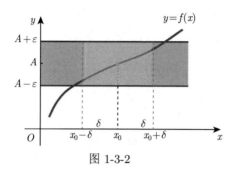

图 1-3-2

例 1 证明 $\lim\limits_{x \to x_0} c = c$, 此处 c 为一常数.

证明 这里 $|f(x) - A| = |c - c| = 0$, 因此 $\forall \varepsilon > 0$, 可任取 $\delta > 0$, 当 $0 < |x - x_0| < \delta$ 时, 能使不等式

$$|f(x) - A| = |c - c| = 0 < \varepsilon$$

成立. 所以 $\lim\limits_{x \to x_0} c = c$.

例 2 证明 $\lim\limits_{x \to x_0} x = x_0$.

证明 这里 $|f(x) - A| = |x - x_0|$, 因此 $\forall \varepsilon > 0$, 总可取 $\delta > 0$, 当 $0 < |x - x_0| < \delta = \varepsilon$ 时, 能使不等式 $|f(x) - A| = |x - x_0| < \varepsilon$ 成立. 所以 $\lim\limits_{x \to x_0} x = x_0$.

例 3 证明 $\lim\limits_{x \to 1} (2x - 1) = 1$.

证明 由于

$$|f(x) - A| = |(2x - 1) - 1| = 2|x - 1|,$$

为了使 $|f(x) - A| < \varepsilon$, 只要

$$|x - 1| < \frac{\varepsilon}{2}.$$

所以, $\forall \varepsilon > 0$, 可取 $\delta = \frac{\varepsilon}{2}$, 则当 x 适合不等式

$$0 < |x - 1| < \delta$$

时, 对应的函数值 $f(x)$ 就满足不等式

$$|f(x) - 1| = |(2x - 1) - 1| < \varepsilon.$$

从而

$$\lim\limits_{x \to 1} (2x - 1) = 1.$$

例 4　证明 $\lim\limits_{x \to 1} \dfrac{x^2 - 1}{x - 1} = 2$.

证明　函数在点 $x = 1$ 是没有定义的, 但是函数当 $x \to 1$ 时的极限存在或不存在与它并无关系. 事实上, $\forall \varepsilon > 0$, 将不等式

$$\left| \frac{x^2 - 1}{x - 1} - 2 \right| < \varepsilon$$

约去非零因子 $x - 1$ 后, 就化为

$$|x + 1 - 2| = |x - 1| < \varepsilon,$$

因此, 只要取 $\delta = \varepsilon$, 那么当 $0 < |x - 1| < \delta$ 时, 就有

$$\left| \frac{x^2 - 1}{x - 1} - 2 \right| < \varepsilon.$$

所以

$$\lim_{x \to 1} \frac{x^2 - 1}{x - 1} = 2.$$

例 5　证明: 当 $x_0 > 0$ 时, $\lim\limits_{x \to x_0} \sqrt{x} = \sqrt{x_0}$.

证明　$\forall \varepsilon > 0$, 因为

$$|f(x) - A| = \left| \sqrt{x} - \sqrt{x_0} \right| = \left| \frac{x - x_0}{\sqrt{x} + \sqrt{x_0}} \right| \leqslant \frac{1}{\sqrt{x_0}} |x - x_0|,$$

要使 $|f(x) - A| < \varepsilon$, 只要 $|x - x_0| < \sqrt{x_0}\varepsilon$ 且 $x \geqslant 0$, 而 $x \geqslant 0$ 可用 $|x - x_0| \leqslant x_0$ 保证, 因此取 $\delta = \min\{x_0 + \sqrt{x_0}\varepsilon\}$ (该式子表示 δ 是 x_0 和 $\sqrt{x_0}\varepsilon$ 两个数中较小的那个数), 则当 x 适合不等式 $0 < |x - x_0| < \delta$ 时, 对应的函数值 $\sqrt{x}$ 就满足不等式

$$\left| \sqrt{x} - \sqrt{x_0} \right| < \varepsilon.$$

所以

$$\lim_{x \to x_0} \sqrt{x} = \sqrt{x_0}.$$

3) 单侧极限

赫维赛德函数 (Heaviside function)

$$H(t) = \begin{cases} 0, & t < 0, \\ 1, & t \geqslant 0, \end{cases}$$

这个函数以电气工程师 Heaviside(1850—1925) 命名, 最初它用来描述电闸瞬间接通时电流的变化情况. 观察这个函数发现它从左侧或者右侧趋近于某个常数, 这种情况用下述的方式进行描述.

在 $\lim\limits_{x \to x_0} f(x) = A$ 的定义中, 把 $0 < |x - x_0| < \delta$ 改为 $x_0 - \delta < x < x_0$, 那么 A 就叫做函数 $f(x)$ 当 $x \to x_0$ 时的**左极限**, 记作

$$\lim\limits_{x \to x_0^-} f(x) = A \quad 或 \quad f(x_0 - 0) = A \quad 或 \quad f(x_0^-) = A.$$

在 $\lim\limits_{x \to x_0} f(x) = A$ 的定义中, 把 $0 < |x - x_0| < \delta$ 改为 $x_0 < x < x_0 + \delta$, 那么 A 就叫做函数 $f(x)$ 当 $x \to x_0$ 时的**右极限**, 记作

$$\lim\limits_{x \to x_0^+} f(x) = A \quad 或 \quad f(x_0 + 0) = A \quad 或 \quad f(x_0^+) = A.$$

左极限与右极限统称为**单侧极限**.

容易证明: 函数 $f(x)$ 当 $x \to x_0$ 时极限存在的充分必要条件是左极限及右极限各自存在并且相等, 即

$$f\left(x_0^-\right) = f\left(x_0^+\right).$$

因此, 即使 $f(x_0^-)$ 和 $f(x_0^+)$ 都存在, 但若不相等, 则 $\lim\limits_{x \to x_0} f(x)$ 不存在. (我们常常用它来判定一个函数的极限是否存在.)

例 6 设

$$f(x) = \begin{cases} x - 1, & x < 0, \\ 0, & x = 0, \\ x + 1 & x > 0. \end{cases}$$

证明: 当 $x \to 0$ 时 $f(x)$ 的极限不存在.

证明 如图 1-3-3, 当 $x \to 0$ 时 $f(x)$ 的左极限

$$\lim\limits_{x \to 0^-} f(x) = \lim\limits_{x \to 0^-} (x - 1) = -1,$$

而右极限

$$\lim\limits_{x \to 0^+} f(x) = \lim\limits_{x \to 0^+} (x + 1) = 1,$$

因为左极限和右极限存在但不相等, 所以 $\lim\limits_{x \to 0} f(x)$ 不存在.

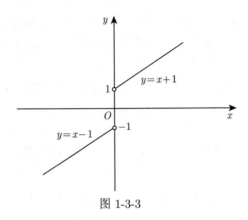

图 1-3-3

2. 自变量趋于无穷大时函数的极限

自变量 x 趋于无穷大包括三种情形:

(1) 自变量 x 取正值无限趋大, 记作 $x \to +\infty$;

(2) 自变量 x 取负值而 $|x|$ 无限趋大, 记作 $x \to -\infty$;

(3) 自变量 x 既可取正值, 也可取负值而 $|x|$ 无限趋大, 记作 $x \to \infty$.

分别讨论函数 $f(x) = \dfrac{1}{x}(x \neq 0)$, $f(x) = 2^x$, $f(x) = \left(\dfrac{1}{2}\right)^x$ 和 $f(x) = \arctan x$, 当自变量 x 无限趋大时函数的变化状态.

不难看出, 当自变量 x 无限增大时, 函数 $f(x) = \dfrac{1}{x}$ 是无限趋近于 0, 即当自变量 x 无限增大时, 函数 $f(x) = \dfrac{1}{x}$ 的 "极限" 是 0.

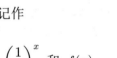

慕课1.3.2

1) $x \to \infty$ 时函数极限的定义

定义 1.3.2　设函数 $f(x)$ 当 $|x|$ 大于某一正数时有定义. 如果存在常数 A, 对于任意给定的正数 ε(不论它多么小), 总存在着正数 X, 使得当 x 满足不等式 $|x| > X$ 时, 对应的函数值 $f(x)$ 都满足不等式 $|f(x) - A| < \varepsilon$, 那么常数 A 就叫做函数 $f(x)$ 当 $x \to \infty$ 时的**极限**, 或者说, 函数 $f(x)$ 当 $x \to \infty$ 时**收敛**于 A, 记作 $\lim\limits_{x \to \infty} f(x) = A$ 或 $f(x) \to A$(当$x \to \infty$时).

定义 1.3.2 可简单地表达为

$$\lim_{x \to \infty} f(x) = A \Leftrightarrow \forall \varepsilon > 0, \exists X > 0, 当 |x| > X时, 有 |f(x) - A| < \varepsilon.$$

注　$x \to \infty$ 既表示趋于 $+\infty$, 也表示趋于 $-\infty$.

如果 $x > 0$ 且无限增大 (记作 $x \to +\infty$), 那么只要把上面定义中的 $|x| > X$ 改为 $x > X$, 就可得 $\lim\limits_{x \to +\infty} f(x) = A$ 的定义. 同样, 如果 $x < 0$ 且 $|x|$ 无限增大

(记作 $x \to -\infty$), 那么只要把 $|x| > X$ 改为 $x < -X$, 便得 $\lim\limits_{x \to -\infty} f(x) = A$ 的定义.

2) 函数 $f(x)$ 当 $x \to \infty$ 时的极限的几何意义

从几何上来说, $\lim\limits_{x \to \infty} f(x) = A$ 的意义是: 作直线 $y = A - \varepsilon$ 和 $y = A + \varepsilon$, 则总有一个正数 X 存在, 使得当 $x < -X$ 或 $x > X$ 时, 函数 $y = f(x)$ 的图形位于这两直线之间 (图 1-3-4).

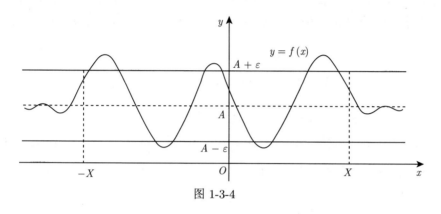

图 1-3-4

这时, 直线 $y = A$ 是函数 $f(x)$ 的图形的**水平渐近线**.

说明几个问题

(1) 在 $x \to x_0$ 或 $x \to \infty$ 的变化过程中, 对于绝对值变得越来越大的变量虽然不存在极限, 但为了叙述方便, 我们也说它的极限是无穷大.

(2) 若把数列 $\{a_n\}$ 理解为自变量仅取自然数 n 的函数, 即 $a_n = f(n)$, 则数列极限就是一类特殊函数的极限.

例 7 证明 $\lim\limits_{x \to \infty} \dfrac{1}{x} = 0$.

分析 极限 $f(x) \to A(x \to +\infty, x \to -\infty, x \to \infty)$, 其证法与证明数列极限的方法相同. 关键在于找 X.

证明 $\forall \varepsilon > 0$, 要证存在 $X > 0$, 当 $|x| > X$ 时, 不等式 $\left| \dfrac{1}{x} - 0 \right| < \varepsilon$ 成立.

因这个不等式相当于 $\dfrac{1}{|x|} < \varepsilon$ 或 $|x| > \dfrac{1}{\varepsilon}$. 由此可知, 如果取 $X = \dfrac{1}{\varepsilon}$, 那么当 $|x| > X = \dfrac{1}{\varepsilon}$ 时, 不等式 $\left| \dfrac{1}{x} - 0 \right| < \varepsilon$ 成立, 这就证明了 $\lim\limits_{x \to \infty} \dfrac{1}{x} = 0$.

直线 $y = 0$ 是函数 $y = \dfrac{1}{x}$ 的图形的水平渐近线.

1.3.2　函数极限的性质

慕课1.3.3

与收敛数列的性质相比较, 可得函数极限的一些相应的性质.

定理 1.3.1 (函数极限的唯一性)　如果 $\lim\limits_{x \to x_0} f(x)$ 存在, 那么这极限唯一.

定理 1.3.2 (函数极限的局部有界性)　如果 $\lim\limits_{x \to x_0} f(x) = A$, 那么存在常数 $M > 0$ 和 $\delta > 0$, 使得当 $0 < |x - x_0| < \delta$ 时, 有 $|f(x)| \leqslant M$.

证明　因为 $\lim\limits_{x \to x_0} f(x) = A$, 所以取 $\varepsilon = 1$, 则 $\exists \delta > 0$, 当 $0 < |x - x_0| < \delta$ 时, 有

$$|f(x) - A| < 1 \Rightarrow |f(x)| \leqslant |f(x) - A| + |A| < |A| + 1,$$

记 $M = |A| + 1$, 则定理 1.3.2 就获得证明.

定理 1.3.3 (函数极限的局部保号性)　如果 $\lim\limits_{x \to x_0} f(x) = A$, 且 $A > 0$(或 $A < 0$), 那么存在常数 $\delta > 0$, 使得当 $0 < |x - x_0| < \delta$ 时, 有 $f(x) > 0$(或 $f(x) < 0$).

证明　就 $A > 0$ 的情形证明.

因为 $\lim\limits_{x \to x_0} f(x) = A > 0$, 所以, 取 $\varepsilon = \dfrac{A}{2} > 0$, 则 $\exists \delta > 0$, 当 $0 < |x - x_0| < \delta$ 时, 有

$$|f(x) - A| < \frac{A}{2} \Rightarrow f(x) > A - \frac{A}{2} = \frac{A}{2} > 0.$$

类似地可以证明 $A < 0$ 的情形.

由定理 1.3.3, 易得以下推论.

推论 1　如果在 x_0 的某去心邻域内 $f(x) \geqslant 0$(或 $f(x) \leqslant 0$), 而且 $\lim\limits_{x \to x_0} f(x) = A$, 那么 $A \geqslant 0$ (或 $A \leqslant 0$).

定理 1.3.4 (函数极限与数列极限的关系)　如果极限 $\lim\limits_{x \to x_0} f(x)$ 存在, $\{x_n\}$ 为函数 $f(x)$ 的定义域内任一收敛于 x_0 的数列, 且满足 $x_n \neq x_0 (n \in \mathbf{N}_+)$, 那么相应的函数值数列 $\{f(x_n)\}$ 必收敛, 且 $\lim\limits_{n \to \infty} f(x_n) = \lim\limits_{x \to x_0} f(x)$.

证明　设 $\lim\limits_{x \to x_0} f(x) = A$, 则 $\forall \varepsilon > 0$, $\exists \delta > 0$, 当 $0 < |x - x_0| < \delta$ 时, 有 $|f(x) - A| < \varepsilon$.

又因 $\lim\limits_{n \to \infty} x_n = x_0$, 故对 $\delta > 0$, $\exists N$, 当 $n > N$ 时, 有 $|x - x_0| < \delta$.

由假设, $x_n \neq x_0 (n \in \mathbf{N}_+)$, 故当 $n > N$ 时, $0 < |x - x_0| < \delta$, 从而 $|f(x_n) - A| < \varepsilon$, 即 $\lim\limits_{n \to \infty} f(x_n) = A$.

小结与思考

1. 小结

(1) 自变量趋于有限值时函数的极限:

$\lim\limits_{x \to x_0} f(x) = A \Leftrightarrow \forall \varepsilon > 0, \exists \delta > 0$, 当 $0 < |x - x_0| < \delta$ 时, 有 $|f(x) - A| < \varepsilon$.

(2) 自变量趋于无限值时函数的极限:

$\lim\limits_{x \to \infty} f(x) = A \Leftrightarrow \forall \varepsilon > 0, \exists X > 0$, 当 $|x| > X$ 时, 有 $|f(x) - A| < \varepsilon$.

(3) 单侧极限

函数 $f(x)$ 当 $x \to x_0$ 时极限存在的充分必要条件是左极限及右极限各自存在并且相等, 即 $f(x_0^-) = f(x_0^+)$.

2. 思考

本节的案例怎么用函数极限的语言来描述?

习 题 1.3

1. 对图 1-3-5 所示的函数 $f(x)$, 求下列极限, 如极限不存在, 说明理由.
(1) $\lim\limits_{x \to -2} f(x)$;   (2) $\lim\limits_{x \to -1} f(x)$;
(3) $\lim\limits_{x \to 0} f(x)$.

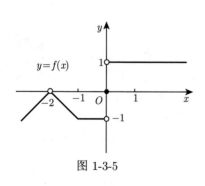

图 1-3-5

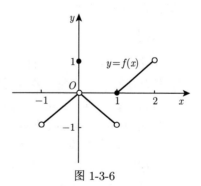

图 1-3-6

2. 对图 1-3-6 所示的函数 $f(x)$, 下列陈述中哪些是对的, 哪些是错的?
(1) $\lim\limits_{x \to 0} f(x)$ 不存在;   (2) $\lim\limits_{x \to 0} f(x) = 0$;
(3) $\lim\limits_{x \to 0} f(x) = 1$;   (4) $\lim\limits_{x \to 1} f(x) = 0$;
(5) $\lim\limits_{x \to 1} f(x)$ 不存在;   (6) 对每个 $x_0 \in (-1, 1)$, $\lim\limits_{x \to x_0} f(x)$ 存在.

3. 设 $f(x) = \begin{cases} 1 + 2x, & x < 0, \\ 1, & x = 0, \\ 1 - x, & x > 0, \end{cases}$ 求 $f(0^+), f(0^-), \lim\limits_{x \to 0} f(x)$.

4. 求 $f(x) = \dfrac{x}{x}$, $g(x) = \dfrac{\sqrt{x^2}}{x}$, 当 $x \to 0$ 时的左、右极限并说明它们在 $x \to 0$ 时的极限是否存在.

*5. 根据函数极限的定义证明:

(1) $\lim\limits_{x \to 1} 2x - 1 = 1$;

(2) $\lim\limits_{x \to \infty} \dfrac{1 + x^3}{2x^3} = \dfrac{1}{2}$.

6. 若 $f(x) = \mathrm{e}^{\frac{1}{x}}$, 说明 $x \to 0$ 时 $f(x)$ 处的极限是否存在?

7. 设 $\lim\limits_{x \to x_0} f(x) = A$, 则 $f(x)$ 在 x_0 处 (　　).

A. 有定义且 $f(x_0) = A$　　　　　　　　　　　　B. 有定义且 $f(x_0) \neq A$

C. 无定义　　　　　　　　　　　　　　　　　　D. 无法确定

1.4　无穷小与无穷大

教学目标:

1. 理解无穷小与无穷大的概念;

2. 理解无穷小与无穷大之间的关系;

3. 掌握无穷小的性质及无穷小的比较定义.

教学重点: 无穷小的性质、无穷小的比较定义.

教学难点: 无穷小与无穷大的概念.

教学背景: 导数的概念、电流强度、物体在某一温度的比热容等.

思政元素: 中华古诗词是民族文化的瑰宝, 从中体会数学中无穷的意境.

1.4.1　无穷小

无穷小是数学中一个重要的概念, 在十七八世纪微积分诞生初期, 数学家们对无穷小的观点各持己见, 无穷小究竟是不是零? 无穷小及其分析是否合理? 由此而引起了数学界甚至哲学界长达一个半世纪的争论, 造成了第二次数学危机. 那什么是无穷小?

慕课1.4.1

我国唐代诗人李白的 "孤帆远影碧空尽, 唯见长江天际流" 意境深远, 刻画了 "无穷小" 的意境, "孤帆" 是一个随时间变化而趋于零的量.

定义 1.4.1　如果函数 $f(x)$ 当 $x \to x_0$(或 $x \to \infty$) 时的极限为零, 那么称函数 $f(x)$ 为当 $x \to x_0$(或 $x \to \infty$) 时的无穷小.

特别地, 以零为极限的数列 $\{x_n\}$ 称为 $n \to \infty$ 时的无穷小.

正如数学家柯西所说: "无穷小并不是一个逝去量的灵魂, 也不是一个常量, 而是一个以零为极限的变量. "

说明几个问题

(1) 不要把无穷小与很小的数 (例如百万分之一) 混为一谈.

(2) 零是可以作为无穷小的唯一的常数, 因为如果 $f(x) = 0$, 那么对于任意给定的 $\varepsilon > 0$ 总有 $|f(x)| < \varepsilon$.

例 1　因为 $\lim\limits_{x \to 1} (x - 1) = 0$, 所以函数 $x - 1$ 为当 $x \to 1$ 时的无穷小.

因为 $\lim\limits_{x \to \infty} \dfrac{1}{x} = 0$, 所以函数 $\dfrac{1}{x}$ 为当 $x \to \infty$ 时的无穷小.

无穷小量不仅在解实际问题中具有现实意义, 而且在微积分的逻辑体系中具有理论意义. 因为微积分的许多重要概念都以极限为基础, 而极限与无穷小量有着极为密切的联系, 这种联系表现为下面的定理.

定理 1.4.1　在自变量的同一变化过程 $x \to x_0$(或 $x \to \infty$) 中, 函数 $f(x)$ 具有极限 A 的充分必要条件是 $f(x) = A + \alpha$, 其中 α 是无穷小.

证明　必要性　设 $\lim\limits_{x \to x_0} f(x) = A$, 则 $\forall \varepsilon > 0, \exists \delta > 0$, 使当 $0 < |x - x_0| < \delta$ 时, 有

$$|f(x) - A| < \varepsilon.$$

令 $\alpha = f(x) - A$, 则 α 是当 $x \to x_0$ 时的无穷小, 且

$$f(x) = A + \alpha.$$

这就证明了 $f(x)$ 等于它的极限 A 与一个无穷小 α 之和.

充分性　设 $f(x) = A + \alpha$, 其中 A 是常数, α 是当 $x \to x_0$ 时的无穷小, 于是

$$|f(x) - A| = |\alpha|.$$

因为 α 是当 $x \to x_0$ 时的无穷小, 所以 $\forall \varepsilon > 0, \exists \delta > 0$, 使当 $0 < |x - x_0| < \delta$ 时, 有

$$|\alpha| < \varepsilon,$$

即

$$|f(x) - A| < \varepsilon.$$

这就证明了 A 是 $f(x)$ 当 $x \to x_0$ 时的极限.

类似地可证明当 $x \to \infty$ 时的情形.

1.4.2　无穷大

如果当 $x \to x_0$(或 $x \to \infty$) 时, 对应的函数值的绝对值 $|f(x)|$ 可以大于预先指定的任何很大的正数 M, 那么就称函数 $f(x)$ 是当 $x \to x_0$(或 $x \to \infty$) 时的**无穷大**.

慕课1.4.2

定义 1.4.2　设函数 $f(x)$ 在 x_0 的某一去心邻域内有定义 (或 $|x|$ 大于某一正数时有定义). 如果对于任意给定的正数 M(不论它多么大), 总存在正数 δ(或正

数 X), 只要 x 适合不等式 $0 < |x - x_0| < \delta$, 对应的函数值 $f(x)$ 总满足不等式

$$|f(x)| > M,$$

那么称函数 $f(x)$ 是当 $x \to x_0$(或 $x \to \infty$) 时的无穷大.

当 $x \to x_0$(或 $x \to \infty$) 时的无穷大的函数 $f(x)$, 按函数极限定义来说, 极限是不存在的. 但为了便于叙述函数的这一性态, 我们也说 "函数的极限是无穷大", 并记作 $\lim\limits_{x \to x_0} f(x) = \infty$ (或 $\lim\limits_{x \to \infty} f(x) = \infty$).

注 ∞ 不是严格意义上的极限, 而只是反映函数值有往 ∞ 变化的趋势.

如果在无穷大的定义中, 把 $|f(x)| > M$ 换成 $f(x) > M$(或 $f(x) < -M$), 就记作 $\lim\limits_{\substack{x \to x_0 \\ (x \to \infty)}} f(x) = +\infty$ (或 $\lim\limits_{\substack{x \to x_0 \\ (x \to \infty)}} f(x) = -\infty$).

说明几个问题

(1) 无穷大是一个变量, 无穷大 (∞) 不是数, 不可与很大的数 (如一千万、一亿等) 混为一谈. 无穷大是描述函数的一种性态;

(2) 函数为无穷大必定无界. 无界函数不一定是无穷大. 例如函数 $x \sin x$ 当 $x \to \infty$ 时是无界的, 因为任意给定 $M > 0$, 总能找到 x 的值, 如 $x = 2n\pi + \dfrac{\pi}{2}$, 使

$$|x \sin x| = \left| \left(2n\pi + \frac{\pi}{2} \right) \sin \left(2n\pi + \frac{\pi}{2} \right) \right| = \left| \left(2n\pi + \frac{\pi}{2} \right) \right| > M$$

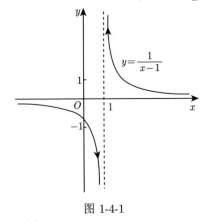

图 1-4-1

只要 n 充分大. 但 $x \sin x$ 当 $x \to \infty$ 时不是无穷大. 因为当 $x = 0, \pi, 2\pi, \cdots$ 时, $x \sin x = 0$, 所以不能满足无穷大定义中 "只要 x 适合不等式 $0 < |x - x_0| < \delta$(或 $|x| > X$), 对应的函数值 $f(x)$ 总满足不等式 $|f(x)| > M$" 这个要求.

例 2 证明 $\lim\limits_{x \to 1} \dfrac{1}{x - 1} = \infty$.

证明 设 $M > 0$. 要使

$$\left| \frac{1}{x - 1} \right| > M,$$

只要

$$|x - 1| < \frac{1}{M}.$$

所以, 取 $\delta = \dfrac{1}{M}$, 则只要 x 适合不等式 $0 < |x - 1| < \delta = \dfrac{1}{M}$, 就有

$$\left| \frac{1}{x - 1} \right| > M.$$

这就证明了 $\lim\limits_{x\to 1}\dfrac{1}{x-1}=\infty$.

直线 $x=1$ 是函数 $y=\dfrac{1}{x-1}$ 的图形的**铅直渐近线**.

一般地说, 如果 $\lim\limits_{x\to x_0}f(x)=\infty$, 那么直线 $x=x_0$ 是函数 $y=f(x)$ 的图形的**铅直渐近线**.

无穷大与无穷小之间有一种简单的关系, 即

定理 1.4.2 在自变量的同一变化过程中, 如果 $f(x)$ 为无穷大, 那么 $\dfrac{1}{f(x)}$ 为无穷小; 反之, 如果 $f(x)$ 为无穷小, 且 $f(x)\neq 0$, 那么 $\dfrac{1}{f(x)}$ 为无穷大.

证明 设 $\lim\limits_{x\to x_0}f(x)=\infty, \forall\varepsilon>0$. 根据无穷大的定义, 对于 $M=\dfrac{1}{\varepsilon},\exists\delta>0$, 当 $0<|x-x_0|<\delta$ 时, 有

$$|f(x)|>M=\frac{1}{\varepsilon},$$

即

$$\left|\frac{1}{f(x)}\right|<\varepsilon,$$

所以 $\dfrac{1}{f(x)}$ 为当 $x\to x_0$ 时的无穷小.

反之, 设 $\lim\limits_{x\to x_0}f(x)=0$, 且 $f(x)\neq 0$.

$\forall M>0$. 根据无穷小的定义, 对于 $\varepsilon=\dfrac{1}{M},\exists\delta>0$, 当 $0<|x-x_0|<\delta$ 时, 有

$$|f(x)|<\varepsilon=\frac{1}{M},$$

由于当 $0<|x-x_0|<\delta$ 时 $f(x)\neq 0$, 从而

$$\left|\frac{1}{f(x)}\right|>M,$$

所以 $\dfrac{1}{f(x)}$ 为当 $x\to x_0$ 时的无穷大.

类似地可证当 $x\to\infty$ 时的情形.

说明几个问题

(1) 定理 1.4.2 表明了无穷大与无穷小 (非零) 互成倒数关系.

(2) 据此定理, 关于无穷大的问题都可转化为无穷小来讨论.

例 3 下列各函数, 在 x 的什么趋向下是无穷小? 什么趋向下是无穷大?

(1) $\dfrac{x+1}{x^3-1}$;   (2) $\dfrac{x^3-3x+2}{x-2}$;   (3) $\sqrt{2x-1}$.

解 (1) 因 $\lim\limits_{x\to-1}\dfrac{x+1}{x^3-1}=0$, $\lim\limits_{x\to\infty}\dfrac{x+1}{x^3-1}=0$, $\lim\limits_{x\to1}\dfrac{x^3-1}{x+1}=\dfrac{0}{2}=0$, 所以当 $x\to-1$ 或当 $x\to\infty$ 时, $\dfrac{x+1}{x^3-1}$ 均为无穷小; 当 $x\to1$ 时 $\dfrac{x+1}{x^3-1}$ 为无穷大.

(2) $x^3-3x+2=(x-1)^2(x+2)$, 所以当 $x\to1$ 或当 $x\to-2$ 时, $\dfrac{x^3-3x+2}{x-2}$ 为无穷小; 当 $x\to2$ 时或当 $x\to\infty$ 时, $\dfrac{x^3-3x+2}{x-2}$ 为无穷大.

(3) 当 $x\to\dfrac{1}{2}^+$ 时, 函数 $\sqrt{2x-1}$ 为无穷小; 当 $x\to+\infty$ 时, $\sqrt{2x-1}$ 为无穷大.

1.4.3 无穷小量的性质

定理 1.4.3 两个无穷小的和是无穷小.

证明 设 α 及 β 是当 $x\to x_0$ 时的两个无穷小, 而

慕课1.5.1

$$\gamma=\alpha+\beta.$$

$\forall\varepsilon>0$. 因为 α 是当 $x\to x_0$ 时的无穷小, 对于 $\dfrac{\varepsilon}{2}>0, \exists\delta_1>0$, 当 $0<|x-x_0|<\delta_1$ 时, 不等式

$$|\alpha|<\dfrac{\varepsilon}{2}$$

成立. 又因 β 是当 $x\to x_0$ 时的无穷小, 对于 $\dfrac{\varepsilon}{2}>0, \exists\delta_2>0$, 当 $0<|x-x_0|<\delta_2$ 时, 不等式

$$|\beta|<\dfrac{\varepsilon}{2}$$

成立. 取 $\delta=\min\{\delta_1,\delta_2\}$, 则当 $0<|x-x_0|<\delta_2$ 时,

$$|\alpha|<\dfrac{\varepsilon}{2}\quad\text{及}\quad|\beta|<\dfrac{\varepsilon}{2}$$

同时成立, 从而 $|\gamma|=|\alpha+\beta|\leqslant|\alpha|+|\beta|<\dfrac{\varepsilon}{2}+\dfrac{\varepsilon}{2}=\varepsilon$. 这就证明了 γ 也是当 $x\to x_0$ 时的无穷小.

用数学归纳法可证: **有限个无穷小之和也是无穷小**.

注 无穷多个无穷小量之和不一定是无穷小量. 例如, 当 $n\to\infty$ 时, $\dfrac{1}{n}$ 是无穷小, $2n$ 个这种无穷小之和的极限显然为 2.

定理 1.4.4 有界函数与无穷小的乘积是无穷小.

证明 设函数 u 在 x_0 的某一去心邻域 $\overset{\circ}{U}(x_0, \delta_1)$ 内是有界的, 即 $\exists M > 0$ 使 $|u| \leqslant M$ 对一切 $x \in \overset{\circ}{U}(x_0, \delta_1)$ 成立. 又设 α 是当 $x \to x_0$ 时的无穷小, 即 $\forall \varepsilon > 0, \exists \delta_2 > 0$, 当 $x \in \overset{\circ}{U}(x_0, \delta_2)$ 时, 有

$$|\alpha| < \frac{\varepsilon}{M}.$$

取 $\delta = \min\{\delta_1, \delta_2\}$, 则当 $x \in \overset{\circ}{U}(x_0, \delta)$ 时,

$$|u| \leqslant M \quad \text{及} \quad |\alpha| < \frac{\varepsilon}{M}$$

同时成立, 从而

$$|u\alpha| = |u| \cdot |\alpha| < M \cdot \frac{\varepsilon}{M} = \varepsilon,$$

这就证明了 $u\alpha$ 是当 $x \to x_0$ 时的无穷小.

推论 1 非零常数与无穷小的乘积是无穷小.

推论 2 有限个无穷小的乘积是无穷小.

注 无穷多个无穷小量之积不一定是无穷小量. 例如,

$$\lim_{x \to \infty} \overbrace{\sin\frac{1}{x} + \sin\frac{1}{x} + \cdots + \sin\frac{1}{x}}^{x\text{个}} = \lim_{x \to \infty} x\sin\frac{1}{x} = \lim_{x \to \infty} \frac{\sin\frac{1}{x}}{\frac{1}{x}} = 1. \text{(学完第一}$$

个重要极限再给予说明.)

1.4.4 无穷小的比较

许多物理量都可以表示成两个无穷小的商. 例如: 直线运动的瞬时速度, 某一时刻的通过导体的横截面的电流强度, 物体在某一温度的比热容等. 在 1.5 节中我们已经知道, 两个无穷小的和、差及乘积仍旧是无穷小. 但是, 关于两个无穷小的商, 却会出现不同的情况, 例如, 当 $x \to 0$ 时, $3x, x^2, \sin x$ 都是无穷小, 而

慕课1.7

$$\lim_{x \to 0} \frac{x^2}{3x} = 0, \quad \lim_{x \to 0} \frac{3x}{x^2} = \infty.$$

两个无穷小之比的极限的各种不同情况, 反映了不同的无穷小趋于零的 "快慢" 程度.

就上面几个例子来说, 在 $x \to 0$ 的过程中, $x^2 \to 0$ 比 $3x \to 0$ "快些", 反过来 $3x \to 0$ 比 $x^2 \to 0$ "慢些".

下面, 我们就无穷小之比的极限存在或为无穷大时, 来说明两个无穷小之间的比较定义. 应当注意, 下面的 α 及 β 都是在同一个自变量的变化过程中的无穷小, 且 $\alpha \neq 0$, $\lim \dfrac{\beta}{\alpha}$ 也是在这个变化过程中的极限.

定义 1.4.3 如果 $\lim \dfrac{\beta}{\alpha} = 0$, 那么就说 β 是比 α **高阶的无穷小**, 记作 $\beta = o(\alpha)$;

如果 $\lim \dfrac{\beta}{\alpha} = \infty$, 那么就说 β 是比 α **低阶的无穷小**;

如果 $\lim \dfrac{\beta}{\alpha} = c \neq 0$, 那么就说 β 与 α 是**同阶无穷小**;

如果 $\lim \dfrac{\beta}{\alpha} = c \neq 0, k > 0$, 那么就说 β 是关于 α 的 $\boldsymbol{k}$ **阶无穷小**;

如果 $\lim \dfrac{\beta}{\alpha} = 1$, 那么就说 β 与 α 是**等价无穷小**, 记作 $\alpha \sim \beta$.

显然, 等价无穷小是同阶无穷小的特殊情形, 即 $c = 1$ 的情形.

下面举一些例子: 因为 $\lim\limits_{x \to 0} \dfrac{3x^2}{x} = 0$, 所以当 $x \to 0$ 时, $3x^2$ 是比 x 高阶的无穷小, 即

$$3x^2 = o(x) \quad (x \to 0).$$

因为 $\lim\limits_{n \to \infty} \dfrac{\dfrac{1}{n}}{\dfrac{1}{n^2}} = \infty$, 所以当 $n \to \infty$ 时, $\dfrac{1}{n}$ 是比 $\dfrac{1}{n^2}$ 低阶的无穷小.

因为 $\lim\limits_{x \to 2} \dfrac{x^2 - 4}{x - 2} = 4$, 所以当 $x \to 3$ 时, $x^2 - 9$ 与 $x - 3$ 是同阶无穷小.

小结与思考

1. 小结

(1) 无穷小量是以 0 为极限的一类特殊变量, 它不是什么绝对值很小很小的定数; 无穷大量是绝对值无限增大的一类变量, 也不是什么绝对值很大很大的数.

(2) 无穷小 (非零) 与无穷大之间存在着互成倒数的关系.

(3) 特别提出无穷小这类特殊变量的原因在于, 如果 $f(x)$ 以 A 为极限, 那么 $f(x) - A = \alpha(x)$ 是无穷小; 反过来, 如果 $f(x) - A = \alpha(x)$ 是无穷小, 那么 $f(x)$ 以 A 为极限. 因此, 我们可以把极限问题化为无穷小问题来处理.

(4) 无穷小的性质.

(5) 无穷小的比较定义.

2. 思考

有界函数与无穷大量的乘积是否一定是无穷大量?

习 题 1.4

1. 两个无穷小的商是否一定是无穷小? 举例说明之.

2. 求下列极限:

(1) $\lim\limits_{x\to\infty}\dfrac{2x+1}{x}$;

(2) $\lim\limits_{x\to0}\dfrac{1-x^2}{1-x}$.

*3. 证明: 函数 $y=\dfrac{1}{x}\sin\dfrac{1}{x}$ 在区间 $(0,1]$ 内无界, 但这函数不是 $x\to0^+$ 时的无穷大.

4. 求函数 $f(x)=\dfrac{4}{2-x^2}$ 的图形的渐近线.

5. 计算下列极限:

(1) $\lim\limits_{x\to0}x^2\sin\dfrac{1}{x}$;

(2) $\lim\limits_{x\to\infty}\dfrac{\arctan x}{x}$.

6. 当 $x\to0$ 时, 比较下列各阶无穷小:

(1) $x^2-x^3,\ x-x^2$;

(2) $2x,4x^2$.

1.5 极限的运算法则

"工欲善其事, 必先利其器." 这是出自《论语·卫灵公》篇中的孔子名言. 本节讨论极限的求法, 主要是建立极限的四则运算法则和复合函数的极限法则, 利用这些法则, 可以求某些函数的极限.

教学目标:

1. 理解和熟练掌握极限的四则运算法则;

2. 会求复合函数的极限;

3. 掌握极限存在的两个准则;

4. 掌握无穷小比较定理.

教学重点: 极限的运算法则, 利用等价无穷小求极限.

教学难点: 应用极限运算法则求极限, 利用单调有界性判别法证明数列极限存在.

教学背景: 导数的概念、电流强度、物体在某一温度的比热容等.

思政元素: 量变和质变, 没有规矩不成方圆.

1.5.1 极限的四则运算

在下面的讨论中, 记号 "lim" 下面没有标明自变量的变化过程. 实际上, 下面的定理对 $x\to x_0$ 及 $x\to\infty$ 都是成立的. 在论证时, 我们只证明了 $x\to x_0$ 的情形, 只要把 δ 改成 X, 把 $0<|x-x_0|<\delta$ 改成 $|x|>X$, 就可得 $x\to\infty$ 情形的证明.

慕课1.5.2

定理 1.5.1 如果 $\lim f(x) = A$, $\lim g(x) = B$, 那么

(1) $\lim [f(x) \pm g(x)] = \lim f(x) \pm \lim g(x) = A \pm B$;

(2) $\lim [f(x) \cdot g(x)] = \lim f(x) \cdot \lim g(x) = A \cdot B$;

(3) 若又有 $B \neq 0$, 则

$$\lim \frac{f(x)}{g(x)} = \frac{\lim f(x)}{\lim g(x)} = \frac{A}{B}.$$

关于数列, 也有类似的极限四则运算法则, 这就是下面的定理.

定理 1.5.2 设有数列 $\{x_n\}$ 和 $\{y_n\}$. 如果

$$\lim_{n \to \infty} x_n = A, \quad \lim_{n \to \infty} y_n = B,$$

那么

(1) $\lim\limits_{n \to \infty} (x_n \pm y_n) = A \pm B$;

(2) $\lim\limits_{n \to \infty} (x_n \cdot y_n) = A \cdot B$;

(3) 当 $y_n \neq 0 \, (n = 1, 2, \cdots)$ 且 $B \neq 0$ 时, $\lim\limits_{n \to \infty} \dfrac{x_n}{y_n} = \dfrac{A}{B}$.

证明从略.

1. *典型例题*

求函数的极限的方法是: 利用极限的四则运算法则, 无穷小乘有界函数仍是无穷小等. 下面给一些相关例题.

(1) **代入法** 直接将 $x \to x_0$ 的 x_0 代入所求极限的函数中去.

例 1 求 $\lim\limits_{x \to 1} (2x - 1)$.

解 $\lim\limits_{x \to 1} (2x - 1) = \lim\limits_{x \to 1} 2x - \lim\limits_{x \to 1} 1 = 2 \lim\limits_{x \to 1} x - 1 = 2 \cdot 1 - 1 = 1$.

例 2 求 $\lim\limits_{x \to 2} \dfrac{x^3 - 1}{x^2 - 5x + 3}$.

解 这里分母的极限不为零, 故

$$\lim_{x \to 2} \frac{x^3 - 1}{x^2 - 5x + 3} = \frac{\lim\limits_{x \to 2} (x^3 - 1)}{\lim\limits_{x \to 2} (x^2 - 5x + 3)}$$

$$= \frac{\lim\limits_{x \to 2} x^3 - \lim\limits_{x \to 2} 1}{\lim\limits_{x \to 2} x^2 - 5 \lim\limits_{x \to 2} x + \lim\limits_{x \to 2} 3} = \frac{\left(\lim\limits_{x \to 2} x\right)^3 - 1}{\left(\lim\limits_{x \to 2} x\right)^2 - 5 \cdot 2 + 3}$$

$$= \frac{2^3 - 1}{2^2 - 10 + 3} = \frac{7}{-3} = -\frac{7}{3}.$$

从上面两个例子可以看出, 求有理整函数 (多项式) 或有理分式函数当 $x \to x_0$ 的极限时, 只要把 x_0 代替函数中的 x 即可.

(2) 分解因式, 消去零因子法 极限式是有理分式. 将分子、分母分解因式, 从而消去使分母成为 0 的因式, 然后再求极限.

例 3 求 $\lim\limits_{x \to 1} \dfrac{x^2 + 2x - 3}{2x^3 + 4x - 6}$.

解
$$\lim_{x \to 1} \frac{x^2 + 2x - 3}{2x^3 + 4x - 6} = \lim_{x \to 1} \frac{(x-1)(x+3)}{(x-1)(2x^2 + 2x + 6)} = \lim_{x \to 1} \frac{x+3}{2x^2 + 2x + 6}$$
$$= \frac{\lim\limits_{x \to 1}(x+3)}{\lim\limits_{x \to 1}(2x^2 + 2x + 6)} = \frac{1+3}{2+2+6} = \frac{2}{5}.$$

(3) 分子 (分母) 有理化法 极限式是无理式: 通过有理化方法消去使分母成为零的因式, 然后再求极限.

例 4 求 $\lim\limits_{x \to 0} \dfrac{\sqrt{x+1} - 1}{x}$.

解
$$\lim_{x \to 0} \frac{\sqrt{x+1} - 1}{x} = \lim_{x \to 0} \frac{\left(\sqrt{x+1} - 1\right)\left(\sqrt{x+1} + 1\right)}{x\left(\sqrt{x+1} + 1\right)} = \lim_{x \to 0} \frac{x}{x\left(\sqrt{x+1} + 1\right)}$$
$$= \lim_{x \to 0} \frac{1}{\sqrt{x+1} + 1} = \frac{\lim\limits_{x \to 0} 1}{\lim\limits_{x \to 0}\sqrt{x+1} + \lim\limits_{x \to 0} 1} = \frac{1}{2}.$$

(4) 化无穷大为无穷小法.

例 5 求 $\lim\limits_{x \to 1} \dfrac{2x - 3}{x^2 - 5x + 4}$.

解 因为分母的极限 $\lim\limits_{x \to 1}(x^2 - 5x + 4) = 1^2 - 5 \cdot 1 + 4 = 0$, 不能直接应用商的极限的运算法则. 但因 $\lim\limits_{x \to 1} \dfrac{x^2 - 5x + 4}{2x - 3} = \dfrac{1^2 - 5 \cdot 1 + 4}{2 \cdot 1 - 3} = 0$, 故由定理 1.4.2, 得

$$\lim_{x \to 1} \frac{2x - 3}{x^2 - 5x + 4} = \infty.$$

求这样一类函数的极限, 这类函数是两个之商, 随着 $x \to \infty$ 分子、分母的绝对值都无限增大, 即呈 $\dfrac{\infty}{\infty}$ 型时, 此时不能直接应用关于商的极限的运算法则. 先以函数式中 x 的最高次幂去除分子、分母的各项, 然后再求极限.

(5) 形如 $\lim\limits_{x \to \infty} \dfrac{a_0 + a_1 x + \cdots + a_n x^n}{b_0 + b_1 x + \cdots + b_m x^m}$ 的极限.

例 6 求 $\lim\limits_{x \to \infty} \dfrac{3x^3 + 4x^2 + 2}{7x^3 + 5x^2 - 3}$.

解 先用 x^3 去除分母及分子, 然后取极限

$$\lim_{x\to\infty}\frac{3x^3+4x^2+2}{7x^3+5x^2-3}=\lim_{x\to\infty}\frac{3+\dfrac{4}{x}+\dfrac{2}{x^3}}{7+\dfrac{5}{x}-\dfrac{3}{x^3}}=\frac{3}{7}.$$

例 7 求 $\lim\limits_{x\to\infty}\dfrac{3x^2-2x-1}{2x^3-x^2+5}$.

解 先用 x^3 去除分母和分子, 然后求极限, 得

$$\lim_{x\to\infty}\frac{3x^2-2x-1}{2x^3-x^2+5}=\lim_{x\to\infty}\frac{\dfrac{3}{x}-\dfrac{2}{x^2}-\dfrac{1}{x^3}}{2-\dfrac{1}{x}+\dfrac{5}{x^3}}=\frac{0}{2}=0.$$

例 8 求 $\lim\limits_{x\to\infty}\dfrac{2x^3-x^2+5}{3x^2-2x-1}$.

解 应用例 7 的结果并根据定理 1.4.2, 即得

$$\lim_{x\to\infty}\frac{2x^3-x^2+5}{3x^2-2x-1}=\infty.$$

由以上三个例子可知, 当 $a_0\neq0$, $b_0\neq0$, m 和 n 为非负整数时, 有

$$\lim_{x\to\infty}\frac{a_0x^m+a_1x^{m-1}+\cdots+a_m}{b_0x^n+b_1x^{n-1}+\cdots+b_n}=\begin{cases}0,&n>m,\\[2mm]\dfrac{a_0}{b_0},&n=m,\\[2mm]\infty,&n<m.\end{cases}$$

(6) 无穷小乘有界函数仍是无穷小.

例 9 求 $\lim\limits_{x\to\infty}\dfrac{\sin x}{x}$.

解 当 $x\to\infty$ 时, 分子及分母的极限都不存在, 故关于商的极限的运算法则不能应用. 如果把 $\dfrac{\sin x}{x}$ 看作 $\sin x$ 与 $\dfrac{1}{x}$ 的乘积, 由于 $\dfrac{1}{x}$ 当 $x\to\infty$ 时为无穷小, 而 $\sin x$ 是有界函数, 则根据定理 1.5.2, 有

$$\lim_{x\to\infty}\frac{\sin x}{x}=0.$$

2. 无穷小比较的相关定理

定理 1.5.3 β 与 α 是等价无穷小的充分必要条件为

$$\beta=\alpha+o(\alpha).$$

证明　必要性　设 $\alpha \sim \beta$, 则

$$\lim \frac{\beta - \alpha}{\alpha} = \lim \left(\frac{\beta}{\alpha} - 1 \right) = \lim \frac{\beta}{\alpha} - 1 = 0,$$

因此 $\beta - \alpha = o(\alpha)$, 即 $\beta = \alpha + o(\alpha)$.

充分性　设 $\beta = \alpha + o(\alpha)$, 则

$$\lim \frac{\beta}{\alpha} = \lim \frac{\alpha + o(\alpha)}{\alpha} = \lim \left(1 + \frac{o(\alpha)}{\alpha} \right) = 1,$$

因此 $\alpha \sim \beta$.

定理 1.5.4　设 $\alpha \sim \tilde{\alpha}, \beta \sim \tilde{\beta}$, 且 $\lim \dfrac{\tilde{\beta}}{\tilde{\alpha}}$ 存在, 则

$$\lim \frac{\beta}{\alpha} = \lim \frac{\tilde{\beta}}{\tilde{\alpha}}.$$

证明　$\lim \dfrac{\beta}{\alpha} = \lim \left(\dfrac{\beta}{\tilde{\beta}} \cdot \dfrac{\tilde{\beta}}{\tilde{\alpha}} \cdot \dfrac{\tilde{\alpha}}{\alpha} \right) = \lim \dfrac{\beta}{\tilde{\beta}} \cdot \lim \dfrac{\tilde{\beta}}{\tilde{\alpha}} \cdot \lim \dfrac{\tilde{\alpha}}{\alpha} = \lim \dfrac{\tilde{\beta}}{\tilde{\alpha}}$.

定理 1.5.4 表明, 求两个无穷小之比的极限时, 分子及分母都可用等价无穷小来代替. 因此, 如果用来代替的无穷小选得适当的话, 就可以使计算简化.

3. 复合函数的极限运算法则

定理 1.5.5　设函数 $y = f[g(x)]$ 是由函数 $u = g(x)$ 与函数 $y = f(u)$ 复合而成的, $f[g(x)]$ 在点 x_0 的某去心邻域内有定义, 若 $\lim\limits_{x \to x_0} g(x) = u_0$, $\lim\limits_{x \to x_0} f(x) = A$, 且存在 $\delta_0 > 0$, 当 $x \in \mathring{U}(x_0, \delta_0)$ 时, 有 $g(x) \neq u_0$, 则

$$\lim_{x \to x_0} f[g(x)] = \lim_{u \to u_0} f(u) = A.$$

按函数极限的定义, 要证: $\forall \varepsilon > 0, \exists \delta > 0$, 使得当 $0 < |x - x_0| < \delta$ 时,

$$|f[g(x)] - A| < \varepsilon$$

成立.

由于 $\lim\limits_{u \to u_0} f(u) = A, \forall \varepsilon > 0, \exists \eta > 0$, 当 $0 < |u - u_0| < \eta$ 时, $|f(u) - A| < \varepsilon$ 成立.

又由于 $\lim\limits_{x \to x_0} g(x) = u_0$, 对于上面得到的 $\eta > 0, \exists \delta_1 > 0$, 当 $0 < |x - x_0| < \delta_1$ 时, $|g(x) - u_0| < \eta$ 成立.

由假设, 当 $x \in \overset{\circ}{U}(x_0, \delta_0)$ 时, $g(x) \neq u_0$. 取 $\delta = \min\{\delta_0, \delta_1\}$, 则当 $0 < |x - x_0| < \delta$ 时, $|g(x) - u_0| < \eta$ 及 $|g(x) - u_0| \neq 0$ 同时成立, 即 $0 < |g(x) - u_0| < \eta$ 成立, 从而

$$|f[g(x)] - A| = |f(u) - A| < \varepsilon$$

成立.

定理 1.5.5 表示, 如果函数 $g(x)$ 和 $f(u)$ 满足该定理的条件, 那么作代换 $u = g(x)$ 可把求 $\lim_{x \to x_0} f[g(x)]$ 化为求 $\lim_{x \to x_0} f(u)$, 这里 $u_0 = \lim_{x \to x_0} g(x)$.

例 10 求 $\lim_{x \to 1}(x^2 + 2x - 1)^5$.

解 代换 $u = x^2 + 2x - 1$, 则当 $x \to 1$ 时, $u \to 2$, 所以

$$\lim_{x \to 1}(x^2 + 2x - 1)^5 = \lim_{u \to 2}(u)^5 = 2^5.$$

1.5.2 极限的存在准则

慕课1.6.1

准则 1 如果数列 $\{x_n\}$, $\{y_n\}$ 及 $\{z_n\}$ 满足下列条件

(1) 从某项起, 即 $\exists n_0 \in \mathbf{N}_+$, 当 $n > n_0$ 时, 有

$$y_n \leqslant x_n \leqslant z_n;$$

(2) $\lim_{n \to \infty} y_n = a$, $\lim_{n \to \infty} z_n = a$,

那么数列 $\{x_n\}$ 的极限存在, 且 $\lim_{n \to \infty} x_n = a$.

证明 因为 $y_n \to a$, $z_n \to a$, 所以根据数列极限的定义, $\forall \varepsilon > 0$, $\exists$ 正整数 N_1, 当 $n > N_1$ 时, 有 $|y_n - a| < \varepsilon$; 又 $\exists$ 正整数 N_2, 当 $|z_n - a| < \varepsilon$ 时, 有 $N = \max\{n_0, N_1, N_2\}$, 则当 $n > N$ 时, 有

$$|y_n - a| < \varepsilon, \quad |z_n - a| < \varepsilon$$

同时成立, 即

$$a - \varepsilon < y_n < a + \varepsilon, \quad a - \varepsilon < z_n < a + \varepsilon$$

同时成立. 又因当 $n > N$ 时, x_n 介于 y_n 和 z_n 之间, 从而有

$$a - \varepsilon < y_n \leqslant x_n \leqslant z_n < a + \varepsilon,$$

即

$$|x_n - a| < \varepsilon$$

成立. 这就证明了 $\lim_{n \to \infty} x_n = a$.

上述数列极限存在准则可以推广到函数的极限.

准则 2 如果

(1) 当 $x \in \overset{\circ}{U}(x_0, r)$(或 $|x| > M$) 时,

$$g(x) \leqslant f(x) \leqslant h(x);$$

(2) $\lim\limits_{\substack{x \to x_0 \\ (x \to \infty)}} g(x) = A$, $\lim\limits_{\substack{x \to x_0 \\ (x \to \infty)}} h(x) = A$,

那么 $\lim\limits_{\substack{x \to x_0 \\ (x \to \infty)}} f(x)$ 存在, 且等于 A.

准则 1 及准则 2 称为极限的**夹逼准则**.

注 夹逼准则是证明极限存在且求极限的重要方法之一. 欲证明 $\lim\limits_{x \to x_0} f(x)$ 存在并求之, 需对 $f(x)$ 进行适当的放大或缩小, 得到在 x_0 收敛到同一极限的两个辅助函数 $g(x)$ 及 $h(x)$, 数列的情况与此类似.

例 11 求 $\lim\limits_{n \to \infty} \left(\dfrac{1}{\sqrt{n^2+1}} + \dfrac{1}{\sqrt{n^2+2}} + \cdots + \dfrac{1}{\sqrt{n^2+n}} \right)$.

解 由于 $\dfrac{n}{\sqrt{n^2+n}} < \dfrac{1}{\sqrt{n^2+1}} + \cdots + \dfrac{1}{\sqrt{n^2+n}} < \dfrac{n}{\sqrt{n^2+1}}$, 且

$$\lim_{n \to \infty} \frac{n}{\sqrt{n^2+n}} = \lim_{n \to \infty} \frac{n}{\sqrt{n^2+1}} = 1,$$

则 $\lim\limits_{n \to \infty} \left(\dfrac{1}{\sqrt{n^2+1}} + \dfrac{1}{\sqrt{n^2+2}} + \cdots + \dfrac{1}{\sqrt{n^2+n}} \right) = 1$.

准则 3 单调有界数列必有极限.

对准则 3 我们不作证明, 而给出如下的几何解释.

从数轴上看, 对应于单调数列的点 x_n 只可能向一个方向移动, 所以只有两种可能情形: 或者点 x_n 沿数轴移向无穷远 ($x_n \to +\infty$ 或 $x_n \to -\infty$), 或者点 x_n 无限趋近于某一个定点 A (图 1-5-1), 也就是数列 $\{x_n\}$ 趋于一个极限. 但现在假定数列是有界的, 而有界数列的点 x_n 都落在数轴上某一个区间 $[-M, M]$ 内, 那么上述第一种情形就不可能发生了, 这就表示这个数列趋于一个极限, 并且这个极限的绝对值不超过 M.

图 1-5-1

例 12   设数列 $\{a_n\}$ 满足 $a_1 > 0$, $a_{n+1} = \dfrac{1}{2}\left(a_n + \dfrac{2}{a_n}\right)$, 证明极限 $\lim\limits_{n\to\infty} a_n$ 存在, 并求其值.

证明   (1) **有界性**   由于 $a_1 > 0$ 显然 $a_n > 0$, 则

$$a_{n+1} = \frac{1}{2}\left(a_n + \frac{2}{a_n}\right) \geqslant \frac{1}{2} \cdot 2\sqrt{a_n \cdot \frac{2}{a_n}} = \sqrt{2}$$

有下界.

(2) **单调性**

$$a_{n+1} - a_n = \frac{1}{a_n} - \frac{1}{2}a_n = \frac{2 - a_n^2}{2a_n} < 0.$$

显然 $\{a_n\}$ 单调递减. 综上极限 $\lim\limits_{n\to\infty} a_n$ 存在.

(3) **求值**   设 $\lim\limits_{n\to\infty} a_n = A$, 在 $a_{n+1} = \dfrac{1}{2}\left(a_n + \dfrac{2}{a_n}\right)$ 两侧取极限可得

$$A = \frac{1}{2}\left(A + \frac{2}{A}\right), A = \sqrt{2}.$$

*1.5.3   柯西极限存在准则

在 1.2 节例 1 及例 2 中, 我们看到收敛数列不一定是单调的. 因此, 准则 3 所给出的单调有界这条件, 是数列收敛的充分条件, 而不是必要的, 当然, 其中有界这一条件对数列的收敛性来说是必要的. 下面叙述的**柯西 (Cauchy) 极限存在准则**, 它给出了数列收敛的充分必要条件.

柯西极限存在准则   数列 $\{x_n\}$ 收敛的充分必要条件是: 对于任意给定的正数 ε, 存在正整数 N, 使得当 $m > N$, $n > N$ 时, 有

$$|x_n - x_m| < \varepsilon.$$

证明   **必要性**   设 $\lim\limits_{n\to\infty} x_n = a$, $\forall \varepsilon > 0$, 由数列极限的定义, $\exists$ 正整数 N, 当 $n > N$ 时, 有

$$|x_n - a| < \frac{\varepsilon}{2};$$

同样, 当 $m > N$ 时, 也有

$$|x_m - a| < \frac{\varepsilon}{2}.$$

因此, 当 $m > N$, $n > N$ 时, 有

$$|x_n - x_m| = |(x_n - a) - (x_m - a)|$$

$$\leqslant |x_n - a| + |x_m - a| < \frac{\varepsilon}{2} + \frac{\varepsilon}{2} = \varepsilon.$$

所以条件是必要的.

充分性这里不予证明.

这准则的几何意义表示, 数列 $\{x_n\}$ 收敛的充分必要条件是: 对于任意给定的正数 ε, 在数轴上一切具有足够大号码的点 x_n 中, 任意两点间的距离小于 ε.

柯西极限存在准则有时也叫做**柯西收敛原理**.

小结与思考

1. 小结

(1) 极限的四则运算法则.

(2) 复合函数的极限运算法则.

(3) 极限存在准则.

(4) 等价无穷小在极限计算中有着非常重要的地位. 利用等价无穷代换, 可以使复杂极限的计算问题变得简单明了.

2. 思考

设数列 $\{a_n\}$ 满足 $a_{n+1} = 2a_n + 1$, $a_1 > 0$, 两边取极限 $\lim\limits_{n \to \infty} a_{n+1} = 2 \lim\limits_{n \to \infty} a_n + 1$, 则 $\lim\limits_{n \to \infty} a_n = -1$. 这么做对吗?

数学文化

柯西 (Augustin-Louis Cauchy, 1789—1857), 法国数学家, 他出版了《分析教程》(1821 年)、《无穷小分析教程概论》(1823 年)、《微积分在几何中的应用》(1826—1828 年) 这几部划时代的著作, 给出了分析学一系列基本概念的严格定义, 将微积分理论完整而严密地奠基于极限的基础之上, 从而使他成为严格微积分学的奠基者.

习 题 1.5

1. 计算下列极限:

(1) $\lim\limits_{x \to 2} \dfrac{x^2 + 5}{x - 3}$;

(2) $\lim\limits_{x \to \sqrt{3}} \dfrac{x^2 - 3}{x^2 + 1}$;

(3) $\lim\limits_{x \to 1} \dfrac{x^2 - 2x + 1}{x^2 - 1}$;

(4) $\lim\limits_{x \to 0} \dfrac{4x^3 - 2x^2 + x}{3x^2 + 2x}$;

(5) $\lim\limits_{h\to 0} \dfrac{(x+h)^2 - x^2}{h}$;

(6) $\lim\limits_{x\to\infty} \left(2 - \dfrac{1}{x} + \dfrac{1}{x^2}\right)$;

(7) $\lim\limits_{x\to\infty} \dfrac{x^2 - 1}{2x^2 - x - 1}$;

(8) $\lim\limits_{x\to\infty} \dfrac{x^2 + x}{x^4 - 3x^2 + 1}$;

(9) $\lim\limits_{x\to 4} \dfrac{x^2 - 6x + 8}{x^2 - 5x + 4}$;

(10) $\lim\limits_{x\to\infty} \left(1 + \dfrac{1}{x}\right)\left(2 - \dfrac{1}{x^2}\right)$;

(11) $\lim\limits_{n\to\infty} \left(1 + \dfrac{1}{2} + \dfrac{1}{4} + \cdots + \dfrac{1}{2^n}\right)$;

(12) $\lim\limits_{n\to\infty} \dfrac{1 + 2 + 3 + \cdots + (n-1)}{n^2}$;

(13) $\lim\limits_{n\to\infty} \dfrac{(n+1)(n+2)(n+3)}{5n^3}$;

(14) $\lim\limits_{x\to 1} \left(\dfrac{1}{1-x} - \dfrac{3}{1-x^3}\right)$.

2. 下列陈述中, 哪些是对的, 哪些是错的? 如果是对的, 说明理由; 如果是错的, 试给出一个反例.

(1) 如果 $\lim\limits_{x\to x_0} f(x)$ 存在, 但 $\lim\limits_{x\to x_0} g(x)$ 不存在, 那么 $\lim\limits_{x\to x_0} [f(x) + g(x)]$ 不存在;

(2) 如果 $\lim\limits_{x\to x_0} f(x)$ 和 $\lim\limits_{x\to x_0} g(x)$ 都不存在, 那么 $\lim\limits_{x\to x_0} [f(x) + g(x)]$ 不存在;

(3) 如果 $\lim\limits_{x\to x_0} f(x)$ 存在, 但 $\lim\limits_{x\to x_0} g(x)$ 不存在, 那么 $\lim\limits_{x\to x_0} [f(x) + g(x)]$ 不存在.

3. 利用极限存在准则, 证明:

(1) $\lim\limits_{n\to\infty} \sqrt{1 + \dfrac{1}{n}} = 1$;

(2) $\lim\limits_{n\to\infty} n\left(\dfrac{1}{n^2 + \pi} + \dfrac{1}{n^2 + 2\pi} + \cdots + \dfrac{1}{n^2 + n\pi}\right) = 1$;

(3) 数列 $\sqrt{2},\ \sqrt{2 + \sqrt{2}},\ \sqrt{2 + \sqrt{2 + \sqrt{2}}},\cdots$ 的极限存在;

(4) $\lim\limits_{x\to 0} \sqrt[n]{1 + x} = 1$;

(5) $\lim\limits_{x\to 0^+} x\left[\dfrac{1}{x}\right] = 1$.

4. 若 $\lim\limits_{x\to\infty} \dfrac{(1-a)x^2 + bx + 1}{x - 1} = 0$, 求 a, b.

1.6　两个重要极限

要求一个函数的极限, 首先要判断它是否收敛, 也就是先要知道它有没有极限存在, 这就是所谓极限的存在问题. 下面就来介绍判定极限存在的两个准则以及作为应用准则的例子, 讨论两个重要极限: $\lim\limits_{x\to 0} \dfrac{\sin x}{x} = 1$ 及 $\lim\limits_{x\to\infty} \left(1 + \dfrac{1}{x}\right)^x = \mathrm{e}$.

教学目标: 掌握两个重要极限求极限的方法, 结合等价无穷小定理求极限.

教学重点: 两个重要极限的证明.

教学难点: 两个重要极限在经济方面的应用.

教学背景: 存款复利计算、细胞繁殖、人口增长、放射性衰变等.

思政元素: 有趣的无理数 e.

1.6.1　第一重要极限

作为准则 2 的应用, 下面证明一个重要的极限

$$\lim_{x \to 0} \frac{\sin x}{x} = 1.$$

慕课1.6.2

首先, 我们来观察一下这个函数极限, 它能否写成 $\dfrac{\lim\limits_{x \to 0} \sin x}{\lim\limits_{x \to 0} x}$? 如果成立, 那么

会出现分母为 0 的情形.

函数极限的四则运算法则

$$\lim f(x) = A, \ \lim g(x) = B,$$

则 $\lim \dfrac{f(x)}{g(x)} = \dfrac{A}{B}$.

本法则在使用时有一个重要的条件: 就是 $B \neq 0$, 所以此处四则运算法则不成立.

其次, 还可以用图像法观察, 如图 1-6-1 可得

$$\lim_{x \to 0} \frac{\sin x}{x} = 1.$$

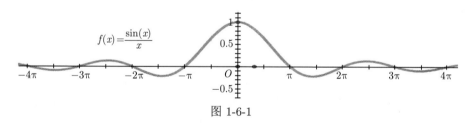

图 1-6-1

下面给出严格的数学证明.

首先注意到, 函数 $\dfrac{\sin x}{x}$ 对于一切 $x \neq 0$ 都有定义.

在图 1-6-2 所示的四分之一的单位圆中, 设圆心角 $\angle AOB = x \left(0 < x < \dfrac{\pi}{2}\right)$.

点 A 处的切线与 OB 的延长线相交于 D, 又 $BC \perp OA$, 则

$$\sin x = CB, \quad x = \overset{\frown}{AB}, \quad \tan x = AD.$$

因为

$$\triangle AOB\text{的面积} < \text{扇形}AOB\text{的面积} < \triangle AOD\text{的面积},$$

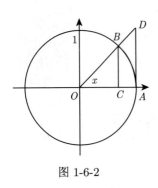

图 1-6-2

所以

$$\frac{1}{2}\sin x < \frac{1}{2}x < \frac{1}{2}\tan x,$$

即

$$\sin x < x < \tan x.$$

不等号各边都除以 $\sin x$, 就有

$$1 < \frac{x}{\sin x} < \frac{1}{\cos x},$$

或

$$\cos x < \frac{\sin x}{x} < 1. \tag{1-6-1}$$

因为当 x 用 $-x$ 代替时, $\cos x$ 与 $\dfrac{\sin x}{x}$ 都不变, 所以上面的不等式对于开区间 $\left(-\dfrac{\pi}{2}, 0\right)$ 内的一切 x 也是成立的.

为了对 (1-6-1) 式应用准则 2, 下面来证 $\lim\limits_{x\to 0}\cos x = 1$.

事实上, 当 $0 < |x| < \dfrac{\pi}{2}$ 时,

$$0 < |\cos x - 1| = 1 - \cos x = 2\sin^2\frac{x}{2} < 2\left(\frac{x}{2}\right)^2 = \frac{x^2}{2},$$

即

$$0 < 1 - \cos x < \frac{x^2}{2}.$$

当 $x \to 0$ 时, $\dfrac{x^2}{2} \to 0$, 由准则 2 有 $\lim\limits_{x\to 0}(1 - \cos x) = 0$, 所以

$$\lim_{x\to 0}\cos x = 1.$$

由于 $\lim\limits_{x\to 0}\cos x = 1$, $\lim\limits_{x\to 0}1 = 1$, 由不等式 (1-6-1) 及准则 2, 即得

$$\lim_{x\to 0}\frac{\sin x}{x} = 1.$$

上述极限公式叫做**第一重要极限**. $\lim\limits_{x\to 0}\dfrac{\sin x}{x} = 1$ 的等价变形公式如下

$$\lim_{\square\to 0}\frac{\sin\square}{\square} = 1.$$

例 1 求 $\lim\limits_{x\to 0}\dfrac{\tan x}{x}$.

解 $\lim\limits_{x\to 0}\dfrac{\tan x}{x}=\lim\limits_{x\to 0}\left(\dfrac{\sin x}{x}\cdot\dfrac{1}{\cos x}\right)=\lim\limits_{x\to 0}\dfrac{\sin x}{x}\cdot\lim\limits_{x\to 0}\dfrac{1}{\cos x}=1.$

例 2 求 $\lim\limits_{x\to 0}\dfrac{1-\cos x}{x^2}$.

解 $\lim\limits_{x\to 0}\dfrac{1-\cos x}{x^2}=\lim\limits_{x\to 0}\left(\dfrac{\sin^2 x}{x^2}\cdot\dfrac{1}{1+\cos x}\right)$

$\qquad\qquad =\lim\limits_{x\to 0}\left(\dfrac{\sin x}{x}\right)^2\cdot\lim\limits_{x\to 0}\dfrac{1}{1+\cos x}=\dfrac{1}{2}.$

例 3 求 $\lim\limits_{x\to 0}\dfrac{\arcsin x}{x}$.

解 令 $t=\arcsin x$, 则 $x=\sin t$, 当 $x\to 0$ 时, 有 $t\to 0$. 于是由复合函数的极限运算法则得

$$\lim_{x\to 0}\frac{\arcsin x}{x}=\lim_{x\to 0}\frac{t}{\sin t}=1.$$

例 4 求 $\lim\limits_{x\to 0}\dfrac{\tan 3x}{\sin 5x}$.

解 当 $x\to 0$ 时, $\tan 3x\sim 3x$, $\sin 5x\sim 5x$, 所以

$$\lim_{x\to 0}\frac{\tan 3x}{\sin 5x}=\lim_{x\to 0}\frac{3x}{5x}=\frac{3}{5}.$$

例 5 求 $\lim\limits_{x\to 0}\dfrac{1-\cos x}{x^3+3x^2}$.

解 当 $x\to 0$ 时, $1-\cos x\sim\dfrac{1}{2}x^2$, 所以

$$\lim_{x\to 0}\frac{1-\cos x}{x^3+3x^2}=\lim_{x\to 0}\frac{\frac{1}{2}x^2}{x^2(x+3)}=\lim_{x\to 0}\frac{1}{2}\cdot\frac{1}{x+3}=\frac{1}{6}.$$

例 6 求 $\lim\limits_{x\to 0}\dfrac{\tan x-\sin x}{x^3}$.

解 $\lim\limits_{x\to 0}\dfrac{\tan x-\sin x}{x^3}=\lim\limits_{x\to 0}\dfrac{\sin x\left(\dfrac{1}{\cos x}-1\right)}{x^3}=\lim\limits_{x\to 0}\dfrac{\dfrac{1}{\cos x}-1}{x^2}.$

$\qquad =\lim\limits_{x\to 0}\dfrac{1-\cos x}{x^2\cos x}=\lim\limits_{x\to 0}\dfrac{\frac{1}{2}x^2}{x^2\cos x}=\lim\limits_{x\to 0}\dfrac{\frac{1}{2}}{\cos x}=\dfrac{1}{2}.$

积和商中的无穷小常用与之等价的无穷小代换, 但值得注意的是, 在加减运算中一般不用等价无穷小代换.

常用的等价无穷小 (有些公式函数连续性之后给予证明)

(1) $\sin x \sim x, \tan x \sim x, 1 - \cos x \sim \dfrac{1}{2}x^2, \sec x - 1 \sim \dfrac{1}{2}x^2$;

(2) $a^x - 1 \sim x \ln a,\ \mathrm{e}^x - 1 \sim x$;

(3) $\ln(1+x) \sim x$;

(4) $\arcsin x \sim x,\ \arctan x \sim x$;

(5) $(1+x)^\alpha - 1 \sim \alpha x,\ \sqrt{1+x} - 1 \sim \dfrac{1}{2}x$;

(6) $\tan x - \sin x \sim \dfrac{1}{2}x^3$.

1.6.2 第二重要极限

作为准则 3 的应用, 我们讨论另一个重要极限

慕课1.6.3

$$\lim_{x \to \infty} \left(1 + \frac{1}{x}\right)^x.$$

市面上有许多的理财产品, 销售人员总是强调一年内计息的次数, 来说明某一款理财产品年利率一样, 一定时间内计息次数多能赚更多的钱, 情况是这样吗?

例如, 年初有 1 元本金, 按 100%(为方便计算) 计算, 年底本利和是多少?

$$1 \times (1 + 100\%) = \left(1 + \frac{1}{1}\right) = 2.$$

年初有 1 元本金, 按 100%(为方便计算) 计算, 半年计息一次, 年底再计息一次本利和是多少?

半年的本利和

$$1 \times \left(1 + \frac{100\%}{2}\right) = \left(1 + \frac{1}{2}\right) = 1.5.$$

年底的本利和

$$\left(1 + \frac{1}{2}\right) \times \left(1 + \frac{100\%}{2}\right) = \left(1 + \frac{1}{2}\right)^2 = 2.25.$$

通过上述讨论我们发现年利率一样, 一定时间内计息次数多真的多赚钱了, 接下来讨论计息次数趋于无穷的情况.

上述问题中若计息次数为 2 次, 3 次, $\cdots$, n 次呢? 本利和该用什么样的函数来表达?

$$\left(1+\frac{1}{2}\right)^2, \left(1+\frac{1}{3}\right)^3, \left(1+\frac{1}{4}\right)^4, \cdots,$$

$$f(n)=\left(1+\frac{1}{n}\right)^n, \quad n=1,2,3,\cdots.$$

上述函数称为幂指函数. 我们要讨论的就是

$$\lim_{n\to\infty}\left(1+\frac{1}{n}\right)^n=?.$$

设 $x_n=\left(1+\frac{1}{n}\right)^n$, 我们来证数列 $\{x_n\}$ 单调增加并且有界. 按牛顿二项公式, 有

$$\begin{aligned}
x_n &= \left(1+\frac{1}{n}\right)^n \\
&= 1+\frac{n}{1!}\cdot\frac{1}{n}+\frac{n(n-1)}{2!}\cdot\frac{1}{n^2}+\frac{n(n-1)(n-2)}{3!}\cdot\frac{1}{n^3} \\
&\quad +\cdots+\frac{n(n-1)\cdots(n-n+1)}{n!}\cdot\frac{1}{n^n} \\
&= 1+1+\frac{1}{2!}\left(1-\frac{1}{n}\right)+\frac{1}{3!}\left(1-\frac{1}{n}\right)\left(1-\frac{2}{n}\right)+\cdots \\
&\quad +\frac{1}{n!}\left(1-\frac{1}{n}\right)\left(1-\frac{2}{n}\right)\cdots\left(1-\frac{n-1}{n}\right).
\end{aligned}$$

类似地,

$$\begin{aligned}
x_{n+1} &= 1+1+\frac{1}{2!}\left(1-\frac{1}{n+1}\right)+\frac{1}{3!}\left(1-\frac{1}{n+1}\right)\left(1-\frac{2}{n+1}\right)+\cdots \\
&\quad +\frac{1}{n!}\left(1-\frac{1}{n+1}\right)\left(1-\frac{2}{n+1}\right)\cdots\left(1-\frac{n-1}{n+1}\right) \\
&\quad +\frac{1}{(n+1)!}\left(1-\frac{1}{n+1}\right)\left(1-\frac{2}{n+1}\right)\cdots\left(1-\frac{n}{n+1}\right).
\end{aligned}$$

比较 x_n, x_{n+1} 的展开式, 可以看到除前两项外, x_n 的每一项都小于 x_{n+1} 的对应项, 并且 x_{n+1} 还多了最后的一项, 其值大于 0, 因此

$$x_n < x_{n+1}.$$

这就说明数列 $\{x_n\}$ 是单调增加的. 这个数列同时还是有界的. 因为, 如果 x_n 的展开式中各项括号内的数用较大的数 1 代替, 得

$$x_n \leqslant 1 + \left(1 + \frac{1}{2!} + \frac{1}{3!} + \cdots + \frac{1}{n!}\right) \leqslant 1 + \left(1 + \frac{1}{2} + \frac{1}{2^2} + \cdots + \frac{1}{2^{n-1}}\right)$$

$$= 1 + \frac{1 - \dfrac{1}{2^n}}{1 - \dfrac{1}{2}} = 3 - \frac{1}{2^{n-1}} < 3,$$

这就说明数列 $\{x_n\}$ 是有界的, 根据极限存在准则 3, 这个数列 $\{x_n\}$ 的极限存在, 通常用字母 e 来表示它, 即

$$\lim_{n \to \infty} \left(1 + \frac{1}{n}\right)^n = \mathrm{e}.$$

设 $n \leqslant x < n+1$, 则

$$\left(1 + \frac{1}{n+1}\right)^n < \left(1 + \frac{1}{x}\right)^x < \left(1 + \frac{1}{n}\right)^{n+1},$$

且 n 与 x 同时趋于 $+\infty$,

$$\lim_{n \to \infty} \left(1 + \frac{1}{n+1}\right)^n = \lim_{n \to \infty} \frac{\left(1 + \dfrac{1}{n+1}\right)^{n+1}}{1 + \dfrac{1}{n+1}} = \mathrm{e}.$$

应用夹逼准则, 即得

$$\lim_{x \to +\infty} \left(1 + \frac{1}{x}\right)^x = \mathrm{e}.$$

令 $x = -(t+1)$, 则当 $x \to -\infty$ 时, $t \to +\infty$. 从而

$$\lim_{x \to -\infty} \left(1 + \frac{1}{x}\right)^x = \lim_{t \to +\infty} \left(1 - \frac{1}{t+1}\right)^{-(t+1)} = \lim_{t \to +\infty} \left(\frac{t}{t+1}\right)^{-(t+1)}$$

$$= \lim_{t \to +\infty} \left(1 + \frac{1}{t}\right)^{t+1} = \lim_{t \to +\infty} \left[\left(1 + \frac{1}{t}\right)^t \cdot \left(1 + \frac{1}{t}\right)\right] = \mathrm{e}.$$

可以证明, 当 x 取实数而趋于 $+\infty$ 或 $-\infty$ 时, 函数 $\left(1 + \dfrac{1}{x}\right)^x$ 的极限都存在且都等于 e.

$$\lim_{x \to \infty} \left(1 + \frac{1}{x}\right)^x = \mathrm{e}. \tag{1-6-2}$$

上述极限公式叫做**第二重要极限**. 数 e 是无理数, 它的值是

$$e = 2.718281828459045\cdots.$$

在 1.1 节中提到的指数函数 $y = e^x$ 以及自然对数 $y = \ln x$ 中的底 e 就是这个常数.

它是一个特殊的无理数, 经过数百年的探索, 在化学元素的化合与分解、生物种群的生长与衰落、放射性元素的衰变、经济学复利等方面都有着重要的应用.

利用复合函数的极限运算法则, 可把 (1-6-2) 式写成另一形式在 $(1+z)^{\frac{1}{z}}$ 中作代换 $x = \dfrac{1}{z}$, 得 $\left(1 + \dfrac{1}{x}\right)^x$. 又当 $z \to 0$ 时 $x \to \infty$, 因此由复合函数的极限运算法则得

$$\lim_{x \to 0}(1+z)^{\frac{1}{z}} = \lim_{x \to \infty}\left(1 + \frac{1}{x}\right)^x = e.$$

说明几个问题

(1) 上述形式也可统一为 $\lim\limits_{\mu(x) \to 0}(1 + \mu(x))^{\frac{1}{\mu(x)}} = e$, 成立的条件是在给定趋势下, 两个 $\mu(x)$ 是一模一样的无穷小量 (强调 $\mu(x) \to 0$, 但 $\mu(x) \neq 0$).

(2) 第二重要极限解决的对象是 1^∞ 型未定式.

例 7 求 $\lim\limits_{x \to \infty}\left(1 - \dfrac{1}{x}\right)^x$.

解 令 $t = -x$, 则当 $x \to \infty$ 时, $t \to -\infty$, 于是

$$\lim_{x \to \infty}\left(1 - \frac{1}{x}\right)^x = \lim_{t \to -\infty}\left(1 + \frac{1}{t}\right)^{-t} = \lim_{x \to -\infty}\frac{1}{\left(1 + \dfrac{1}{t}\right)^t} = \frac{1}{e}.$$

例 8 求 $\lim\limits_{x \to \infty}\left(1 + \dfrac{3}{x}\right)^x$.

解 $\lim\limits_{x \to \infty}\left[\left(1 + \dfrac{3}{x}\right)^{\frac{x}{3}}\right]^3 = e^3.$

辅助定理 若 $\lim\limits_{x \to x_0} f(x) = a > 0$ 且 $\lim\limits_{x \to x_0} \varphi(x) = b$, 则 $\lim\limits_{x \to x_0}[f(x)]^{\varphi(x)} = a^b.$

例 9 $\lim\limits_{x \to \infty}\left(\dfrac{x+4}{x+2}\right)^x$.

分析 极限呈 "1^∞" 形式的计算方法——极限式子中含有幂指函数时, 通过变换, 利用重要极限 $\lim\limits_{x \to \infty}\left(1 + \dfrac{1}{x}\right)^x = e$, 然后再求极限.

解　$\lim\limits_{x\to\infty}\left(\dfrac{x+4}{x+2}\right)^x=\lim\limits_{x\to\infty}\left(1+\dfrac{2}{x+2}\right)^{\frac{x+2}{2}\cdot\frac{2}{x+2}x}=\mathrm{e}^{\lim\limits_{x\to\infty}\frac{2x}{x+2}}=\mathrm{e}^2.$

小结与思考

1. 小结

　　两个重要极限在极限理论中占有十分重要的地位, 所有的三角函数与反三角函数的极限与导数的理论都是由第一个重要极限所推导出来的, 而指数函数、对数函数的极限与导数的全部结论都是由第二个重要极限推导得到的. 同时现实生活中许多生长和消亡同时并存的事物, 例如存款复利计算、细胞繁殖、人口增长、放射性衰变等都与第二重要极限息息相关.

2. 思考

课外拓展阅读连续复利.

习　题　1.6

1. 计算下列极限:

(1) $\lim\limits_{x\to0}\dfrac{\sin\omega x}{x}$;

(2) $\lim\limits_{x\to0}\dfrac{\tan 3x}{x}$;

(3) $\lim\limits_{x\to0}\dfrac{\sin 2x}{\sin 5x}$;

(4) $\lim\limits_{x\to0}x\cot x$;

(5) $\lim\limits_{x\to0}\dfrac{1-\cos 2x}{x\sin x}$;

(6) $\lim\limits_{n\to\infty}2^n\sin\dfrac{x}{2^n}$ (x 为不等于零的常数);

(7) $\lim\limits_{x\to0}\dfrac{\sec^2 x-1}{x^2}$;

(8) $\lim\limits_{x\to0}\dfrac{\sin x-\tan x}{\left(\sqrt[3]{1+x^2}-1\right)\left(\sqrt{1+\sin x}-1\right)}$.

2. 计算下列极限:

(1) $\lim\limits_{x\to0}(1-x)^{\frac{1}{x}}$;

(2) $\lim\limits_{x\to0}(1+2x)^{\frac{1}{x}}$;

(3) $\lim\limits_{x\to\infty}\left(\dfrac{1+x}{x}\right)^{2x}$;

(4) $\lim\limits_{x\to\infty}\left(1-\dfrac{1}{x}\right)^{kx}$ (k 为正整数).

3. 当 $x\to0$ 时, $(1+ax^2)^{\frac{1}{3}}-1,\cos x-1$ 是等价无穷小, 则 a 等于什么?

4. (2006, 数一) 求极限 $\lim\limits_{x\to0}\dfrac{x\ln(1+x)}{1-\cos x}$.

5. (2009, 数三) 求极限 $\lim\limits_{x\to0}\dfrac{\mathrm{e}-\mathrm{e}^{\cos x}}{\sqrt[3]{1+x^2}-1}$.

1.7　函数的连续性

教学目标:

1. 理解函数在一点连续与间断的概念;

2. 掌握判断简单函数 (含分段函数) 在一点的连续性;

3. 会求函数的间断点及确定其类型.

教学重点： 函数连续的概念、连续函数的性质、初等函数的连续性、间断点的分类.

教学难点： 引导学生从函数连续性的 "描述性" 定义向 "精确性" 定义过渡.

教学背景： 函数的连续性是运动连续性的数学刻画, 客观世界连续变化的事物随处可见, 事物连续变化在量上反映的就是函数的连续性.

思政元素： 形象直观和抽象精确, 中华古诗词中的 "连续".

1.7.1　函数的连续性

慕课1.8.1

自然界中有许多现象, 如气温的变化、河水的流动、植物的生长等都是连续地变化着的. 这种现象在函数关系上的反映, 就是函数的连续性. 例如就气温的变化来看, 当时间变动很微小时, 气温的变化也很微小, 这种特点就是所谓的连续. 在数学上何为连续, 函数图像有何特点, 定义是什么, 怎么判断?

1. 问题的直观感受

作画不把笔离开画纸, 画出的图形直观来看就是连续的, 函数的连续就是它的曲线没有缝隙. 连续函数的图形是一条连续而不间断的曲线.

直接讨论连续有些困难, 我们可以反过来考虑, 比如舞者手里的彩带就是连续的, 我们剪断它, 然后怎么把它变成连续的? 现在把彩带抽象成函数 $f(x)$.

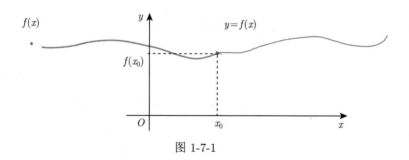

图 1-7-1

简单地说, 在 x_0 处接上就可以了, 即当自变量从左右两边逐渐向 x_0 点靠近时, 函数值都向常数 $f(x_0)$ 集中.

2. 函数连续的定义

定义 1.7.1　设函数 $y = f(x)$ 在点 x_0 的某一邻域内有定义, 如果函数 $f(x)$ 在点 x_0 存在极限, 且极限就是 $f(x_0)$, 即 $\lim\limits_{x \to x_0} f(x) = f(x_0)$, 那么就称**函数** $f(x)$ **在点** x_0 **连续**.

说明几个问题

(1)$f(x)$ 在点 x_0 有定义;

(2) 极限 $\lim\limits_{x \to x_0} f(x)$ 存在;

(3) 这个极限值就等于 $f(x_0)$.

由函数 $f(x)$ 当 $x \to x_0$ 时的极限的定义可知, 上述定义也可用 "$\varepsilon\text{-}\delta$" 语言表达如下

$f(x)$ 在点 x_0 连续 $\Leftrightarrow \forall \varepsilon > 0, \exists \delta > 0$, 当 $|x - x_0| < \delta$ 时, 有 $|f(x) - f(x_0)| < \varepsilon$.

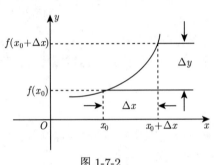

图 1-7-2

容易看出, 凡属连续变化的现象, 都和这样一个事实联系着, 就是某一个函数当它的自变量有很微小的变化时, 相应的函数值的变化也很微小. 现在假定函数 $y = f(x)$ 在点 x_0 的某一个邻域内是有定义的. 当自变量 x 在这邻域内从 x_0 变到 $x_0 + \Delta x$ 时, 函数值或因变量 $f(x)$ 相应地从 $f(x_0)$ 变到 $f(x_0 + \Delta x)$, 因此函数值或因变量 $f(x)$ 的对应增量为

$$\Delta y = f(x_0 + \Delta x) - f(x_0).$$

习惯上也称 Δy 为函数的增量, 函数增量的几何解释如图 1-7-2 所示.

现在我们对连续性的概念可以这样描述: 如果当 Δx 趋于零时, 函数 y 的对应增量 Δy 也趋于零, 即 $\lim\limits_{\Delta x \to 0} \Delta y = 0$ 或 $\lim\limits_{\Delta x \to 0} [f(x_0 + \Delta x) - f(x_0)] = 0$, 那么就称函数 $f(x)$ 在点 x_0 处是连续的, 即有下述定义.

定义 1.7.2　设函数 $y = f(x)$ 在点 x_0 的某一邻域内有定义, 如果 $\lim\limits_{\Delta x \to 0} \Delta y = 0$ 或 $\lim\limits_{\Delta x \to 0} [f(x_0 + \Delta x) - f(x_0)] = 0$, 那么就称**函数 $f(x)$ 在点 x_0 连续**.

3. 函数左右连续的定义

下面说明左连续及右连续的概念.

如果 $\lim\limits_{x \to x_0^-} f(x) = f(x_0^-)$ 存在且等于 $f(x_0)$, 即

$$f(x_0^-) = f(x_0),$$

那么就说函数 $f(x)$ 在点 x_0 **左连续**. 如果 $\lim\limits_{x \to x_0^+} f(x) = f(x_0^+)$ 存在且等于 $f(x_0)$, 即

$$f(x_0^+) = f(x_0),$$

那么就说函数 $f(x)$ 在点 x_0 **右连续**.

在区间上每一点都连续的函数, 叫做**在该区间上的连续函数**, 或者说**函数在该区间上连续**. 如果区间包括端点, 那么函数在右端点连续是指左连续, 在左端点连续是指右连续.

如果 $f(x)$ 是有理整函数 (多项式), 那么对于任意的实数 x_0, 都有 $\lim\limits_{x \to x_0} f(x) = f(x_0)$, 因此有理整函数在区间 $(-\infty, +\infty)$ 内是连续的. 对于有理分式函数 $F(x) = \dfrac{P(x)}{Q(x)}$, 只要 $Q(x_0) \neq 0$, 就有 $\lim\limits_{x \to x_0} F(x) = F(x_0)$, 因此有理分式函数在其定义域内的每一点都是连续的.

例 1 证明函数 $y = \sin x$ 在区间 $(-\infty, +\infty)$ 内是连续的.

证明 设 x 是区间 $(-\infty, +\infty)$ 内任意取定的一点. 当 x 有增量 Δx 时, 对应的函数的增量为

$$\Delta y = \sin(x + \Delta x) - \sin x,$$

由三角函数公式有

$$\sin(x + \Delta x) - \sin x = 2 \sin \frac{\Delta x}{2} \cos \left(x + \frac{\Delta x}{2} \right),$$

注意到

$$\left| \cos \left(x + \frac{\Delta x}{2} \right) \right| \leqslant 1,$$

就推得

$$|\Delta y| = |\sin(x + \Delta x) - \sin x| \leqslant 2 \left| \sin \frac{\Delta x}{2} \right|.$$

因为对于任意的角度 α, 当 $\alpha \neq 0$ 时有 $|\sin \alpha| < |\alpha|$, 所以

$$0 \leqslant |\Delta y| = |\sin(x + \Delta x) - \sin x| < |\Delta x|.$$

因此, 当 $\Delta x \to 0$ 时, 由夹逼准则得 $|\Delta y| \to 0$, 这就证明了 $y = \sin x$ 对于任一 $x \in (-\infty, +\infty)$ 是连续的.

类似地可以证明, 函数 $y = \cos x$ 在区间 $(-\infty, +\infty)$ 内是连续的.

例 2 讨论函数 $f(x) = \begin{cases} \mathrm{e}^{\frac{1}{x}}, & x < 0, \\ 0, & x = 0, \\ x \sin \dfrac{1}{x}, & x > 0 \end{cases}$ 在点 $x = 0$ 处的连续性.

解   因 $f(0+0) = \lim\limits_{x \to 0^+} f(x) = \lim\limits_{x \to 0^+} x \sin \dfrac{1}{x} = 0, f(0-0) = \lim\limits_{x \to 0^-} f(x) =$
$\lim\limits_{x \to 0^-} e^{\frac{1}{x}} = 0, f(0) = 0$, 即有 $f(0+0) = f(0-0) = f(0)$, 故 $f(x)$ 在点 $x = 0$
连续.

1.7.2   函数的间断点

慕课1.8.2

1. 函数间断点的定义

设函数 $f(x)$ 在点 x_0 的某去心邻域内有定义. 在此前提下, 如果函数 $f(x)$ 有下列三种情形之一:

(1) 在 $x = x_0$ 没有定义;

(2) 虽在 $x = x_0$ 有定义, 但 $\lim\limits_{x \to x_0} f(x)$ 不存在;

(3) 虽在 $x = x_0$ 有定义, 且 $\lim\limits_{x \to x_0} f(x)$ 存在, 但 $\lim\limits_{x \to x_0} f(x) \neq f(x_0)$, 那么函数 $f(x)$ 在点 x_0 处不连续, 而点 x_0 称为函数 $f(x)$ 的**不连续点**或**间断点**.

2. 函数间断点的类型

1) 跳跃间断点

当 $x \to x_0$ 时, $f(x_0-0)$ 与 $f(x_0+0)$ 都存在, 但 $f(x_0-0) \neq f(x_0+0)$, 此时称 x_0 是**跳跃间断点**.

2) 可去间断点

当 $x \to x_0$ 时, 函数 $f(x)$ 虽有极限 A, 但在 x_0 处却无定义; 或虽有定义, 但 $f(x_0) \neq A$. 此时称 x_0 是**可去间断点**.

跳跃间断点和可去间断点统称为**第一类间断点**, 它们的特点是函数 $f(x)$ 在点 x_0 的左、右极限都存在.

例 3   讨论函数

$$f(x) = \begin{cases} x-1, & x < 0, \\ 0, & x = 0, \\ x+1 & x > 0 \end{cases}$$

在点 $x = 0$ 处的连续性.

解   当 $x \to 0$ 时,

$$\lim_{x \to 0^-} f(x) = \lim_{x \to 0^-} (x-1) = -1,$$

$$\lim_{x \to 0^+} f(x) = \lim_{x \to 0^+} (x+1) = 1.$$

左极限与右极限虽都存在, 但不相等, 故极限 $\lim\limits_{x \to 0^-} f(x)$ 不存在, 所以点 $x = 0$ 是函数 $f(x)$ 的间断点. 因 $y = f(x)$ 的图形在 $x = 0$ 处产生跳跃现象, 我们称 $x = 0$ 为函数 $f(x)$ 的**跳跃间断点**.

例 4 讨论函数 $y = \dfrac{x^2 - 1}{x - 1}$ 在点 $x = 0$ 处的连续性.

解 函数在点 $x = 1$ 没有定义, 所以函数在点 $x = 1$ 为不连续. 但这里

$$\lim_{x \to 1} \frac{x^2 - 1}{x - 1} = \lim_{x \to 1} (x + 1) = 2.$$

如果补充定义: 令 $x = 1$ 时 $y = 2$, 那么所给函数在 $x = 1$ 成为连续. 所以 $x = 1$ 称为该函数的**可去间断点**.

3) 第二类间断点

不是第一类间断点的任何间断点, 称为**第二类间断点**. 它的特点是函数 $f(x)$ 在点 x_0 的左右极限至少有一个不存在.

例 5 正切函数 $y = \tan x$ 在 $x = \dfrac{\pi}{2}$ 处没有定义, 所以点 $x = \dfrac{\pi}{2}$ 是函数 $\tan x$ 的间断点. 因

$$\lim_{x \to \frac{\pi}{2}} \tan x = \infty,$$

我们称 $x = \dfrac{\pi}{2}$ 为函数 $\tan x$ 的**无穷间断点** (图 1-7-3).

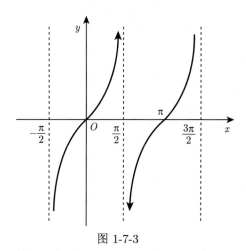

图 1-7-3

这是最常见的一种间断点, 当 $x \to x_0$, 或 $x \to x_0^+$, 或 $x \to x_0^-$ 时, 函数趋于无穷.

例 6 函数 $y = \sin\dfrac{1}{x}$ 在点 $x = 0$ 没有定义; 当 $x \to 0$ 时, 函数值在 -1 与 $+1$ 之间变动无限多次 (图 1-7-4), 所以点 $x = 0$ 称为函数 $\sin\dfrac{1}{x}$ 的**振荡间断点**.

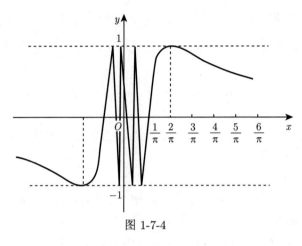

图 1-7-4

小结与思考

1. 小结

函数的连续性是微分学的一个重要概念, 它是研究微分法与导数理论的前提和基础, 它的刻画与函数极限既密切相关又有本质区别, 两者都强调是函数的局部概念, 对于函数定义域中的孤立点, 不能谈论在该点的极限存在与否, 因而无连续性可言. 连续性是函数的基本性质, 它是用极限方法研究函数性质的范例. 连续的三个要素为: 有定义、有极限、极限值等于函数值.

2. 思考

如果函数 $f(x)$ 与 $g(x)$ 都在 x_0 处间断, 问 $f(x) + g(x)$ 是否必在 x_0 处间断?

习 题 1.7

1. 确定 a 值, 使函数 $f(x) = \begin{cases} \dfrac{1}{x}\sin x + a, & x < 0, \\ 0, & x = 0, \\ x\sin\dfrac{1}{x}, & x > 0 \end{cases}$ 在 $x = 0$ 处连续.

2. 求下列函数的间断点, 确定其类型, 若为可去间断点, 则请补充定义, 使它连续.

(1) $y = \dfrac{x^2 - 1}{x^2 - 3x + 2}, x = 1, x = 2$;

(2) $y = \begin{cases} 3 + x^2, & x < 0, \\ \dfrac{\sin 3x}{x}, & x > 0; \end{cases}$

(3) $y = \begin{cases} x+1, & x \leqslant 1, \\ x^2, & x > 1. \end{cases}$

3. 下列陈述中, 哪些是对的, 哪些是错的? 如果是对的, 说明理由; 如果是错的, 试给出个反例.

(1) 如果函数 $f(x)$ 在 a 连续, 那么 $|f(x)|$ 也在 a 连续;

(2) 如果函数 $|f(x)|$ 在 a 连续, 那么 $f(x)$ 也在 a 连续.

1.8 连续函数的运算与性质

教学目标:

1. 掌握连续函数的四则运算法则;

2. 理解初等函数在其定义区间上连续;

3. 会用连续性求极限;

4. 了解闭区间连续函数性质的简单应用.

教学重点: 连续函数的四则运算、初等函数的连续性、闭区间连续函数的性质.

教学难点: 反函数连续、复合函数的连续性的理解.

教学背景: 政府调控价格与市场价格; 一维不动点问题.

思政元素: 简单与复合、充分和必要、开放和封闭、有界限和无界限.

1.8.1 函数的连续性

1. 连续函数的和、差、积、商的连续性

由函数在某点连续的定义和极限的四则运算法则, 立即可得出下面的定理

慕课1.9.1

定理 1.8.1 设函数 $f(x)$ 和 $g(x)$ 在点 x_0 连续, 则它们的和 (差)$f \pm g$、积 $f \cdot g$ 及商 $\dfrac{f}{g}$ (当 $g(x_0) \neq 0$ 时) 都在点 x_0 连续.

例 1 因 $\tan x = \dfrac{\sin x}{\cos x}, \cot x = \dfrac{\cos x}{\sin x}$, 而 $\sin x$ 和 $\cos x$ 都在区间 $(-\infty, +\infty)$ 内连续, 故由定理 1 知 $\tan x$ 和 $\cot x$ 在它们的定义域内是连续的.

2. 反函数与复合函数的连续性

反函数和复合函数的概念已经在 1.1 节中讲过, 这里来讨论它们的连续性.

定理 1.8.2 如果函数 $y = f(x)$ 在区间 l 上单调增加 (或单调减少) 且连续, 那么它的反函数 $x = f^{-1}(y)$ 也在对应的区间 $I_y = \{y \mid y = f(x), x \in I_x\}$ 上单调增加 (或单调减少) 且连续.

证明从略.

例 2　由于 $y = \sin x$ 在闭区间 $\left[-\dfrac{\pi}{2}, \dfrac{\pi}{2}\right]$ 上单调增加且连续, 所以它的反函数 $y = \arcsin x$ 在闭区间 $[-1, 1]$ 上也是单调增加且连续的.

同样, 应用定理 1.8.2 可证 $y = \arccos x$ 在闭区间 $[-1, 1]$ 上单调减少且连续, $y = \arctan x$ 在区间 $(-\infty, +\infty)$ 内单调增加且连续, $y = \text{arccot} x$ 在区间 $(-\infty, +\infty)$ 内单调减少且连续.

总之, 反三角函数 $\arcsin x, \arccos x, \arctan x, \text{arccot} x$ 在它们的定义域内都是连续的.

定理 1.8.3　设函数 $u = g(x)$ 在点 x_0 处连续, 函数 $f(u)$ 在点 $u_0 = g(x_0)$ 处连续, 则复合函数在 $f[g(x)]$ 在点 x_0 处连续.

证明　因为函数 $u = g(x)$ 在点 x_0 处连续, 则

$$\lim_{x \to x_0} g(x) = g(x_0), \quad 即 \quad \lim_{x \to x_0} = u_0,$$

又因为函数 $f(u)$ 在点 $u_0 = g(x_0)$ 处连续,

$$\lim_{x \to x_0} f[g(x)] = \lim_{u \to u_0} f(u) = f(u_0) = f[g(x_0)],$$

这就是说复合函数 $f[g(x)]$ 在点 x_0 处连续.

上式可以写成

$$\lim_{x \to x_0} f[g(x)] = f(u_0) = f\left[\lim_{x \to x_0} g(x)\right].$$

可见复合函数求极限时, 如果 $u = g(x)$ 在点 x_0 处的极限存在, 又 $y = f(u)$ 在对应的点 u_0 处连续, 则函数符号 f 与极限号 $\lim\limits_{x \to x_0}$ 可以交换次序.

把定理 1.8.3 中的 $x \to x_0$ 换成 $x \to \infty$, 可得类似的定理.

例 3　求 $\lim\limits_{x \to 3} \sqrt{\dfrac{x-3}{x^2-9}}$.

解　$y = \sqrt{\dfrac{x-3}{x^2-9}}$ 可看作由 $y = \sqrt{u}$ 与 $u = \dfrac{x-3}{x^2-9}$ 复合而成. 因为 $\lim\limits_{x \to 3} \dfrac{x-3}{x^2-9} = \dfrac{1}{6}$, 而函数 $y = \sqrt{u}$ 在点 $u = \dfrac{1}{6}$ 连续, 所以

$$\lim_{x \to 3} \sqrt{\frac{x-3}{x^2-9}} = \sqrt{\lim_{x \to 3} \frac{x-3}{x^2-9}} = \sqrt{\frac{1}{6}} = \frac{\sqrt{6}}{6}.$$

3. 初等函数的连续性

对于一般的幂函数 $y = x^\mu \ (x > 0)$

$$y = x^\mu = a^{\mu \log_a x},$$

慕课1.9.2

因此, 幂函数 x^μ 可看作是由 $y = a^u, u = \mu \log_a x$ 复合而成的, 从而幂函数在它的定义域内是连续的.

综合起来得到: **基本初等函数在它们的定义域内都是连续的.**

最后, 根据 1.1 节中关于初等函数的定义, 由基本初等函数的连续性以及本节定理 1.8.1 和定理 1.8.4 可得下列重要结论: **一切初等函数在其定义区间内都是连续的.** 所谓**定义区间**, 就是包含在定义域内的区间.

上述关于初等函数连续性的结论提供了求极限的一个方法, 这就是: 如果 $f(x)$ 是初等函数, 且 x_0 是 $f(x)$ 的定义区间内的点, 那么

$$\lim_{x \to x_0} f(x) = f(x_0).$$

例 4 求 $\displaystyle\lim_{x \to 0} \frac{\log_a(1+x)}{x}$.

解 $\displaystyle\lim_{x \to 0} \frac{\log_a(1+x)}{x} = \lim_{x \to 0} \log_a(1+x)^{\frac{1}{x}} = \log_a \mathrm{e} = \frac{1}{\ln a}$.

由上述例题得到

$$\log_a(1+x) \sim \frac{1}{\ln a} x.$$

当 $a = \mathrm{e}$ 时,

$$\ln(1+x) \sim x.$$

例 5 求 $\displaystyle\lim_{x \to 0} \frac{a^x - 1}{x}$.

解 令 $a^x - 1 = t$, 则 $x = \log_a(1+t)$, 当 $x \to 0$ 时 $t \to 0$, 于是

$$\lim_{x \to 0} \frac{a^x - 1}{x} = \lim_{t \to 0} \frac{t}{\log_a(1+t)} = \ln a.$$

上述例题得到

$$a^x - 1 \sim x \ln a.$$

当 $a = \mathrm{e}$,

$$\mathrm{e}^x - 1 \sim x.$$

例 6 求 $\displaystyle\lim_{x \to 0} \frac{(1+x)^\alpha - 1}{x} \ (\alpha \in \mathbf{R})$.

解　令 $(1+x)^\alpha - 1 = t$, 则当 $x \to 0$ 时, $t \to 0$, 于是

$$\lim_{x \to 0} \frac{(1+x)^\alpha - 1}{x} = \lim_{x \to 0} \left[\frac{(1+x)^\alpha - 1}{\ln(1+x)^\alpha} \cdot \frac{\alpha \ln(1+x)}{x} \right]$$

$$= \lim_{t \to 0} \frac{t}{\ln(1+t)} \cdot \lim_{x \to 0} \frac{\alpha \ln(1+x)}{x} = \alpha.$$

上述例题得到

$$(1+x)^\alpha - 1 \sim \alpha x \quad (x \to 0).$$

例 7　求 $\lim\limits_{x \to 0}(1+2\sin x)^{\frac{3}{x}}$.

解　因为

$$(1+2\sin x)^{\frac{3}{x}} = (1+2\sin x)^{\frac{1}{2\sin x} \cdot \frac{2\sin x}{x} \cdot 3} = e^{\ln(1+2\sin x)^{\frac{1}{2\sin x} \cdot \frac{2\sin x}{x} \cdot 3}}$$

$$= e^{\frac{6\sin x}{x} \ln(1+2\sin x)^{\frac{1}{2\sin x}}},$$

利用定理 1.8.3 及极限的运算法则, 便有

$$\lim_{x \to 0}(1+2x)^{\frac{3}{\sin x}} = e^{\lim\limits_{x \to 0} \left[\frac{6\sin x}{x} \ln(1+2\sin x)^{\frac{1}{2\sin x}} \right]} = e^6.$$

一般地, 对于形如 $u(x)^{v(x)}(u(x) > 0, v(x) \not\equiv 1)$ 的函数 (通常称为**幂指函数**), 如果

$$\lim u(x) = a > 0, \quad \lim v(x) = b,$$

那么

$$\lim u(x)^{v(x)} = a^b.$$

注　这里三个 lim 都表示在同一自变量变化过程中的极限.

1.8.2　闭区间上连续函数的性质

定理 1.8.4 (最大值最小值定理)　闭区间上连续的函数在该区间上一定能取得它的最大值和最小值.

这里不予证明 (图 1-8-1).

慕课1.10.1

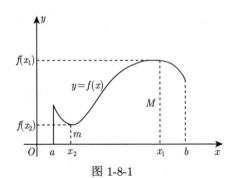

图 1-8-1

推论 1 闭区间上连续的函数在该区间上有界.

注 定理中提出的 "闭区间" 和 "连续" 两个条件很重要, 满足时结论一定成立, 不满足时结论可能不成立. 例如, 函数 $y = \tan x$ 在开区间 $\left(-\dfrac{\pi}{2}, \dfrac{\pi}{2}\right)$ 内是连续的, 但在开区间 $\left(-\dfrac{\pi}{2}, \dfrac{\pi}{2}\right)$ 内是无界的, 且既无最大值又无最小值.

如果 x_0 使 $f(x_0) = 0$, 则 x_0 称为函数 $f(x)$ 的**零点**.

定理 1.8.5 (零点定理/根的存在定理) 设函数 $f(x)$ 在闭区间 $[a, b]$ 上连续, 且 $f(a)$ 与 $f(b)$ 异号 (即 $f(a) \cdot f(b) < 0$), 则在开区间 (a, b) 内至少有一点 ξ, 使

慕课1.10.2

$$f(\xi) = 0.$$

这里不予证明 (图 1-8-2).

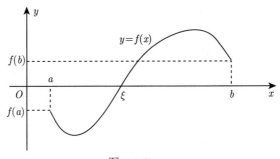

图 1-8-2

从图像上看, 如果连续曲线弧 $y = f(x)$ 的两个端点位于 x 轴的不同侧, 那么这段曲线弧与 x 轴至少有一个交点.

根的存在定理表明: 若 $f(x) = 0$ 左端的连续函数 $f(x)$ 在闭区间 $[a, b]$ 两个端点处的函数值异号, 则该方程在开区间 (a, b) 内至少存在一个根 ξ.

运用零点定理主要证明方程的根的存在性. 设有方程 $f(x) = 0$, 如果 $f(a) \cdot f(b) < 0$, 则该方程在开区间 (a, b) 内至少有一实根.

定理 1.8.5 的几何意义是: 如果连续曲线弧 $y = f(x)$ 的两个端点位于 x 轴的不同侧, 那么这段曲线弧与 x 轴至少有一个交点.

定理 1.8.6 (介值定理) 设函数 $f(x)$ 在闭区间 $[a, b]$ 上连续, 且在这区间的端点取不同的函数值

$$f(a) = A \quad \text{及} \quad f(b) = B,$$

则对于 A 与 B 之间的任意一个数 C, 在开区间 (a, b) 内至少有一点, 使得

$$f(\xi) = C \quad (a < \xi < b).$$

证明 设 $\varphi(x) = f(x) - C$, 则 $\varphi(x)$ 在闭区间 $[a, b]$ 上连续, 且 $\varphi(a) = A - C$ 与 $\varphi(b) = B - C$ 异号. 根据零点定理, 开区间 (a, b) 内至少有一点 ξ 使得

$$\varphi(\xi) = C \quad (a < \xi < b).$$

又 $\varphi(\xi) = f(\xi) - C$, 因此由上式即得

$$f(\xi) = C \quad (a < \xi < b).$$

定理 1.8.6 的几何意义是: 连续曲线弧 $y = f(x)$ 与水平直线 $y = C$ 至少相交于一点 (图 1-8-3).

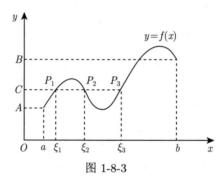

图 1-8-3

例 8 证明方程 $x - 2\sin x = 0$ 在区间 $\left(\dfrac{\pi}{2}, \pi\right)$ 内至少有一个根.

证明 设 $f(x) = x - 2\sin x$, 由于它是初等函数, 所以 $f(x)$ 在区间 $\left[\dfrac{\pi}{2}, \pi\right]$ 上连续, 考虑到 $f\left(\dfrac{\pi}{2}\right) = \dfrac{\pi}{2} - 2 < 0, f(\pi) = \pi > 0$, 即 $f\left(\dfrac{\pi}{2}\right)$ 与 $f(\pi)$ 异号. 由零点定理可知, 方程 $x - 2\sin x = 0$ 在开区间 $\left(\dfrac{\pi}{2}, \pi\right)$ 内至少存在一个根 ξ, 使 $\xi - 2\sin \xi = 0$.

例 9 设函数 $f(x)$ 在 $[a, b]$ 上连续, 且 $f(a) < a, f(b) > b$, 证明方程 $f(x) = x$ 在 (a, b) 内至少有一实根.

证明 令 $\varphi(x) = f(x) - x$, 则 $\varphi(x)$ 在 $[a, b]$ 上连续, 且 $\varphi(a) = f(a) - a < 0, \varphi(b) = f(b) - b > 0$, 故由根的存在定理可知 $\varphi(x)$ 在 (a, b) 内至少有一个零点, 即方程 $f(x) = x$ 在 (a, b) 内至少有一实根.

1.8.3 零点定理的建模应用

例 10 政府对市场经济实行必要的调控, 是促进经济发展的有效手段, 假设市场经济增长函数为 $f(t)$, 政府调控经济增长函数为 $g(t)$, 试证明某一时刻市场增长价格与政府调控价格相同.

证明 令 $h(t) = f(t) - g(t)$, 显然 $h(t)$ 为连续函数, 假设 t_0 时刻市场增长价格大于政府调控价格, t_1 时刻市场增长价格小于政府调控价格, 假设 $t_0 < t_1$, 即 $h(t_0) > 0, h(t_1) < 0$.

由零点定理可知 $h(t)$ 在 $(0, t_1)$ 内至少有一个零点 ξ, 即存在至少一个 ξ 时刻使得市场增长价格与政府调控价格相同.

小结与思考

1. 小结

微积分的研究对象主要是连续函数. 微积分中的许多重要概念都与函数的连续性有关. 而一般应用中所碰到的函数基本上是初等函数, 其连续性的条件总是满足的. 微积分中经常遇到求函数极限的问题, 如果函数是连续函数, 应用连续函数求极限的法则, 就可以把求极限的复杂问题转化为求函数值的问题.

闭区间上连续函数的性质: 最值可达性、整体有界性、介值性、根的存在性都是函数的整体性质.

2. 思考

如何证明闭区间上的连续函数一定有界?

习 题 1.8

1. 求函数 $f(x) = \dfrac{x^3 + 3x^2 - x - 3}{x^2 + x - 6}$ 的连续区间, 并求极限 $\lim\limits_{x \to 0} f(x)$, $\lim\limits_{x \to -3} f(x)$ 及 $\lim\limits_{x \to 2} f(x)$.

2. 设函数 $f(x)$ 与 $g(x)$ 在点 x_0 连续, 证明函数

$$\varphi(x) = \max\{f(x), g(x)\}, \quad \psi(x) = \min\{f(x), g(x)\}$$

在点 x_0 也连续.

3. 求下列极限:

(1) $\lim\limits_{x \to 0} \sqrt{x^2 - 2x + 5}$;

(2) $\lim\limits_{a \to \frac{\pi}{4}} (\sin 2\alpha)^3$;

(3) $\lim\limits_{x \to \frac{\pi}{6}} \ln(2 \cos 2x)$;

(4) $\lim\limits_{x \to 0} \dfrac{\sqrt{x+1} - 1}{x}$;

(5) $\lim\limits_{x \to 1} \dfrac{\sqrt{5x - 4} - \sqrt{x}}{x - 1}$;

(6) $\lim\limits_{x \to \alpha} \dfrac{\sin x - \sin \alpha}{x - \alpha}$;

(7) $\lim\limits_{x \to +\infty} \left(\sqrt{x^2 + x} - \sqrt{x^2 - x} \right)$;

(8) $\lim\limits_{x \to 0} \dfrac{\left(1 - \dfrac{1}{2} x^2 \right)^{\frac{2}{3}} - 1}{x \ln(1 + x)}$.

4. 求下列极限:

(1) $\lim\limits_{x \to \infty} \mathrm{e}^{\frac{1}{x}}$;

(2) $\lim\limits_{x \to 0} \ln \dfrac{\sin x}{x}$;

(3) $\lim\limits_{x\to\infty}\left(1+\dfrac{1}{x}\right)^{\frac{x}{2}}$;

(4) $\lim\limits_{x\to0}\left(1+3\tan^2 x\right)^{\frac{1}{\tan^2 x}}$;

(5) $\lim\limits_{x\to\infty}\left(\dfrac{3+x}{6+x}\right)^{\frac{x-1}{2}}$;

(6) $\lim\limits_{x\to\mathrm{e}}\dfrac{\ln x-1}{x-\mathrm{e}}$.

5. 设函数

$$f(x)=\begin{cases}\mathrm{e}^x, & x<0,\\ a+x, & x\geqslant0.\end{cases}$$

应当怎样选择数 a, 才能使得 $f(x)$ 成为在 $(-\infty,+\infty)$ 内的连续函数.

6. 确定 a,b 之值, 使函数 $f(x)=\begin{cases}\mathrm{e}^{-\frac{1}{x^2}}, & x>0,\\ \sin(ax+b), & x\leqslant0\end{cases}$ 在 $(-\infty,+\infty)$ 内连续.

常用等价无穷小

当 $\Delta\to0$ 时, 有下面结论.

$\sin\Delta\sim\Delta$	$\tan\Delta\sim\Delta$	$\ln(1+\Delta)\sim\Delta$	$\arctan\Delta\sim\Delta$
$\arcsin\Delta\sim\Delta$	$\mathrm{e}^\Delta-1\sim\Delta$	$\log_a(1+\Delta)\sim\dfrac{\Delta}{\ln a}$	$1-\cos\Delta\sim\dfrac{1}{2}\Delta^2$
$(1+\Delta)^\alpha\sim1+\alpha\Delta$	$\tan\Delta-\sin\Delta\sim\dfrac{1}{2}\Delta^3$	$\Delta-\ln(1+\Delta)\sim\dfrac{1}{2}\Delta^2$	$\Delta-\sin\Delta\sim\dfrac{1}{6}\Delta^3$

1.9　MATLAB 简介及利用 MATLAB 求极限

教学目标: 掌握 MATLAB 求极限方法.

教学重点: MATLAB 求极限的命令语句.

教学难点: 实操 MATLAB 求极限.

教学背景: MATLAB 软件是工科学习的有力工具.

思政元素: 通过数学软件的学习, 提升学生应用微积分解决实际问题的能力.

1.9.1　MATLAB 简介

数学实验以问题为载体, 应用数学知识建立数学模型, 再辅以计算机手段, 以数学软件为工具进行研究. MATLAB 软件是主要面对科学计算、可视化及交互式程序设计的高科技计算环境. 它可以进行矩阵运算、绘制函数、实现算法等, 主要应用于工程计算、信号处理、图像处理、金融建模等领域.

1.9.2 利用 MATLAB 求极限

1. syms 定义符号变量

(1) syms x 定义一个变量.
(2) syms x y 可以定义多个变量, 用空格分隔.

2. MATLAB 中的加、减、乘、除、幂

(1) 加减运算符: "+", "−".
(2) 乘法运算符: "*".
(3) 除法运算符: "/". (注: 线性代数的矩阵运算中还有左除、右除的区别.)
(4) 幂运算符: "^".

3. MATLAB 中的无穷、无理数 e、圆周率 π

(1) 无穷: Inf.
(2) 无理数 e: exp, exp(n) 表示 e 的 n 次方.
(3) 圆周率 π: pi.

例 1 用 MATLAB 语言书写函数 $f(x) = \dfrac{1}{1+x} - \dfrac{2}{x^3 - 2}$.

解 在命令行窗口输入以下代码:

```
>> syms x;
>> f=1/(1+x)-2/(x^3-2);
```

4. MATLAB 中的极限调用格式

Limit(f(x),x,a) 表示 $\lim\limits_{x \to a} f(x)$;

Limit(f(x),x,Inf) 表示 $\lim\limits_{x \to \infty} f(x)$;

Limit(f(x),x,a,'right') 表示 $\lim\limits_{x \to a^+} f(x)$.

例 2 用 MATLAB 求极限 $\lim\limits_{x \to 1} \left(\dfrac{1}{1+x} - \dfrac{2}{x^3 - 2} \right)$.

解 在命令行窗口输入以下代码:

```
>> syms x;
>> f =1/(1+x)-2/(x^3-2);
>>limit(f,x,1)
```

按 Enter 键, 即可得结果.

ans=

5/2

例 3　$f(x) = \mathrm{e}^{\frac{1}{x}}$，求 $\lim\limits_{x \to 0^-} f(x)$.

解　在命令行窗口输入以下代码：

```
>> syms x;
>> f =exp（1/x）;
>>limit(f,x,0,'left')
```

按 Enter 键，即可得结果.

ans=

0

例 4　$f(x) = \arctan x$，求 $\lim\limits_{x \to +\infty} f(x)$.

解　在命令行窗口输入以下代码：

```
>> syms x;
>> f =atan(x);
>>limit(f,x,+inf)
```

按 Enter 键，即可得结果.

ans=

1/2*pi

总 习 题 1

1. (1988, 数一、二) 已知函数 $f(x) = \sin x, f(\varphi(x)) = 1 - x^2$，则 $\varphi(x) = $＿＿＿＿＿＿＿，$\varphi(x)$ 的定义域为＿＿＿＿＿＿.

2. (1990, 数一, 数二) 设函数 $f(x) = \begin{cases} 1, & |x| \leqslant 1, \\ 0, & |x| > 1, \end{cases}$　则函数 $f[f(x)] = $＿＿＿＿＿＿.

3. (1987, 数二) 设函数 $f(x) = |x \sin x| \mathrm{e}^{\cos x} (-\infty < x < +\infty)$ 是 (　　).

A. 有界函数　　　　　　　　　　　　B. 单调函数

C. 周期函数　　　　　　　　　　　　D. 偶函数

4. 在 "充分"、"必要" 和 "充分必要" 三者中选择一个正确的填入下列空格内：

(1) 数列 $\{x_n\}$ 有界是数列 $\{x_n\}$ 收敛的＿＿＿＿＿＿ 条件, 数列 $\{x_n\}$ 收敛是数列 $\{x_n\}$ 有界的＿＿＿＿＿＿ 条件;

(2) $f(x)$ 在 x_0 的某一去心邻域内有界是 $\lim\limits_{x \to x_0} f(x)$ 存在的＿＿＿＿＿＿ 条件, $\lim\limits_{x \to x_0} f(x)$ 存在是 $f(x)$ 在 x_0 的某一去心邻域内有界的＿＿＿＿＿＿ 条件;

(3) $f(x)$ 在 x_0 的某一去心邻域内无界是 $\lim\limits_{x\to x_0} f(x) = \infty$ 的_____ 条件, $\lim\limits_{x\to x_0} f(x) =$
∞ 是 $f(x)$ 在 x_0 的某一去心邻域内无界的_____ 条件;

(4) $f(x)$ 当 $x \to x_0$ 时的右极限 $f(x_0^+)$ 及左极限 $f(x_0^-)$ 都存在且相等是 $\lim\limits_{x\to x_0} f(x)$ 存在
的_____ 条件.

5. (2006, 数三) $\lim\limits_{n\to\infty} \left(\dfrac{n+1}{n}\right)^{(-1)^n} = $_____.

6. (2019, 数三) $\lim\limits_{n\to\infty} \left[\dfrac{1}{1\times 2} + \dfrac{1}{2\times 3} + \cdots + \dfrac{1}{n(n+1)}\right] = $_____.

7. 设
$$f(x) = \dfrac{e^{\frac{1}{x}} - 1}{e^{\frac{1}{x}} + 1},$$
则 $x = 0$ 是 $f(x)$ 的 (   ).

A. 可去间断点   B. 跳跃间断点
C. 第二类间断点   D. 连续点

8. (2000, 数一) 计算极限 $\lim\limits_{x\to 0} \left(\dfrac{2 + e^{\frac{1}{x}}}{1 + e^{\frac{1}{x}}} + \dfrac{\sin x}{|x|}\right)$.

9. 设 $f(x)$ 的定义域是 $[0,1]$, 求下列函数的定义域:

(1) $f(e^x)$;   (2) $f(\ln x)$;
(3) $f(\arctan x)$;   (4) $f(\cos x)$.

10. 求下列极限:

(1) $\lim\limits_{x\to 1} \dfrac{x^2 - x + 1}{(x-1)^2}$;   (2) $\lim\limits_{x\to +\infty} \left(\sqrt{x^2 + x + 1} - \sqrt{x^2 - x + 1}\right)$;

(3) $\lim\limits_{x\to\infty} \left(\dfrac{2x+3}{2x+1}\right)^{x+1}$;   (4) $\lim\limits_{x\to 0} \dfrac{\tan x - \sin x}{x^3}$;

(5) $\lim\limits_{x\to 0} \left(\dfrac{a^x + b^x + c^x}{3}\right)^{\frac{1}{x}}$ $(a>0, b>0, c>0)$; (6) $\lim\limits_{x\to\frac{\pi}{2}} (\sin x)^{\tan x}$;

(7) (2011, 数二) $\lim\limits_{x\to 0} \left(\dfrac{1+2^x}{2}\right)^{\frac{1}{x}}$;   (8) $\lim\limits_{x\to 0} x^2 \left(4\sin\dfrac{1}{x} - 3\right)$;

(9) $\lim\limits_{x\to 1} \dfrac{e^x - e + (x-1)}{\sin(x-1)}$;   (10) $\lim\limits_{x\to 0} \dfrac{x^2 + \sin^2 x}{xe^x - x}$.

11. 已知 $\lim\limits_{x\to 0} \dfrac{x^2 + ax + b}{1 - x} = 5$, 求 a, b.

12. 已知 $\lim\limits_{x\to\infty} \left(\dfrac{x^2}{1+x} - ax - b\right) = 0$, 求 a, b.

13. 已知 $f(x)$ 为多项式, 且 $\lim\limits_{x\to\infty} \dfrac{f(x) - 2x^3}{x^2} = 2, \lim\limits_{x\to 0} \dfrac{f(x)}{x} = 3$, 求 $f(x)$.

14. (2015, 数一) $\lim\limits_{x\to 0} \dfrac{\ln(\cos x)}{x^2} = $_____.

15. (2016, 数三) 已知函数 $f(x)$ 满足 $\lim\limits_{x \to 0} \dfrac{\sqrt{1+f(x)\sin 2x}-1}{\mathrm{e}^{3x}-1} = 2$, 则 $\lim\limits_{x \to 0} f(x) =$
_____.

16. 求极限 $\lim\limits_{x \to 0} \left(\dfrac{\mathrm{e}^{\frac{1}{x}}+2}{\mathrm{e}^{\frac{4}{x}}+1} + \dfrac{\sin x}{|x|} \right)$.

17. 设
$$f(x) = \begin{cases} x \sin \dfrac{1}{x}, & x > 0, \\[2mm] a + x^2, & x \leqslant 0, \end{cases}$$

要使 $f(x)$ 在 $(-\infty, +\infty)$ 内连续, 应当怎样选择数 a?

18. 求下列 $f(x)$ 的间断点, 并说明间断点所属类型:

(1) $f(x) = \dfrac{\cos x - 1}{x^2 + x^3}$;   (2) $f(x) = \lim\limits_{n \to \infty} \dfrac{1+x}{1+x^{2n}}$.

19. 如果存在直线 $L: y = kx + b$, 使得当 $x \to \infty$ (或 $x \to +\infty, x \to -\infty$) 时, 曲线 $y = f(x)$ 上的动点 $M(x,y)$ 到直线 L 的距离 $d(M,L) \to 0$, 那么称 L 为曲线 $y = f(x)$ 的**渐近线**. 当直线 L 的斜率 $k \neq 0$ 时, 称 L 为斜渐近线.

(1) 证明: 直线 $L: y = kx + b$ 为曲线 $y = f(x)$ 的渐近线的充分必要条件是

$$k = \lim_{\substack{x \to \infty \\ \left(\begin{subarray}{l} x \to +\infty \\ x \to -\infty \end{subarray} \right)}} \frac{f(x)}{x}, \quad b = \lim_{\substack{x \to \infty \\ \left(\begin{subarray}{l} x \to +\infty \\ x \to -\infty \end{subarray} \right)}} [f(x) - kx];$$

(2) 求曲线 $y = (2x-1)\mathrm{e}^{\frac{1}{x}}$ 的斜渐近线.

20. 已知函数 $f(x)$ 在 [0,1] 连续, 且 $f(0) = 0, f(1) = 1$, 证明: 存在 $\xi \in [0,1]$ 使得

$$f(\xi) = 1 - \xi.$$

第 1 章思维导图

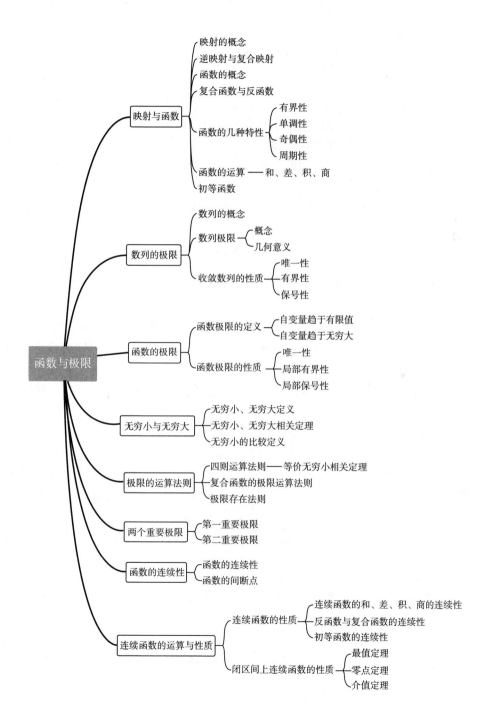

第 2 章　导数与微分

前面介绍了高等数学的研究对象——函数, 如连续函数、分段函数等, 以及研究问题的基本方法——极限方法. 本章将围绕以下两个基本问题展开研究:

(1) 函数对自变量的变化率问题;

(2) 函数的增量与自变量的微小变化之间的关系问题.

以上两个问题所涉及的内容就是微分学中的导数与微分的概念, 它们反映了物质运动变化的瞬时性态和局部特征, 是研究运动和变化过程中必不可少的工具.

一、教学基本要求

1. 理解导数与微分的概念, 理解导数与微分的关系, 理解函数的可导性与连续性之间的关系.

2. 理解导数的几何意义与物理意义, 会求平面曲线的切线方程和法线方程.

3. 掌握导数的四则运算和复合函数的求导法则, 掌握基本初等函数的导数公式.

4. 了解微分的运算法则和微分形式的不变性, 会求函数的微分, 了解微分在近似计算中的应用.

5. 了解高阶导数的概念, 会求简单函数的 n 阶导数.

6. 会求分段函数的一阶、二阶导数.

7. 会求隐函数和由参数方程所确定的函数的一阶、二阶导数, 求反函数的导数.

二、教学重点

1. 导数的概念与可导性的讨论.

2. 导数的计算, 特别是复合函数的求导问题.

3. 微分的概念及计算.

三、教学难点

1. 分段函数的可导性的讨论.

2. 复合函数的导数与隐函数的导数.

3. 高阶导数的计算, 特别是抽象函数的高阶导数.

2.1 导数的概念

教学目标:

1. 理解导数及左、右导数的概念;

2. 理解可导性与连续性的关系;

3. 会求平面曲线的切线方程和法线方程;

4. 了解导数的物理意义, 会用导数描述一些物理量.

教学重点: 导数的概念, 导数的几何意义.

教学难点: 导数定义的理解, 不同形式的掌握.

教学背景: 瞬时速度, 曲线的切线, 工程上曲线的弯曲程度.

思政元素: 中国速度, 中国高铁.

2.1.1 引例

慕课2.1.1

逢山开路, 遇水搭桥, 山水一程, 有一种骄傲叫 "中国高铁". 中国高铁是当代中国重要的一类交通基础设施, 也是我们向世界递出的一张靓丽的名片. 高铁车厢前端的电子显示屏会显示高铁实时的运行速度, 这个瞬时的速度怎么用数学知识来解释?

1. 求变速直线运动的瞬时速度

以 O 为原点, 沿质点运动的方向建立数轴——s 轴, 用 s 表示质点运动的路程, 记作 $s = f(t)$. 现求 t_0 时刻的瞬时速度 $v_0 = v(t_0)$?

如果质点做匀速直线运动, 那么按照公式 $v = \dfrac{s}{t}$ 便可求出 v_0. 但是, 在实际问题中, 运动往往是非匀速的, 求质点做变速直线运动的速度, 就不能应用上述公式求 t_0 时刻的瞬时速度 v_0. 我们设法在事物的运动变化和相互联系中, 利用矛盾转化的方法, 分三步来解决这一问题.

(1) **求增量** 给 t_0 一个增量 Δt, 时间从 t_0 变到了 $t_1 = t_0 + \Delta t$, 质点 M 从点 M_0 运动到 M_1, 路程有了增量 $\Delta s = f(t_1) - f(t_0) = f(t_0 + \Delta t) - f(t_0)$.

(2) **求增量比** 当 Δt 很小时, 可把质点在 Δt 间隔内的运动近似地看成匀速运动, 这实质上是把变速运动近似地转化成匀速运动. 现求 Δt 内的平均速度

$$\bar{v} = \frac{\Delta s}{\Delta t} = \frac{f(t_0 + \Delta t) - f(t_0)}{\Delta t}.$$

(3) **取极限** 当 Δt 越来越小, 平均速度便越来越接近于 t_0 时刻的瞬时速度 v_0. 于是当 $\Delta t \to 0$ 时, 平均速度的极限就是瞬时速度 v_0, 即

$$v_0 = \lim_{\Delta t \to 0} \bar{v} = \lim_{\Delta t \to 0} \frac{\Delta s}{\Delta t} = \lim_{\Delta t \to 0} \frac{f(t_0 + \Delta t) - f(t_0)}{\Delta t}.$$

2. 求曲线的切线斜率

在中学几何里, 圆的切线被定义为与圆只相交于一点的直线. 对一般曲线来说, 不能把与曲线只相交于一点的直线定义为曲线的切线. 例如, 对于抛物线 $y = x^2$, 在原点 O 处两个坐标轴都符合上述定义, 但实际上只有 x 轴是该曲线在点 O 处的切线. 下面, 我们从曲线的割线开始, 利用极限概念来给出切线的定义.

设 M_0 为曲线 $y = f(x)$ 上的一点, 在点 M_0 外另取曲线上一点 M, 并作割线 M_0M. 若 M_0 沿曲线移至 M_1, M_2, $\cdots$ 各点 (图 2-1-1), 则割线 M_0M 将相继取不同的位置 M_0M_1, M_0M_2, $\cdots$. 如果当 M 沿着曲线趋向于 M_0 时, 割线 M_0M 趋向于同一个极限位置 M_0T, 那么这条直线 M_0T 就是**曲线在点 M_0 处的切线**. 这里极限位置的含义是: 只要弦长 $|M_0M|$ 趋于零, $\angle MM_0T$ (图 2-1-2) 也趋于零. 现在的问题是如何来确定割线的极限位置 (如何求出在点 M_0 处的切线方程)?

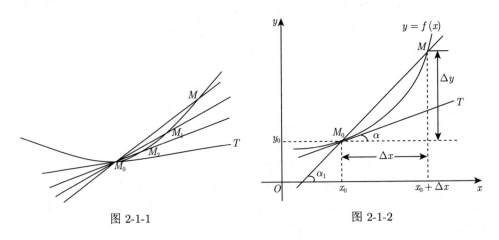

图 2-1-1   图 2-1-2

设曲线的方程为 $y = f(x)$, 其中 $f(x)$ 为一连续函数 $M_0(x_0, y_0)$ 是曲线上的一个定点. 如何求曲线在点 M_0 处的切线 M_0T 的斜率呢? 我们分三步来解决.

(1) **求增量** 给 x_0 一个增量 Δx, 自变量由 x_0 变到 $x_0 + \Delta x$, 曲线上点的纵坐标有相应的增量 $\Delta y = f(x_0 + \Delta x) - f(x_0)$.

(2) **求增量比** 曲线上的点由 $M_0(x_0, y_0)$ 变到了点 $M(x_0 + \Delta x, y_0 + \Delta y)$, 当 Δx 很小时, 用割线 M_0M 的斜率近似代替切线 M_0T 的斜率, 割线 M_0M 的

斜率为

$$\frac{\Delta y}{\Delta x} = \frac{f(x_0 + \Delta x) - f(x_0)}{\Delta x}.$$

(3) **取极限** 当 $\Delta x \to 0$ 时, 点 M 沿曲线无限趋近于点 M_0, 割线 M_0M 以切线 M_0T 为极限, 因而割线的斜率的极限就是切线的斜率, 即

$$k = \lim_{\Delta x \to 0} \frac{\Delta y}{\Delta x} = \lim_{\Delta x \to 0} \frac{f(x_0 + \Delta x) - f(x_0)}{\Delta x},$$

其中 $\alpha \left(\alpha \neq \frac{\pi}{2} \right)$ 是切线 M_0T 与 x 轴正向的夹角.

上面两个问题的范畴虽不相同, 但从纯数学的角度来考察, 所要解决的数学问题相同: 求一个变量相对于另一个相关变量的变化快慢程度, 即变化率问题; 处理的思想方法相同: 矛盾转化的辩证方法; 数学结构相同: 函数改变量与自变量改变量之比, 当自变量改变量趋于零时的极限. 在自然科学和工程技术领域内, 还有许多概念, 例如电流强度、角速度、线密度等等, 都可归结差商的极限的数学形式. 我们撇开这些量的具体意义, 抓住它们在数量关系上的共性, 就得出函数的导数概念.

2.1.2 导数的定义

1. 函数在一点处的导数

定义 2.1.1 设函数 $y = f(x)$ 在点 x_0 的某个邻域内有定义, 当自变量 x 在 x_0 处取得增量 Δx(点 $x_0 + \Delta x$ 仍在该邻域内) 时, 相应函数取得增量 $\Delta y = f(x_0 + \Delta x) - f(x_0)$, 如果极限

$$\lim_{\Delta x \to 0} \frac{\Delta y}{\Delta x} = \lim_{\Delta x \to 0} \frac{f(x_0 + \Delta x) - f(x_0)}{\Delta x}$$

存在, 则称函数 $y = f(x)$ 在点 x_0 处**可导**, 并称这个极限为函数 $y = f(x)$ 在点 x_0 处的**导数**, 记作 $f'(x_0)$, 即

$$f'(x_0) = \lim_{\Delta x \to 0} \frac{\Delta y}{\Delta x} = \lim_{\Delta x \to 0} \frac{f(x_0 + \Delta x) - f(x_0)}{\Delta x}, \tag{2-1-1}$$

也可记作 $y'|_{x=x_0}$, $\frac{\mathrm{d}y}{\mathrm{d}x}|_{x=x_0}$ 或 $\frac{\mathrm{d}f(x)}{\mathrm{d}x}|_{x=x_0}$.

函数 $f(x)$ 在点 x_0 处可导, 有时也说成 $f(x)$ 在点 x_0 具有导数或导数存在.

导数的定义 (2-1-1) 式也可写成不同的形式, 常见的有

$$f'(x_0) = \lim_{h \to 0} \frac{f(x_0 + h) - f(x_0)}{h}, \tag{2-1-2}$$

$$f'(x_0) = \lim_{x \to x_0} \frac{f(x) - f(x_0)}{x - x_0}. \tag{2-1-3}$$

(2-1-2) 式中的 h 即自变量的增量 Δx.

说明几个问题

(1) 注意, 此处 $\dfrac{\mathrm{d}y}{\mathrm{d}x}$ 是表示导数的一个整体符号.

(2) 在实际中, 需要讨论各种具有不同意义的变量的变化 "快慢" 问题, 在数学上就是所谓函数的变化率问题. 导数概念就是函数变化率这一概念的精确描述. 导数也可简单地表述为: **导数是平均变化率的极限.**

(3) 如果极限 (1) 不存在, 则称函数 $y = f(x)$ 在点 x_0 处**不可导**. 如果当 $\Delta x \to 0$ 时, $\dfrac{\Delta y}{\Delta x} \to \infty$, 表明极限不存在, 即不可导. 但为叙述方便, 我们也常说 $f(x)$ 在点 x_0 的导数为**无穷大**.

(4) 如果函数 $y = f(x)$ 在开区间 (a, b) 内的每一点处都可导, 就称函数 $f(x)$ **在开区间 (a, b) 内可导**. 这时, 函数 $y = f(x)$ 对于区间 (a, b) 的每一个 x 值都对应着 $f(x)$ 的一个确定的导数值. 这样就构成了一个新的函数, 这个函数叫做原来函数 $y = f(x)$ 的**导函数**, 记作 y', $f'(x)$, $\dfrac{\mathrm{d}y}{\mathrm{d}x}$ 或 $\dfrac{\mathrm{d}f(x)}{\mathrm{d}x}$.

在 (2-1-2) 式或 (2-1-3) 式中把 x_0 换成 x, 即得导函数的定义式

$$y' = f'(x) = \lim_{\Delta x \to 0} \frac{\Delta y}{\Delta x} = \lim_{\Delta x \to 0} \frac{f(x + \Delta x) - f(x)}{\Delta x} \quad \text{或} \quad f'(x) = \lim_{h \to 0} \frac{f(x + h) - f(x)}{h}.$$

注　在以上两式中, 虽然 x 可以取区间内的任何数值, 但在极限过程中, x 是常量, Δx 或 h 是求极限的变量.

显然, 函数 $f(x)$ 在点 x_0 处的导数 $f'(x_0)$ 就是导函数 (也可简称导数) $f'(x)$ 在点 $x = x_0$ 处的函数值, 即 $f'(x_0) = f'(x)|_{x=x_0}$.

2. 单侧导数

定义 2.1.2　设 $f(x)$ 在点 x_0 的左邻域 $(x_0 - \delta, x_0)$ 内有定义, $\Delta y = f(x_0 + \Delta x) - f(x_0)$.

慕课2.1.2

如果当 $\Delta x \to 0^-$ 时, 极限 $\lim\limits_{\Delta x \to 0^-} \dfrac{\Delta y}{\Delta x}$ 存在, 则该极限称为函数 $y = f(x)$ 在点 x_0 的**左导数**, 记作 $f'_-(x_0)$, 即 $f'_-(x_0) = \lim\limits_{\Delta x \to 0^-} \dfrac{\Delta y}{\Delta x}$;

如果当 $\Delta x \to 0^+$ 时, 极限 $\lim\limits_{\Delta x \to 0^+} \dfrac{\Delta y}{\Delta x}$ 存在, 则该极限称为函数 $y = f(x)$ 在点 x_0 的**右导数**, 记作 $f'_+(x_0)$, 即 $f'_+(x_0) = \lim\limits_{\Delta x \to 0^+} \dfrac{\Delta y}{\Delta x}$.

左导数和右导数统称为**单侧导数**.

类似于左右极限的性质, 我们有下面的定理.

定理 2.1.1 $f(x)$ 在 x_0 处可导的充分必要条件是函数 $y = f(x)$ 在点 x_0 处的左、右导数都存在且相等.

如果函数 $f(x)$ 在开区间 (a,b) 内可导, 且 $f'_+(a)$ 及 $f'_-(b)$ 都存在 (在闭区间的左端点右可导, 右端点左可导), 就说 $f(x)$ **在闭区间 $[a,b]$ 上可导**.

3. 典型例题

下面根据导数定义求一些简单函数的导数.

例 1 求函数 $f(x) = C$ (C 为常数) 的导数.

解 $f'(x) = \lim\limits_{h \to 0} \dfrac{f(x+h) - f(x)}{h} = \lim\limits_{h \to 0} \dfrac{C - C}{h} = 0$, 即 $(C)' = 0$.

例 2 求函数 $f(x) = x^n (n \in \mathbf{N}^+)$ 在 $x = a$ 处的导数.

解 $f'(a) = \lim\limits_{x \to a} \dfrac{f(x) - f(a)}{x - a} = \lim\limits_{x \to a} \dfrac{x^n - a^n}{x - a} = \lim\limits_{x \to a}(x^{n-1} + ax^{n-2} + \cdots + a^{n-1}) = na^{n-1}$.

把以上结果中的 a 换成 x 得 $f'(x) = nx^{n-1}$, 即 $(x^n)' = nx^{n-1}$. 更一般地, 对于幂函数 $y = x^\mu$ (μ 为常数), 有 $(x^\mu)' = \mu x^{\mu-1}$. 这就是幂函数的导数公式. 这公式的证明将在以后讨论.

例 3 求函数 $f(x) = \sin x$ 的导数.

解 $f'(x) = \lim\limits_{h \to 0} \dfrac{f(x+h) - f(x)}{h} = \lim\limits_{h \to 0} \dfrac{\sin(x+h) - \sin x}{h}$

$$= \lim\limits_{h \to 0} \frac{1}{h} \cdot 2\cos\left(x + \frac{h}{2}\right)\sin\frac{h}{2} = \lim\limits_{h \to 0} \cos\left(x + \frac{h}{2}\right) \cdot \frac{\sin\frac{h}{2}}{\frac{h}{2}} = \cos x,$$

即

$$(\sin x)' = \cos x.$$

用类似的方法, 可求得 $(\cos x)' = -\sin x$, 即余弦函数的导数是负的正弦函数.

例 4 求函数 $f(x) = a^x$ ($a > 0, a \neq 1$) 的导数.

解 $f'(x) = \lim\limits_{h \to 0} \dfrac{f(x+h) - f(x)}{h} = \lim\limits_{h \to 0} \dfrac{a^{x+h} - a^x}{h} = a^x \lim\limits_{h \to 0} \dfrac{a^h - 1}{h} = a^x \ln a$, 即 $(a^x)' = a^x \ln a$, 这就是指数函数的导数公式. 特殊地, 当 $a = e$ 时, $(e^x)' = e^x$. 上式表明, 以 e 为底的指数函数的导数就是其本身, 这是以 e 为底的指数函数的一个重要特性.

例 5 求函数 $f(x) = \log_a x$ ($a > 0, a \neq 1$) 的导数.

解 $(\log_a x)' = \dfrac{1}{x\ln a}$，这就是对数函数的导数公式. 特殊地, 当 $a = \mathrm{e}$ 时, 由上式得自然对数函数的导数公式 $(\ln x)' = \dfrac{1}{x}$.

例 6 求函数 $f(x) = |x|$ 在 $x = 0$ 处的导数.

解 左导数 : $f'_-(x_0) = \lim\limits_{x \to x_0^-} \dfrac{f(x) - f(x_0)}{x - x_0} = \lim\limits_{\Delta x \to 0^-} \dfrac{|\Delta x|}{\Delta x} = -1,$

右导数 : $f'_+(x_0) = \lim\limits_{x \to x_0^+} \dfrac{f(x) - f(x_0)}{x - x_0} = \lim\limits_{\Delta x \to 0^+} \dfrac{|\Delta x|}{\Delta x} = 1,$

故 $f(x) = |x|$ 在 $x = 0$ 处不可导, 几何上易知曲线 $f(x) = |x|$ 在 $x = 0$ 处无切线.

例 7 设函数 $f(x) = (x - a)g(x)$, 其中函数 $g(x)$ 在点 $x = a$ 处连续, 求 $f'(a)$.

解 因为 $g(x)$ 在点 $x = a$ 处连续, 所以 $\lim\limits_{x \to a} g(x) = g(a)$. 于是由导数定义, 得

$$f'(a) = \lim\limits_{x \to a} \dfrac{f(x) - f(a)}{x - a} = \lim\limits_{x \to a} \dfrac{(x - a)g(x) - 0}{x - a} = \lim\limits_{x \to a} g(x) = g(a).$$

2.1.3 导数的几何意义与物理意义

1. 几何意义——曲线的切线的斜率

函数 $f(x)$ 在点 x_0 处的导数 $f'(x_0)$ 在几何上表示曲线 $y = f(x)$ 在点 $M(x_0, y_0)$ 处的切线的斜率 k, 即 $k = f'(x_0)$.

如果 $y = f(x)$ 在点 x_0 处的导数为无穷大, 这时曲线 $y = f(x)$ 的割线以垂直于 x 轴的直线 $x = x_0$ 为极限位置, 即曲线 $y = f(x)$ 在点 $M(x_0, y_0)$ 处具有垂直于 x 轴的切线 $x = x_0$.

切线方程为 $y - f(x_0) = f'(x_0)(x - x_0)$.

法线方程为 $y - f(x_0) = -\dfrac{1}{f'(x_0)}(x - x_0)\ (f'(x_0) \neq 0)$.

2. 物理意义——变速直线运动的瞬时速度

如果物体的运动规律是 $s = f(t)$, 则物体在时刻 t_0 的瞬时速度 v_0 是 $f(t)$ 在 t_0 的导数 $f'(t_0)$, 即 $v_0 = f'(t_0)$.

例 8 求曲线 $y = x^{\frac{3}{2}}$ 在通过点 $(0, -4)$ 的切线方程.

解 设切点为 (x_0, y_0), 则切线的斜率为

$$f'(x_0) = \dfrac{3}{2}\sqrt{x}\Big|_{x = x_0} = \dfrac{3}{2}\sqrt{x_0}.$$

于是所求切线方程可设为

$$y - f(x_0) = \frac{3}{2}\sqrt{x_0}(x - x_0). \tag{2-1-4}$$

因切点 (x_0, y_0) 在曲线 $y = x^{\frac{3}{2}}$ 上, 故有 $y_0 = x_0^{\frac{3}{2}}$, 又由切线通过点 $(0, -4)$, 故有

$$-4 - y_0 = \frac{3}{2}\sqrt{x_0}(0 - x_0), \tag{2-1-5}$$

求得 (2-1-4) 和 (2-1-5) 式构成的方程组, 可得切点为 $(4, 8)$, 即所求切线方程为

$$3x - y - 4 = 0.$$

例 9 设 $f(x)$ 连续, 设 $\lim\limits_{x \to 0} \dfrac{3 - f(1+x)}{2x} = -1$, 求曲线 $y = f(x)$ 对应 $x = 1$ 处切线方程和法线方程.

解 由 $\lim\limits_{x \to 0} \dfrac{3 - f(1+x)}{2x} = -1, \lim\limits_{x \to 0} 2x = 0$, 可知

$$\lim_{x \to 0} 3 - f(1+x) = 0,$$

从而

$$\lim_{x \to 0} f(1+x) = 3.$$

又因为 $f(x)$ 连续, 则

$$\lim_{x \to 0} f(1+x) = f(1) = 3,$$

则切点为 $(1, 3)$. 而

$$k = f'(1) = \lim_{x \to 0} \frac{f(1+x) - f(1)}{2x} = \lim_{x \to 0} \frac{f(1+x) - 3}{2x}$$

$$= -2 \lim_{x \to 0} \frac{3 - f(1+x)}{2x} = 2,$$

所求切线方程为 $y - 3 = 2(x - 1)$, 即 $y = 2x + 1$.

所求法线的斜率为 $y - 3 = -\dfrac{1}{2}(x - 1)$, 即 $y = -\dfrac{1}{2}x + \dfrac{7}{2}$.

2.1.4 可导与连续的关系

定理 2.1.2 如果函数 $y = f(x)$ 在点 x_0 处可导, 那么函数 $y = f(x)$ 在点 x_0 处必连续.

证法一 设函数 $y = f(x)$ 在点 x_0 处可导, 即 $\lim\limits_{\Delta x \to 0} \dfrac{\Delta y}{\Delta x} = f'(x_0)$ 存在. 由具有极限的函数与无穷小的关系知道, $\dfrac{\Delta y}{\Delta x} = f'(x_0) + \alpha$, 其中 α 为当 $\Delta x \to 0$ 时的无穷小. 上式两边同乘以 Δx, 得 $\Delta y = f'(x_0)\Delta x + \alpha \Delta x$. 由此可见, 当 $\Delta x \to 0$ 时, $\Delta y \to 0$. 这就是说, 函数 $y = f(x)$ 在点 x_0 处是连续的. 所以, 如果函数 $y = f(x)$ 在点 x_0 处可导, 那么函数 $y = f(x)$ 在该点必连续.

证法二 设在 x_0 自变量的改变量是 Δx, 相应有函数的改变量 $\Delta y = f(x_0 + \Delta x) - f(x_0)$, 则 $\lim\limits_{\Delta x \to 0} \Delta y = \lim\limits_{\Delta x \to 0} \dfrac{\Delta y}{\Delta x} \cdot \Delta x = \lim\limits_{\Delta x \to 0} \dfrac{\Delta y}{\Delta x} \cdot \lim\limits_{\Delta x \to 0} \Delta x = f'(x_0) \cdot 0 = 0$, 即函数 $f(x)$ 在点 x_0 处连续.

说明几个问题

(1) 若 $f(x)$ 在点 x_0 处可导, 则 $f(x)$ 在点 x_0 处一定连续;

(2) 若 $f(x)$ 在点 x_0 处连续, 则 $f(x)$ 在点 x_0 处却不一定可导;

(3) 若 $f(x)$ 在点 x_0 处不连续, 则 $f(x)$ 在点 x_0 处一定不可导.

定理的逆命题不成立, 即函数在一点连续, 函数在该点不一定可导.

例 10 函数 $y = \sqrt[3]{x}$ 在区间 $(-\infty, +\infty)$ 内连续, 但在点 $x = 0$ 处不可导.

解 在点 x_0 处有

$$\frac{f(0 + h) - f(0)}{h} = \frac{\sqrt[3]{h} - 0}{h} = \frac{1}{h^{2/3}},$$

两边取极限, 有 $\lim\limits_{h \to 0} \dfrac{f(0 + h) - f(0)}{h} = \lim\limits_{h \to 0} \dfrac{1}{h^{2/3}} = +\infty$, 即导数为无穷大, 导数虽然不存在, 但曲线 $y = \sqrt[3]{x}$ 在原点 $(0,0)$ 具有垂直于 x 轴的切线 $y = 0$.

小结与思考

1. 小结

微分学是研究微分法与导数理论及应用的科学. 导数是微分学的一个重要概念. 在科学研究和实际生活中具有广泛的应用.

(1) 导数概念的精确描述和实质;

(2) 讨论了函数在一点可导与连续的关系;

(3) 总结了简单的求导公式;

(4) **左导数** $f'_-(x_0) = \lim\limits_{x \to x_0^-} \dfrac{f(x) - f(x_0)}{x - x_0} = \lim\limits_{\Delta x \to 0^-} \dfrac{f(x_0 + \Delta x) - f(x_0)}{\Delta x}$,

右导数 $f'_+(x_0) = \lim\limits_{x \to x_0^+} \dfrac{f(x) - f(x_0)}{x - x_0} = \lim\limits_{\Delta x \to 0^+} \dfrac{f(x_0 + \Delta x) - f(x_0)}{\Delta x}$.

2. 思考

(1) 可导的偶函数的导函数是奇数吗?

(2) 可导的奇函数的导函数是偶数吗?

(3) 可导的周期函数的导数仍是周期函数, 且周期不变吗?

习 题 2.1

1. 松花江水量 (体积) 是水面高度的函数 $V = V(h)$, 则 $V'(h_0)$ 的实际意义上是什么?

2. 设某工厂生产 x 件产品的成本为

$$C(x) = 2000 + 100x - 0.1x^2(\text{元}).$$

该函数 $C(x)$ 称为成本函数, 成本函数 $C(x)$ 的导数 $C'(x)$ 在经济学中称为边际成本. 试求:

(1) 当生产 100 件产品时的边际成本;

(2) 生产第 101 件产品的成本, 并与 (1) 中求得的边际成本作比较, 说明边际成本的实际意义.

3. 下列各题中均假定 $f'(x_0)$ 存在, 按照导数定义观察下列极限, 指出 A 表示什么?

(1) $\lim\limits_{\Delta x \to 0} \dfrac{f(x_0 - \Delta x) - f(x_0)}{\Delta x} = A$;

(2) $\lim\limits_{x \to 0} \dfrac{f(x)}{x} = A$, 其中 $f(0) = 0$, 且 $f'(0)$ 存在;

(3) $\lim\limits_{h \to 0} \dfrac{f(x_0 + h) - f(x_0 - h)}{h} = A$.

4. 讨论下列函数在 $x = 0$ 处的连续性与可导性.

(1) $f(x) = \begin{cases} x, & x < 0, \\ \ln(1 + x), & x \geqslant 0; \end{cases}$

(2) $f(x) = \begin{cases} \sqrt[3]{x} \sin \dfrac{1}{x}, & x \neq 0, \\ 0, & x = 0; \end{cases}$

(3) $f(x) = \begin{cases} x \arctan \dfrac{1}{x}, & x \neq 0, \\ 0, & x = 0. \end{cases}$

5. (1994, 数三) 设 $f(x) = \begin{cases} \dfrac{2}{3} x^3, & x \leqslant 1, \\ x^2, & x > 1, \end{cases}$ 则 $f(x)$ 在 $x = 1$ 处 (　　).

A. 左、右导数都存在　　　　　　　　B. 左导数存在, 右导数不存在

C. 左导数不存在, 右导数存在　　　　D. 左右导数都不存在

6. 设 $f(x)$ 可导, $F(x) = f(x)(1 + |\sin x|)$, 则 $f(0) = 0$ 是 $F(x)$ 在 $x = 0$ 处可导的 (　　).

A. 充分必要条件　　　　　　　　　　B. 充分但非必要条件

C. 必要但非充分条件　　　　　　　　D. 既非充分条件也非必要条件

7. (1998, 数三) 设周期函数 $f(x)$ 在 $(-\infty, +\infty)$ 内可导, 周期是 4, 又 $\lim\limits_{x \to 0} \dfrac{f(1) - f(1-x)}{2x} = -1$, 则曲线 $f(x)$ 在点 $(5, f(5))$ 处的切线斜率为多少?

8. (2018, 数一、二、三) 下列函数中, 在 $x = 0$ 处不可导的是 (　　).

A. $f(x) = |x| \sin |x|$　　　　　　　　B. $f(x) = |x| \sin \sqrt{|x|}$

C. $f(x) = \cos |x|$　　　　　　　　　D. $f(x) = \cos \sqrt{|x|}$

2.2　函数的求导法则

在本节中将介绍求导数的几个基本法则以及 2.1 节中未讨论过的几个基本初等函数的导数公式, 就能比较方便地求出常见的初等函数的导数. 因为初等函数是由基本初等函数经有限次四则运算和有限次复合而成的, 所以应该介绍函数的和、差、积、商及复合函数的求导法则.

教学目标:

1. 掌握导数的四则运算法则和复合函数的求导法则;

2. 掌握基本初等函数的求导公式;

3. 会求分段函数的导数.

教学重点: 导数的四则运算法则和复合函数的求导法则, 基本初等函数的求导公式.

教学难点: 反函数、复合函数的求导法则、分段函数的导数.

教学背景: 工程上变速直线运动的速度、加速度, 曲线的弯曲程度, 线体的密度等.

思政元素: 复杂问题的简单化, 不同阶段的不同速度.

2.2.1　函数的和、差、积、商的求导法则

定理 2.2.1　如果函数 $u = u(x)$ 及 $v = v(x)$ 都在点 x 具有导数, 那么它们的和、差、积、商 (除分母为零的点外) 都在点 x 具有导数, 且

慕课2.2.1

(1) $[u(x) \pm v(x)]' = u'(x) \pm v'(x)$.

可推广到任意有限个可导函数的情形: 有限个函数代数和的导数等于导数的代数和.

$$[u(x) \pm v(x) \pm \cdots \pm w(x)]' = u'(x) \pm v'(x) \pm \cdots \pm w'(x).$$

(2) $[u(x)v(x)]' = u'(x)v(x) + u(x)v'(x)$.

两个函数乘积的导数, 等于一个因子求导数与另一个因子不求导数的两种可能乘积之和.

推论 1 $[Cu(x)]' = Cu'(x)$, 即求导时常数因子可提到导数符号外.

乘积求导公式可以推广到任意有限个可导函数的情形.

推论 2 $[u(x)v(x)w(x)]' = u'(x)v(x)w(x) + u(x)v'(x)w(x) + u(x)v(x)w'(x)$.

三个可导函数的乘积等于三个函数中的每一个求导后乘以其余两个函数所得乘积之和.

(3) $\left[\dfrac{u(x)}{v(x)}\right]' = \dfrac{u'(x)v(x) - u(x)v'(x)}{v^2(x)}$.

推论 $\left[\dfrac{1}{v(x)}\right]' = -\dfrac{v'(x)}{v^2(x)}$.

这里仅证 (2).

证明
$$f'(x) = \lim_{h\to 0} \frac{f(x+h) - f(x)}{h}$$
$$= \lim_{h\to 0} \frac{u(x+h)v(x+h) - u(x)v(x)}{h}$$
$$= \lim_{h\to 0} \frac{1}{h}[u(x+h)v(x+h) - u(x)v(x+h) + u(x)v(x+h) - u(x)v(x)]$$
$$= \lim_{h\to 0}\left[\frac{u(x+h) - u(x)}{h}\cdot v(x+h) + u(x)\cdot\frac{v(x+h) - v(x)}{h}\right]$$
$$= \lim_{h\to 0}\frac{u(x+h) - u(x)}{h}\cdot\lim_{h\to 0}v(x+h) + u(x)\cdot\lim_{h\to 0}\frac{v(x+h) - v(x)}{h}$$
$$= u'(x)v(x) + u(x)v'(x).$$

例 1 $y = \tan x$, 求 y'.

解 $y' = \left(\dfrac{\sin x}{\cos x}\right)' = \dfrac{\cos^2 x + \sin^2 x}{\cos^2 x} = \dfrac{1}{\cos^2 x} = \sec^2 x$, 即 $(\tan x)' = \sec^2 x$.

用类似方法, 还可求得余切函数的导数公式
$$(\cot x)' = -\csc^2 x.$$

例 2 $y = \sec x$, 求 y'.

解 $y' = \left(\dfrac{\sin x}{\cos x}\right)' = \dfrac{\cos^2 x + \sin^2 x}{\cos^2 x} = \dfrac{1}{\cos^2 x} = \sec^2 x$, 即 $(\sec x)' = \sec x \tan x$.

用类似方法, 还可求得余割函数的导数公式
$$(\csc x)' = -\csc x \cot x.$$

2.2.2　反函数的求导法则

慕课2.2.2

定理 2.2.2　如果函数 $x = f(y)$ 在区间 I_y 内单调、可导, 且 $f'(y) \neq 0$, 则它的反函数 $y = f^{-1}(x)$ 在对应的区间 $I_x = \{x \,|\, x = f(y), y \in I_y\}$ 内也可导, 且

$$[f^{-1}(x)]' = \frac{1}{f'(y)} \quad \text{或} \quad \frac{\mathrm{d}y}{\mathrm{d}x} = \frac{1}{\dfrac{\mathrm{d}x}{\mathrm{d}y}}. \tag{2-2-1}$$

证明　由于 $x = f(y)$ 在 I_y 内单调、可导, 则 $x = f(y)$ 的反函数 $y = f^{-1}(x)$ 存在, 且在 I_x 内也单调、连续.

任取 $x \in I_x$, 给 x 以增量 Δx $(\Delta x \neq 0, x + \Delta x \in I_x)$, 由 $y = f^{-1}(x)$ 的单调性可知

$$\Delta y = f^{-1}(x + \Delta x) - f^{-1}(x) \neq 0,$$

于是有

$$\frac{\Delta y}{\Delta x} = \frac{1}{\dfrac{\Delta x}{\Delta y}},$$

因 $y = f^{-1}(x)$ 连续, 故 $\lim\limits_{\Delta x \to 0} \Delta y = 0$, 从而

$$[f^{-1}(x)]' = \lim_{\Delta x \to 0} \frac{\Delta y}{\Delta x} = \lim_{\Delta y \to 0} \frac{1}{\dfrac{\Delta x}{\Delta y}} = \frac{1}{f'(y)}.$$

上述结论可简单地说成: **反函数的导数等于直接函数导数的倒数**.

从几何上看是很明显的. 因为 $x = \varphi(y)$ 与 $y = f(x)$ 表示同一个图形, 又根据导数的几何意义有 $f'(x) = \tan \alpha$, $\varphi'(y) = \tan \beta$, 而 $\alpha + \beta = \dfrac{\pi}{2}$, 所以

$$\tan \alpha = \tan \left(\frac{\pi}{2} - \beta \right) = \cot \beta = \frac{1}{\tan \beta}.$$

由此即得公式 $f'(x) = \dfrac{1}{\varphi'(y)}$.

下面用上述结论来求反三角函数及对数函数的导数.

例 3　证明: $(\arcsin x)' = \dfrac{1}{\sqrt{1 - x^2}}$.

证明　设 $x = \sin y, y \in \left[-\dfrac{\pi}{2}, \dfrac{\pi}{2} \right]$ 为直接函数, 则 $y = \arcsin x$ 是它的反函数. 函数 $x = \sin y$ 在开区间 $I_y = \left(-\dfrac{\pi}{2}, \dfrac{\pi}{2} \right)$ 内单调、可导, 且 $(\sin y)' = \cos y > 0$. 因此, 由公式 (1) 可知, 在对应区间 $I_x = (-1, 1)$ 内有

$$(\arcsin x)' = \frac{1}{(\sin y)'} = \frac{1}{\cos y}.$$

但 $\cos y = \sqrt{1 - \sin^2 y} = \sqrt{1 - x^2}$（因为当 $-\dfrac{\pi}{2} < y < \dfrac{\pi}{2}$ 时, $\cos y > 0$, 所以根号前只取正号）, 从而得反正弦函数的导数公式

$$(\arcsin x)' = \frac{1}{\sqrt{1 - x^2}}. \tag{2-2-2}$$

用类似的方法可得反余弦函数的导数公式

$$(\arccos x)' = -\frac{1}{\sqrt{1 - x^2}}. \tag{2-2-3}$$

同样可得到

$$(\arctan x)' = \frac{1}{1 + x^2}, \tag{2-2-4}$$

$$(\text{arccot} x)' = -\frac{1}{1 + x^2}, \tag{2-2-5}$$

$$(\log_a x)' = \frac{1}{x \ln a}. \tag{2-2-6}$$

如果利用三角学中的公式 $\arccos x = \dfrac{\pi}{2} - \arcsin x$ 和 $\text{arccot} x = \dfrac{\pi}{2} - \arctan x$, 那么从公式 (2-2-2) 和公式 (2-2-4), 也立刻可得公式 (2-2-3) 和公式 (2-2-5).

2.2.3 复合函数的求导法则

到目前为止, 所有基本初等函数的导数我们都求出来了, 那么由基本初等函数构成的较复杂的初等函数的导数如何求呢? 对于 $\ln \tan x$, e^{x^3}, $\sin \dfrac{2x}{1 + x^2}$ 那样的函数, 我们还不知道它们是否可导, 可导的话如何求它们的导数. 这些问题借助下面的重要法则可以得到解决, 从而使可以求得导数的函数的范围得到很大扩充.

定理 2.2.3 如果 $u = g(x)$ 在点 x 可导, 而 $y = f(u)$ 在点 $u = g(x)$ 可导, 则复合函数 $y = f[g(x)]$ 在点 x 可导, 且其导数为

$$\frac{\mathrm{d}y}{\mathrm{d}x} = f'(u) \cdot g'(x) \quad \text{或} \quad \frac{\mathrm{d}y}{\mathrm{d}x} = \frac{\mathrm{d}y}{\mathrm{d}u} \cdot \frac{\mathrm{d}u}{\mathrm{d}x}. \tag{2-2-7}$$

证明 由于 $y = f(u)$ 在点 u 可导, 因此 $\lim\limits_{\Delta u \to 0} \dfrac{\Delta y}{\Delta u} = f'(u)$ 存在, 于是根据极限与无穷小的关系有 $\dfrac{\Delta y}{\Delta u} = f'(u) + \alpha$, 其中 α 是 $\Delta u \to 0$ 时的无穷小. 上式中 $\Delta u \neq 0$, 用 Δu 乘上式两边, 得

$$\Delta y = f'(u)\,\Delta u + \alpha \cdot \Delta u, \tag{2-2-8}$$

当 $\Delta u = 0$ 时, 规定 $\alpha = 0$, 这时因 $\Delta y = f(u+\Delta u) - f(u) = 0$, 而 $\Delta y = f'(u)\Delta u + \alpha \cdot \Delta u$ 右端亦为零, 故 (2-2-8) 式对 $\Delta u = 0$ 也成立. 用 $\Delta x \neq 0$ 除 (2-2-8) 式两边, 得 $\dfrac{\Delta y}{\Delta x} = f'(u)\dfrac{\Delta u}{\Delta x} + \alpha \cdot \dfrac{\Delta u}{\Delta x}$, 于是

$$\lim_{\Delta x \to 0}\frac{\Delta y}{\Delta x} = \lim_{\Delta x \to 0}\left[f'(u)\frac{\Delta u}{\Delta x} + \alpha \cdot \frac{\Delta u}{\Delta x}\right].$$

根据函数在某点可导必在该点连续的性质知道, 当 $\Delta x \to 0$ 时, $\Delta u \to 0$, 从而可以推知 $\lim\limits_{\Delta x \to 0}\alpha = \lim\limits_{\Delta u \to 0}\alpha = 0$. 又因 $u = g(x)$ 在点 x 可导, 有 $\lim\limits_{\Delta x \to 0}\dfrac{\Delta u}{\Delta x} = g'(x)$, 故

$$\lim_{\Delta x \to 0}\frac{\Delta u}{\Delta x} = f'(u) \cdot \lim_{\Delta x \to 0}\frac{\Delta u}{\Delta x}, \quad 即 \quad \frac{dy}{dx} = f'(u) \cdot g'(x).$$

复合函数的求导法则可叙述为: **复合函数的导数, 等于函数对中间变量的导数乘以中间变量对自变量的导数**.

求复合函数的导数的关键是对复合函数进行正确分解, 即分解出的每个函数应为基本初等函数或多项式.

例 4　$y = e^{x^3}$, 求 $\dfrac{dy}{dx}$.

解　$y = e^{x^3}$ 可看作由 $y = e^u$, $u = x^3$ 复合而成, 因此

$$\frac{dy}{dx} = \frac{dy}{du} \cdot \frac{du}{dx} = e^u \cdot 3x^2 = 3x^2 \cdot e^{x^3}.$$

从以上例子可以看出, 应用复合函数求导法则时, 首先要分析所给函数可看作由哪些函数复合而成, 或者说, 所给函数能分解成哪些函数. 如果所给函数能分解成比较简单的函数, 而这些简单函数的导数我们已经会求, 那么应用复合函数求导法则就可以求所给函数的导数了.

在我们运用复合函数的求导公式比较熟练以后, 解题时就可以不必写出中间变量, 只要分析清楚函数的复合关系, 做到心中有数, 就可以直接求出复合函数对自变量的导数.

例 5　$y = \ln \sin x$, 求 $\dfrac{dy}{dx}$.

解　$\dfrac{dy}{dx} = (\ln \sin x)' = \dfrac{1}{\sin x}(\sin x)' = \cot x.$

例 6　$y = f(2x)$, 求 $\dfrac{dy}{dx}$.

解　$\dfrac{dy}{dx} = 2f'(2x).$

复合函数的求导法则可以推广到多个中间变量的情形. 我们以两个中间变量为例, 设 $y = f(u)$, $u = \varphi(v)$, $v = \phi(x)$, 则复合函数 $y = f\{\varphi[\phi(x)]\}$ 的导数为 $\dfrac{\mathrm{d}y}{\mathrm{d}x} = \dfrac{\mathrm{d}y}{\mathrm{d}u} \cdot \dfrac{\mathrm{d}u}{\mathrm{d}v} \cdot \dfrac{\mathrm{d}v}{\mathrm{d}x}$, 假定上式右端所出现的导数在相应处都存在.

对于多层复合函数求导数, 要从外向里, 逐层求导.

例 7 $y = \ln\cos(\mathrm{e}^x)$, 求 $\dfrac{\mathrm{d}y}{\mathrm{d}x}$.

解 函数可分解为 $y = \ln u$, $u = \cos v$, $v = \mathrm{e}^x$. 因 $\dfrac{\mathrm{d}y}{\mathrm{d}u} = \dfrac{1}{u}$, $\dfrac{\mathrm{d}u}{\mathrm{d}v} = -\sin v$, $\dfrac{\mathrm{d}v}{\mathrm{d}x} = \mathrm{e}^x$, 故

$$\frac{\mathrm{d}y}{\mathrm{d}x} = \frac{1}{u} \cdot (-\sin v) \cdot \mathrm{e}^x = -\frac{\sin(\mathrm{e}^x)}{\cos(\mathrm{e}^x)} \cdot \mathrm{e}^x = -\mathrm{e}^x \tan(\mathrm{e}^x).$$

2.2.4 基本求导法则与导数公式

初等函数是由常数和基本初等函数经过有限次四则运算和有限次的函数复合步骤所构成并可用一个式子表示的函数. 为了解决初等函数的求导问题, 前面已经求出了常数和全部基本初等函数的导数, 还推导出了函数的和、差、积、商的求导法则以及复合函数的求导法则. 利用这些导数公式以及求导法则, 可以比较方便地求初等函数的导数. 由前面所列举的大量例子可见, 基本初等函数的求导公式和上述求导法则, 在初等函数的求导运算中起着重要的作用, 我们必须熟练地掌握它, 为了便于查阅, 我们把这些导数公式和求导法则归纳如下:

1. 常数和基本初等函数的导数公式

(1) 常数 $(C)' = 0$, 其中 C 是常数.

(2) 幂函数 $(x^\alpha)' = \alpha x^{\alpha-1}$, 其中 α 是实数.

(3) 指数函数 $(a^x)' = a^x \ln a$, $(\mathrm{e}^x)' = \mathrm{e}^x$.

(4) 对数函数 $(\log_a x)' = \dfrac{1}{x \ln a}$, $(\ln x)' = \dfrac{1}{x}$.

(5) 三角函数

$$(\sin x)' = \cos x, \qquad (\cos x)' = -\sin x, \qquad (\tan x)' = \sec^2 x,$$
$$(\sec x)' = \sec x \tan x, \quad (\csc x)' = -\csc x \cot x, \quad (\cot x)' = -\csc^2 x.$$

(6) 反三角函数

$$(\arcsin x)' = \frac{1}{\sqrt{1-x^2}}, \quad (\arccos x)' = -\frac{1}{\sqrt{1-x^2}},$$
$$(\arctan x)' = \frac{1}{1+x^2}, \quad (\mathrm{arccot}\,x)' = -\frac{1}{1+x^2}.$$

2. 函数的和、差、积、商的求导法则

设 $u = u(x)$, $v = v(x)$ 都可导, 则

(1) $(u \pm v)' = u' \pm v'$;

(2) $(Cu)' = Cu'$(C 是常数);

(3) $(uv)' = u'v + uv'$;

(4) $\left(\dfrac{u}{v} \right)' = \dfrac{u'v - uv'}{v^2}$ ($v \neq 0$).

3. 反函数的求导法则

设 $x = f(y)$ 在区间 I_y 内单调、可导, 且 $f'(y) \neq 0$, 则它的反函数 $y = f^{-1}(x)$ 在对应的区间 $I_x = \{x \mid x = f(y), y \in I_y\}$ 内也可导, 并且 $[f^{-1}(x)]' = \dfrac{1}{f'(y)}$ 或

$$\frac{\mathrm{d}y}{\mathrm{d}x} = \frac{1}{\dfrac{\mathrm{d}x}{\mathrm{d}y}}.$$

4. 复合函数的求导法则

设 $y = f(u)$, $u = g(x)$, 而 $y = f(u)$ 及 $u = g(x)$ 都可导, 则复合函数 $y = f[g(x)]$ 的导数为 $\dfrac{\mathrm{d}y}{\mathrm{d}x} = f'(u) \cdot g'(x)$ 或 $\dfrac{\mathrm{d}y}{\mathrm{d}x} = \dfrac{\mathrm{d}y}{\mathrm{d}u} \cdot \dfrac{\mathrm{d}u}{\mathrm{d}x}$.

* 例 8 证明下列双曲函数及反双曲函数的导数公式.

$$(\operatorname{sh} x)' = \operatorname{ch} x, \qquad (\operatorname{ch} x)' = \operatorname{sh} x, \qquad (\operatorname{th} x)' = \frac{1}{\operatorname{ch}^2 x},$$

$$(\operatorname{arsh} x)' = \frac{1}{\sqrt{1 + x^2}}, \qquad (\operatorname{arch} x)' = \frac{1}{\sqrt{x^2 - 1}}, \qquad (\operatorname{arth} x)' = \frac{1}{1 - x^2}.$$

证明

$$(\operatorname{sh} x)' = \left(\frac{\mathrm{e}^x - \mathrm{e}^{-x}}{2} \right)' = \frac{\mathrm{e}^x + \mathrm{e}^{-x}}{2} = \operatorname{ch} x,$$

$$(\operatorname{ch} x)' = \left(\frac{\mathrm{e}^x + \mathrm{e}^{-x}}{2} \right)' = \frac{\mathrm{e}^x - \mathrm{e}^{-x}}{2} = \operatorname{sh} x,$$

$$(\operatorname{th} x)' = \left(\frac{\operatorname{sh} x}{\operatorname{ch} x} \right)' = \frac{(\operatorname{sh} x)' \operatorname{ch} x - (\operatorname{ch} x)' \operatorname{sh} x}{\operatorname{ch}^2 x} = \frac{\operatorname{ch}^2 x - \operatorname{sh}^2 x}{\operatorname{ch}^2 x} = \frac{1}{\operatorname{ch}^2 x}.$$

由 $\operatorname{arsh} x = \ln(x + \sqrt{1 + x^2})$, 应用复合函数求导法则, 有

$$(\operatorname{arsh} x)' = \frac{1}{x + \sqrt{1 + x^2}} \left(1 + \frac{x}{\sqrt{1 + x^2}} \right) = \frac{1}{\sqrt{1 + x^2}}.$$

由 $\operatorname{arch} x = \ln(x + \sqrt{x^2 - 1})$, 应用复合函数求导法则, 有

$$(\operatorname{arch} x)' = \frac{1}{\sqrt{x^2 - 1}}, \quad x \in (1, +\infty).$$

由 $\text{arth}\, x = \dfrac{1}{2} \ln \dfrac{1+x}{1-x}$, 应用复合函数求导法则, 有

$$(\text{arth}\, x)' = \frac{1}{1-x^2}, \quad x \in (-1, 1).$$

2.2.5 分段函数的导函数

求导按如下步骤:

(1) 对于定义域内每个分段区间内的函数按求导公式求导 (不含分段点).

(2) 对于分段点需要按定义求导.

慕课2.2.1

例 9 已知 $f(x) = \begin{cases} \sin x, & x < 0, \\ x, & x \geqslant 0, \end{cases}$ 求 $f'(x)$.

解 $f'_+(0) = \lim\limits_{x \to 0^+} \dfrac{x - f(0)}{x - 0} = 1,$ $f'_-(0) = \lim\limits_{x \to 0^-} \dfrac{\sin x - f(0)}{x - 0} = 1,$

$f'_+(0) = f'_-(0) = f'(0) = 1,$

$f'(x) = \begin{cases} \cos x, & x < 0, \\ 1, & x \geqslant 0. \end{cases}$

例 10 已知 $f(x) = \begin{cases} x^2 \cos \dfrac{1}{x}, & x \neq 0, \\ 0, & x = 0, \end{cases}$ 求 $f'(x)$.

解 当 $x \neq 0$,

$$f'(x) = \left(x^2 \cos \frac{1}{x} \right)' = 2x \cos \frac{1}{x} + \sin \frac{1}{x};$$

当 $x = 0$,

$$f'(0) = \lim_{x \to 0} \frac{f(x) - f(0)}{x - 0} = \lim_{x \to 0} \frac{x^2 \cos \dfrac{1}{x}}{x - 0} = \lim_{x \to 0} x \cos \frac{1}{x} = 0,$$

所以

$$f'(x) = \begin{cases} 2x \cos \dfrac{1}{x} + \sin \dfrac{1}{x}, & x \neq 0, \\ 0, & x = 0. \end{cases}$$

小结与思考

1. 小结

(1) 常数和基本初等函数的导数公式.

(2) 函数的和、差、积、商的求导法则.

(3) 反函数的求导法则, 复合函数的求导法则.

(4) 分段函数的求导法则.

2. 思考

设 $f(x) = |x^3 - 1| \varphi(x)$, 其中 $\varphi(x)$ 在 $x = 1$ 处连续则 $\varphi(1) = 0$ 是 $f(x)$ 在 $x = 1$ 处可导的什么条件?

习　题　2.2

1. 求下列函数的导数.

(1) $y = x^3 + \dfrac{2}{x} + 12$;　　　　　　　　(2) $y = 2\tan x + \sec x - 1$;

(3) $y = \arcsin \dfrac{x}{2}$;　　　　　　　　　(4) $y = \ln \cos x$.

2. 设函数 $f(x)$ 可导, 求下列函数的导数 $\dfrac{\mathrm{d}y}{\mathrm{d}x}$.

(1) $y = f(x^2)$;

(2) $y = f(\mathrm{e}^x \sin 3x) + f(2x)$.

3. 设函数 $f(x) = x(x-1)(x-2)(x-3)\cdots(x-10)$, 求 $f'(0)$.

4. a 取何值时, 曲线 $y = a^x$ 和直线 $y = x$ 相切, 并求出切点坐标.

5. 已知 $y = f\left(\dfrac{3x-2}{3x+2}\right)$, $f'(x) = \arctan x^2$, 求 $f'(0)$.

6. 已知 $f(x) = \begin{cases} x - 1, & x \leqslant 0, \\ 2x^2 - 1, & 0 < x \leqslant 1, \end{cases}$　求 $f'(x)$.

2.3　隐函数及由参数方程确定的函数的求导法则

教学目标:

1. 掌握隐函数和参数方程确定的函数的求导方法;

2. 理解求相关变化率.

教学重点: 隐函数求导法则, 对数求导法则.

教学难点:

1. 隐函数和参数方程确定的函数的二阶导数;

2. 幂指函数的求导.

教学背景: 工程上变速直线运动的速度、加速度, 曲线的弯曲程度, 线体的密度等.

思政元素: 事物具有普遍联系的哲学观点.

2.3.1 隐函数求导法则

慕课2.4.1

定义 2.3.1 若函数的表达方式具有如下特点: 等号左端是因变量的符号, 而右端是含有自变量的式子, 当自变量取定义域内任一值时, 由这式子能确定对应的函数值. 用这种方式表达的函数叫做**显函数**.

例如, $y = \sin x$, $y = \ln x$ 等.

定义 2.3.2 如果变量 x 和 y 满足一个方程 $F(x, y) = 0$, 在一定条件下, 当 x 取某区间内的任一值时, 相应地总有满足这方程的唯一的 y 值存在, 那么就说方程 $F(x, y) = 0$ 在该区间内确定了一个**隐函数**.

例如, 方程 $x + y^3 - 1 = 0$ 表示一个函数.

说明几个问题

(1) 把一个隐函数化成显函数, 叫做隐函数的显化. 例如, 从方程 $x + y^3 - 1 = 0$ 解出 $y = \sqrt[3]{1-x}$, 就把隐函数化成了显函数.

(2) 隐函数的显化有时是有困难的, 甚至是不可能的.

但在实际问题中, 有时需要计算隐函数的导数. 因此我们希望有一种方法, 不管隐函数能否显化, 都能直接由方程算出它所确定的隐函数的导数来. 下面通过具体例子来说明这种方法.

例 1 求由方程 $x^2 + y^2 = 1$ 所确定的隐函数 $y = y(x)$ 的导数 $\dfrac{\mathrm{d}y}{\mathrm{d}x}$.

解 把方程两边分别对 x 求导, 方程左边对 x 求导得

$$2x + 2y\frac{\mathrm{d}y}{\mathrm{d}x},$$

方程右边对 x 求导得

$$(1)' = 0,$$

所以

$$2x + 2y\frac{\mathrm{d}y}{\mathrm{d}x} = 0,$$

即

$$\frac{\mathrm{d}y}{\mathrm{d}x} = -\frac{x}{y}, \quad y \neq 0.$$

例 2 求曲线 $x^2 + xy + y^2 = 4$ 在点 $(2, -2)$ 处的切线方程和法线方程.

解 把方程两边分别对 x 求导, 得

$$2x + y + x\frac{\mathrm{d}y}{\mathrm{d}x} + 2y\frac{\mathrm{d}y}{\mathrm{d}x} = 0,$$

把 $x = 2, y = -2$ 代入

$$\frac{\mathrm{d}y}{\mathrm{d}x} = 1,$$

即

$$\left.\frac{\mathrm{d}y}{\mathrm{d}x}\right|_{x=2} = 1, \quad y = -2$$

切线方程

$$y - (-2) = 1 \cdot (x - 2), \quad y = x - 4,$$

法线方程

$$y - (-2) = -1 \cdot (x - 2), \quad y = -x.$$

2.3.2　对数求导法则

对数求导法则是指把函数等式两边同时取对数, 化为隐函数形式, 再按照隐函数求导法则来求导. 常见的有多个函数的积、商、幂构成的函数.

例 3　求 $y = \sqrt{\dfrac{(x-1)(x-2)}{(x-3)(x-4)}}$ 的导数.

解　先在两边取对数 (假定 $x > 4$), 得

$$\ln y = \frac{1}{2} \left[\ln (x-1) + \ln (x-2) - \ln (x-3) - \ln (x-4) \right],$$

上式两边对 x 求导, 注意到 y 是 x 的函数, 得

$$\frac{1}{y} y' = \frac{1}{2} \left(\frac{1}{x-1} + \frac{1}{x-2} - \frac{1}{x-3} - \frac{1}{x-4} \right),$$

于是

$$y' = \frac{y}{2} \left(\frac{1}{x-1} + \frac{1}{x-2} - \frac{1}{x-3} - \frac{1}{x-4} \right).$$

当 $x < 1$ 时, $y = \sqrt{\dfrac{(1-x)(2-x)}{(3-x)(4-x)}}$; 当 $2 < x < 3$ 时, $y = \sqrt{\dfrac{(x-1)(x-2)}{(3-x)(4-x)}}$. 用同样方法可得与上面相同的结果.

例 4　求 $y = x^{\sin x} \ (x > 0)$ 的导数.

解　这个函数既不是幂函数也不是指数函数, 通常称为幂指函数. 为了求这个函数的导数, 可以先在两边取对数, 得 $\ln y = \sin x \cdot \ln x$; 上式两边对 x 求导, 注意到 y 是 x 的函数, 得

$$\frac{1}{y} y' = \cos x \cdot \ln x + \sin x \cdot \frac{1}{x},$$

于是

$$y' = y \left(\cos x \cdot \ln x + \frac{\sin x}{x} \right) = x^{\sin x} \left(\cos x \cdot \ln x + \frac{\sin x}{x} \right).$$

例 5 已知 $\sqrt[x]{y} = \sqrt[y]{x}$ 确定 y 是 x 的函数, 求 $\dfrac{\mathrm{d}y}{\mathrm{d}x}$.

解 两边取对数, 得

$$\frac{1}{x} \ln y = \frac{1}{y} \ln x,$$

即

$$y \ln y = x \ln x.$$

两边对 x 求导得

$$\frac{\mathrm{d}y}{\mathrm{d}x} \ln y + y \cdot \frac{1}{y} \frac{\mathrm{d}y}{\mathrm{d}x} = \ln x + x \cdot \frac{1}{x},$$

得

$$\frac{\mathrm{d}y}{\mathrm{d}x} = \frac{1 + \ln x}{1 + \ln y}.$$

2.3.3 参数方程求导法则

慕课2.4.2

在平面解析几何中知道, 以原点为圆心, r 为半径的圆 O 的参数方程为

$$\begin{cases} x = r \cos t, \\ y = r \sin t \end{cases} \quad (0 \leqslant t \leqslant 2\pi),$$

其中 t (圆心角) 为参数.

又知, 以原点为中心, 长半轴为 a, 短半轴为 b 的椭圆的参数方程为

$$\begin{cases} x = a \cos t, \\ y = b \sin t \end{cases} \quad (0 \leqslant t \leqslant 2\pi),$$

其中 t (离心角) 为参数.

一般地, 若参数方程

$$\begin{cases} x = \varphi(t), \\ y = \phi(t) \end{cases} \tag{2-3-1}$$

确定 y 与 x 间的函数关系, 则称此函数关系所表达的函数为由参数方程 (2-3-1) 所确定的函数.

在实际问题中, 需要计算由参数方程 (2-3-1) 所确定的函数的导数. 但从 (2-3-1) 中消去参数 t 有时会有困难. 因此, 我们希望有一种方法能直接由参数方程 (2-3-1) 算出它所确定的函数的导数来. 下面就来讨论由参数方程 (2-3-1) 所确定的函数的求导方法.

若由参数方程 $\begin{cases} x = \varphi(t), \\ y = \psi(t) \end{cases}$ 确定了 y 是 x 的函数, 如果函数 $x = \varphi(t)$ 具有单调连续反函数 $t = \varphi^{-1}(x)$, 且此反函数能与函数 $y = \psi(t)$ 复合成复合函数, 那么由参数方程 $\begin{cases} x = \varphi(t), \\ y = \psi(t) \end{cases}$ 所确定的函数可以看成是由函数 $y = \psi(t)$, $t = \varphi^{-1}(x)$ 复合而成的函数 $y = \psi\left[\varphi^{-1}(x)\right]$. 现在, 要计算这个复合函数的导数. 为此, 再假定函数 $x = \varphi(t)$, $y = \psi(t)$ 都可导, 而且 $\varphi'(t) \neq 0$. 于是根据复合函数的求导法则与反函数的导数公式, 就有

$$\frac{\mathrm{d}y}{\mathrm{d}x} = \frac{\mathrm{d}y}{\mathrm{d}t} \cdot \frac{\mathrm{d}t}{\mathrm{d}x} = \frac{\mathrm{d}y}{\mathrm{d}t} \cdot \frac{1}{\dfrac{\mathrm{d}x}{\mathrm{d}t}} = \frac{\psi'(t)}{\varphi'(t)}, \quad \text{即} \quad \frac{\mathrm{d}y}{\mathrm{d}x} = \frac{\psi'(t)}{\varphi'(t)}.$$

上式也可写成 $\dfrac{\mathrm{d}y}{\mathrm{d}x} = \dfrac{\dfrac{\mathrm{d}y}{\mathrm{d}t}}{\dfrac{\mathrm{d}x}{\mathrm{d}t}}$.

如果 $x = \varphi(t)$, $y = \psi(t)$ 还是二阶可导的, 由 $\dfrac{\mathrm{d}y}{\mathrm{d}x} = \dfrac{\psi'(t)}{\varphi'(t)}$ 还可导出 y 对 x 的二阶导数公式

$$\frac{\mathrm{d}^2 y}{\mathrm{d}x^2} = \frac{\mathrm{d}}{\mathrm{d}x}\left(\frac{\mathrm{d}y}{\mathrm{d}x}\right) = \frac{\mathrm{d}}{\mathrm{d}t}\left(\frac{\psi'(t)}{\varphi'(t)}\right) \cdot \frac{\mathrm{d}t}{\mathrm{d}x} = \frac{\psi''(t)\varphi'(t) - \psi'(t)\varphi''(t)}{\varphi^2(t)} \cdot \frac{1}{\varphi'(t)},$$

即

$$\frac{\mathrm{d}^2 y}{\mathrm{d}x^2} = \frac{\psi''(t)\varphi'(t) - \psi'(t)\varphi''(t)}{\varphi^3(t)}.$$

例 6   求椭圆 $\begin{cases} x = a\cos t, \\ y = b\sin t \end{cases}$ 在 $t = \dfrac{\pi}{4}$ 点处的切线方程.

解 $\dfrac{\mathrm{d}y}{\mathrm{d}x} = \dfrac{(b\sin t)'}{(a\cos t)'} = \dfrac{b\cos t}{-a\sin t} = -\dfrac{b}{a}\cot t$. 所求切线的斜率为 $\dfrac{\mathrm{d}y}{\mathrm{d}x}\Big|_{t=\frac{\pi}{4}} = -\dfrac{b}{a}$.

切点的坐标为

$$x_0 = a\cos\frac{\pi}{4} = a\frac{\sqrt{2}}{2}, \quad y_0 = b\sin\frac{\pi}{4} = b\frac{\sqrt{2}}{2}.$$

切线方程为

$$y - b\frac{\sqrt{2}}{2} = -\frac{b}{a}\left(x - a\frac{\sqrt{2}}{2}\right),$$

即

$$bx + ay - \sqrt{2}ab = 0.$$

例 7　求曲线 $\begin{cases} x = \mathrm{e}^t \sin t, \\ y = \mathrm{e}^t \cos t \end{cases}$ 在 $t = \dfrac{\pi}{2}$ 点处的切线方程.

解
$$\frac{\mathrm{d}y}{\mathrm{d}x} = \frac{(\mathrm{e}^t \sin t)'}{(\mathrm{e}^t \cos t)'} = \frac{\cos t - \sin t}{\sin t + \cos t}.$$

所求切线的斜率为 $\dfrac{\mathrm{d}y}{\mathrm{d}x}\Big|_{t=\frac{\pi}{2}} = -1$. 切点的坐标为 $\left(\mathrm{e}^{\frac{\pi}{2}}, 0\right)$, 切线方程为

$$y - 0 = -1 \cdot \left(x - \mathrm{e}^{\frac{\pi}{2}}\right),$$

即

$$y = -x + \mathrm{e}^{\frac{\pi}{2}}.$$

2.3.4　相关变化率

设 $x = x(t)$ 及 $y = y(t)$ 都是可导函数, 而变量 x 与 y 间存在某种关系, 从而变化率 $\dfrac{\mathrm{d}x}{\mathrm{d}t}$ 与 $\dfrac{\mathrm{d}y}{\mathrm{d}t}$ 间也存在一定关系. 这两个相互依赖的变化率称为**相关变化率**. 相关变化率问题就是研究这两个变化率之间的关系, 以便从其中一个变化率求出另一个变化率.

相关变化率问题解法: 列出依赖于 t 的相关变化量关系式.

找出相关变化量的关系式 $\xrightarrow{\text{对 } t \text{ 求导}}$ 得相关变化率之间的关系

$\longrightarrow$ 求出未知的相关变化率.

例 8　一气球从离开观察员 500m 处离地面铅直上升, 当气球高度为 500m 时, 其速率为 140m/min. 求此时观察员视线的仰角增加的速率是多少?

解　设气球上升 t 秒后, 其高度为 h, 观察员视线的仰角为 α, 则

$$\tan \alpha = \frac{h}{500},$$

两边对 t 求导

$$\sec^2 \alpha \cdot \frac{\mathrm{d}\alpha}{\mathrm{d}t} = \frac{1}{500} \cdot \frac{\mathrm{d}h}{\mathrm{d}t},$$

代入 $\tan \alpha = 1 \dfrac{\mathrm{d}h}{\mathrm{d}t} = 140$ 得

$$2 \cdot \frac{\mathrm{d}\alpha}{\mathrm{d}t} = \frac{1}{500} \cdot 140,$$

可得

$$\frac{\mathrm{d}\alpha}{\mathrm{d}t} = \frac{70}{500} = 0.14 \, \mathrm{rad/min}.$$

此时观察员视线的仰角增加的速率是 $0.14 \, \mathrm{rad/min}$.

小结与思考

1. 小结

(1) 隐函数的求导法则, 对数求导法则.

(2) 由参数方程所确定的函数的导数.

(3) 相关变化率.

2. 思考

例 4 中 $y = x^{\sin x}\,(x > 0)$ 的导数, 可以用 $y = \mathrm{e}^{\ln x^{\sin x}}\,(x > 0)$ 来求吗?

习　题　2.3

1. 由方程 $\mathrm{e}^y + xy = \mathrm{e}$ 确定 y 是 x 的函数, 求 $\dfrac{\mathrm{d}y}{\mathrm{d}x}$.

2. (2012, 数二) 设 $y = y(x)$ 是由方程 $x^2 - y + 1 = \mathrm{e}^y$ 确定的隐函数, 求 $\dfrac{\mathrm{d}^2 y}{\mathrm{d}x^2}\Big|_{x=0}$.

3. (2013, 数一) 设 $\begin{cases} x = \sin t, \\ y = t\sin t + \cos t \end{cases}$ (t 为参数), 求 $\dfrac{\mathrm{d}^2 y}{\mathrm{d}x^2}\Big|_{t=\frac{\pi}{4}}$.

4. 设 $y = \left(\dfrac{x}{1+x}\right)^x$, 求 $\dfrac{\mathrm{d}y}{\mathrm{d}x}$.

5. 设 $y = \dfrac{\sqrt{x+2}(3-x)^4}{(x+1)^5}$, 求 $\dfrac{\mathrm{d}y}{\mathrm{d}x}$.

6. 落在平静水面上的石头, 产生同心波纹, 若最外面一圈波纹半径的增大速率为 6m/s, 问在 2s 末扰动水面面积增大的速率是多少?

2.4　高 阶 导 数

教学目标:

1. 了解高阶导数的概念;

2. 会求某些简单函数的 n 阶导数.

教学重点: 高阶导数的求法, 莱布尼茨公式.

教学难点: 间接法求高阶导数.

教学背景: 工程上变速直线运动加速度等.

思政元素: 加速度之于人生的意义, 给人生一个加速度的途径.

我们知道, 变速直线运动的速度 $v(t)$ 是位置函数 $s(t)$ 对时间 t 的导数, 即 $v = \dfrac{\mathrm{d}s}{\mathrm{d}t}$, 而加速度 a 又是速度 v 对时间 t 的导数, 即 $a = \dfrac{\mathrm{d}v}{\mathrm{d}t}$. 这种导数的导数 $\dfrac{\mathrm{d}}{\mathrm{d}t}\left(\dfrac{\mathrm{d}s}{\mathrm{d}t}\right)$ 叫做 s 对 t 的二阶导数, 记作 $\dfrac{\mathrm{d}^2 s}{\mathrm{d}t^2}$, 所以, 直线运动的加速度就是位置函数 s 对 t 的二阶导数.

又如, 求自感电动势时, 要用到电流对时间的变化率 $\dfrac{\mathrm{d}I}{\mathrm{d}t}$, 而电流又等于通过导体截面的电荷量 $q(t)$ 的导数 $I(t) = \dfrac{\mathrm{d}q}{\mathrm{d}t}$, 所以将用到 $\dfrac{\mathrm{d}^2 q}{\mathrm{d}t^2}$. 第 3 章在研究曲线的弯曲程度的时候, 也将用到高阶导数. 如果函数 $y = f(x)$ 的导数 $f'(x)$ 仍然是 x 的函数, 我们可继续讨论 $f'(x)$ 的导数.

2.4.1 高阶导数的定义

一般地, 如果函数 $y = f(x)$ 的导数 $y' = f'(x)$ 仍然是 x 的函数, 我们把 $y' = f'(x)$ 的导数叫做函数 $y = f(x)$ 的**二阶导数**, 记作

慕课2.3.1

$$y'', \quad f''(x), \quad \frac{\mathrm{d}^2 y}{\mathrm{d}x^2} \quad \text{或} \quad \frac{\mathrm{d}^2 f}{\mathrm{d}x^2},$$

即

$$f''(x) = \lim_{\Delta x \to 0} \frac{f'(x + \Delta x) - f'(x)}{\Delta x} \quad \text{或} \quad \frac{\mathrm{d}^2 y}{\mathrm{d}x^2} = \frac{\mathrm{d}}{\mathrm{d}x}\left(\frac{\mathrm{d}y}{\mathrm{d}x}\right).$$

相应地, 把 $y = f(x)$ 的导数 $f'(x)$ 叫做函数 $y = f(x)$ 的一阶导数. 类似地, 二阶导数的导数叫做**三阶导数**, 三阶导数的导数叫做**四阶导数**, $\cdots$, $(n-1)$ 阶导数的导数叫做 n **阶导数**, 分别记作 $y''', y^{(4)}, \cdots, y^{(n)}$ 或 $\dfrac{\mathrm{d}^2 y}{\mathrm{d}x^2}, \dfrac{\mathrm{d}^4 y}{\mathrm{d}x^4}, \cdots, \dfrac{\mathrm{d}^n y}{\mathrm{d}x^n}$, 即

$$f^{(n)}(x) = \lim_{\Delta x \to 0} \frac{f^{(n-1)}(x + \Delta x) - f^{(n-1)}(x)}{\Delta x}.$$

函数 $y = f(x)$ 具有 n 阶导数, 也常说成函数 $f(x)$ 为 n 阶可导. 如果函数 $f(x)$ 在点 x 处具有 n 阶导数, 那么 $f(x)$ 在点 x 的某一邻域内必定具有一切低于 n 阶的导数. 二阶及二阶以上的导数统称**高阶导数**.

2.4.2 高阶导数的计算

1. 直接法求高阶导数

用求导法则和基本求导公式逐阶求导. 部分简单函数的高阶导数有一定规律, 有时需用数学归纳法求得.

例 1 求指数函数 $y = \mathrm{e}^{\lambda x}$ 的 n 阶导数.

解 $y' = \lambda \mathrm{e}^{\lambda x}$, $y'' = \lambda^2 \mathrm{e}^{\lambda x}$, 一般地, 可得

$$y^{(n)} = \lambda^n \mathrm{e}^{\lambda x}.$$

同样地, 可得

$$(a^x)^{(n)} = a^x (\ln a)^n.$$

例 2 求 $y = \sin x$ 与 $y = \cos x$ 的 n 阶导数.

解　$y = \sin x$,

$$y' = (\sin x)' = \cos x = \sin\left(x + \frac{\pi}{2}\right),$$

$$y'' = (\cos x)' = -\sin x = \sin\left(x + 2 \cdot \frac{\pi}{2}\right),$$

$$y''' = (-\sin x)' = -\cos x = \sin\left(x + 3 \cdot \frac{\pi}{2}\right),$$

$$y^{(4)} = (-\cos x)' = \sin x = \sin\left(x + 4 \cdot \frac{\pi}{2}\right),$$

由数学归纳法可得

$$(\sin x)^{(n)} = \sin\left(x + n \cdot \frac{\pi}{2}\right).$$

用类似方法, 可得

$$(\cos x)^{(n)} = \cos\left(x + n \cdot \frac{\pi}{2}\right).$$

同理可得 $(\sin kx)^{(n)} = k^n \sin\left(kx + \frac{n\pi}{2}\right), (\cos kx)^{(n)} = k^n \cos\left(kx + \frac{n\pi}{2}\right).$

例 3　求 $y = \ln(1 + x)$ 的 n 阶导数.

解　$y = \ln(1 + x), y' = \dfrac{1}{1 + x}, y'' = -\dfrac{1}{(1 + x)^2} = (-1) \cdot (1 + x)^{-2},$

$$y''' = (-1) \cdot (-2) (1 + x)^{-3}, \quad y^{(4)} = (-1) \cdot (-2) \cdot (-3) \cdot (1 + x)^{-4},$$

由此可得

$$[\ln(1 + x)]^{(n)} = (-1)^{n-1} \frac{(n - 1)!}{(1 + x)^n}.$$

规定 $0! = 1$, 所以这个公式当 $n = 1$ 时也成立.

用类似方法, 可得

$$\left(\frac{1}{x + a}\right)^{(n)} = \frac{(-1)^n n!}{(x + a)^{n+1}}.$$

例 4　求 $y = x^\mu$ 的 n 阶导数公式.

解　$(x^\mu)^{(n)} = \mu(\mu - 1)(\mu - 2)\cdots(\mu - n + 1) x^{\mu-n}.$

当 $\mu = n$ 时, 得到, $(x^n)^{(n)} = n(n - 1)(n - 2)\cdots 3 \cdot 2 \cdot 1 = n!,$ 而 $(x^n)^{(m)} = 0 \ (m > n).$

2. 间接法求高阶导数

常用的高阶导数公式如下:

慕课2.3.2

(1) $(x^n)^{(n)} = n!$;   (2) $(e^x)^{(n)} = e^x$;   (3) $(a^x)^{(n)} = a^x (\ln a)^n$;

(4) $(\sin x)^{(n)} = \sin \left(x + n \cdot \dfrac{\pi}{2} \right)$;   (5) $(\cos x)^{(n)} = \cos \left(x + n \cdot \dfrac{\pi}{2} \right)$;

(6) $(\sin kx)^{(n)} = k^n \sin \left(kx + \dfrac{n\pi}{2} \right)$;   (7) $(\cos kx)^{(n)} = k^n \cos \left(kx + \dfrac{n\pi}{2} \right)$;

(8) $[\ln (1 + x)]^{(n)} = (-1)^{n-1} \dfrac{(n-1)!}{(1+x)^n}$;   (9) $(\ln x)^{(n)} = (-1)^{n-1} \dfrac{(n-1)!}{x^n}$;

(10) $\left(\dfrac{1}{x+a} \right)^{(n)} = \dfrac{(-1)^n n!}{(x+a)^{n+1}}$;

(11) $(x^\mu)^{(n)} = \mu (\mu - 1) (\mu - 2) \cdots (\mu - n + 1) x^{\mu - n}$.

例 5 求 $y = \dfrac{1}{x^2 + x - 2}$ 的 n 阶导数.

解 $y = \dfrac{1}{x^2 + x - 2} = \dfrac{1}{3} \left(\dfrac{1}{x-1} - \dfrac{1}{x+2} \right)$, 由于

$$\left(\frac{1}{x+a} \right)^{(n)} = (-1)^n \frac{n!}{(x+a)^{n+1}},$$

则

$$\begin{aligned}
y^{(n)} &= \frac{1}{3} \left[\left(\frac{1}{x-1} \right)^{(n)} - \left(\frac{1}{x+2} \right)^{(n)} \right] \\
&= \frac{1}{3} \left[(-1)^n \frac{n!}{(x-1)^{n+1}} - (-1)^n \frac{n!}{(x+2)^{n+1}} \right] \\
&= \frac{(-1)^n n!}{3} \left[\frac{1}{(x-1)^{n+1}} - \frac{1}{(x+2)^{n+1}} \right].
\end{aligned}$$

例 6 求 $y = \sin^2 x$ 的 n 阶导数.

解 $y = \sin^2 x = \dfrac{1 - \cos 2x}{2} = \dfrac{1}{2} - \dfrac{1}{2} \cos 2x$, 由于

$$(\cos kx)^{(n)} = k^n \cos \left(kx + \frac{n\pi}{2} \right),$$

则

$$y^{(n)} = \left(\frac{1}{2} \right)^{(n)} - \frac{1}{2} (\cos 2x)^{(n)} = -\frac{1}{2} \cdot 2^n \cos \left(2x + \frac{n\pi}{2} \right) = -2^{n-1} \cos \left(2x + \frac{n\pi}{2} \right).$$

3. 高阶导数的莱布尼茨公式

如果函数 $u = u(x)$ 及 $v = v(x)$ 都在点 x 处具有 n 阶导数, 那么显然 $u(x)+v(x)$ 及 $u(x)-v(x)$ 也在点 x 处具有 n 阶导数, 且 $(u \pm v)^{(n)} = u^{(n)} \pm v^{(n)}$. 但乘积 $u(x) \cdot v(x)$ 的 n 阶导数并不如此简单. 由 $(uv)' = u'v + uv'$ 首先得出

$$(uv)'' = u''v + 2u'v' + uv'', \quad (uv)''' = u'''v + 3u''v' + 3u'v'' + uv'''.$$

用数学归纳法可以证明

$$(uv)^{(n)} = u^{(n)}v + nu^{(n-1)}v' + \frac{n(n-1)}{2!}u^{(n-2)}v'' + \cdots$$
$$+ \frac{n(n-1)\cdots(n-k+1)}{k!}u^{(n-k)}v^{(k)} + \cdots + uv^{(n)}.$$

上式为**莱布尼茨** (Leibniz) **公式**, 其展开形式类似牛顿二项展开式.

这公式可以这样记忆: 把 $(u+v)^n$ 按二项式定理展开写成

$$(u+v)^n = u^nv^0 + nu^{n-1}v^1 + \frac{n(n-1)}{2!}u^{n-2}v^2 + \cdots + u^0v^n,$$

即

$$(u+v)^n = \sum_{k=0}^{n} C_n^k u^{n-k}v^k,$$

然后把 k 次幂换成 k 阶导数 (零阶导数理解为函数本身), 再把左端的 $u+v$ 换成 uv, 这样就得到莱布尼茨公式 $(uv)^{(n)} = \sum_{k=0}^{n} C_n^k u^{(n-k)}v^{(k)}$.

例 7　$y = x^2 e^{2x}$, 求 $y^{(20)}$.
解　设 $u = e^{2x}$, $v = x^2$, 则 $u^{(k)} = 2^k e^{2x}(k = 1, 2, \cdots, 20)$,

$$v' = 2x, \quad v'' = 2, \quad v^{(k)} = 0(k = 3, 4, \cdots, 20),$$

代入莱布尼茨公式, 得

$$y^{(20)} = (x^2 e^{2x})^{(20)}$$
$$= 2^{20}e^{2x} \cdot x^2 + 20 \cdot 2^{19}e^{2x} \cdot 2x + \frac{20 \cdot 19}{2!}2^{18}e^{2x} \cdot 2$$
$$= 2^{20}e^{2x}(x^2 + 20x + 95).$$

例 8　设 $y = x^2 \sin x$, 求 $y^{(10)}$.

解 代入莱布尼茨公式, 得

$$y^{(10)} = x^2(\sin x)^{(10)} + 10 \cdot (x^2)'(\sin x)^{(9)} + \frac{10 \cdot 9}{2}(x^2)''(\sin x)^{(8)}$$

$$= x^2 \sin\left(x + 10 \cdot \frac{\pi}{2}\right) + 20x \cdot \sin\left(x + 9 \cdot \frac{\pi}{2}\right) + 90 \sin\left(x + 8 \cdot \frac{\pi}{2}\right)$$

$$= -x^2 \sin x + 20x \cdot \cos x + 90 \sin x.$$

小结与思考

1. 小结

(1) 直接法、间接法求高阶导数.

(i) 分式有理函数的高阶导数: 先将有理假分式用多项式除法变为整式与有理真分式之和, 再将有理真分式写成部分分式之和, 利用 $(x^m)^{(n)}$ 公式求出所给函数的 n 阶导数.

(ii) 由 $\cos^n \alpha x$, $\sin^n \beta x$ 的和、差、积所组成函数的高阶导数: 利用三角函数中积化和差公式与倍角公式把函数的幂数逐次降低, 变为 $\cos kx$, $\sin kx$ 之和或差的形式, 利用 $(\sin kx)^{(n)}$ 和 $(\cos kx)^{(n)}$ 公式求出所给函数的 n 阶导数.

(2) 常用的高阶导数公式.

(3) 莱布尼茨公式.

思考

人生需要加速度吗?

数学文化

戈特弗里德 · 威廉 · 莱布尼茨 (Gottfried Wilhelm Leibniz, 1646 年 7 月 1 日 - 1716 年 11 月 14 日), 德国哲学家、数学家, 是历史上少见的通才, 被誉为 17 世纪的亚里士多德. 莱布尼茨在数学史和哲学史上都占有重要地位. 在数学上, 他和艾萨克 · 牛顿先后独立发现了微积分, 而且他所使用的微积分的数学符号被更广泛地使用, 莱布尼茨所发明的符号被普遍认为更综合, 适用范围更加广泛. 莱布尼茨还发现并完善了二进制.

在哲学上, 莱布尼茨的乐观主义最为著名. 他认为, "我们的宇宙, 在某种意义上是上帝所创造的最好的一个". 他和笛卡儿、巴鲁赫 · 斯宾诺莎被认为是 17 世纪三位最伟大的理性主义哲学家. 莱布尼茨在政治学、法学、伦理学、神学、哲学、历史学、语言学等方向都留下了著作.

习　题　2.4

1. 求下列函数的二阶导数:

(1) $y = 2x^2 + \ln x$;

(2) $y = e^{2x-1}$;

(3) $y = (1 + x^2)\arctan x$;

(4) $y = \ln\sqrt{1 + x^2}$.

2. 设函数 $f(x)$ 可导, 求下列函数的导数 $\dfrac{\mathrm{d}^2 y}{\mathrm{d}x^2}$:

(1) $y = f(x^2)$;

(2) $y = \ln[f(x)]$.

3. (2017, 数一) 已知函数 $f(x) = \dfrac{1}{1 + x^2}$, 求 $f^{(3)}(0)$.

4. (2006, 数三) $f(x)$ 在 $x = 2$ 某邻域内可导, 且 $f'(x) = e^{f(x)}$, $f(2) = 1$, 求 $f'''(2)$.

5. 已知 $y = x\ln x$, 则 $y^{(10)} = (\qquad)$.

A. $-\dfrac{1}{x^9}$

B. $\dfrac{1}{x^9}$

C. $\dfrac{8!}{x^9}$

D. $-\dfrac{8!}{x^9}$

6. 已知物体的运动规律为 $s = A\sin\omega t$ (A, ω 是常数), 求物体运动的加速度, 并验证

$$\frac{\mathrm{d}^2 s}{\mathrm{d}t^2} + \omega^2 s = 0.$$

7. (2015, 数二) 求函数 $f(x) = x^2 2^x$ 在 $x = 0$ 处的 n 阶导数 $f^{(n)}(0)$.

2.5　函数的微分

教学目标:

1. 理解微分的概念, 理解可微与可导的关系;

2. 掌握微分的运算法则和一阶微分形式的不变性, 会用微分法则及一阶微分形式不变性求微分;

3. 了解利用微分作近似计算.

教学重点: 微分的概念, 微分的计算, 可微与可导的关系.

教学难点: 微分的定义, 微分在近似计算中的应用.

教学背景: 以直代曲, 复杂问题的近似计算.

思政元素: 直和曲的辩证关系, 不积跬步、无以至千里.

2.5.1　引例

引例 1　有一批半径为 1cm 的球, 为了提高球面的光洁度, 要镀上一层铜, 厚度定为 0.01cm. 估计一下每只球需用铜多少克 (铜的密度是 $8.9\mathrm{g/cm}^3$, π 取 3.14)?

慕课2.5.1

分析 半径为 $r = 1$ 的球, 其体积 $v = \dfrac{4}{3}\pi r^3$. 当半径增大 Δr 时, 求体积的改变量即可知所需铜的质量.

体积的改变量

$$\Delta v = \frac{4}{3}\pi (r + \Delta r)^3 - \frac{4}{3}\pi r^3.$$

其精确值 $v = \dfrac{4}{3}\pi \times (1 + 0.01)^3 - \dfrac{4}{3}\pi \times 1^3 = 0.1268$, 所需铜的质量为 1.13g.

这道题本身很简单, 却是工程上许多实际问题的数学原型. 工程上计算精确值非常困难, 如何计算近似值?

其**近似值** $\Delta v \approx 4\pi r^2 \cdot \Delta r = 0.1256$ (球的表面积 × 厚度), 需铜质量为 1.12.

分析 误差

$$\varepsilon(\Delta r) = \Delta v - 4\pi r^2 \Delta r = 4\pi r (\Delta r)^2 + \frac{4}{3}\pi (\Delta r)^3,$$

即

$$\Delta v = \underset{(\mathrm{I})}{\underline{4\pi r^2 \Delta r}} + \underset{(\mathrm{II})}{\underline{\varepsilon(\Delta r)}}.$$

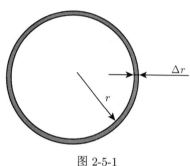

图 2-5-1

(I) $4\pi r^2 \cdot \Delta r$ 是 Δr 的线性函数, Δv 的主要部分;

(II) 当 $\Delta r \to 0$ 时, $\varepsilon(\Delta r) = 4\pi r \cdot (\Delta r)^2 + \dfrac{4}{3}\pi (\Delta r)^3$ 是比 Δr 高阶的无穷小量, 即 $\Delta v = 4\pi r^2 \Delta r + o(\Delta r)$.

因此, 当 Δr 很小时, 体积的改变量 Δv 可以用线性函数 $4\pi r^2 \cdot \Delta r$ 近似表示, 即 $\Delta v \approx 4\pi r^2 \cdot \Delta r$. 由此造成的误差 $\varepsilon(\Delta r)$ 是当 $\Delta r \to 0$ 时比 Δr 高阶的无穷小. 说明误差 $\varepsilon(\Delta r)$ 趋于 0 的速度比 Δr 趋于 0 的速度 "快得多".

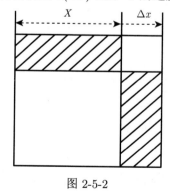

图 2-5-2

引例 2 有一个边长为 x 的正方形金属薄片, 受热时边长增加了 Δx (厚度不计), 则面积的增加量

$$\Delta A = (x_0 + \Delta x)^2 - x_0^2 = 2x_0 \Delta x + (\Delta x)^2.$$

第一部分: $2x_0 \Delta x$, 是 Δx 的线性函数;

第二部分: $(\Delta x)^2 = o(\Delta x)$.

当 $|\Delta x|$ 很小时, $\Delta A \approx 2x_0 \Delta x$.

一般地, 若 $y = f(x)$ 的增量 Δy 可表示成

$$\Delta y = A\Delta x + o(\Delta x),$$

当 $A \neq 0$, 且 $|\Delta x|$ 很小时, $\Delta y \approx A\Delta x$.

引例中, 函数增量用自变量增量的线性函数来近似, 其中蕴含微分 "以直代曲" 的思想, 介绍微分的定义. 即微分描述的是函数增量的近似计算.

2.5.2　微分的定义

定义 2.5.1　设函数 $y = f(x)$ 在 x_0 的某个邻域内有定义, 若函数的增量

$$\Delta y = f(x_0 + \Delta x) - f(x_0),$$

可以表示为

$$\Delta y = A\Delta x + o(\Delta x),$$

其中 A 是与 x_0 有关而不依赖于 Δx 的常数, 则称函数 $y = f(x)$ 在 x_0 是**可微的**, 且称 $A\Delta x$ 为 $y = f(x)$ 在 x_0 的微分, 记为 $\mathrm{d}y$, 即 $\mathrm{d}y = A\Delta x$.

下面讨论函数可微的条件.

一方面, 设 $f(x)$ 在点 x_0 处可微, 则

$$\Delta y = A\Delta x + o(\Delta x),$$

有

$$\frac{\Delta y}{\Delta x} = A + \frac{o(\Delta x)}{\Delta x},$$

于是

$$\lim_{\Delta x \to 0} \frac{\Delta y}{\Delta x} = \lim_{\Delta x \to 0}\left(A + \frac{o(\Delta x)}{\Delta x}\right) = A,$$

即 $f'(x_0) = A$, 因此 $f(x)$ 在点 x_0 处可导.

另一方面, 设 $f(x)$ 在点 x_0 处可导, 则

$$\lim_{\Delta x \to 0} \frac{\Delta y}{\Delta x} = f'(x_0),$$

故有 $\dfrac{\Delta y}{\Delta x} = f'(x_0) + \alpha, \ \alpha \to 0 \ (\Delta x \to 0)$. 从而

$$\Delta y = f'(x_0)\Delta x + \alpha\Delta x = A\Delta x + o(\Delta x),$$

因此 $f(x)$ 在点 x_0 处可微, 且 $\mathrm{d}y = f'(x_0)\Delta x$.

定理 2.5.1　函数 $f(x)$ 在点 x_0 **可微的充分必要条件**是函数 $f(x)$ 在点 x_0 可导, 且当 $f(x)$ 在点 x_0 可微时 $\mathrm{d}y = f'(x_0)\Delta x$.

说明几个问题

(1) 分母不为零时, 有

$$\lim_{\Delta x \to 0} \frac{\Delta y}{\mathrm{d}y} = \lim_{\Delta x \to 0} \frac{\Delta y}{f'(x_0)\Delta x} = \frac{1}{f'(x_0)} \lim_{\Delta x \to 0} \frac{\Delta y}{\Delta x} = 1.$$

从而, 当 $\Delta x \to 0$ 时, Δy 与 $\mathrm{d}y$ 是等价无穷小, 这时有 $\Delta y = \mathrm{d}y + o(\mathrm{d}y)$, 因此, 在 $|\Delta x|$ 很小时, 有近似等式 $\Delta y \approx \mathrm{d}y$.

(2) 函数 $y = f(x)$ 在任意点 x 的微分, 称为**函数的微分**, 记作 $\mathrm{d}y$ 或 $\mathrm{d}f(x)$, 即 $\mathrm{d}y = f'(x)\Delta x$. 显然, 函数的微分 $\mathrm{d}y = f'(x)\Delta x$ 与 x 和 Δx 有关.

例 1 求函数 $y = x^2$ 当 $x = 1$ 和 $x = 3$ 时的微分.

解 函数 $y = x^2$ 在 $x = 1$ 处的微分 $\mathrm{d}y = (x^2)'|_{x=1} \Delta x = 2\Delta x$;

在 $x = 3$ 处的微分 $\mathrm{d}y = (x^2)'|_{x=3} \Delta x = 6\Delta x$.

现在来求**自变量的微分**.

因为当 $y = x$ 时, 所以 $\mathrm{d}y = \mathrm{d}x = y'\Delta x = x'\Delta x = \Delta x$, 因此通常把自变量 x 的增量 Δx 称为**自变量的微分**, 记作 $\mathrm{d}x$, 即 $\mathrm{d}x = \Delta x$. 于是函数 $y = f(x)$ 的微分 又可记作 $\mathrm{d}y = f'(x)\mathrm{d}x$, 从而有 $\frac{\mathrm{d}y}{\mathrm{d}x} = f'(x)$. 这就是说, 函数的微分 $\mathrm{d}y$ 与自变量 的微分 $\mathrm{d}x$ 之商等于该函数的导数. 因此, 导数也叫做 "微商". $\mathrm{d}y = y'\mathrm{d}x$ 是微分 的等价定义, 也是计算微分的公式.

说明几个问题

(1) 由微分的定义, 我们可以把导数看成微分的商. 例如, 求 $\sin x$ 对 $\sqrt{x}$ 的导 数时就可以看成 $\sin x$ 微分与 $\sqrt{x}$ 微分的商, 即 $\dfrac{\mathrm{d}\sin x}{\mathrm{d}\sqrt{x}} = \dfrac{\cos x \mathrm{d}x}{\frac{1}{2\sqrt{x}}\mathrm{d}x} = 2\sqrt{x}\cos x.$

(2) 函数在一点处的微分是函数增量的近似值, 它与函数增量仅相差 Δx 的高 阶无穷小. 因此要会应用下面公式作近似计算.

$$\Delta y \approx \mathrm{d}y = f'(x_0)\Delta x; \quad f(x_0 + \Delta x) \approx f(x_0) + f'(x_0)\Delta x;$$

$$f(x) \approx f(x_0) + f'(x_0)(x - x_0).$$

例 1 的结果可以写成

$$\mathrm{d}y = (x^2)'|_{x=1}\,\mathrm{d}x = 2\mathrm{d}x; \quad \mathrm{d}y = (x^2)'|_{x=3}\,\mathrm{d}x = 6\mathrm{d}x.$$

例 2 求函数 $y = x^3$ 当 $x = 2, \Delta x = 0.02$ 时的微分.

解 先求函数在任意点 x 的微分 $\mathrm{d}y = (x^3)'\Delta x = 3x^2\Delta x$. 再求函数当 $x = 2, \Delta x = 0.02$ 时的微分 $\mathrm{d}y\big|_{\substack{x=2\\\Delta x=0.02}} = 3x^2\Delta x\big|_{\substack{x=2\\\Delta x=0.02}} = 3 \cdot 2^2 \cdot 0.02 = 0.24.$

例 3 近似计算 $\sqrt[3]{988}$.

解 设 $y = f(x) = \sqrt[3]{x}$, 则

$$\frac{\mathrm{d}y}{\mathrm{d}x} = \frac{1}{3}x^{-\frac{2}{3}}, \quad \mathrm{d}y = \frac{1}{3}x^{-\frac{2}{3}}\mathrm{d}x = \frac{1}{3}x^{-\frac{2}{3}}\Delta x,$$

取 $x_0 = 1000, \Delta x = 988 - 1000 = -2, f(1000) = 10$, 因为

$$f(x) \approx f(x_0) + f'(x_0)(x - x_0),$$

所以

$$\sqrt[3]{998} \approx 10 + \frac{1}{300} \times (-2) = 9.993.$$

2.5.3 微分的几何意义

为了对微分有比较直观的了解, 我们来说明微分的几何意义.

在直角坐标系中, 函数 $y = f(x)$ 的图形是一条曲线. 对于某一固定的 x_0 值, 曲线上有一个确定点 $M(x_0, y_0)$, 当自变量 x 有微小增量 Δx 时, 就得到曲线上另一点 $N(x_0 + \Delta x, y_0 + \Delta y)$, 过点 M 作曲线的切线 MT, 从图可知 $MQ = \Delta x$, $QN = \Delta y$ (图 2-5-3).

过 M 点作曲线的切线, 它的倾角为 α, 则 $QP = MQ \cdot \tan\alpha = \Delta x \cdot f'(x_0)$, 即 $\mathrm{d}y = QP$.

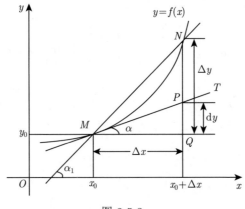

图 2-5-3

由此可见, 对于可微函数 $y = f(x)$ 而言, 当 Δy 是曲线 $y = f(x)$ 上的 M 点的纵坐标的增量时, $\mathrm{d}y$ 就是曲线的切线上 M 点的纵坐标的相应增量. 当 $|\Delta x|$ 很小时, $|\Delta y - \mathrm{d}y|$ 比 $|\Delta x|$ 小得多. 因此在点 M 的邻近, 我们可以用切线段来近似代替曲线段.

当 $|\Delta x|$ 很小时, 若用微分 $\mathrm{d}y = f'(x)\Delta x$ 去近似替代增量 Δy, 便得

$$f(x + \Delta x) \approx f(x) + f'(x)\Delta x.$$

上面的近似等式表明, 在点 x 的邻近, 我们可用切线段来近似代替曲线段, 在局部范围内用一个线性函数去近似代替非线性函数, 在几何上就是局部用切线段近似代替曲线段, 这在数学上称为非线性函数的局部线化, 这是微分学的基本思想之一. 这种思想方法在自然科学和工程技术问题的研究中是经常采用的.

2.5.4 微分的计算

1. 基本微分公式

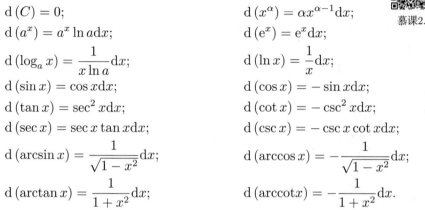

慕课2.5.2

$$d(C) = 0; \qquad d(x^\alpha) = \alpha x^{\alpha-1} dx;$$
$$d(a^x) = a^x \ln a dx; \qquad d(e^x) = e^x dx;$$
$$d(\log_a x) = \frac{1}{x \ln a} dx; \qquad d(\ln x) = \frac{1}{x} dx;$$
$$d(\sin x) = \cos x dx; \qquad d(\cos x) = -\sin x dx;$$
$$d(\tan x) = \sec^2 x dx; \qquad d(\cot x) = -\csc^2 x dx;$$
$$d(\sec x) = \sec x \tan x dx; \qquad d(\csc x) = -\csc x \cot x dx;$$
$$d(\arcsin x) = \frac{1}{\sqrt{1-x^2}} dx; \qquad d(\arccos x) = -\frac{1}{\sqrt{1-x^2}} dx;$$
$$d(\arctan x) = \frac{1}{1+x^2} dx; \qquad d(\text{arccot} x) = -\frac{1}{1+x^2} dx.$$

2. 微分四则运算法则

设 $u(x)$, $v(x)$ 可微, 则

$$d(u \pm v) = du \pm dv; \qquad d(u \cdot v) = vdu + udv; \qquad d(Cu) = Cdu;$$
$$d\left(\frac{u}{v}\right) = \frac{vdu - udv}{v^2} \quad (v \neq 0).$$

3. 复合函数的微分运算法则

设 $y = f(u)$ 及 $u = g(x)$ 都可导, 则复合函数 $y = f[g(x)]$ 的微分为

$$dy = f'(u) \cdot g'(x) dx.$$

由于 $g'(x)dx = du$, 所以复合函数 $y = f[g(x)]$ 的微分公式也可以写成 $dy = f'(u)du$.

由此可见, 无论 u 是自变量还是中间变量, 微分形式 $dy = f'(u)du$ 保持不变. 这一性质称为**一阶微分形式不变性**. 这性质表示, 当变换自变量时, 微分形式 $dy = f'(u)du$ 并不改变.

例 4 求函数 $y = x^2 e^x + x - 3$ 的微分.

解法一 $y' = (x^2 e^x)' + x' - 3' = 2xe^x + x^2 e^x + 1$, 则

$$dy = y' dx = (2xe^x + x^2 e^x + 1) dx$$

解法二 $\mathrm{d}y = \mathrm{d}\left(x^2\mathrm{e}^x\right) + \mathrm{d}x - \mathrm{d}3 = \mathrm{e}^x\mathrm{d}x^2 + x^2\mathrm{d}\mathrm{e}^x + \mathrm{d}x$

$$= \mathrm{e}^x \cdot 2x\mathrm{d}x + x^2\mathrm{e}^x\mathrm{d}x + \mathrm{d}x = \left(2x\mathrm{e}^x + x^2\mathrm{e}^x + 1\right)\mathrm{d}x.$$

小结与思考

1. 小结

求导数与微分的方法, 叫做微分法. 研究微分法与导数的理论及其应用的科学, 叫做微分学. 微分学所要解决的两类问题:

(1) 函数的变化率问题——导数的概念;

(2) 函数的增量问题——微分的概念.

2. 思考

可微、可导、连续的关系?

数学文化

艾萨克 · 牛顿 (Isaac Newton, 1643 年 1 月 4 日—1727 年 3 月 31 日) 是英国著名数学家、天文学家和物理学家. 牛顿在物理学上最主要的成就是创立了经典力学的基本体系, 从而形成了物理学史上第一次大综合. 在数学上大多数现代历史学家都相信, 牛顿与莱布尼茨独立发展出了微积分学, 并为之创造了各自独特的符号.

习 题 2.5

1. 求下列微分 $\mathrm{d}y$:

(1) $y = \sin(2x + 1)$;

(2) $y = \ln(1 + \mathrm{e}^{x^2})$;

(3) $y = \mathrm{e}^{1-3x}\cos x$;

(4) $y = \ln^2(1 - x)$.

2. 在下列等式左端的括号中填入适当的函数, 使等式成立:

(1) $\mathrm{d}(\quad) = x\mathrm{d}x$;

(2) $\mathrm{d}(\quad) = \cos\omega t\mathrm{d}t$;

(3) $\mathrm{d}(\quad) = \dfrac{1}{\sqrt{x}}\mathrm{d}x$;

(4) $\mathrm{d}(\quad) = \sec^2 3x\mathrm{d}t$.

3. 利用微分计算 $\sin 30°30'$ 的近似值.

4. (2000, 数二) 设函数 $y = y(x)$ 由方程 $2^{xy} = x + y$ 所确定, 则 $\mathrm{d}y|_{x=0} = $ _____.

5. (2005, 数二) 设 $y = (1 + \sin\ x)^x$, 则 $\mathrm{d}y|_{x=\pi} = $ _____.

6. 有一批半径为 1cm 的球, 为了提高球面的光洁度, 要镀上一层铜, 厚度定为 0.01cm. 估计一下每个球需用铜多少克 (铜的密度是 $8.9\mathrm{g/cm}^3$)?

2.6 利用 MATLAB 求函数的导函数

教学目标: 掌握 MATLAB 求导数方法.

教学重点: MATLAB 求导数的命令语句.

教学难点: 实操 MATLAB 求导数.

教学背景: MATLAB 软件是工科学习的有力工具.

思政元素: 通过数学软件的学习, 提升学生解决实际问题的能力.

2.6.1 diff 函数求具体函数的导函数

调用格式: diff(f,x,n) 表示求函数的 n 阶导函数.

例 1 用 MATLAB 求 $y = f(x) = x^2 + 2x + 1$ 的一阶、二阶导函数.

解 在命令行窗口输入以下代码:

```
>> syms x;
>> f =x^2+2*x+1;
>>diff(f)
```

按 Enter 键, 即可得结果.

```
ans=
2x+2
```

继续输入

```
>>diff(f,2)
```

按 Enter 键, 即可得结果.

```
ans=
2
```

2.6.2 subs 函数

调用格式: subs(S,OLD,NEW)

例 2 用 MATLAB 求 $y = f(x) = e^{x^2}$ 在 $x = 1$ 处的值.

解 在命令行窗口输入以下代码:

```
>> syms x;
>> f =exp(x^2);
>>dy=diff(f)
>>subs(dy,x,1)
```

按 Enter 键, 即可得结果.

```
ans=
5.4366
```

总 习 题 2

1. (2012, 数三) 已知函数 $f(x) = (e^x - 1)(e^{2x} - 2) \cdots (e^{nx} - n)$, 则 $f'(0) = $_____.

2. (2021, 数一、二、三) 设函数 $f(x) = \begin{cases} \dfrac{e^x - 1}{x}, & x \neq 0, \\ 1, & x = 0 \end{cases}$ 在 $x = 0$ 处 (　　).

A. 连续且取极大值　　　　　　　　　　B. 连续且取极小值

C. 可导且导数为零　　　　　　　　　　D. 可导且导数不为零

3. (2006, 数三、四) 设函数 $f(x)$ 在 $x = 0$ 处连续, 且 $\lim\limits_{h \to 0} \dfrac{f(h^2)}{h^2} = 1$, 则 (　　).

A. $f(0) = 0$ 且 $f'_-(0)$ 存在　　　　　B. $f(0) = 1$ 且 $f'_-(0)$ 存在

C. $f(0) = 0$ 且 $f'_+(0)$ 存在　　　　　D. $f(0) = 1$ 且 $f'_+(0)$ 存在

4. 在 "充分"、"必要" 和 "充分必要" 三者中选择一个正确的填入下列空格内:

(1) $f(x)$ 在 x_0 可导是 $f(x)$ 在 x_0 连续的_____条件; $f(x)$ 在 x_0 连续是 $f(x)$ 在 x_0 可导的_____条件.

(2) $f(x)$ 在 x_0 的左、右导数存在且相等是 $f(x)$ 在 x_0 可导的_____条件.

(3) $f(x)$ 在 x_0 可导是 $f(x)$ 在 x_0 可微的_____条件.

5. 设 $y = \sin\left[f\left(x^2\right)\right]$, 其中 f 具有一阶导数, 求 $\dfrac{dy}{dx}$.

6. 求下列函数的高阶导数:

(1) $y = x^\alpha$, 求 $y^{(n)}$;　　　　　　　　(2) $y = x^2 \sin 2x$, 求 $y^{(50)}$.

7. 求下列函数的微分:

(1) $y = x^x (x > 0)$;　　　　　　　　　(2) $y = \dfrac{\arcsin x}{\sqrt{1 - x^2}}$.

8. (2005, 数二) 设 $y = (1 + \sin x)^x$, 则 $\left. dy \right|_{x = \pi} = $_____.

9. (2006, 数二) 设函数 $y = y(x)$ 由方程 $y = 1 - xe^y$ 所确定, 则 $\left. \dfrac{dy}{dx} \right|_{x = 0} = $_____.

10. (2008, 数一) 设曲线 $\sin(xy) + \ln(y - x) = x$ 在点 $(0, 1)$ 处的切线方程_____.

11. (2013, 数二) 曲线 $\begin{cases} x = \arctan t, \\ y = \ln \sqrt{1 + t^2} \end{cases}$ 在 $t = 1$ 处的法线方程_____.

12. (2017, 数二) 设 $f(x) = \begin{cases} \dfrac{1 - \cos \sqrt{x}}{ax}, & x > 0, \\ b, & x \leqslant 0 \end{cases}$ 在 $x = 0$ 连续, 则 (　　).

A. $ab = 0.5$　　　　　　　　　　　　B. $ab = -0.5$

C. $ab = 0$　　　　　　　　　　　　　D. $ab = 2$

13. (2018, 数一、三) 下列函数在 $x = 0$ 处不可导的是 (　　).

A. $f(x) = |x| \sin(|x|)$　　　　　　　　B. $f(x) = |x| \sin(\sqrt{|x|})$

C. $f(x) = \cos(|x|)$　　　　　　　　　D. $f(x) = \cos(\sqrt{|x|})$

14. (2019, 数二) 设函数 $y = y(x)$ 由参数方程 $\begin{cases} x = t - \sin t, \\ y = 1 - \cos t \end{cases}$ 确定, 它在 $t = \dfrac{3}{2}\pi$ 对应点的切线在 y 轴上的截距为_____.

15. (2020, 数三) 设曲线 $x + y + \mathrm{e}^{2xy} = 0$ 在点 $(0, -1)$ 处的切线方程为_____.

16. (2021, 数一、二) 设函数 $y = y(x)$ 由参数方程 $\begin{cases} x = 2\mathrm{e}^t + t + 1, \\ y = 4(t-1)\mathrm{e}^t + t^2 \end{cases}$ 确定, 则 $\dfrac{\mathrm{d}^2 y}{\mathrm{d}x^2}\bigg|_{x=0} = $_____.

17. (2021, 数三) 已知 $y = \cos \mathrm{e}^{-\sqrt{x}}$, 则 $\dfrac{\mathrm{d}y}{\mathrm{d}x}\bigg|_{x=1} = $_____.

18. (2022, 数二) 已知 $y = f(x)$ 在 $x = 1$ 处可导, 且 $\lim\limits_{x \to 0} \dfrac{f(\mathrm{e}^{x^2}) - 3f(1 + \sin^2 x)}{x^2} = 2$, 则 $f'(1) = $_____.

19. (2022, 数三) 已知 $f(x) = \mathrm{e}^{\sin x} + \mathrm{e}^{-\sin x}$, 则 $f'''(2\pi) = $_____.

20. (2023, 数二) 设 $y = f(x)$ 由 $\begin{cases} x = 2t + |t|, \\ y = |t| \sin t \end{cases}$ 确定, 则 (   ).

A. $f(x)$ 连续, $f'(0)$ 不存在   B. $f(x)$ 在 $x = 0$ 处不连续, $f'(0)$ 存在

C. $f'(x)$ 连续, $f''(0)$ 不存在   D. $f''(x)$ 在 $x = 0$ 处不连续, $f'(0)$ 存在

第 2 章思维导图

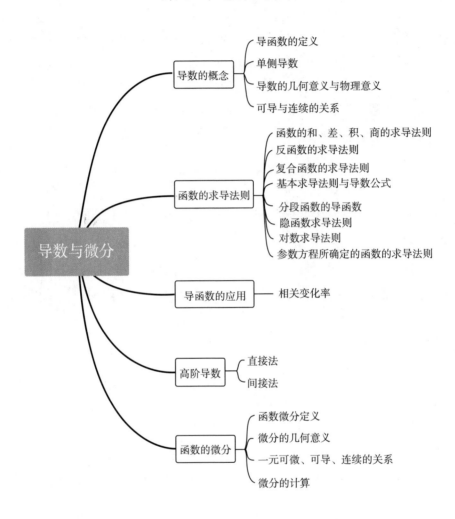

第 3 章 微分中值定理与导数的应用

函数一点处的导数只能反映函数的局部性态, 因此要用导数来研究函数的性质及图像, 就必须在函数的定义域内研究函数的自变量, 因变量与导数之间的关系. 这一章将学习微分中值定理和导数的应用, 它是研究函数性态和函数图形的基础.

一、教学基本要求

1. 理解并会用罗尔定理、拉格朗日中值定理和泰勒中值定理, 了解并会用柯西中值定理.

2. 掌握用洛必达法则求未定式极限的方法.

3. 理解函数的极值概念, 掌握用导数判断函数的单调性和求极值的方法, 掌握函数最大值和最小值的求法及其简单应用.

4. 会用导数判断函数图形的凹凸性和拐点, 会求函数图形的水平、铅直和斜渐近线, 会描述函数的图形.

5. 了解曲率和曲率半径的概念, 会求曲率和曲率半径.

二、教学重点

1. 罗尔定理与拉格朗日中值定理及其应用.

2. 利用导数研判函数的单调性、凹凸性及函数的极值.

3. 利用洛必达法则计算未定型的极限.

4. 利用最大值与最小值解决实际应用问题.

三、教学难点

1. 中值定理的应用.

2. 泰勒公式及其应用.

3. 最大值与最小值的实际应用.

3.1　微分中值定理

教学目标:
1. 理解罗尔定理、拉格朗日中值定理及它们的几何意义, 理解柯西中值定理;
2. 会用罗尔定理证明方程根的存在性, 拉格朗日中值定理证明简单的不等式.
教学重点: 罗尔、拉格朗日、柯西中值定理的条件与结论中的共同点与不同点.
教学难点: 罗尔定理、拉格朗日中值定理的应用.
教学背景: 导数的应用等.
思政元素: 区间测速系统诚信问题.

3.1.1　引例

我们观察运动员在进行往返跑训练与拳击选手比赛, 会发现无论是规律的往返, 还是移步行进的复杂步伐, 如果我们对运动员运动的起始点设为 A, 就可以建立一个位移时间函数, 如图 3-1-1.

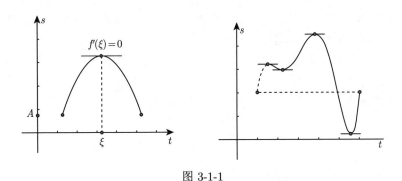

图 3-1-1

根据常识注意到运动员只要回到起点, 中间一定有速度为零的时刻. 这就是我们要给大家介绍认识的微分中值定理. 首先考虑一个引理.

3.1.2　费马引理

慕课3.1.1

引理 3.1.1(费马 (Fermat) 引理)　设函数 $f(x)$ 在点 x_0 的某邻域 $U(x_0)$ 内有定义, 并且在 x_0 处可导, 如果对任意 $x \in U(x_0)$, 有 $f(x) \leqslant f(x_0)$ (或 $f(x) \geqslant f(x_0)$), 那么 $f'(x_0) = 0$.

证明　不妨设 $x \in U(x_0)$ 时, $f(x) \leqslant f(x_0)$ (如果 $f(x) \geqslant f(x_0)$, 可以类似地证明). 于是对于 $x_0 + \Delta x \in U(x_0)$, 有 $f(x_0 + \Delta x) \leqslant f(x_0)$, 从而当 $\Delta x > 0$ 时, $\dfrac{f(x_0 + \Delta x) - f(x_0)}{\Delta x} \leqslant 0$; 而当 $\Delta x < 0$ 时, $\dfrac{f(x_0 + \Delta x) - f(x_0)}{\Delta x} \geqslant 0$; 根据函数

$f(x)$ 在 x_0 处可导及极限的保号性得

$$f'(x_0) = f'_+(x_0) = \lim_{\Delta x \to 0^+} \frac{f(x_0 + \Delta x) - f(x_0)}{\Delta x} \leqslant 0,$$

$$f'(x_0) = f'_-(x_0) = \lim_{\Delta x \to 0^-} \frac{f(x_0 + \Delta x) - f(x_0)}{\Delta x} \geqslant 0,$$

所以 $f'(x_0) = 0$.

说明几个问题

(1) 通常称导数等于零的点为函数的**驻点** (或**稳定点**、**临界点**).

(2) 导数的几何解释, 在曲线 $y = f(x)$ 上与驻点相应的点处的切线是水平的.

(3) 导数的物理解释: 变速直线运动在折返点处的瞬时速度为零.

3.1.3 罗尔定理

定理 3.1.1 (罗尔 (Rolle) 定理) 如果函数 $y = f(x)$ 满足

(1) 在闭区间 $[a, b]$ 上连续;

(2) 在开区间 (a, b) 内可导;

(3) 在区间端点处的函数值相等, 即 $f(a) = f(b)$,

那么在 (a, b) 内至少有一点 ξ, 使得 $f'(\xi) = 0$.

证明 由于 $f(x)$ 在 $[a, b]$ 上连续, 则 $f(x)$ 在 $[a, b]$ 上存在最大值 M 与最小值 m.

(1) 当 $M = m$ 时, $f(x) = c$, 则 $f'(x) = 0$, 在 (a, b) 内任取一点 ξ, 有 $f'(\xi) = 0$.

(2) 当 $M \neq m$ 时, 二者之中至少有一个与 $f(a)$ 和 $f(b)$ 不相等, 不妨设 $M \neq f(a) = f(b)$, 则在 (a, b) 内至少存在一点 ξ, 使

$$f(\xi) = M,$$

由费马引理知: $f'(\xi) = 0$.

罗尔定理的几何意义是: 如果端点纵坐标相等的连续曲线, 除端点外存在不与 x 轴垂直的切线, 那么该曲线至少存在一个最高点或最低点, 使该点处的切线平行于 x 轴, 如图 3-1-2.

说明几个问题

(1) 罗尔定理条件缺一不可, 反例如下:

例如, $y = |x|$, $x \in [-2, 2]$ 在 $[-2, 2]$ 上除 $f'(0)$ 不存在外, 满足罗尔定理的一切条件, 但在区间 $[-2, 2]$ 内找不到一点能使 $f'(x) = 0$.

例如, $y = \begin{cases} 1 - x, & x \in (0, 1], \\ 0, & x = 0, \end{cases}$ 除了 $x = 0$ 点不连续外, 在

$[0, 1]$ 上满足罗尔定理的一切条件, 但在区间 $[0, 1]$ 上不存在使得 $f'(\xi) = 0$ 的点.

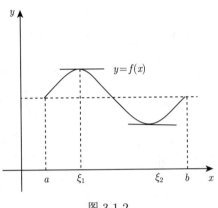

图 3-1-2

例如, $y = x$, $x \in [0,1]$ 除了 $f(0) \neq f(1)$ 外, 在 $[0,1]$ 上满足罗尔定理的一切条件, 但在区间 $[0,1]$ 上不存在使得 $f'(\xi) = 0$ 的点.

(2) 使得定理成立的 ξ 可能多于一个, 也可能只有一个.

例 1　设方程 $x^5 - 5x + 1 = 0$ 有且仅有一个小于 1 的正实根.

证明　存在性　设 $f(x) = x^5 - 5x + 1$, 则 $f(x)$ 在 $[0,1]$ 上连续, 且 $f(0) = 1$, $f(1) = -3$, 由零点定理知存在一点 $\xi \in (0,1)$, 使 $f(\xi) = 0$.

唯一性　设另有 $\eta \in (0,1)$, $f(\eta) = 0, \xi \neq \eta$, 不妨设 $\xi < \eta$, 则 $f(x)$ 在 $[\xi, \eta]$ 上连续, 在 (ξ, η) 内可导, 且 $f(\xi) = f(\eta)$, 由罗尔定理知存在一点 $\alpha \in (\xi, \eta)$, 使 $f'(\alpha) = 0$. 但 $f'(x) = 5x^4 - 5 < 0, x \in (0,1)$, 矛盾, 所以 ξ 为唯一实根.

例 2　设 $f(x)$ 在 $[0,a]$ 上连续, 在 $(0,a)$ 内可导, 且 $f(a) = 0$, 证明存在一点 $\xi \in (0,a)$, 使 $f(\xi) + \xi f'(\xi) = 0$.

证明　设函数 $F(x) = xf(x)$. $F(x)$ 在 $[0,a]$ 上连续, 在 $(0,a)$ 内可导, 且 $F(0) = 0$, $F(a) = af(a) = 0$, 由罗尔定理知存在一点 $\xi \in (0,a)$, 使 $F'(\xi) = f(\xi) + \xi f'(\xi) = 0$.

3.1.4　拉格朗日中值定理

定理 3.1.2 (拉格朗日中值定理)　设 $f(x)$ 在闭区间 $[a,b]$ 上连续, 在开区间 (a,b) 内可导, 则至少存在一点 $\xi \in (a,b)$ 使 $f(b) - f(a) = f'(\xi)(b-a)$.

慕课3.1.2

在证明之前先看一下定理的几何意义, 使 $f(b) - f(a) = f'(\xi)(b-a)$.

如果改成 $\dfrac{f(b) - f(a)}{b - a} = f'(\xi)$, 如图 3-1-3 可看出 $\dfrac{f(b) - f(a)}{b - a}$ 为弦 AB 的斜率, 因此拉格朗日中值定理的几何意义是; 如果连续曲线 $y = f(x)$ 的弧 AB 上除端点外处具有不垂直于 x 轴的切线, 那么这个弧上至少有一点 C, 使曲线在点 C 处的切线平行于弦 AB.

证明　设直线 AB 的方程为 $y = L(x)$, 其中 $A(a, f(a)), B(b, f(b))$, 则

$$L(x) = f(a) + \frac{f(b) - f(a)}{b - a}(x - a).$$

令

$$\varphi(x) = f(x) - L(x) = f(x) - f(a) - \frac{f(b) - f(a)}{b - a}(x - a).$$

由于 $f(x)$ 在 $[a,b]$ 上连续, 在 (a,b) 内可导, 则 $\phi(x)$ 在 $[a,b]$ 上连续, 在 (a,b) 内可导, 且

$$\varphi'(x) = f'(x) - \frac{f(b) - f(a)}{b - a}.$$

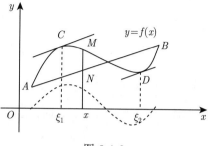

图 3-1-3

又 $\varphi(a) = \varphi(b) = 0$, 则由罗尔定理知: 存在 $\xi \in (a,b)$, 使 $f'(\xi) = \frac{f(b) - f(a)}{b - a}$.

拉格朗日中值定理常用的是下述形式: 在定理条件下, 设 x_0, x 是 $[a,b]$ 上的任意两点, 则至少存在一点 ξ 介于 x_0 与 x 之间, 使

$$f(x) = f(x_0) + f'(\xi)(x - x_0),$$

这里可以 $x_0 < x$, 也可以 $x_0 > x$.

命 $\theta = \dfrac{\xi - x_0}{x - x_0}$, 则 $0 < \theta < 1$, 拉格朗日中值公式又可写成

$$f(x) = f(x_0) + f'(x_0 + \theta(x - x_0))(x - x_0) = f(x_0) + f'(x_0 + \theta \Delta x)\Delta x.$$

例 3 设 $f(x)$ 在 $[0,1]$ 上连续, 在 $(0,1)$ 内可导, 且 $f(0) = 0$, $f(1) = 1$, 常数 $a > 0$, $b > 0$. 证明:

(1) 存在 $\xi \in (0,1)$, 使 $f(\xi) = \dfrac{a}{a + b}$;

(2) 存在 $\eta, \zeta \in (0,1)$, $\eta \neq \zeta$, 使 $\dfrac{a}{f'(\eta)} + \dfrac{b}{f'(\zeta)} = a + b$.

证明 (1) 用连续函数零点定理, 命 $\varphi(x) = f(x) - \dfrac{a}{a + b}$, 有 $\varphi(0) < 0$, $\varphi(1) > 0$, 故知存在 $\xi \in (0,1)$ 使 $\varphi(\xi) = 0$, 即有 $f(\xi) = \dfrac{a}{a + b}$.

(2) 在区间 $[0,\xi]$ 与 $[\xi,1]$ 上, 对 $f(x)$ 分别用拉格朗日中值定理知, 在 $\eta \in (0,\xi)$ 与 $\zeta \in (\xi,1)$, 使

$$f'(\eta) = \frac{f(\xi) - f(0)}{\xi - 0}, \quad f'(\zeta) = \frac{f(1) - f(\xi)}{1 - \xi}.$$

再将 $f(\xi) = \dfrac{a}{a + b} \neq 0$, $f(0) = 0$, $f(1) = 1$ 代入, 便得

$$\frac{a}{f'(\eta)} + \frac{b}{f'(\zeta)} = \frac{a\xi}{f(\xi)} + \frac{(1 - \xi)b}{1 - f(\xi)} = \xi(a + b) + (1 - \xi)(a + b) = a + b.$$

定理 3.1.3　如果函数 $y = f(x)$ 在区间 I 上的导数恒为零, 那么函数 $y = f(x)$ 在区间 I 上是一个常数.

证明　任取 $x_1, x_2 \in I$, 由拉格朗日中值定理知

$$f(x_2) - f(x_1) = f'(\xi)(x_2 - x_2), \quad \xi \text{ 在 } x_1, x_2 \text{ 之间}.$$

由假设条件知 $f'(\xi)(x_2 - x_2) = 0$, 故 $f(x_2) = f(x_1)$.

例 4　证明: 当 $x > 0$ 时, 有 $\dfrac{x}{1+x} < \ln(1+x) < x$.

分析　利用中值定理证明不等式

$$\frac{f(b) - f(a)}{b - a} = f'(\xi),$$

对 $f'(\xi)$ 进行估计.

证明　设 $f(x) = \ln(1+x)$, 在区间 $[0, x]$ 上应用拉格朗日中值定理知

$$f(x) - f(0) = f'(\xi)(x - 0), \quad \xi \in (0, x).$$

而 $f'(\xi) = \dfrac{1}{1 + \xi}$, 故 $f(x) = \ln(1+x) = \dfrac{1}{1+\xi}x$. 因为 $\xi \in (0, x), \dfrac{x}{1+x} < \dfrac{x}{1+\xi} < x$, 即

$$\frac{x}{1+x} < \ln(1+x) < x$$

得证.

3.1.5　柯西中值定理

慕课3.1.3

定理 3.1.4　如果函数 $f(x)$ 及 $F(x)$ 满足

(1) 在闭区间 $[a, b]$ 上连续;

(2) 在开区间 (a, b) 内可导;

(3) 对任一 $x \in (a, b)$, $F'(x) \neq 0$,

那么在 (a, b) 内至少有一点 ξ, 使等式 $\dfrac{f(b) - f(a)}{F(b) - F(a)} = \dfrac{f'(\xi)}{F'(\xi)}$ 成立.

证明　作辅助函数 $\varphi(x) = f(x) - f(a) - \dfrac{f(b) - f(a)}{F(b) - F(a)}[F(x) - F(a)]$, 则 $\varphi(x)$ 满足罗尔定理的条件, 于是在 (a, b) 内至少存在一点 ξ, 使得 $\varphi'(\xi) = 0$, 即

$$f'(\xi) - \frac{f(b) - f(a)}{F(b) - F(a)} F'(\xi) = 0,$$

所以 $\dfrac{f(b)-f(a)}{F(b)-F(a)}=\dfrac{f'(\xi)}{F'(\xi)}$.

说明几个问题

(1) 特别地, 当 $F(x)=x$ 时, $F(b)-F(a)=b-a$, $F'(x)=1$, 由 $\dfrac{f(b)-f(a)}{F(b)-F(a)}=$ $\dfrac{f'(\xi)}{F'(\xi)}$ 有 $\dfrac{f(b)-f(a)}{b-a}=f'(\xi)$, 即 $f(b)-f(a)=f'(\xi)(b-a)$, 故拉格朗日中值定理是柯西中值定理的特例, 而柯西中值定理是拉格朗日中值定理的推广.

(2) 柯西中值定理是证明利用导数求未定式极限的洛必达法则的基本工具.

例 5 设函数 $f(x)$ 在 $[a,b]$ 上连续, 在 (a,b) 内可导, 且 $f'(x)\neq0$, 试证: 存在 $\xi,\eta\in(a,b)$ 使得 $\dfrac{f'(\xi)}{f'(\eta)}=\dfrac{\mathrm{e}^b-\mathrm{e}^a}{b-a}\mathrm{e}^{-\eta}$.

证明 由于 $f(x)$ 和 $g(x)=\mathrm{e}^x$ 在 $[a,b]$ 上满足柯西中值定理的条件, 故存在 $\eta\in(a,b)$, 使得

$$\frac{f(b)-f(a)}{\mathrm{e}^b-\mathrm{e}^a}=\frac{f'(\eta)}{\mathrm{e}^\eta},\tag{3-1-1}$$

而 $f(x)$ 在 $[a,b]$ 上满足拉格朗日定理条件, 故存在 $\xi\in(a,b)$ 使得 $f(b)-f(a)=f'(\xi)(b-a)$ 成立, 将该式代入 (3-1-1) 即得所要的结论.

小结与思考

1. 小结

中值定理揭示了函数在某区间的整体性质与该区间内部某一点的导数之间的关系, 因而称为中值定理. 中值定理既是用微分学知识解决应用问题的数学模型, 又是解决微分学自身发展的一种理论性数学模型, 因而也称为微分基本定理.

本节介绍的几个定理统称为微分中值定理, 简称中值定理, 其核心是拉格朗日中值定理, 费马定理是它的预备定理, 罗尔定理是它的特例, 柯西中值定理是它的推广.

2. 思考

罗尔定理、拉格朗日中值定理和柯西中值定理之间有什么关系?

数学文化

费马 (1601—1665), 法国数学家, 费马引理是实分析中的一个定理, 以皮埃尔·德·费马命名.

费马一生从未受过专门的数学教育, 数学研究也不过是业余爱好. 然而, 在 17 世纪的法国还找不到哪位数学家可以与之匹敌. 他是解析几何的发明者之一, 对于微

积分诞生的贡献仅次于艾萨克·牛顿、戈特弗里德·威廉·凡·莱布尼茨, 他还是概率论的主要创始人, 以及独撑 17 世纪数论天地的人. 此外, 费马对物理学也有重要贡献. 一代数学天才费马堪称是 17 世纪法国最伟大的数学家. 他对微积分的贡献: 费马建立了求切线、求极大值和极小值以及定积分方法, 对微积分作出了重大贡献.

习　题　3.1

1. 验证罗尔定理 $y = \ln \sin x$ 在区间 $\left[\dfrac{\pi}{6}, \dfrac{5\pi}{6}\right]$ 上的正确性.

2. 不求出函数 $f(x) = (x-1)(x-2)(x-3)(x-4)$ 的导函数, 说明方程 $f'(x) = 0$ 有几个实数根, 并指出它们所在区间.

3. 证明恒等式: $\arcsin x + \arccos x = \dfrac{\pi}{2}(-1 \leqslant x \leqslant 1)$.

4. 当 $x > 0$ 时, 证明 $x < \mathrm{e}^x - 1 < x\mathrm{e}^x$.

5. 当 $x > 1$ 时, 证明 $\mathrm{e}^x > \mathrm{e}x$.

6. 设函数 $f(x)$ 在区间 $[0,1]$ 上连续, 在区间 $(0,1)$ 内可导, 且 $f(1) = 0$, 证明至少存在一点 $\xi \in (0,1)$ 使得 $f'(\xi) = -\dfrac{2f(\xi)}{\xi}$.

7. 设函数 $f(x)$ 在区间 $[0,1]$ 上连续, 在区间 $(0,1)$ 内可导, 且 $0 < a < b$, 证明: 存在 $\xi, \eta \in (a,b)$ 使得 $f'(\xi) = \dfrac{a+b}{2\eta}f'(\eta)$.

8. 若 $f(x)$ 在 $[0,1]$ 上有二阶导数, 且 $f(1) = 0$, 设 $F(x) = x^2 f(x)$. 证明: 在 $(0,1)$ 内至少存在一点 ξ, 使得 $F''(\xi) = 0$.

3.2　洛必达法则

教学目标: 掌握用洛必达法则求各种类型未定式的极限的方法.

教学重点: 不同类型的未定式.

教学难点: 洛必达法则的应用.

教学背景: 求函数的极限.

思政元素: 未定式的变形——用发展的眼光看待问题.

在第 2 章介绍极限时, 我们计算过两个无穷小量之比以及两个无穷大量之比的未定式的极限.

观察下列极限的形式和结果:

$$\lim_{x \to 0^+} \frac{x^3}{\sqrt{x}} = 0, \qquad \lim_{x \to +\infty} \frac{x}{\mathrm{e}^x} = 0,$$

$$\lim_{x \to 0} \frac{x}{x^2} = \infty, \qquad \lim_{x \to \frac{\pi}{2}} \frac{\tan x}{\tan 3x} = 3,$$

$$\lim_{x \to 0} \frac{\tan x}{3x} = \frac{1}{3}, \qquad \lim_{x \to \infty} \frac{x^2}{2x} = \infty.$$

不难发现左侧的三个当 $x \to 0$ 时, 分子和分母同时趋于零, 即零比零型极限 $\frac{0}{0}$; 右侧的三个为无穷比无穷型极限 $\frac{\infty}{\infty}$, 可能产生的极限结果或为 0, 或为非零常值, 或为 ∞.

为了叙述方便, 我们把分子、分母同时趋于零的比式的极限称为 $\frac{0}{0}$ **型未定式**; 分子、分母同时趋于无穷大的比式的极限称为 $\frac{\infty}{\infty}$ **型未定式**. 这里 $\frac{0}{0}$, $\frac{\infty}{\infty}$ 只是两个记号, 没有运算意义. 在那里, 计算未定式的极限都是具体问题具体分析, 属于特定的方法, 而无一般法则可循. 本节将用导数作工具, 给出计算未定式极限的一般方法, 即洛必达法则. 本节中的几个定理所给出的求极限的方法统称为**洛必达法则**.

未定式可以分为七种, 即未定式 $\begin{cases} \text{基本型:} & \frac{0}{0}, \frac{\infty}{\infty}, \\ \text{拓展型:} & 0 \cdot \infty, \infty - \infty, 0^0, 1^\infty, \infty^0. \end{cases}$

下面我们按类型来介绍.

3.2.1 $\frac{0}{0}$ 型和 $\frac{\infty}{\infty}$ 型未定式

慕课3.2.1

1. $\frac{0}{0}$ 型未定式

定理 3.2.1 设

(1) $\lim\limits_{x \to x_0} f(x) = \lim\limits_{x \to x_0} g(x) = 0$;

(2) 点 x_0 的某去心邻域内 $f'(x), g'(x)$ 都存在, 且 $g'(x) \neq 0$;

(3) $\lim\limits_{x \to x_0} \dfrac{f'(x)}{g'(x)}$ 存在 (或为无穷大),

则 $\lim\limits_{x \to x_0} \dfrac{f(x)}{g(x)} = \lim\limits_{x \to x_0} \dfrac{f'(x)}{g'(x)}$.

证明 由于 $\lim\limits_{x \to x_0} \dfrac{f(x)}{g(x)}$ 与 $f(x_0)$ 及 $g(x_0)$ 无关, 故假定 $f(x_0) = g(x_0) = 0$. 于是, 由条件 (1), (2) 知 $f(x), g(x)$ 满足柯西中值定理的条件, 则

$$\frac{f(x)}{g(x)} = \frac{f(x) - f(x_0)}{g(x) - g(x_0)} = \frac{f'(\xi)}{g'(\xi)} \quad (\xi \text{ 介于 } x_0 \text{ 与 } x \text{ 之间}),$$

于是

$$\lim_{x \to x_0} \frac{f(x)}{g(x)} = \lim_{x \to x_0} \frac{f'(\xi)}{g'(\xi)} = \lim_{x \to x_0} \frac{f'(x)}{g'(x)}.$$

说明几个问题

(1) 如果 $\lim\limits_{x\to a}\dfrac{f'(x)}{g'(x)}$ 仍属于 $\dfrac{0}{0}$ 型, 且 $f'(x)$ 和 $g'(x)$ 满足洛必达法则的条件,

可继续使用洛必达法则, 即 $\lim\limits_{x\to a}\dfrac{f(x)}{g(x)}=\lim\limits_{x\to a}\dfrac{f'(x)}{g'(x)}=\lim\limits_{x\to a}\dfrac{f''(x)}{g''(x)}=\cdots$;

(2) 用洛必达法则求未定式极限虽然是十分方便、有效的方法, 但**不是** "万能" 的方法, 它有失效的情形.

例如, $\lim\limits_{x\to\infty}\dfrac{x+\sin x}{x}\left(\dfrac{\infty}{\infty}\right)=\lim\limits_{x\to\infty}(1+\cos x)$. 显然, 等式右端的极限不存在, 但这不是说左端的极限也因而不存在. 事实上,

$$\lim_{x\to\infty}\frac{x+\sin x}{x}=\lim_{x\to\infty}\left(1+\frac{\sin x}{x}\right)=1+\lim_{x\to\infty}\frac{\sin x}{x}=1+0=1,$$

这个例子说明了如果导数之比的极限不存在时, 不能得出函数之比的极限也不存在的结论.

例 1　求 $\lim\limits_{x\to1}\dfrac{x^3-3x+2}{x^3-x^2-x+1}$.

解　原式 $=\lim\limits_{x\to1}\dfrac{3x^2-3}{3x^2-2x-1}=\lim\limits_{x\to1}\dfrac{6x}{6x-2}=\dfrac{3}{2}$.

例 2　求 $\lim\limits_{x\to+\infty}\dfrac{\dfrac{\pi}{2}-\arctan x}{\dfrac{1}{x}}$.

解　原式 $=\lim\limits_{x\to+\infty}\dfrac{-\dfrac{1}{1+x^2}}{-\dfrac{1}{x^2}}=\lim\limits_{x\to+\infty}\dfrac{x^2}{1+x^2}=1$.

2. $\dfrac{\infty}{\infty}$ 型未定式

定理 3.2.2　设

(1) $\lim\limits_{x\to\infty}f(x)=\lim\limits_{x\to\infty}g(x)=0$;

(2) 当 $|x|>X$ 时, $f'(x),g'(x)$ 都存在, 且 $g'(x)\neq0$;

(3) $\lim\limits_{x\to\infty}\dfrac{f'(x)}{g'(x)}$ 存在 (或为无穷大),

则 $\lim\limits_{x\to\infty}\dfrac{f(x)}{g(x)}=\lim\limits_{x\to\infty}\dfrac{f'(x)}{g'(x)}$.

例 3　求 $\lim\limits_{x\to+\infty}\dfrac{\ln x}{x^n}$.

解 原式 $= \lim\limits_{x \to +\infty} \dfrac{\dfrac{1}{x}}{nx^{n-1}} = \lim\limits_{x \to +\infty} \dfrac{1}{nx^n} = 0.$

3.2.2 其他类型未定式

慕课3.2.2

1. $\infty - \infty$ 型未定式

若当 $x \to a \ (x \to \infty)$ 时, $f(x) \to \infty$, $g(x) \to \infty$, 那么 $\lim [f(x) - g(x)]$ 呈 $\infty - \infty$ 型, 求这种未定式极限的方法是通过通分等运算化为 $\dfrac{0}{0}$ 型未定式, 可把 $f(x) - g(x)$ 改写成 $f(x) - g(x) = \dfrac{\dfrac{1}{g(x)} - \dfrac{1}{f(x)}}{\dfrac{1}{f(x)} \cdot \dfrac{1}{g(x)}}$, 使之变为 $\dfrac{0}{0}$ 型.

例 4 求 $\lim\limits_{x \to \frac{\pi}{2}} (\sec x - \tan x).$

解
$$\lim\limits_{x \to \frac{\pi}{2}} (\sec x - \tan x) = \lim\limits_{x \to \frac{\pi}{2}} \left(\dfrac{1}{\cos x} - \dfrac{\sin x}{\cos x} \right) = \lim\limits_{x \to \frac{\pi}{2}} \dfrac{1 - \sin x}{\cos x}$$
$$= \lim\limits_{x \to \frac{\pi}{2}} \dfrac{1 - \sin x}{\cos x} = \lim\limits_{x \to \frac{\pi}{2}} \dfrac{-\cos x}{-\sin x} = \lim\limits_{x \to \frac{\pi}{2}} \cot x = 0.$$

2. $0 \cdot \infty$ 型未定式

若当 $x \to a \ (x \to \infty)$ 时, $f(x) \to 0$, $g(x) \to \infty$, 那么 $\lim [f(x) \cdot g(x)]$ 呈 $0 \cdot \infty$ 型未定式, 这种未定式极限的方法是通过恒等变形, 可把 $f(x)g(x)$ 改写成 $f(x)g(x) = \dfrac{f(x)}{\dfrac{1}{g(x)}} = \dfrac{g(x)}{\dfrac{1}{f(x)}}$, 使其化为 $\dfrac{0}{0}$ 或 $\dfrac{\infty}{\infty}$ 型未定式, 再应用洛必达法则求极限.

例 5 求 $\lim\limits_{x \to 0^+} x^n \ln x \ (n > 0).$

解
$$\lim\limits_{x \to 0^+} x^n \ln x = \lim\limits_{x \to 0^+} \dfrac{\ln x}{\dfrac{1}{x^n}} = \lim\limits_{x \to 0^+} \dfrac{\ln x}{x^{-n}} = \lim\limits_{x \to 0^+} \dfrac{\dfrac{1}{x}}{-nx^{-n-1}}$$
$$= \lim\limits_{x \to 0^+} \dfrac{1}{-nx^{-n}} = \lim\limits_{x \to 0^+} \dfrac{1}{-n} x^n = 0.$$

3. $0^0, \infty^0, 1^\infty$ 型未定式

设当 $x \to a \ (x \to \infty)$ 时, 有

(1) $f(x) \to 0, g(x) \to 0$;   (2) $f(x) \to \infty, g(x) \to 0$;

(3) $f(x) \to 1$, $g(x) \to \infty$.

$\lim f(x)^{g(x)}$ 分别为 $0^0, \infty^0, 1^\infty$ 型，这里假定 $f(x) > 0$. 因为

$$\lim f(x)^{g(x)} = \lim \mathrm{e}^{g(x) \ln f(x)} = \mathrm{e}^{\lim g(x) \ln f(x)}.$$

应用复合函数求极限方法及洛必达法则即可求出原极限，所以，这三种类型都归结为 $0 \cdot \infty$ 型.

例 6　求 $\lim\limits_{x \to 0^+} x^x$.

解　$\lim\limits_{x \to 0^+} x^x = \lim\limits_{x \to 0^+} \mathrm{e}^{\ln x^x} = \lim\limits_{x \to 0^+} \mathrm{e}^{x \ln x} = \lim\limits_{x \to 0^+} \mathrm{e}^{\frac{\ln x}{\frac{1}{x}}} = \mathrm{e}^{\lim\limits_{x \to 0^+} -\frac{\frac{1}{x}}{\frac{1}{x^2}}}$

$= \mathrm{e}^{\lim\limits_{x \to 0^+} -\frac{\frac{1}{x}}{\frac{1}{x^2}}} = \mathrm{e}^{\lim\limits_{x \to 0^+} -x} = 1.$

说明几个问题

(1) 在用洛必达法则求出未定式极限时, 最好能与前面所述求极限的方法结合起来使用. 例如, 能简化时先尽量化简, 非零因子单独求极限, 不要参与洛必达法则运算. 能应用重要极限或等价无穷小代换时, 应尽可能应用, 这样可以使运算简洁, 减少计算量.

(2) 数列是整标函数, 求两个数列 $f(n)$, $g(n)$ 之比的极限, 有时可借助洛必达法则. 但应注意, 这时我们不能把数列对 n 求导, 这是没有意义的, 我们首先应将离散变量 n 换成连续变量 x.

例 7　求 $\lim\limits_{x \to 0} \dfrac{\tan x - x}{x^2 \sin x}$.

解　$\lim\limits_{x \to 0} \dfrac{\tan x - x}{x^2 \sin x} = \lim\limits_{x \to 0} \dfrac{\tan x - x}{x^3} = \lim\limits_{x \to 0} \dfrac{\sec^2 x - 1}{3x^2} = \lim\limits_{x \to 0} \dfrac{\tan^2 x}{3x^2} = \dfrac{1}{3}.$

例 8　求 $\lim\limits_{n \to \infty} \sqrt[n]{n}$.

解　$\lim\limits_{n \to \infty} \sqrt[n]{n} = \mathrm{e}^{\lim\limits_{n \to \infty} \frac{\ln n}{n}}$, 由于 $\lim\limits_{x \to +\infty} \dfrac{\ln x}{x} \left(\dfrac{\infty}{\infty} 型 \right) = \lim\limits_{x \to +\infty} \dfrac{1}{x} = 0$, 可知 $\lim\limits_{n \to \infty} \dfrac{\ln n}{n} = 0$, 从而

$$\lim\limits_{n \to \infty} \sqrt[n]{n} = \mathrm{e}^0 = 1.$$

这是因为当 $\lim\limits_{x \to +\infty} \dfrac{\ln x}{x} = 0$ 时, $n \to \infty$ 作为 $x \to +\infty$ 的一种方式, 自然 $\lim\limits_{n \to \infty} \dfrac{\ln n}{n} = 0$ 也成立.

小结与思考

1. 小结

(1) 求解 $\dfrac{0}{0}$ 型极限的方法.

① 利用因式分解或根式有理化消去零因子, 再用连续函数的性质求极限;

② 利用等价无穷小的替换性质求极限, 注意加减时不能使用这种方法;

③ 直接使用洛必达法则;

④ 利用变量代换$\left(\right.$根据极限的不同特点, 选用合适的变量代换法, 如令 $x = \dfrac{1}{t}$ 或 $x = \dfrac{1}{t^2}\left.\right)$.

(2) 求解 $\dfrac{\infty}{\infty}$ 型极限的方法.

① 直接使用洛必达法则;　　　　　　② 变量代换化为 $\dfrac{0}{0}$ 型.

(3) 求解 $\infty - \infty$ 型极限的方法.

通过对式子的通分、根式有理化、变量代换等方法, 转化为 $\dfrac{0}{0}$ 或 $\dfrac{\infty}{\infty}$ 型.

(4) 求解 $0 \cdot \infty$ 型极限的方法: 同样转化为 $\dfrac{0}{0}$ 型或 $\dfrac{\infty}{\infty}$ 型, 再用洛必达法则.

(5) 求解 1^∞ 型极限的方法.

① 用对数恒等变形 $\mathrm{e}^{\infty \ln 1} = \mathrm{e}^{\infty \cdot 0} \Rightarrow \mathrm{e}^{\frac{\infty}{\infty} \text{或} \frac{0}{0}}$, 再用洛必达法则;

② 利用重要极限: $\lim\limits_{x \to 0} \dfrac{\sin x}{x} = 1$, $\lim\limits_{x \to \infty} \left(1 + \dfrac{1}{x}\right)^x = \mathrm{e}$.

(6) 求解 0^0 或 ∞^0 型极限的方法: 通过对数恒等式转化为 $\dfrac{0}{0}$ 或 $\dfrac{\infty}{\infty}$ 型, 再用洛必达法则.

2. 思考

有人说洛必达法则是万能的, 只要是未定式的极限就可以用, 这种说法对吗?

数学文化

1661 年洛必达出生于法国的贵族家庭. 1704 年 2 月 2 日卒于巴黎. 他曾受袭侯爵衔, 并在军队中担任骑兵军官, 后来因为视力不佳而退出军队, 转向学术方面加以研究. 他早年就显露出数学才能, 在他 15 岁时就解出帕斯卡的摆线难题, 以后又解出约翰·伯努利向欧洲挑战 "最速降曲线问题". 洛必达最重要的著作是《阐明曲线的无穷小于分析》(1696 年), 这本书由一组定义和公理出发, 全面地阐述变量、无穷小量、切线、微分等概念, 这对传播新创建的微积分理论起了很大的作用.

习　题　3.2

1. 求下列极限:

(1) $\lim\limits_{x \to 0} \dfrac{\ln(1 + x)}{x}$;　　　　　　　　　　(2) $\lim\limits_{x \to 1} \dfrac{\ln x}{x - 1}$;

(3) $\lim\limits_{x\to 0^+} \dfrac{\ln\tan 7x}{\ln\sin 2x}$;

(4) $\lim\limits_{x\to 0} \dfrac{\mathrm{e}^x - \sin x - 1}{(\arcsin x)^2}$;

(5) $\lim\limits_{x\to \frac{\pi}{2}} \dfrac{\tan x}{\tan 3x}$;

(6) $\lim\limits_{x\to +\infty} \dfrac{(\ln x)^2}{x}$;

(7) $\lim\limits_{x\to 0^+} x^x$;

(8) $\lim\limits_{x\to 0} \left(\dfrac{\sin x}{x}\right)^{\frac{1}{x^2}}$;

(9) $\lim\limits_{x\to 0} \dfrac{\sqrt{1 + 2\sin^2 x} - 1}{x\ln(1+x)}$;

(10) $\lim\limits_{x\to 1} \left(\dfrac{2}{x^2 - 1} - \dfrac{1}{x - 1}\right)$.

2. 验证 $\lim\limits_{x\to \infty} \dfrac{x + \sin x}{x}$ 存在, 但不能用洛必达法则求出.

3. 试确定 a, b 使得 $\lim\limits_{x\to 0} \dfrac{\ln(1+x) - (ax + bx^2)}{x^2} = 2$.

3.3　泰　勒　公　式

教学目标:

1. 理解泰勒中值定理, 掌握常用函数的麦克劳林公式;

2. 理解泰勒公式及其拉格朗日余项的表达式;

3. 会求一些简单函数的泰勒公式, 会利用泰勒公式求函数的极限.

教学重点: 泰勒中值定理.

教学难点: 泰勒公式和麦克劳林公式的应用.

教学背景: 函数的近似表达式, 函数值的近似计算.

思政元素: 求极限的新方法——老问题新设计.

3.3.1　问题的提出

在微分的应用中已经知道, 当 $|x|$ 很小时, 有如下的近似等式: $\mathrm{e}^x \approx 1 + x$, $\ln(1+x) \approx x$. 这些都是用一次多项式来近似表达函数的例子. 显然, 在 $x = 0$ 处这些一次多项式及其一阶导数的值, 分别等于被近似表达的函数及其导数的相应值.

慕课3.3.1

但是这种近似表达式还存在着不足之处: 首先是精确度不高, 它所产生的误差仅是关于 x 的高阶无穷小; 其次是用它来作近似计算时, 不能具体估算出误差大小. 因此, 对于精确度要求较高且需要估计误差时候, 就必须用高次多项式来近似表达函数, 同时给出误差公式. 为了提高精度, 自然想到利用更高次的多项式来逼近函数.

设函数 $f(x)$ 在含有 x_0 的开区间内具有直到 $n + 1$ 阶导数, 现在我们希望做的是: 找出一个关于 $x - x_0$ 的 n 次多项式

$$p_n(x) = a_0 + a_1(x - x_0) + a_2(x - x_0)^2 + \cdots + a_n(x - x_0)^n.$$

用 $p_n(x)$ 近似表达 $f(x)$, 使 $p_n(x)$ 满足

$$p_n(x_0) = f(x_0), p_n'(x_0) = f'(x_0), p_n''(x_0) = f''(x_0), \cdots, p_n^{(n)}(x_0) = f^{(n)}(x_0).$$

因为 $p_n'(x) = a_1 + 2a_2(x - x_0) + \cdots + na_n(x - x_0)^{n-1}$,

$$p_n''(x) = 2a_2 + 3 \cdot 2 \cdot a_3(x - x_0) + \cdots + n(n-1)a_n(x - x_0)^{n-2},$$

$$p_n'''(x) = 3!a_3 + 4 \cdot 3 \cdot 2a_4(x - x_0) + \cdots + n(n-1)(n-2)a_n(x - x_0)^{n-3}, \cdots, p_n^{(n)}(x) = n!a_n.$$

于是

$$p_n(x_0) = a_0, p_n'(x_0) = a_1, p_n''(x_0) = 2!a_2, p_n'''(x_0) = 3!a_3, \cdots, p_n^{(n)}(x_0) = n!a_n.$$

按要求有 $f(x_0) = p_n(x_0) = a_0$, $f'(x_0) = p_n'(x_0) = a_1$, $f(x_0) = p_n''(x_0) = 2!a_2$,

$$f'''(x_0) = p_n'''(x_0) = 3!a_3, \ldots, \quad f^{(n)}(x_0) = p_n^{(n)}(x_0) = n!a_n,$$

从而有 $a_0 = f(x_0)$, $a_1 = f'(x_0)$, $a_2 = \dfrac{1}{2!}f''(x_0)$, $a_3 = \dfrac{1}{3!}f'''(x_0)$, $\cdots, a_n = \dfrac{f^{(n)}(x_0)}{n!}$, 即 $a_k = \dfrac{f^{(k)}(x_0)}{k!}$ $(k = 1, 2, \cdots, n)$.

于是就有

$$p_n(x) = f(x_0) + f'(x_0)(x - x_0) + \frac{f''(x_0)}{2!}(x - x_0)^2 + \cdots + \frac{f^{(n)}(x_0)}{n!}(x - x_0)^n.$$

3.3.2 泰勒中值定理

定理 3.3.1(泰勒中值定理) 若 $f(x)$ 在含有 x_0 的开区间 (a, b) 内具有直到 $n + 1$ 阶导数, 则当 $x \in (a, b)$ 时, $f(x)$ 可表示为

$$f(x) = f(x_0) + f'(x_0)(x - x_0) + \frac{f''(x_0)}{2!}(x - x_0)^2 + \cdots + \frac{f^{(n)}(x_0)}{n!}(x - x_0)^n + R_n(x),$$

其中 $R_n(x) = \dfrac{f^{(n+1)}(\xi)}{(n+1)!}(x - x_0)^{n+1}$, ξ 在 x 与 x_0 之间, 也可记为

$$\xi = x_0 + \theta(x - x_0), \quad 0 < \theta < 1.$$

证明 由假设, $R_n(x)$ 在 (a, b) 内具有直到 $(n + 1)$ 阶导数, 且

$$R_n(x_0) = R_n'(x_0) = R_n''(x_0) = \cdots = R_n^{(n)}(x_0) = 0.$$

两个函数 $R_n(x)$ 及 $(x - x_0)^{n+1}$ 在以 x_0 及 x 为端点的区间上满足柯西中值定理的条件, 得

$$\frac{R_n(x)}{(x - x_0)^{n+1}} = \frac{R_n(x) - R_n(x_0)}{(x - x_0)^{n+1} - 0} = \frac{R_n'(\xi_1)}{(n+1)(\xi_1 - x_0)^n} \quad (\xi_1 \text{ 介于 } x_0 \text{ 与 } x \text{ 之间}).$$

两个函数 $R_n'(x)$ 及 $(n+1)(x-x_0)^n$ 在以 x_0 及 ξ_1 为端点的区间上满足柯西中值定理的条件, 得

$$\frac{R_n'(\xi_1)}{(n+1)(\xi_1-x_0)^n} = \frac{R_n'(\xi_1)-R_n'(x_0)}{(n+1)(\xi_1-x_0)^n-0} = \frac{R_n''(\xi_2)}{n(n+1)(\xi_2-x_0)^{n-1}}$$

(ξ_2 介于 x_0 与 ξ_1 之间), 照此方法继续做下去, 经过 $(n+1)$ 次后, 得

$$\frac{R_n(x)}{(x-x_0)^{n+1}} = \frac{R^{(n+1)}(\xi)}{(n+1)!} = \frac{f^{(n+1)}(\xi)}{(n+1)!},$$

则得 $R_n(x) = \dfrac{f^{(n+1)}(\xi)}{(n+1)!}(x-x_0)^{n+1}$($\xi$ 介于 x_0 与 x 之间).

定理中 $R_n(x) = \dfrac{f^{(n+1)}(\xi)}{(n+1)!}(x-x_0)^{n+1}$ 称为拉格朗日余项, 整个公式

$$f(x) = f(x_0) + f'(x_0)(x-x_0) + \frac{f''(x_0)}{2!}(x-x_0)^2 + \cdots + \frac{f^{(n)}(x_0)}{n!}(x-x_0)^n + R_n(x)$$

称为**具有拉格朗日余项的 n 阶泰勒公式**.

说明几个问题

(1) 当 $n=0$ 时, 泰勒公式变成拉格朗日中值公式 $f(x) = f(x_0) + f'(\xi)(x-x_0)$ (ξ 介于 x_0 与 x 之间), 因此泰勒中值定理是拉格朗日中值定理的推广.

(2) 由泰勒中值定理可知, 以多项式 $P_n(x)$ 近似表达函数 $f(x)$ 时, 其误差为 $|R_n(x)|$. 如果对于某个固定的 n, 当 x 在区间 (a,b) 内变动时, $\left|f^{(n+1)}(x)\right|$ 总不超过一个常数 M, 则有估计式

$$|R_n(x)| = \left|\frac{f^{(n+1)}(\xi)}{(n+1)!}(x-x_0)^{n+1}\right| \leqslant \frac{M}{(n+1)!}|x-x_0|^{n+1}.$$

(3) $\displaystyle\lim_{x\to x_0}\frac{R_n(x)}{(x-x_0)^n} = 0$.

由此可见, 当 $x\to x_0$ 时, 误差 $|R_n(x)|$ 是比 $(x-x_0)^n$ 高阶的无穷小, 即

$$R_n(x) = o[(x-x_0)^n],$$

其中 $R_n(x) = o[(x-x_0)^n]$ 称为**佩亚诺余项**.

(4) 在不需要余项的精确表达式时, n 阶泰勒公式也可写成

$$f(x) = f(x_0) + f'(x_0)(x-x_0) + \frac{1}{2!}f''(x_0)(x-x_0)^2 + \cdots$$

$$+ \frac{1}{n!} f^{(n)}(x_0)(x-x_0)^n + o[(x-x_0)^n],$$

称为 $f(x)$ 按 $x-x_0$ 的幂展开的**带有佩亚诺型余项的 n 阶泰勒公式**.

3.3.3 麦克劳林公式

定理 3.3.2 (麦克劳林公式)   如果函数 $f(x)$ 在含有 $x=0$ 的某个开区间 (a,b) 内具有直到 $n+1$ 的导数, 则对任意 $x \in (a,b)$, 有

慕课3.3.2

$$f(x) = f(0) + f'(0)x + \frac{f''(0)}{2!}x^2 + \cdots + \frac{f^{(n)}(0)}{n!}x^n + R_n(x).$$

说明几个问题

(1) 带有佩亚诺型余项的麦克劳林公式为

$$f(x) = f(0) + f'(0)x + \frac{f''(0)}{2!}x^2 + \cdots + \frac{f^{(n)}(0)}{n!}x^n + o(x^n).$$

(2) 带有拉格朗日余项的麦克劳林公式为

$$f(x) = f(0) + f'(0)x + \frac{f''(0)}{2!}x^2 + \cdots + \frac{f^{(n)}(0)}{n!}x^n + \frac{f^{(n+1)}(\theta x)}{(n+1)!}x^{n+1} \quad (0 < \theta < 1).$$

(3) $f(x) \approx f(0) + f'(0)x + \frac{f''(0)}{2!}x^2 + \cdots + \frac{f^{(n)}(0)}{n!}x^n.$

3.3.4 常用的麦克劳林公式

例 1   求函数 $f(x) = \mathrm{e}^x$ 的 n 阶麦克劳林公式.

解   由于 $f'(x) = f''(x) = \cdots = f^{(n)}(x) = \mathrm{e}^x$, 所以

$$f(0) = f'(0) = f''(0) = \cdots = f^{(n)}(0) = 1,$$

而 $f^{(n+1)}(\theta x) = \mathrm{e}^{\theta x}$ 代入公式, 得

$$\mathrm{e}^x = 1 + x + \frac{x^2}{2!} + \cdots + \frac{x^n}{n!} + \frac{\mathrm{e}^{\theta x}}{(n+1)!}x^{n+1} \quad (0 < \theta < 1).$$

由公式可知 $\mathrm{e}^x \approx 1 + x + \frac{x^2}{2!} + \cdots + \frac{x^n}{n!}.$

例 2   求函数 $f(x) = \sin x$ 的 n 阶麦克劳林公式.

解   因为 $f^{(n)}(x) = \sin\left(x + n \cdot \frac{\pi}{2}\right)$, $n = 1, 2, \cdots$, 所以

$$f(0) = 0, f'(0) = 1, f''(0) = 0, f'''(0) = -1, f^{(4)}(0) = 0, \cdots,$$

于是

$$\sin x = x - \frac{1}{3!}x^3 + \frac{1}{5!}x^5 + \cdots + \frac{(-1)^{m-1}}{(2m-1)!}x^{2m-1} + R_{2m}(x),$$

其中 $R_{2m}(x) = \dfrac{\sin\left[\theta x + \dfrac{(m+1)}{2}\pi\right]}{(2m+1)!}x^{2m+1} = (-1)^m \dfrac{\cos(\theta x)}{(2m+1)!}x^{2m+1}(0 < \theta < 1)$;

当 $m = 1, 2, 3$ 时, 有近似公式

$$\sin x \approx x, \quad \sin x \approx x - \frac{1}{3!}x^3, \quad \sin x \approx x - \frac{1}{3!}x^3 + \frac{1}{5!}x^5.$$

类似地, 还可以得到

$$\cos x = 1 - \frac{x^2}{2!} + \frac{x^4}{4!} - \frac{x^6}{6!} + \cdots + \frac{(-1)^m x^{2m}}{(2m)!} + R_{2m+1}(x),$$

其中 $R_{2m+1}(x) = \dfrac{\cos[\theta x + (m+1)\pi]}{(2m+2)!}x^{2m+2} = (-1)^{m+1}\dfrac{\cos(\theta x)}{(2m+2)!}x^{2m+2}(0 < \theta < 1)$;

$$\ln(1+x) = x - \frac{x^2}{2} + \frac{x^3}{3} - \frac{x^4}{4} + \cdots + \frac{(-1)^{n-1}}{n}x^n + R_n(x),$$

其中 $R_n(x) = \dfrac{(-1)^n}{(n+1)(1+\theta x)^{n+1}}x^{n+1}(0 < \theta < 1)$;

$$(1+x)^m = 1 + mx + \frac{m(m-1)}{2!}x^2 + \cdots + \frac{m(m-1)(m-2)\cdots(m-n+1)}{n!}x^n + R_n(x),$$

其中 $R_n(x) = \dfrac{m(m-1)(m-2)\cdots(m-n)}{(n+1)!}(1+\theta x)^{m-n-1}x^{n+1}(0 < \theta < 1)$.

特别地, 当 $m = -1$ 时,

$$\frac{1}{1+x} = 1 - x + x^2 - x^3 \cdots + (-1)^n x^n + R_n(x).$$

3.3.5 泰勒公式的应用

1. 泰勒公式的展开

例 3 按 $(x-4)$ 的幂展开多项式 $f(x) = x^4 - 5x^3 + x^2 - 3x + 4$.

解 由于

慕课3.3.3

$$f(4) = -56, \quad f'(4) = 21, \quad f''(4) = 74, \quad f'''(4) = 66, \quad f^{(4)}(4) = 24, \quad f^{(5)}(4) = 0,$$

代入公式, 得

$$f(x) = f(4) + \frac{f'(4)}{1!}(x-4) + \frac{f''(4)}{2!}(x-4)^2 + \cdots + \frac{f^{(5)}(4)}{5!}(x-4)^5$$

$$= -56 + 21(x-4) + 37(x-4)^2 + 11(x-4)^3 + (x-4)^4.$$

例 4 求函数 $f(x) = \dfrac{x}{2+x-x^2}$ 具有佩亚诺余项的 n 阶麦克劳林公式.

解 设 $f(x) = \dfrac{x}{(2-x)(1+x)} = \dfrac{A}{2-x} + \dfrac{B}{1+x}$, 通分, 比较分子的系数可得

$$\begin{cases} A - B = 1, \\ A + 2B = 0 \end{cases} \Rightarrow \begin{cases} A = \dfrac{2}{3}, \\ B = -\dfrac{1}{3}, \end{cases}$$

故

$$f(x) = \frac{2}{3} \cdot \frac{1}{2-x} - \frac{1}{3} \cdot \frac{1}{1+x} = \frac{1}{3} \cdot \frac{1}{1 + \left(-\dfrac{x}{2}\right)} - \frac{1}{3} \cdot \frac{1}{1+x},$$

在公式

$$(1+x)^m = 1 + mx + \frac{m(m-1)}{2!}x^2 + \cdots + \frac{m(m-1)(m-2)\cdots(m-n+1)}{n!}x^n + R_n(x)$$

中令 $m = -1$, 则

$$\frac{1}{3} \cdot \frac{1}{1 + \left(-\dfrac{x}{2}\right)} = \frac{1}{3}\left\{1 - \left(-\frac{x}{2}\right)\right.$$

$$+ \frac{(-1)(-2)}{2!}\left(-\frac{x}{2}\right)^2 + \frac{(-1)(-2)\cdots(-n)}{n!}\left(-\frac{x}{2}\right)^n$$

$$\left. + o\left[\left(-\frac{x}{2}\right)^n\right]\right\},$$

$$\frac{1}{3} \cdot \frac{1}{1+x} = \frac{1}{3}[1 - x + x^2 - x^3 + \cdots + (-1)^n x^n + o(x^n)],$$

$f(x)$ 等于上式两式相减.

2. 泰勒公式求极限

例 5 求极限 $\lim\limits_{x \to 0} \dfrac{1}{x}\left(\dfrac{1}{x} - \cot x\right).$

解　$\lim\limits_{x\to 0}\dfrac{1}{x}\left(\dfrac{1}{x}-\cot x\right)=\lim\limits_{x\to 0}\dfrac{1}{x}\left(\dfrac{1}{x}-\dfrac{\cos x}{\sin x}\right)=\lim\limits_{x\to 0}\dfrac{\sin x-x\cos x}{x^2\sin x}$

$$=\lim\limits_{x\to 0}\frac{x-\dfrac{x^3}{3!}+o(x^4)-x\left(1-\dfrac{x^2}{2!}+\dfrac{x^4}{4!}+o(x^4)\right)}{x^2\sin x}$$

$$=\lim\limits_{x\to 0}\frac{-\dfrac{x^3}{6}+\dfrac{x^3}{2}+o(x^4)}{x^2\sin x}$$

$$=-\frac{1}{6}+\frac{1}{2}=\frac{1}{3}.$$

3. 高阶导数数值

例 6　求函数 $f(x)=x^2\sin x$ 的高阶导数 $f^{(99)}(0)$.

解　由于

$$\sin x=x-\frac{1}{3!}x^3+\frac{1}{5!}x^5+\cdots+\frac{(-1)^{m-1}}{(2m-1)!}x^{2m-1}+o(x^{2m}),$$

得到

$$x^2\sin x=x^3-\frac{1}{3!}x^5+\frac{1}{5!}x^7+\cdots+\frac{(-1)^{m-1}}{(2m-1)!}x^{2m+1}+o(x^{2m+2}),$$

而 $f(x)$ 的麦克劳林公式中 x^{99} 项的系数为 $\dfrac{f^{(99)}(0)}{99!}$, 根据麦克劳林公式的唯一性得 $2m+1=99, m=49$, 系数相等, 即

$$\frac{(-1)^{m-1}}{(2m-1)!}=\frac{1}{97!}=\frac{f^{99}(0)}{99!},$$

$$f^{(99)}(0)=\frac{99!}{97!}=99\times 98=9702.$$

例 7　求函数 $f(x)=x^2\mathrm{e}^x$ 在 $x=1$ 的高阶导数 $f^{(100)}(1)$.

解　设 $x=u+1$, 从而 $f(u+1)=(u+1)^2\mathrm{e}^{u+1}$, 右端为 u 的函数, 设 $(u+1)^2\mathrm{e}^{u+1}=g(u)$, 有 $f(u+1)=g(u)$, 两端分别求导 100 次有

$$f^{(100)}(u+1)=g^{(100)}(u),$$

从而

$$f^{(100)}(1)=g^{(100)}(0),$$

$$\mathrm{e}^u = 1 + u + \frac{u^2}{2!} + \cdots + \frac{u^n}{n!} + o(u^n),$$

$$g(u) = (u+1)^2 \mathrm{e}^{u+1} = (u^2 + 2u + 1)\left[1 + u + \frac{u^2}{2!} + \cdots + \frac{u^n}{n!} + o(u^n)\right]\mathrm{e},$$

而 $g(u)$ 的麦克劳林公式中 u^{100} 项的系数为 $\dfrac{g^{(100)}(0)}{100!}$, 又 u^{100} 项的系数可取中括号内 u^{98}, u^{99} 系数的 2 倍, u^{100} 的系数之和再乘以 e, 根据麦克劳林公式的唯一性可得

$$\left(\frac{1}{98!} + 2\frac{1}{99!} + \frac{1}{100!}\right)\mathrm{e} = \frac{g^{(100)}(0)}{100!},$$

$$g^{(100)}(0) = \left(\frac{1}{98!} + 2\frac{1}{99!} + \frac{1}{100!}\right) \times 100!\mathrm{e} = 10101\mathrm{e},$$

从而

$$f^{(100)}(1) = g^{(100)}(0) = 10101\mathrm{e}.$$

4. 近似计算

例 8 求无理数 e 的近似值, 使得误差不超过 10^{-6}.

解 由于

$$\mathrm{e}^x = 1 + x + \frac{x^2}{2!} + \cdots + \frac{x^n}{n!} + \frac{\mathrm{e}^{\theta x}}{(n+1)!}x^{n+1} \quad (0 < \theta < 1).$$

由公式可知 $\mathrm{e} \approx 1 + 1 + \dfrac{1^2}{2!} + \cdots + \dfrac{1^n}{n!}$. 误差

$$\left|\frac{\mathrm{e}^{\theta x}}{(n+1)!}x^{n+1}\right| = \left|\frac{\mathrm{e}^{\theta}}{(n+1)!}\right| < \frac{\mathrm{e}}{(n+1)!} < \frac{3}{(n+1)!} < 10^{-6},$$

从而 $\mathrm{e} \approx 2.718282$, 使得误差不超过 10^{-6}.

小结与思考

1. 小结

(1) 泰勒公式

$$f(x) = f(x_0) + f'(x_0)(x - x_0) + \frac{f''(x_0)}{2!}(x - x_0)^2$$

$$+ \cdots + \frac{f^{(n)}(x_0)}{n!}(x - x_0)^n + \frac{f^{(n+1)}(\xi)}{(n+1)!}(x - x_0)^{n+1} \quad (\xi \text{ 在} x \text{ 与} x_0 \text{ 之间}).$$

(2) 麦克劳林公式

$$f(x) = f(0)+f'(0)x+\frac{f''(0)}{2!}x^2+\cdots+\frac{f^{(n)}(0)}{n!}x^n+\frac{f^{(n+1)}(\xi)}{(n+1)!}x^{n+1}(\xi \text{ 在} x \text{ 与}0 \text{ 之间}).$$

(3) 常用的麦克劳林公式

$$e^x = 1 + x + \frac{x^2}{2!} + \cdots + \frac{x^n}{n!} + \frac{e^{\theta x}}{(n+1)!}x^{n+1} \quad (0 < \theta < 1);$$

$$\sin x = x - \frac{x^3}{3!} + \cdots + (-1)^{n-1}\frac{x^{2n-1}}{(2n-1)!} + \frac{(-1)^n \cos\theta x}{(2n+1)!}x^{2n+1} \quad (0 < \theta < 1);$$

$$\cos x = 1 - \frac{x^2}{2!} + \cdots + (-1)^n\frac{x^{2n}}{(2n)!} + \frac{(-1)^{n+1}\cos\theta x}{(2n+2)!}x^{2n+2} \quad (0 < \theta < 1);$$

$$\ln(1+x) = x - \frac{x^2}{2} + \cdots + (-1)^{n-1}\frac{x^n}{n} + (-1)^n\frac{1}{(1+\theta x)^{n+1}}\frac{x^{n+1}}{n+1} \quad (0 < \theta < 1).$$

2. 思考

拉格朗日中值定理和泰勒中值定理的关系如何?

数学文化

　　泰勒公式得名于英国数学家布鲁克·泰勒. 他在 1712 年的一封信里首次叙述了这个公式, 尽管 1671 年詹姆斯·格雷高里已经发现了它的特例. 拉格朗日在 1797 年之前, 最先提出了带有余项的现在形式的泰勒定理.

　　18 世纪早期英国牛顿学派最优秀代表人物之一的英国数学家泰勒 (Brook Taylor), 于 1685 年 8 月 18 日在英格兰德尔塞克斯郡的埃德蒙顿市出生. 1701 年, 泰勒进剑桥大学的圣约翰学院学习. 1709 年后移居伦敦, 获得法学学士学位. 1712 年当选为英国皇家学会会员, 同年进入仲裁牛顿和莱布尼茨发明微积分优先权争论的委员会. 并于两年后获法学博士学位. 从 1714 年起担任皇家学会第一秘书, 1718 年以健康为由辞去这一职务. 1717 年, 他以泰勒中值定理求解了数值方程. 最后在 1731 年 12 月 29 日于伦敦逝世.

　　泰勒以微积分学中将函数展开成无穷级数的定理著称于世. 然而, 在半个世纪里, 数学家们并没有认识到泰勒中值定理的重大价值. 这一重大价值是后来由拉格朗日发现的, 他把这一定理刻画为微积分的基本定理. 泰勒中值定理的严格证明是在定理诞生一个世纪之后由柯西给出的.

习 题 3.3

1. 计算下列极限:

(1) $\lim\limits_{x\to 0} \dfrac{\sin x - \mathrm{e}^x + 1}{1 - \sqrt{1 - x^2}}$;

(2) $\lim\limits_{x\to 0} \dfrac{1 + \dfrac{x^2}{2} - \sqrt{1 + x^2}}{x^2(\cos x - \mathrm{e}^{x^2})}$;

(3) $\lim\limits_{x\to \infty} \left[x - x^2 \ln\left(1 + \dfrac{1}{x}\right) \right]$;

(4) $\lim\limits_{x\to 0} \dfrac{\tan x - \sin x}{\arcsin x^3}$.

2. 应用 3 阶泰勒公式近似计算:

(1) $\sqrt[3]{30}$;

(2) $\sin 18°$.

3. 求函数 $y = \sqrt{x}$ 按 $(x - 4)$ 的幂展开带有拉格朗日余项的 3 阶泰勒公式.

4. 求函数 $y = \tan x$ 带有佩亚诺余项的 3 阶麦克劳林展开式.

5. 求函数 $y = \mathrm{e}^{\tan x}$ 带有佩亚诺余项的 4 阶麦克劳林展开式.

3.4 函数的单调性与曲线的凹凸性

教学目标:

1. 理解函数的单调性和曲线的凹凸性的判定定理;

2. 掌握判断函数的单调性和曲线的凹凸性的方法;

3. 会求函数的单调区间和曲线的凹凸区间及拐点;

4. 利用函数的单调性证明不等式.

教学重点: 函数单调性与曲线的凹凸性的判别法、曲线的拐点.

教学难点: 判断函数的单调性与曲线的凹凸性方法的推导和利用判别法证明不等式.

教学背景: 海宁潮, 滑雪曲线等.

思政元素: 冬奥会中国体育健儿.

3.4.1 问题的提出

海宁潮, 又名钱江潮, 自古称之为 "天下奇观". "八月十八潮, 壮观天下无." 海宁潮是一个壮观无比的自然动态奇观, 当江潮从东面来时, 似一条银线, "则玉城雪岭际天而来, 大声如雷霆, 震撼激射, 吞天沃日, 势极雄豪." 潮起潮落, 牵动了无数人的心. 如何用函数的某种性质来表示起和落? 生活中还有很多描述上升或下降的变化规律的成语: 蒸蒸日上、每况愈下、此起彼伏等. 如何用学过的函数性质来描绘这些成语? 可以用函数的单调性来描述.

如果函数 $y = f(x)$ 在 $[a, b]$ 上单调增加 (单调减少), 那么它的图形是一条沿 x 轴正向上升 (下降) 的曲线. 这时曲线上各点处的切线斜率是非负的 (是非正的), 即 $y' = f'(x) \geqslant 0$ $(y' = f'(x) \leqslant 0)$. 由此可见, 函数的单调性与导数的符号有着密切的联系. 反过来, 能否用导数的符号来判定函数的单调性呢?

3.4.2　函数单调性的判别

慕课3.4.1

下面我们利用拉格朗日中值定理来进行讨论.

设函数 $y = f(x)$ 在 $[a, b]$ 上连续, 在 (a, b) 内可导, 在 $[a, b]$ 上任取两点 $x_1, x_2 (x_1 < x_2)$, 应用拉格朗日中值定理, 得到

$$f(x_2) - f(x_1) = f'(\xi)(x_2 - x_1) \quad (x_1 < \xi < x_2). \tag{1}$$

由于在 (1) 式中, $x_2 - x_1 > 0$, 因此, 如果在 (a, b) 内导数 $f'(x)$ 保持正号, 即 $f'(x) > 0$, 那么也有 $f'(\xi) > 0$. 于是 $f(x_2) - f(x_1) = f'(\xi)(x_2 - x_1) > 0$, 即 $f(x_1) < f(x_2)$, 表明函数 $y = f(x)$ 在 $[a, b]$ 上单调增加. 同理, 如果在 (a, b) 内导数 $f'(x)$ 保持负号, 即 $f'(x) < 0$, 那么 $f'(\xi) < 0$, 于是 $f(x_2) - f(x_1) < 0$, 即 $f(x_1) > f(x_2)$, 表明函数 $y = f(x)$ 在 $[a, b]$ 上单调减少.

归纳以上讨论, 即得函数的单调增减性的判定法.

定理 3.4.1(严格单调的充分条件)　设函数 $y = f(x)$ 在 $[a, b]$ 上连续, 在 (a, b) 内可导.

(1) 如果在 (a, b) 内 $f'(x) > 0$, 那么函数 $y = f(x)$ 在 $[a, b]$ 上单调增加;

(2) 如果在 (a, b) 内 $f'(x) < 0$, 那么函数 $y = f(x)$ 在 $[a, b]$ 上单调减少.

例 1　判断函数 $f(x) = x - \sin x$ 在 $[-\pi, \pi]$ 上的单调性.

解　因为 $f(x)$ 在 $[-\pi, \pi]$ 上连续, $(-\pi, \pi)$ 可导且

$$f'(x) = 1 - \cos x \geqslant 0,$$

所以函数 $f(x) = x - \sin x$ 在 $[-\pi, \pi]$ 上的单调增加.

例 2　证明当 $x > 0$ 时, $\dfrac{1}{x} > \arctan x - \dfrac{\pi}{2}$.

证明　令 $f(x) = \dfrac{1}{x} - \arctan x + \dfrac{\pi}{2}$, 则 $f'(x) = -\dfrac{1}{x^2} - \dfrac{1}{1 + x^2} = -\left(\dfrac{1}{x^2} + \dfrac{1}{1 + x^2}\right)$. 当 $x > 0$ 时, $f'(x) < 0$, 因此, $f(x)$ 在 $(0, +\infty)$ 内单调减少. 又

$$\lim_{x \to 0^+} f(x) = \lim_{x \to 0^+} \left(\frac{1}{x} - \arctan x + \frac{\pi}{2}\right) = +\infty,$$

$$\lim_{x \to +\infty} f(x) = \lim_{x \to +\infty} \left(\frac{1}{x} - \arctan x + \frac{\pi}{2}\right) = 0,$$

故当 $x > 0$ 时, $f(x) > 0$, 于是 $\dfrac{1}{x} - \arctan x + \dfrac{\pi}{2} > 0$, 即 $\dfrac{1}{x} > \arctan x - \dfrac{\pi}{2}$.

3.4.3 曲线的凹凸性

1. 曲线的凹凸性的定义

慕课3.4.2

如果函数是单调增加的, 你能画出它的大致图像吗? 显然光凭单调性还是不够的, 曲线的弯曲方向也会影响它的图像.

我们从几何上看到, 在有的曲线弧上, 如果任取两点, 则连接这两点间的弦总位于这两点间的弧段上方, 而有的曲线弧, 则正好相反. 曲线的这种性质就是曲线的凹凸性. 因此曲线的凹凸性可以用连接曲线弧上任意两点的弦的中点与曲线弧上相应点 (即具有相同横坐标的点) 的位置关系来描述 (图 3-4-1), 下面给出曲线凹凸性的定义.

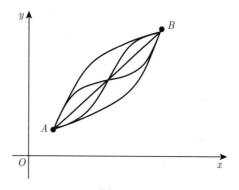

图 3-4-1

定义 3.4.1 设 $f(x)$ 在区间 I 上连续, 若对 I 上任意两点 x_1, x_2, 均有

$$f\left(\frac{x_1 + x_2}{2}\right) < \frac{1}{2}\left[f(x_1) + f(x_2)\right],$$

则称 $f(x)$ 在区间 I 上的图形是 (向上) 凹的 (或凹弧)(图 3-4-2(a)).

$$f\left(\frac{x_1 + x_2}{2}\right) > \frac{1}{2}\left[f(x_1) + f(x_2)\right],$$

则称 $f(x)$ 在区间 I 上的图形是 (向上) 凸的 (或凸弧)(图 3-4-2(b)).

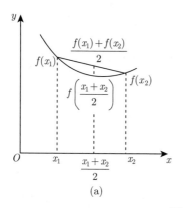

(a)

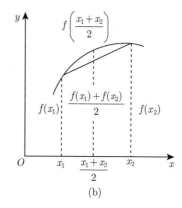

(b)

图 3-4-2

很明显, 向上凹 (向下凹) 曲线在它的任一点处的切线的上方 (下方) 如图 3-4-3.

定义 3.4.1′　一个可导函数 $y = f(x)$ 的图形, 如果在区间 I 的曲线都位于它每一点处切线的上方, 那么称曲线 $y = f(x)$ 在区间 I **上凹**, 如果在区间 I 的曲线都位于它每一点处切线的下方, 那么称曲线 $y = f(x)$ 在区间 I **下凹**.

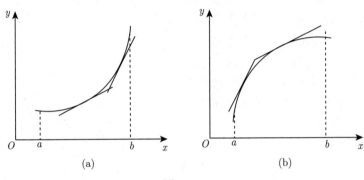

图 3-4-3

2. 曲线的凹凸性的判别

定理 3.4.2　设 $f(x)$ 在 $[a,b]$ 上连续, 在 (a,b) 内二阶可导, 那么

(1) 若在 (a,b) 内 $f''(x) > 0$, 则 $f(x)$ 在 $[a,b]$ 上的图形是凹的;

(2) 若在 (a,b) 内 $f''(x) < 0$, 则 $f(x)$ 在 $[a,b]$ 上的图形是凸的.

证明　利用泰勒公式, $\forall x_1, x_2 \in I$, 利用一阶泰勒公式可得

$$f(x_1) = f\left(\frac{x_1 + x_2}{2}\right) + f'\left(\frac{x_1 + x_2}{2}\right)\left(x_1 - \frac{x_1 + x_2}{2}\right) + \frac{f''(\xi_1)}{2!}\left(x_1 - \frac{x_1 + x_2}{2}\right)^2,$$

$$f(x_2) = f\left(\frac{x_1 + x_2}{2}\right) + f'\left(\frac{x_1 + x_2}{2}\right)\left(x_2 - \frac{x_1 + x_2}{2}\right) + \frac{f''(\xi_2)}{2!}\left(x_2 - \frac{x_1 + x_2}{2}\right)^2,$$

以上两个式子相加可得

$$f(x_1) + f(x_2) = 2f\left(\frac{x_1 + x_2}{2}\right) + \frac{1}{2!}\left(\frac{x_2 - x_1}{2}\right)^2 [f''(\xi_1) + f''(\xi_2)].$$

当 $f''(x) > 0$ 时, $\dfrac{f(x_1) + f(x_2)}{2} > f\left(\dfrac{x_1 + x_2}{2}\right)$.

例 3　判断 $y = x^3$ 的凹凸性.

解　因为 $y' = 3x^2, y'' = 6x$.

当 $x > 0$ 时, $y'' > 0$; 当 $x < 0$ 时, $y'' < 0$.

所以, 曲线在 $[0, +\infty)$ 内为凹的, 在 $(-\infty, 0]$ 内为凸的.

3. 曲线的拐点

定义 3.4.2　一般地, 设 $y = f(x)$ 在区间 I 上连续, x_0 是 I 的内点. 如果曲线 $y = f(x)$ 在经过点 $(x_0, f(x_0))$ 时, 曲线的凹凸性改变了, 那么就称点 $(x_0, f(x_0))$ 为该曲线的**拐点**.

如何来寻找曲线 $y = f(x)$ 的拐点呢?

从上面的定理知道, 由 $f''(x)$ 的符号可以判定曲线的凹凸性, 因此, 如果 $f''(x)$ 在 x_0 的左、右两侧邻近异号, 那么点 $(x_0, f(x_0))$ 就是曲线的一个拐点, 所以, 要寻找拐点, 只要找出 $f''(x)$ 符号发生变化的分界点即可. 如果 $f(x)$ 在 (a, b) 内具有二阶连续导数, 那么在这样的分界点处必然有 $f''(x) = 0$; 除此以外, $f(x)$ 的二阶导数就不存在的点, 也有可能是 $f''(x)$ 的符号发生变化的分界点.

曲线有拐点的必要条件.

定理 3.4.3 设函数 $f(x)$ 二阶可导, 如果点 $(x_0, f(x_0))$ 是曲线 $y = f(x)$ 的拐点, 那么 $f''(x_0) = 0$.

说明几个问题

(1) 如果点 $(x_0, f(x_0))$ 是曲线 $y = f(x)$ 的拐点, 且二阶导数存在, 则 $f''(x_0) = 0$. 反之 $f''(x) = 0$ 的点 $(x_0, f(x_0))$ 不一定是曲线 $y = f(x)$ 的拐点, 例如, 曲线 $f(x) = x^4$ 上的点 $(0, 0)$ 并不是曲线 $f(x) = x^4$ 的拐点.

(2) 函数 $f(x)$ 在 x_0 处的二阶导数虽不存在, 但在 x_0 的去心邻域内仍然二阶可导, 那么 $(x_0, f(x_0))$ 也还可能是曲线 $y = f(x)$ 的拐点. 例如, 曲线 $y = x^{\frac{1}{3}}$, 函数 $y = x^{\frac{1}{3}}$ 在 $x = 0$ 处的二阶导数不存在, 点 $(0, 0)$ 是曲线的拐点.

曲线有拐点的充分条件.

定理 3.4.4 设函数 $f(x)$ 在点 x_0 处连续, 在 x_0 的某一去心邻域内二阶连续可导, 且 $f''(x_0) = 0$ (或 $f''(x_0)$ 不存在). 如果在这邻域内

(1) 当 $x < x_0$ 与 $x > x_0$ 时, $f''(x)$ 异号, 那么 $(x_0, f(x_0))$ 是曲线 $y = f(x)$ 的拐点;

(2) 当 $x < x_0$ 与 $x > x_0$ 时, $f''(x)$ 同号, 那么 $(x_0, f(x_0))$ 不是曲线 $y = f(x)$ 的拐点.

我们可以按下列步骤来判定区间 I 上的连续曲线 $y = f(x)$ 的拐点.

(1) 确定函数 $y = f(x)$ 的定义域.

(2) 求导数: 计算 $f''(x)$.

(3) 求特殊点 (使二阶导数为零的点和使二阶导数不存在的点): 令 $f''(x) = 0$, 解出这方程在区间 I 内的实根, 并求出在区间 I 内 $f''(x)$ 不存在的点.

(4) 列表判断, 确定出曲线凹凸区间和拐点: 对于 (3) 中求出的每一个实根或二阶导数不存在的点 x_0, 检查 $f''(x)$ 在 x_0 左、右两侧邻近的符号, 那么当两侧的符号相反时, 点 $(x_0, f(x_0))$ 是拐点, 当两侧的符号相同时, 点 $(x_0, f(x_0))$ 不是拐点.

例 4 求曲线 $y = 2x^3 + 3x^2 - 12x + 14$ 的拐点.

解 $y' = 6x^2 + 6x - 12, y'' = 12x + 6$.

令 $y'' = 12x + 6 = 0$ 可得 $x = -0.5$, 当 $x < -0.5$ 时, $y'' < 0$; 当 $x > -0.5$ 时, $y'' > 0$. 因此 $(-0.5, 20.5)$ 是曲线的拐点.

例 5 已知曲线 $y = x^3 + bx^2 + cx + d$ 上有一拐点 $(1, -1)$, 且 $x = 0$ 时曲线上的切线平行于 x 轴, 试确定常数 b, c, d 的值, 并写出曲线的方程.

解 设函数 $y = x^3 + bx^2 + cx + d$ 在定义域 $(-\infty, +\infty)$ 内处处二阶可导.

由拐点的必要条件有 $y''|_{x=1} = (6x + 2b)|_{x=1} = 6 + 2b = 0$, 由此得 $b = -3$,

又由题设曲线上对应于 $x = 0$ 的点的切线平行于 x 轴, 则有

$$y'|_{x=0} = (3x^2 + 2bx + c)_{x=0} = c = 0.$$

再将拐点 $(1, -1)$ 坐标代入曲线方程, 有 $-1 = 1 + b + c + d$, 已求得 $b = -3$, $c = 0$, 由上式得 $d = 1$. 故 $b = -3$, $c = 0$, $d = 1$, 曲线方程为 $y = x^3 - 3x^2 + 1$.

小结与思考

1. 小结

微分学是研究微分法与导数理论及应用的科学, 单调性和凹凸性是函数的两个重要性质, 能够刻画函数变化的形态.

本节以拉格朗日中值定理为理论基础, 利用函数的一阶导数和二阶导数对函数的主要变化性态进行了研究, 主要包括函数的单调性与曲线的凹凸性和拐点.

2. 思考

利用拉格朗日中值定理和曲线凹凸的定义证明定理 3.4.2.

习 题 3.4

1. 证明当 $x > 0$ 时, $\ln(1 + x) > \dfrac{x}{1 + x}$.

2. 设函数 $f(x)$ 在 $[0, 1]$ 上可导, $f'(x) > 0$, 并且 $f(0) < 0$, $f(1) > 0$, 则 $f(x)$ 在 $(0, 1)$ 内和 x 轴 ( ).

A. 至少有两个交点 　　　　　　　　B. 有且仅有一个交点

C. 没有交点 　　　　　　　　　　　D. 交点个数不能确定

3. 当 $a < x < b$ 时, $f'(x) < 0$, $f''(x) > 0$, 则在区间 (a, b) 内曲线 $y = f(x)$ 的图形 ( ).

A. 沿 x 轴正向下降且为凹的 　　　　B. 沿 x 轴正向下降且为凸的

C. 沿 x 轴正向上升且为凹的 　　　　D. 沿 x 轴正向上升且为凸的

4. 设函数 $y = f(x)$ 二阶可导, 且 $f'(x) < 0$, $f''(x) < 0$, 则当 $\Delta x > 0$ 时, ( ).

A. $\Delta y > \mathrm{d}y > 0$ 　　　　　　　　B. $\Delta y < \mathrm{d}y < 0$

C. $\mathrm{d}y > \Delta y > 0$ 　　　　　　　　D. $\mathrm{d}y < \Delta y < 0$

5. 求曲线 $f(x) = x^2 - \mathrm{e}^x$ 凹、凸区间与拐点.

6. 求曲线 $y = (x + 1)^2(x - 2)$ 的凹、凸区间与拐点.

7. 证明下列不等式:

(1) 当 $0 < x < y$ 时, 有 $(x + y) \ln \dfrac{x + y}{2} < x \ln x + y \ln y$.

(2) 当 $0 < x < y < \dfrac{\pi}{2}$ 时, 有 $\tan x + \tan y > 2 \tan \dfrac{x + y}{2}$.

3.5 函数的极值与最大、最小值

教学目标:

1. 理解函数极值的概念, 掌握函数极值和最大值、最小值的求法及其简单应用;

2. 根据实际问题, 会建立目标函数与约束集, 从而解决有关的优化问题.

教学重点: 函数极值的判别法.

教学难点: 函数极值判别法的证明及灵活应用.

教学背景: 饮料瓶大小对饮料公司利润的影响.

思政元素: 人生的波峰、波谷.

3.5.1 问题的提出

饮料瓶大小对饮料公司利润的影响

(1) 你是否注意过, 市场上等量的小包装的物品一般比大包装的要贵些?

(2) 是不是饮料瓶越大, 饮料公司的利润越大?

某制造商制造并出售球型瓶装的某种饮料. 瓶子的制造成本是 $0.8\pi r^2$ 分钱, 其中 r 是瓶子的半径, 单位是厘米. 已知每出售 1mL 的饮料, 制造商可获利 0.2 分钱, 且制造商能制作的瓶子的最大半径为 6cm.

问题: (1) 瓶子的半径多大时, 能使每瓶饮料的利润最大?

(2) 瓶子的半径多大时, 每瓶的利润最小?

分析 根据已知利润函数为 $f(r) = 0.2 \cdot \dfrac{4}{3}\pi \cdot r^3 - 0.8\pi \cdot r^2$, 其中 $0 < r \leqslant 6$. 问题转化为考虑: 自变量 r 取何值时, 函数取得最大值和最小值?

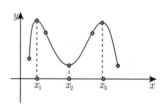

注意到利润函数是一个连续函数, 接下来, 我们以一般的连续函数为例, 从连续函数的图形入手, 一起来探求问题的解决办法. 如图 3-5-1 所示: 如果连续函数 $f(x)$ 在某点 x_i 的左侧邻近和右侧邻近的

图 3-5-1

单调性不一样, 那么曲线 $y = f(x)$ 在点 (x_i, y_i) 处就出现 "峰" 或 "谷". 这种点在应用上有重要意义, 值得我们做一般性的讨论.

3.5.2 函数的极值及其求法

定义 3.5.1 设函数 $y = f(x)$ 在点 x_0 的某邻域 $U(x_0)$ 内有定义, 如果对于去心邻域 $\overset{\circ}{U}(x_0)$ 内的任一 x, 有 $f(x) < f(x_0)$(或 $f(x) > f(x_0)$), 那么就称函数 $y = f(x)$ 在 x_0 取得**极大值** $f(x_0)$(或

慕课3.5.1

极小值 $f(x_0)$). x_0 称为函数 $y = f(x)$ 的**极大值点** (或**极小值点**). 函数的极大值与极小值统称为函数的**极值**, 使函数取得极值的点称为**极值点**.

函数的极大值和极小值概念是局部性的. 如果 $f(x_0)$ 是函数 $f(x)$ 的一个极大值, 那只是就 x_0 附近的一个局部范围来说, $f(x_0)$ 是 $f(x)$ 的一个最大值; 如果就 $f(x)$ 的整个定义域来说, $f(x_0)$ 不一定是最大值. 极小值情况与极大值类似. 如图 3-5-2, $f(x_4)$ 是 $f(x)$ 的一个极小值但不是 $f(x)$ 在闭区间 $[a, b]$ 上的最小值.

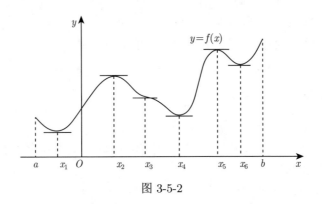

图 3-5-2

定理 3.5.1 (必要条件)　如果函数 $y = f(x)$ 在 x_0 处可导, 且在 x_0 处取得极值, 那么 $f'(x_0) = 0$.

定理 3.5.2 (第一充分条件)　设函数 $y = f(x)$ 在 x_0 处连续, 且在 x_0 的某去心邻域 $\overset{\circ}{U}(x_0, \delta)$ 内可导.

(1) 当 $x \in (x_0 - \delta, x_0)$ 时, $f'(x) > 0$, 而当 $x \in (x_0, x_0 + \delta)$ 时, $f'(x) < 0$, 则函数 $y = f(x)$ 在 x_0 处取得极大值;

(2) 当 $x \in (x_0 - \delta, x_0)$ 时, $f'(x) < 0$, 而当 $x \in (x_0, x_0 + \delta)$ 时, $f'(x) > 0$, 则函数 $y = f(x)$ 在 x_0 处取得极小值;

(3) 当 $x \in \overset{\circ}{U}(x_0, \delta)$ 时, $f'(x)$ 的符号保持不变, 则函数 $y = f(x)$ 在 x_0 处没有极值.

定理 3.5.3 (第二充分条件)　设函数 $y = f(x)$ 在 x_0 处具有二阶导数且 $f'(x_0) = 0$, $f''(x_0) \neq 0$, 那么

(1) 当 $f''(x_0) < 0$ 时, 函数 $y = f(x)$ 在 x_0 处取得极大值;

(2) 当 $f''(x_0) > 0$ 时, 函数 $y = f(x)$ 在 x_0 处取得极小值.

证明　对情形 (1), 由于 $f''(x_0) < 0$, 由二阶导数的定义有

$$f''(x_0) = \lim_{x \to x_0} \frac{f'(x) - f'(x_0)}{x - x_0} < 0.$$

根据函数极限的局部保号性, 当 x 在 x_0 的足够小的去心邻域内时,

$$\frac{f'(x) - f'(x_0)}{x - x_0} < 0.$$

但 $f'(x_0) = 0$, 所以上式即为

$$\frac{f'(x)}{x - x_0} < 0.$$

于是, 对于去心邻域内的 x 来说, $f'(x)$ 与 $x - x_0$ 符号相反. 因此, 当 $x - x_0 < 0$, 即 $x < x_0$ 时, $f'(x) > 0$; 当 $x - x_0 > 0$, 即 $x > x_0$ 时, $f'(x) < 0$. 根据定理 3.5.2, $f(x)$ 在 x_0 处取得极大值. 类似地可以证明情形 (2).

两个判别法则都给出了判别函数极值的充分条件, 它们在应用上各有优劣. 一般说来, 当函数在驻点存在不为零的二阶导数时, 常用判别定理 3.5.3, 当函数在驻点不存在二阶导数或者二阶导数为零时, 则用判别定理 3.5.2.

例 1 求函数 $f(x) = (x^2 - 1)^3 + 1$ 的极值.

解 $f'(x) = 6x(x^2 - 1)^2 = 0$, 求得驻点 $x_1 = -1, x_2 = 0, x_3 = 1$.

$f''(x) = 6(x^2 - 1)(5x^2 - 1)$, 把驻点代入讨论.

$f''(0) = 6 > 0$, 故 $f(x)$ 在 $x = 0$ 处取得极小值, 极小值 $f(0) = 0$.

$f''(-1) = 0, f''(1) = 0$, 故判别定理 3.5.3 无法判别.

当 $x < -1$ 时, $f'(x) < 0$; 当 $x > -1$ 时, $f'(x) < 0$, 故 $f(x)$ 在 $x = -1$ 处无极值, 同理 $f(x)$ 在 $x = 1$ 处也无极值.

例 2 已知函数 $f(x) = a \sin x + \frac{1}{3} \sin 3x$ 在点 $x = \frac{\pi}{3}$ 处取得极值, 试确定 a 的值, 并判断它是极大值还是极小值, 且求出此极值.

解 此函数在定义域 $(-\infty, +\infty)$ 内处处可导, 由极值的必要条件知, 在极值点 $x = \frac{\pi}{3}$ 处, 必有 $f'\left(\frac{\pi}{3}\right) = 0$.

但 $f'(x) = a \cos x + \cos 3x$, 于是 $f'\left(\frac{\pi}{3}\right) = a \cos \frac{\pi}{3} + \cos \pi = \frac{a}{2} - 1$. 令 $f'\left(\frac{\pi}{3}\right) = 0$, 即 $\frac{a}{2} - 1 = 0$ 得 $a = 2$.

$$f''(x) = -a \sin x - 3 \sin 3x = -2 \sin x - 3 \sin 3x,$$

$$f''\left(\frac{\pi}{3}\right) = -2 \sin \frac{\pi}{3} - 3 \sin \pi = -2 \cdot \frac{\sqrt{3}}{2} = -\sqrt{3} < 0,$$

故 $f(x)$ 在 $x = \frac{\pi}{3}$ 处取得极大值 $f\left(\frac{\pi}{3}\right) = \sqrt{3}$.

慕课3.5.2

3.5.3　最大值与最小值

在工农业生产、工程技术、经济管理及科学实验中, 常常会遇到这样一类问题: 在一定条件下, 怎样使 "产品最多""用料最省""成本最低""效率最高" 等问题, 这类问题在数学上有时归结为求某一函数 (通常称为目标函数) 的最大值或最小值问题.

假定函数 $f(x)$ 在闭区间 $[a,b]$ 上连续, 在开区间 (a,b) 内除有限个点外可导, 且至多有有限个驻点. 在上述条件下, 我们来讨论 $f(x)$ 在 $[a,b]$ 上的最大值和最小值的求法.

(1) 求出 $f(x)$ 在 (a,b) 内的驻点及不可导点;

(2) 计算它们的函数值及端点处的函数值;

(3) 比较 (2) 中函数的大小, 其中最大的是 $f(x)$ 在 $[a,b]$ 上的最大值, 最小的是 $f(x)$ 在 $[a,b]$ 上的最小值.

例 3　求函数 $f(x) = x^2 - 2x + 1$ 在 $[-1,2]$ 上的最大值与最小值.

解　令 $f'(x) = 2x - 2 = 0$, 唯一的驻点 $x = 1$,

$$f(1) = 0; \quad f(-1) = 4; \quad f(2) = 1,$$

从而最大值为 $f(-1) = 4$, 最小值为 $f(1) = 0$.

例 4　求函数 $f(r) = 0.2 \cdot \dfrac{4}{3}\pi \cdot r^3 - 0.8\pi \cdot r^2$ 在区间 $[0,6]$ 上的最大值与最小值.

解　$f'(r) = 0.8\pi \cdot r^2 - 1.6\pi \cdot r$, 求得驻点为 $r_1 = 0$ 和 $r_2 = 2$, 算得相应函数值为 $f(0) = 0$, $f(2) = -\dfrac{16}{15}\pi$, 并且 $f(6) = \dfrac{144}{5}\pi$, 从而该函数在 $[0,6]$ 上的最小值是 $f(2) = -\dfrac{16}{15}\pi$, 最大值为 $f(6) = \dfrac{144}{5}\pi$.

例 5　假设某工厂生产某产品 x 千件的成本是 $C(x) = x^3 - 6x^2 + 15x$, 售出该产品 x 千件的收入是 $r(x) = 9x$. 问是否存在一个能取得最大利润的生产水平? 如果存在的话, 找出这个生产水平.

解　由题意可知, 售出 x 千件产品的利润是

$$p(x) = r(x) - C(x).$$

由题意可知, 如果 $p(x)$ 取得最大值, 那么它一定在使得 $p'(x) = 0$ 的生产水平处获得. 因此, 令

$$p'(x) = r'(x) - C'(x) = 0, \quad r'(x) = C'(x),$$

可得

$$x^2 - 4x + 2 = 0,$$

解得 $x = 2 \pm \sqrt{2}$, 即 $x_1 = 2 - \sqrt{2} \approx 0.586$, $x_2 = 2 + \sqrt{2} \approx 3.414$. 又

$$p''(x) = -6x + 12, \quad p''(x_1) > 0, \quad p''(x_2) < 0,$$

故在 $x_2 = 2 + \sqrt{2} \approx 3.414$ 处达到最大利润, 而在 $x_1 = 2 - \sqrt{2} \approx 0.586$ 处发生局部最大亏损.

例 6 一房地产公司有 50 套公寓要出租. 当月租金定为 1000 元时, 公寓会全部租出去. 当月租金每增加 50 元时, 就会多一套公寓租不出去, 而租出去的公寓每月需花费 100 元的维修费. 试问房租定为多少可获得最大收入?

解 设每月房租为 x 元, 则租不出去的房子套数、租出去的套数分别为

$$\frac{x - 1000}{50} = \frac{x}{50} - 20, \quad 50 - \left(\frac{x}{50} - 20\right) = 70 - \frac{x}{50},$$

租出的每套房子获利 $(x - 100)$ 元.

故总利润为 $y = \left(70 - \dfrac{x}{50}\right)(x - 100) = -\dfrac{x^2}{50} + 72x - 7000$, $y' = -\dfrac{x}{25} + 72$, $y'' = -\dfrac{1}{25}$.

令 $y' = 0$, 得驻点 $x = 1800$. 由 $y'' < 0$ 知 $x = 1800$ 为极大值, 又驻点唯一, 这极大值点就是最大值点, 即当每月房租定在 1800 元时, 可获得最大收入.

小结与思考

1. 小结

本节主要介绍极值的判定与最值的判定. 极值是函数的局部概念, 极大值可能小于极小值, 极小值可能大于极大值. 驻点和不可导点也称为临界点, 极值必在临界点处取得. 注意极值和最值的区别, 实际问题求最值的步骤, 最值是整体概念.

2. 思考

驻点、极值点和最值点之间有怎样的关系?

习 题 3.5

1. 求 $f(x) = x^3 - 3x^2 - 9x + 1$ 极值.
2. 讨论 $y = |x|$ 的极值.
3. 求函数 $f(x) = 2x^3 + x - 3$ 在 $[1,3]$ 上的最大值与最小值.
4. 求函数 $f(x) = 2x^3 - 3x^2$ 在 $[-1,4]$ 上的最大值与最小值.

5. 求函数 $y = x^4 - 8x^2 + 2$ 在区间 $[-1, 3]$ 上的最大值与最小值.

6. 工厂铁路线上 AB 段的距离为 100km. 工厂 C 距 A 处为 20km, AC 垂直 AB. 为了运输需要, 要在 AB 段上选定一点 D 向工厂修筑一条公路. 已知铁路每公里货运的运费与公路上每公里货运的运费之比 3:5. 为了使货物从供应站 B 运到工厂 C 的运费最省, 问 D 点应选在何处?

7. 要造一个容积为 32π 厘米 ^{3} 的圆柱形容器. 其侧面与上底面用同一种材料, 下底面用另一种材料. 已知下底面材料每平方厘米的价格为 3 元, 侧面材料每平方厘米的价格为 1 元. 问该容器的底面半径 r 与高 h 各为多少时, 造这个容器所用的材料费用最省?

3.6　函数图形的描绘

教学目标: 培养学生运用微分学综合知识的能力, 会描绘函数的图形.

教学重点: 利用函数单调性、极值、凹凸性、拐点及水平、铅直渐近线和斜渐近线描绘函数图形.

教学难点: 函数图形的画法.

教学背景: 函数正态分布的图形的描绘、船体结构中的钢梁、机床的转轴等.

思政元素: 图形的描绘方法——细节决定成败.

3.6.1　曲线的渐近线

1. 铅直渐近线

若 $\lim\limits_{x \to a^+} f(x) = \infty$ 或 $\lim\limits_{x \to a^-} f(x) = \infty$, 则直线 $x = a$ 是曲线 $y = f(x)$ 的铅直渐近线 (铅直于 x 轴).

例如, 曲线 $y = \dfrac{1}{(x+2)(x-3)}$ 有两条铅直渐近线 $x = -2$, $x = 3$.

2. 水平渐近线

如果 $\lim\limits_{x \to +\infty} f(x) = b$ 或 $\lim\limits_{x \to -\infty} f(x) = b$ (b 为常数), 那么 $y = b$ 就是曲线 $y = f(x)$ 的一条水平渐近线.

例如, 曲线 $y = \arctan x$ 有两条水平渐近线 $y = \dfrac{\pi}{2}, y = -\dfrac{\pi}{2}$.

3. 斜渐近线

如果 $\lim\limits_{x \to +\infty} [f(x) - (ax+b)] = 0$ 或 $\lim\limits_{x \to -\infty} [f(x) - (ax+b)] = 0$ (a, b 为常数), 那么 $y = ax + b$ 就是曲线 $y = f(x)$ 的一条斜渐近线.

说明几个问题

(1) 若 $\lim\limits_{x \to \infty} \dfrac{f(x)}{x}$ 不存在或者 $\lim\limits_{x \to \infty} \dfrac{f(x)}{x} = a$ 存在, 而 $\lim\limits_{x \to \infty} [f(x) - ax]$ 不存在, 那么曲线 $y = f(x)$ 无斜渐近线.

(2) 斜渐近线的求法:

若直线 $y = ax + b$ 是曲线 $y = f(x)$ 的斜渐近线, 问 a 与 b 应为何值? 当动点 P 沿着曲线 $y = f(x)$ 无限远移时, 即当 $x \to \infty$ 时, 有 $\lim\limits_{x \to \infty} [f(x) - ax - b] = 0$, 则有

$$\lim_{x \to \infty} \frac{f(x) - ax - b}{x} = 0, \quad 即 \quad \lim_{x \to \infty} \left(\frac{f(x)}{x} - a - \frac{b}{x} \right) = 0,$$

从而 $a = \lim\limits_{x \to \infty} \dfrac{f(x)}{x}, b = \lim\limits_{x \to \infty} [f(x) - ax]$.

例 1 求曲线 $f(x) = \dfrac{2(x-2)(x+3)}{x-1}$ 的渐近线.

解 $D: (-\infty, 1) \cup (1, +\infty)$, 因为 $\lim\limits_{x \to 1^+} f(x) = -\infty, \lim\limits_{x \to 1^-} f(x) = +\infty$, 所以 $x = 1$ 是铅直渐近线.

又因为 $\lim\limits_{x \to \infty} \dfrac{f(x)}{x} = \lim\limits_{x \to \infty} \dfrac{2(x-2)(x+3)}{x(x-1)} = 2$,

$$\lim_{x \to \infty} \left[\frac{2(x-2)(x+3)}{x-1} - 2x \right] = \lim_{x \to \infty} \frac{2(x-2)(x+3) - 2x(x-1)}{x-1} = 4,$$

所以 $y = 2x + 4$ 为斜渐近线.

3.6.2 函数图形的描绘

一般来说, 描绘了函数的图形可按下列的步骤进行:

(1) 确定函数的定义域, $f'(x)$ 及 $f''(x)$;

(2) 令 $f'(x) = 0$ 及 $f''(x) = 0$, 求出全部根及 $f'(x)$, $f''(x)$ 不存在的点, 并用这些点将定义域划分几个部分区间;

慕课3.6

(3) 在每个部分区间内, 确定 $f'(x)$ 及 $f''(x)$ 的符号, 并由此确定 $f(x)$ 的单调性、凹凸性、极值与拐点;

(4) 确定函数的水平渐近线与铅直渐近线及其他变化趋势;

(5) 求出极值、拐点及其他一些特殊点, 作图.

例 2 描绘函数 $y = 1 + \dfrac{36x}{(x+3)^2}$ 的图形.

解 (1) 所给函数 $y = f(x)$ 的定义域为 $(-\infty, -3), (-3, +\infty)$.

$$f'(x) = \frac{36(3-x)}{(x+3)^3}, \quad f''(x) = \frac{72(x-6)}{(x+3)^4}.$$

(2) $f'(x)$ 的零点为 $x = 3$; $f''(x)$ 的零点为 $x = 6$; $x = -3$ 是函数的间断点. 点 $x = 3$, $x = 6$ 和 $x = -3$ 把定义域划分成四个部分区间: $(-\infty, -3)$, $(-3, 3]$, $[3, 6]$, $[6, +\infty)$.

(3) 在各部分区间内, $f'(x)$ 及 $f''(x)$ 的符号、相应曲线弧的升降及凹凸, 以及极值点和拐点等如下表:

x	$(-\infty, -3)$	$(-3, 3)$	3	$(3, 6)$	6	$(6, +\infty)$
$f'(x)$	$-$	$+$	0	$-$	$-$	$-$
$f''(x)$	$-$	$-$	$-$	$-$	0	$+$
$y = f(x)$	↘	↗	极大	↘	拐点	↗

(4) 由于 $\lim\limits_{x\to\infty} f(x) = 1$, $\lim\limits_{x\to -3} f(x) = -\infty$, 所以图形有一条水平渐近线 $y = 1$ 和一条铅直渐近线 $x = -3$.

(5) 算出 $x = 3, 6$ 处的函数值: $f(3) = 4, f(6) = \dfrac{11}{3}$, 从而得到图形上的两个点: $M_1(3, 4), M_2\left(6, \dfrac{11}{3}\right)$. 又由于 $f(0) = 1, f(-1) = -8, f(-9) = -8, f(-15) = -\dfrac{11}{4}$, 得图形上的四个点: $M_3(0, 1), M_4(-1, -8), M_5(-9, -8), M_6\left(-15, -\dfrac{11}{4}\right)$. 结合 (3) 和 (4) 中得到的结果, 画出函数 $y = 1 + \dfrac{36x}{(x+3)^2}$ 的图形, 如图 3-6-1.

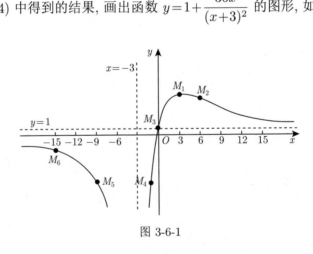

图 3-6-1

小结与思考

1. 小结

本节要求会对函数的图形进行描绘, 会利用函数的性质, 如单调性、凹凸性、极值以及特殊的点, 如驻点、拐点、一些特殊的值, 如 0, 1 等, 结合函数的渐近线和其他变化趋势对函数的图形进行描绘.

2. 思考

做一个函数图形描绘的思维导图.

习 题 3.6

1. 画出函数 $y = x^3 - x^2 - x + 1$ 的图形.

2. 描绘函数 $y = \dfrac{1}{\sqrt{2\pi}} e^{-\frac{x^2}{2}}$ 的图形.

3. 描绘函数 $y = \dfrac{x}{x^2 + 1}$ 的图形.

3.7 弧微分与曲率

教学目标:

1. 了解弧微分, 理解曲率的概念, 会计算曲率和曲率半径.

2. 利用曲率相关知识解决工程砂轮选取等实际问题.

教学重点: 影响曲率的要素.

教学难点:

1. 曲率的计算公式.

2. 曲率圆与曲率半径.

教学背景: 砂轮的选取, 几何学, 船体结构中的钢梁、机床的转轴等.

思政元素: 通过工程实例, 提升学生解决复杂工程问题的能力.

3.7.1 引例

慕课3.7

砂轮的选取 设工件表面的截线为抛物线 $y = 0.4x^2$, 现在要用砂轮磨削其内表面. 问用直径多大的砂轮才比较合适?

直观来看砂轮越小功率越低, 砂轮相对大一些功率可以, 容易过磨削损坏零件, 弯曲程度大的地方可以选择相对小一点的砂轮, 弯曲程度小的地方可以选择相对大一点的砂轮, 也就是说砂轮的选取与曲线的弯曲程度有关. 而数学上用曲率来描述曲线的弯曲程度.

3.7.2 弧微分

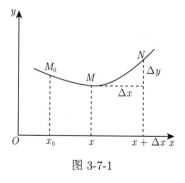

图 3-7-1

设函数 $f(x)$ 在区间 (a,b) 内具有连续导数. 在曲线 $y = f(x)$ 上取固定点 $M_0(x_0, y_0)$ 作为度量弧长的基点, 并规定依 x 增大的方向作为曲线的正向. 对曲线上任一点 $M(x,y)$, 规定有向弧段 $\overset{\frown}{M_0M}$ 的值 s (简称为弧 s) 如下: s 的绝对值等于这弧段的长度, 当有向弧段 $\overset{\frown}{M_0M}$ 的方向与曲线的正向一致时 $s > 0$, 相反时 $s < 0$. 显然, 弧 $s = \overset{\frown}{M_0M}$ 是 x 的函数: $s = s(x)$, 而且 $s(x)$ 是 x 的单调增加函数. 下面来求 $s(x)$ 的导数及微分.

设 x, Δx 为 (a,b) 内两个邻近的点, 它们在曲线 $y = f(x)$ 上的对应点为 M, N 并设对应于 x 的增量 Δx, 弧 s 的增量为 Δs, 于是

$$\left(\frac{\Delta s}{\Delta x}\right)^2 = \left(\frac{\widehat{MN}}{\Delta x}\right)^2 = \left(\frac{\widehat{MN}}{|MN|}\right)^2 \cdot \frac{|MN|^2}{(\Delta x)^2}$$

$$= \left(\frac{\widehat{MN}}{|MN|}\right)^2 \cdot \frac{(\Delta x)^2 + (\Delta y)^2}{(\Delta x)^2} = \left(\frac{\widehat{MN}}{|MN|}\right)^2 \cdot \left[1 + \left(\frac{\Delta y}{\Delta x}\right)^2\right],$$

$$\frac{\Delta s}{\Delta x} = \pm\sqrt{\left(\frac{\widehat{MN}}{|MN|}\right)^2 \cdot \left[1 + \left(\frac{\Delta y}{\Delta x}\right)^2\right]},$$

因为 $\lim\limits_{\Delta x \to 0} \frac{|\widehat{MN}|}{|MN|} = \lim\limits_{N \to M} \frac{|\widehat{MN}|}{|MN|} = 1$, 又 $\lim\limits_{\Delta x \to 0} \frac{\Delta y}{\Delta x} = y'$, 因此 $\frac{\mathrm{d}s}{\mathrm{d}x} = \pm\sqrt{1 + y'^2}$.

由于 $s = s(x)$ 是单调增加函数, 从而 $\frac{\mathrm{d}s}{\mathrm{d}x} > 0$, $\frac{\mathrm{d}s}{\mathrm{d}x} = \sqrt{1 + y'^2}$. 于是 $\mathrm{d}s = \sqrt{1 + y'^2}\mathrm{d}x$. 这就是**弧微分公式**.

3.7.3 曲率及其计算公式

1. 曲率的定义

设问: 什么因素会影响曲率?

曲线弧的弯曲程度还与弧段的长度有关.

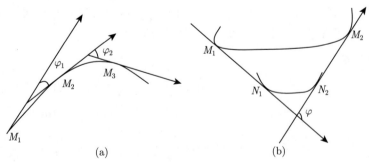

图 3-7-2

弧段长度相同, 弯曲程度越大. 切线转角也越大, 切线转角相同, 弧段越短弯曲程度越大.

按上面的分析, 我们引入描述曲线弯曲程度的曲率概念如下.

设曲线 C 是光滑的, 在曲线 C 上选定一点 M_0 作为度量弧 s 的基点. 设曲线上点 M 对应于弧 s, 在点 M 处切线的倾角为 α, 曲线上另外一点 M' 对应于弧 $s+\Delta s$, 在点 M' 处切线的倾角为 $\alpha+\Delta\alpha$.

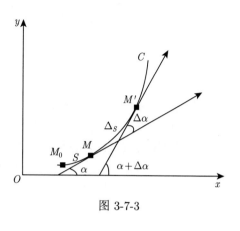

图 3-7-3

我们用比值 $\dfrac{|\Delta\alpha|}{|\Delta s|}$, 即单位弧段上切线转过的角度的大小来表示弧段 $\overset{\frown}{MM'}$ 的平均弯曲程度, 把这比值叫做弧段 $\overset{\frown}{MM'}$ 的**平均曲率**, 并记作 $\bar{K}$, 即 $\bar{K}=\left|\dfrac{\Delta\alpha}{\Delta s}\right|$.

类似于从平均速度引进瞬时速度的方法, 当 $\Delta s\to 0$ 时 (即 $M\to M'$ 时), 上述平均曲率的极限叫做 K 曲线 C 在点 M 处的**曲率**, 记作 K, 即 $K=\lim\limits_{\Delta s\to 0}\left|\dfrac{\Delta\alpha}{\Delta s}\right|$.

在 $\lim\limits_{\Delta s\to 0}\dfrac{\Delta\alpha}{\Delta s}=\dfrac{\mathrm{d}\alpha}{\mathrm{d}s}$ 存在的条件下, $K=\left|\dfrac{\mathrm{d}\alpha}{\mathrm{d}s}\right|$.

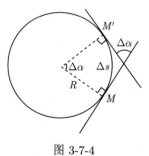

图 3-7-4

曲率是描述曲线局部性质 (弯曲程度) 的量.

例 1 求半径为 R 的圆上任意点处的曲率?

解 如图 3-7-4 所示,
$$\Delta s=R\cdot\Delta\alpha,$$
所以 $K=\lim\limits_{\Delta s\to 0}\left|\dfrac{\Delta\alpha}{\Delta s}\right|=\dfrac{1}{R}.$

注 (1) 圆上任意一点处的曲率相等; (2) 圆的弯曲程度与半径的关系.

2. 曲率的计算公式

设曲线的直角坐标方程是 $y=f(x)$, 且 $f(x)$ 具有二阶导数 (这时 $f'(x)$ 连续, 从而曲线是光滑的). 因为 $\tan\alpha=y'$, 所以 $\sec^2\alpha\cdot\mathrm{d}\alpha=y''\mathrm{d}x$,
$$\mathrm{d}\alpha=\frac{y''}{\sec^2\alpha}\mathrm{d}x=\frac{y''}{1+\tan^2\alpha}\mathrm{d}x=\frac{y''}{1+y'^2}\mathrm{d}x.$$
又 $\mathrm{d}s=\sqrt{1+y'^2}\mathrm{d}x$, 从而得**曲率的计算公式**
$$K=\left|\frac{\mathrm{d}\alpha}{\mathrm{d}s}\right|=\frac{|y''|}{(1+y'^2)^{3/2}}.$$

在有些实际问题中, $|y'|$ 同 1 比较起来是很小的 (有的工程技术书把这种关系记成 $|y'| \ll 1$), 可以忽略不计. 这时, 由 $1 + y'^2 \approx 1$, 而有曲率的近似计算公式

$$K = \frac{|y''|}{(1 + y'^2)^{3/2}} \approx |y''|,$$

这就是说, 当 $|y'| \ll 1$ 时, 曲率 K 近似于 $|y''|$. 经过这样简化后, 对一些复杂问题的计算和讨论就方便多了.

利用上述公式再次计算例 1.

例 2　求半径为 R 的圆上任意点处的曲率.

解　$x^2 + y^2 = R^2$, 两侧求导则

$$2x + 2yy' = 0, \quad y' = -\frac{x}{y},$$

$$y'' = -\frac{x^2 + y^2}{y^3} = -\frac{R^2}{y^3},$$

从而 $K = \dfrac{1}{R}$.

提问: $K = \dfrac{1}{2}$.

你能想象到曲线的弯曲程度吗? (没有直观的感受) 我们引入曲率圆概念.

3. 曲率的计算公式

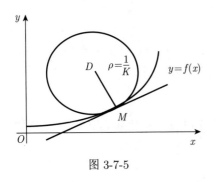

图 3-7-5

设曲线在点 $M(x, y)$ 处的曲率为 $K(K \neq 0)$, 在点 M 处的曲线的法线上凹的一侧取一 D, 使 $|DM| = K^{-1} = \rho$ (图 3-7-5), 以 D 为圆心, ρ 为半径作圆, 这个圆叫做曲线在点 M 处的**曲率圆**, 曲率圆的圆心 D 叫做曲线在点 M 处的**曲率中心**, 曲率圆的半径 ρ 叫做曲线在点 M 处的**曲率半径**.

曲线在点 M 处的曲率 $K(K \neq 0)$ 与曲线在点 M 处的曲率半径 ρ 有如下关系

$$\rho = \frac{1}{K}, \quad K = \frac{1}{\rho}.$$

说明几个问题

(1) 曲线上一点处的曲率半径与曲线在该点处的曲率互为倒数.

(2) 曲线上一点处的曲率半径越大, 曲线在该点处的曲率越小 (曲线越平坦); 曲率半径越小, 曲率越大 (曲线越弯曲).

(3) 曲线上一点处的曲率圆弧可近似代替该点附近曲线弧 (称为曲线在该点附近的二次近似).

(4) 曲线在点 M 处的曲率圆与曲线有下列密切关系: 有公切线; 凹向一致; 曲率相同.

例 3 设工件表面的截线为抛物线 $y = 0.4x^2$, 现在要用砂轮磨削其内表面. 问用直径多大的砂轮才比较合适?

解 砂轮的半径不应大于抛物线顶点处的曲率半径.

由于 $y' = 0.8x, y'' = 0.8, y'|_{x=0} = 0, y''|_{x=0} = 0.8$, 所以 $K = \dfrac{|y''|}{(1+y'^2)^{3/2}} = 0.8$, 抛物线顶点处的曲率半径为 $K^{-1} = 1.25$. 故选用砂轮的半径不得超过 1.25 单位长, 即直径不得超过 2.50 单位长.

小结与思考

1. 小结

(1) 弧微分

$$ds = \sqrt{1 + y'^2}\, dx.$$

(2) 曲率及其计算公式.

(i) 曲率的概念 $K = \lim\limits_{\Delta s \to 0} \left| \dfrac{\Delta \alpha}{\Delta s} \right| = \left| \dfrac{d\alpha}{ds} \right|$;

(ii) 曲率的计算公式 $K = \left| \dfrac{d\alpha}{ds} \right| = \dfrac{|y''|}{(1+y'^2)^{3/2}}$.

(3) 曲率与曲率半径 $\rho = \dfrac{1}{K} = \dfrac{(1+y'^2)^{3/2}}{|y''|}$.

2. 思考

设曲线的参数方程为 $\begin{cases} x = \varphi(t), \\ y = \psi(t), \end{cases}$ 求参数形式下的曲率半径.

习 题 3.7

1. 计算直线 $y = ax + b$ 上任一点的曲率.

2. 计算等双曲线 $xy = 1$ 在点 $(1, 1)$ 处的曲率.

3. 抛物线 $y = ax^2 + bx + c$ 上哪一点处的曲率最大.

4. 汽车连同载重 5t, 在抛物线拱桥上行驶, 速度为 21.6km/h, 桥的跨度为 10m, 拱的矢高为 0.25m, 求汽车越过桥顶时对桥的压力?

3.8　利用 MATLAB 求函数极值、绘制函数图像

教学目标: 掌握 MATLAB 求极值与绘制函数图像的方法.

教学重点: MATLAB 求极值与绘制函数图像的命令语句.

教学难点: 实操 MATLAB 求极值与绘制函数图像.

教学背景: MATLAB 软件是工科学习的有力工具.

思政元素: 通过数学软件的学习, 提升学生解决实际问题的能力.

3.8.1　plot 函数

调用格式: plot(x,y)

例 1　用 MATLAB 画 $y = \sin x$ 在 $[0, 2\pi]$ 的图像.

解　在命令行窗口输入以下代码:

```
>> x=0:pi/100:2*pi;
>> y =sin(x);
>>plot(x,y)
```

按 Enter 键, 即可得结果.

3.8.2　fminbnd 函数

调用格式: f=f(x);[xmin,ymin]=fminbnd(f,a,b)

例 2　用 MATLAB 求 $y = 2x^3 - 6x^2 - 18x + 7$ 在 $[-4, 4]$ 上的极值.

解　在命令行窗口输入以下代码:

```
>> x=-4:0.1:4;
>> y=2*x^3-6*x^2-18*x+7;
>>plot(x,y)
>>subs(dy,x,1)
```

按 Enter 键, 即可得结果.

由图 3-8-1 也能看出函数在该区间上有极大值、极小值, 接下来输入域求极小值语句.

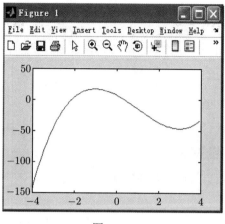

图 3-8-1

```
>> [x1,y1]=fminbnd('2*x^3-6*x^2-18*x+7',-4,4);%求极小值
```

按 Enter 键, 即可得结果.

```
  x1=
    3.0000
  y1=
    -47.0000
>> [x2,y2]=fminbnd('-（2*x^3-6*x^2-18*x+7）',-4,4);%求极小值
```

按 Enter 键, 即可得结果.

```
  x2=
    -1.0000
  y2=
    17.0000
```

函数在 $x = 3$ 处取得极小值 -47, 在 $x = -1$ 处取得极小值 17.

总 习 题 3

1. 设 $f(x)$ 在 $(-\infty, +\infty)$ 上连续、可导, 且 $\lim\limits_{x \to \infty} f'(x) = k$, 求 $\lim\limits_{x \to \infty} [f(x + a) - f(x)]$.

2. 讨论方程 $x^5 - 5x = a$ 的实根数目.

3. 设 $f(x)$ 在 $[a, +\infty)$ 上连续, 当 $x > a$ 时, $f'(x) > k > 0$, 又 $f(a) < 0$, 证明方程 $f(x) = 0$ 在 $\left(a, a - \dfrac{f(a)}{k}\right)$ 内有唯一实根.

4. 设常数 $k > 0$, 函数 $f(x) = \ln x - \dfrac{x}{e} + k$ 在 $(0, +\infty)$ 内零点的个数为 (　　).

A. 3　　　　　　　　B. 2　　　　　　　　C. 1　　　　　　　　D. 0

5. 设 $(1, 3)$ 是曲线 $y = x^3 + ax^2 + bx + 14$ 的拐点, 求 a, b.

6. 讨论函数 $y = \dfrac{(x-3)^2}{4(x-1)}$ 的单调性.

7. 讨论下列曲线的凹凸区间和拐点:

(1) $y = x^{\frac{5}{3}}$;　　　　　　　　　　　　　　　　(2) $y = \ln(1 + x^2)$.

8. 求曲线 $y = \dfrac{x^2}{x+1}$ 的渐近线.

9. 曲线 $y = \sin x$ 在点 $\left(\dfrac{\pi}{2}, 1\right)$ 处的曲率为 _____.

10. 求下列极限:

(1) $\lim\limits_{x \to \pi} \dfrac{\sin 3x}{\tan 5x}$;　　　　　　　　　　(2) $\lim\limits_{x \to +\infty} (\sqrt[3]{x^3 + 3x^2} - \sqrt[4]{x^4 - 2x^3})$;

(3) $\lim\limits_{x \to 0} \left(\dfrac{1}{\sin^2 x} - \dfrac{1}{x^2 \cos^2 x}\right)$;　　　(4) $\lim\limits_{x \to 0} \dfrac{\sqrt[3]{\cos x} - 1 + x^2}{x^2}$.

11. 曲线 $y = (x-1)^2 (x-3)^2$ 的拐点的个数为 (　　).

A. 0　　　　　　　　B. 1　　　　　　　　C. 2　　　　　　　　D. 3

12. 设 $f(x)$ 在 $[0, 1]$ 上连续, $(0, 1)$ 内可导, 且 $f(1) = 1, f(0) = 0$, 则在 $(0, 1)$ 内至少存在一点, 使得 $e^{\xi - 1}[f(\xi) + f'(\xi)] = 1$.

13. 若 $f(x)$ 在 $[0, 1]$ 上连续, $(0, 1)$ 内可导, 且 $f(1) = 0$, 证明: 对 $\lambda > 0$ 内至少存在一点 $\xi \in (0, 1)$, 使得 $\lambda f(\xi) + \xi f'(\xi) = 0$.

14. 证明: 方程 $e^x = ax^2 + bx + c$ 的根不超过三个.

15. 证明下列不等式:

(1) 当 $0 < x_1 < x_2 < \dfrac{\pi}{2}$ 时, $\dfrac{\tan x_2}{\tan x_1} > \dfrac{x_2}{x_1}$;

(2) 当 $x > 0$ 时, $\ln(1 + x) > \dfrac{\arctan x}{1 + x}$.

16. 求 $f(x) = x^2 e^{-x}$ 在 $x = 0$ 处的 n 阶泰勒展开式带佩亚诺余项.

17. (2022, 数三) 设 $y = f(x)$ 满足 $y' + \dfrac{1}{2\sqrt{x}} y = 2 + \sqrt{x}, y(1) = 3$, 求 $y = f(x)$ 的渐近线.

18. (2021, 数一、三) 函数 $f(x) = \begin{cases} \dfrac{e^x - 1}{x}, & x \neq 0, \\ 1, & x = 0 \end{cases}$ 在 $x = 0$ 处 (　　).

A. 连续且取极大值　　　　　　　　　　B. 连续且取极小值

C. 可导且导数为 0　　　　　　　　　　D. 可导且导数不为 0

19. (2020, 数三) 设 $\lim\limits_{x \to \infty} \dfrac{f(x) - a}{x - a} = b$, 则 $\lim\limits_{x \to \infty} \dfrac{\sin f(x) - \sin a}{x - a} = ($　　$)$.

A. $b \sin a$　　　　　　　　　　　　　B. $b \cos a$

C. $b \sin f(a)$　　　　　　　　　　　D. $b \cos f(a)$

20. (2023, 数三) $\lim\limits_{x \to \infty} x^2 \left(2 - x \sin \dfrac{1}{x} - \cos \dfrac{1}{x}\right) = $ _____.

第 3 章思维导图

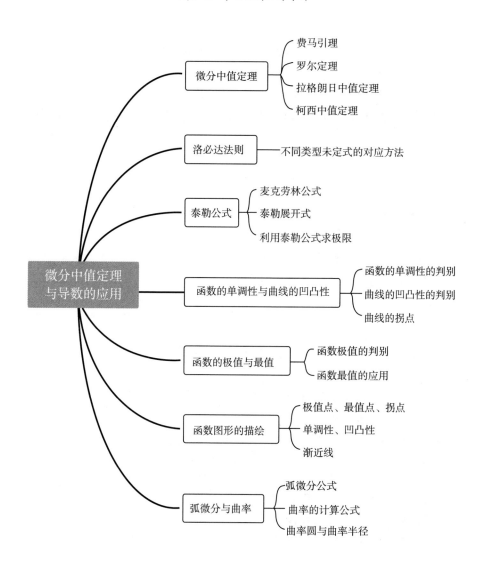

第 4 章 不定积分

前面我们学习了微分学的基本问题, 如何求已知函数的导函数和微分, 本章要解决的是其反问题, 已知函数的导函数或微分, 如何求该函数. 即微分的逆运算——不定积分.

一、教学基本要求

1. 理解原函数和不定积分的概念.
2. 掌握不定积分的性质及基本积分公式.
3. 掌握换元积分法和分部积分法.
4. 会求有理函数、三角函数有理式及简单无理函数的积分.

二、教学重点

1. 不定积分的概念及基本积分公式.
2. 换元积分法、分部积分法.
3. 有理函数与三角函数有理式的积分.
4. 简单无理函数的积分.

三、教学难点

1. 第一类换元积分法 (凑微分) 的技巧.
2. 分部积分中 u 与 v 的选取.
3. 积分中的各类代换.
4. 有理函数的积分.

4.1 不定积分的概念与性质

教学目标: 理解原函数和不定积分的概念; 掌握基本积分公式; 掌握不定积分的性质.

教学重点: 不定积分的概念、基本积分公式、原函数存在的条件.

教学难点: 理解不定积分概念的本质; 导数、微分、积分的运算关系.

教学背景: 已知切线斜率求曲线, 已知速度求路程.

思政元素: 哲学中个体与总体的关系问题.

4.1.1 引例

问题 1: 已知曲线在任一点处切线的斜率为 $2x$, 如何求该曲线的方程.

问题 2: 已知加速度函数 $a(t) = -g$, 欲求位置函数 $x = x(t)$.

慕课4.1.1

以上两例问题的实质: 已知一个函数的导函数, 如何求该函数. 这是求导问题的逆问题, 那么所求的这个函数叫什么? 又如何表达这样的逆运算呢?

4.1.2 原函数与不定积分的概念

定义 4.1.1 如果在区间 I 上, 即对任一 $x \in I$, 都有

$$F'(x) = f(x) \quad \text{或} \quad \mathrm{d}F(x) = f(x)\mathrm{d}x,$$

那么函数 $F(x)$ 就称为 $f(x)$ 在区间 I 上的一个**原函数**.

例如, 已知 $(\sin x)' = \cos x$, 故 $\sin x$ 是 $\cos x$ 的一个原函数;

已知 $(\arctan x)' = \dfrac{1}{1+x^2}$, 故 $\arctan x$ 是 $\dfrac{1}{1+x^2}$ 的一个原函数.

首先, 一个函数的原函数一定存在吗? 下面给出原函数存在定理.

原函数存在定理 如果函数 $f(x)$ 在区间 I 上**连续**, 那么在区间 I 上存在可导函数 $F(x)$, 使对任意 $x \in I$, 都有 $F'(x) = f(x)$, 即**连续函数一定有原函数**.

由此可知, **初等函数在其定义区间上都存在原函数**.

其次, 如果 $f(x)$ 在区间 I 上有一个原函数 $F(x)$, 那么对于任意常数 C, 显然也有

$$[F(x) + C]' = f(x),$$

即函数集合 $F(x) + C$ 也是 $f(x)$ 的原函数. 由此可见, 原函数的个数有无穷多个, 且可用 $F(x) + C$ 表示 $f(x)$ 的全体原函数.

最后, 如果设 $G(x)$ 是 $f(x)$ 的另一个原函数, 即 $G'(x) = f(x)$, 于是

$$[G(x) - F(x)]' = G'(x) - F'(x) = f(x) - f(x) = 0.$$

依据拉格朗日中值定理的推论, 可知 $G(x) - F(x) = C$ (C 为任意常数), 即

$$G(x) = F(x) + C.$$

可见, 一个函数的原函数虽然有无数个, 但任意两个原函数之间只是相差一个常数, 这表明 $f(x)$ 的任意原函数均包含在 $F(x) + C$ 的形式中, 于是我们有必

要对这个形式给予如下的定义.

定义 4.1.2　设 $F(x)$ 是函数 $f(x)$ 的任意一个原函数, 则 $f(x)$ 的全体原函数 $F(x) + C$ (C 是任意常数) 称为函数 $f(x)$ 的**不定积分**, 记作 $\int f(x)\mathrm{d}x$, 即

$$\int f(x)\mathrm{d}x = F(x) + C,$$

其中, 符号 $\int$ 称为**积分号**, $f(x)$ 称为**被积函数**, $f(x)\mathrm{d}x$ 称为**被积表达式**, x 称为**积分变量**.

说明几个问题

(1) 原函数与不定积分体现了哲学中个体与总体的关系, 不定积分是全体原函数结果的唯一化表示, 不要忘记加上积分常数 C;

(2) 积分号 "$\int$" 是由 17 世纪德国著名哲学家、数学家莱布尼茨在手稿中出现并沿用至今;

(3) 被积函数为原函数的导数, 被积表达式为原函数的微分;

(4) 求导问题的反问题可用求不定积分来表示, 即不定积分是微分的逆运算.

例 1　$\int \sec^2 x\mathrm{d}x = \tan x + C.$

例 2　$\int \dfrac{1}{\sqrt{1 - x^2}}\mathrm{d}x = \arcsin x + C.$

不定积分的定义方法不像导数的定义方法, 导数定义本身就给出了一种计算导数的方法, 不定积分的定义并没有给我们如何寻找原函数的方法, 所以不定积分的基本积分公式的推导及其运算, 显然会比微分运算困难得多.

4.1.3　原函数与不定积分的几何意义

通常把 $f(x)$ 的一个原函数 $F(x)$ 的图形, 叫做 $f(x)$ 的一条**积分曲线**. 那么不定积分 $\int f(x)\mathrm{d}x$ 就表示为**积分曲线族,** 其方程为 $y = F(x) + C$. 由 $F'(x) = f(x)$ 可知, 在积分曲线族中, 横坐标相同的点处的切线彼此平行.

例 3　设曲线过点 $(1,\ 2)$, 且其上任一点 $(x,\ y)$ 的斜率为该点横坐标的两倍, 求曲线的方程.

解　设曲线方程为 $y = f(x)$, 其上任一点 $(x,\ y)$ 处切线的斜率为 $\dfrac{\mathrm{d}y}{\mathrm{d}x} = 2x$, 从而

$$y = \int 2x\mathrm{d}x = x^2 + C.$$

由 $y(1) = 2$, 得 $C = 1$, 因此所求曲线方程为 $y = x^2 + 1$.

例 4 质点以初速度 v_0 将质点铅直上抛, 不计阻力, 求它的运动规律.

解 运动规律是指质点的位置关于时间 t 的函数 $x = x(t)$. 整个上抛过程, 为表示质点的位置, 取坐标系如下: 把质点所在的铅直线取作坐标纵轴, 方向朝上, 纵轴与地面的交点取作坐标原点. 设运动开始时刻为 $t = 0$, 当 $t = 0$ 时质点所在位置的坐标为 x_0.

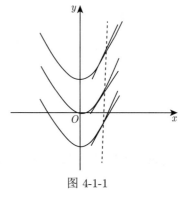

图 4-1-1

按照导数的物理意义可得

$$\frac{\mathrm{d}x}{\mathrm{d}t} = x'(t) = v(t),$$

即为在时刻 t 时质点的向上运动速度.

又 $\dfrac{\mathrm{d}^2 x}{\mathrm{d}t^2} = \dfrac{\mathrm{d}v}{\mathrm{d}t} = a(t)$ 即为在时刻 t 时质点的向上运动的加速度.

按题意, 有 $a(t) = -g$ 或 $\dfrac{\mathrm{d}^2 x}{\mathrm{d}t^2} = -g$. 先求速度函数

$$v(t) = \int (-g)\mathrm{d}t = -gt + C_1,$$

由 $v(0) = v_0$, 得 $v_0 = C_1$, 于是 $v(t) = -gt + v_0$.

再求 $x(t)$. 由 $\dfrac{\mathrm{d}x}{\mathrm{d}t} = v(t)$, 即 $x(t)$ 是 $v(t)$ 的原函数, 故

$$x(t) = \int v(t)\mathrm{d}t = \int (-gt + v_0)\,\mathrm{d}t = -\frac{1}{2}gt^2 + v_0 t + C_2.$$

由 $x(0) = x_0$ 得 $x_0 = C_2$, 于是所求运动规律为 $x = -\dfrac{1}{2}gt^2 + v_0 t + v_0, t \in [0, T]$, 其中 T 表示质点落地的时刻.

4.1.4 不定积分的性质及基本积分公式

性质 4.1.1 (线性性质) 设函数 $f(x)$ 与 $g(x)$ 的原函数存在, 则对 $\forall \alpha, \beta$, 有

慕课4.1.2

$$\int [\alpha f(x) + \beta g(x)]\mathrm{d}x = \alpha \int f(x)\mathrm{d}x + \beta \int g(x)\mathrm{d}x.$$

性质 4.1.2 (不定积分与微分、导数运算之间的关系)

$$\left(\int f(x)\mathrm{d}x\right)' = f(x) \quad \text{或} \quad \mathrm{d}\int f(x)\mathrm{d}x = f(x)\mathrm{d}x,$$

$$\int F'(x)\mathrm{d}x = F(x) + C \quad \text{或} \quad \int \mathrm{d}F(x)\mathrm{d}x = F(x) + C.$$

由此可见, 微分运算 (以记号 "d" 表示) 与求不定积分运算 $\left(\text{以记号 "} \int \text{" 表示}\right)$ 是互逆的. 当两种运算连在一起时可先互相抵消, 再根据运算顺序表示出最后运算的结果. 微分运算后要加 $\mathrm{d}x$, 不定积分运算后要加 C.

我们自然地可从基本导数公式得到相应的基本积分公式.

基本积分公式表 (一)

(1) $\displaystyle\int 0\mathrm{d}x = C(C$ 为任意常数$)$.

(2) $\displaystyle\int x^{\alpha}\mathrm{d}x = \frac{1}{\alpha+1}x^{\alpha+1} + C(\alpha \neq -1)$.

特别 $\displaystyle\int \mathrm{d}x = x + C; \quad \int k\mathrm{d}x = kx + C$ (k 为任意常数);

$$\int \frac{1}{\sqrt{x}}\mathrm{d}x = 2\sqrt{x} + C; \quad \int \frac{1}{x^2}\mathrm{d}x = -\frac{1}{x} + C.$$

(3) $\displaystyle\int a^x\mathrm{d}x = \frac{1}{\ln a}a^x + C$ $(a > 0,$ 且 $a \neq 1)$, 特别地 $\displaystyle\int \mathrm{e}^x\mathrm{d}x = \mathrm{e}^x + C.$

(4) $\displaystyle\int \frac{1}{x}\mathrm{d}x = \ln|x| + C.$

(5) $\displaystyle\int \sin x\mathrm{d}x = -\cos x + C; \quad \int \cos x\mathrm{d}x = \sin x + C;$

$$\int \sec x\tan x\mathrm{d}x = \sec x + C; \quad \int \csc x\cot x\mathrm{d}x = -\csc x + C;$$

$$\int \sec^2 x\mathrm{d}x = \int \frac{1}{\cos^2 x}\mathrm{d}x = \tan x + C;$$

$$\int \csc^2 x\mathrm{d}x = \int \frac{1}{\sin^2 x}\mathrm{d}x = -\cot x + C.$$

(6) $\displaystyle\int \frac{1}{\sqrt{1-x^2}}\mathrm{d}x = \arcsin x + C.$

(7) $\displaystyle\int \frac{1}{\sqrt{1-x^2}}\mathrm{d}x = \arcsin x + C.$

(8) $\displaystyle\int \mathrm{sh}x\mathrm{d}x = \mathrm{ch}x + C;\ \int \mathrm{ch}x\mathrm{d}x = \mathrm{sh}x + C.$

以上几个基本积分公式是积分运算的基础, 必须熟记.

例 5 求 $\displaystyle\int (\mathrm{e}^x - 3\cos x)\mathrm{d}x.$

解 由不定积分的线性性质及积分公式, 得

$$\int (\mathrm{e}^x - 3\cos x)\mathrm{d}x = \int \mathrm{e}^x\mathrm{d}x + 3\int \cos x\mathrm{d}x = \mathrm{e}^x + 3\sin x + C.$$

例 6 求 $\displaystyle\int \sqrt{x}(x^2 - 5)\mathrm{d}x.$

解 $\displaystyle\int \sqrt{x}(x^2 - 5)\mathrm{d}x = \int \left(x^{\frac{5}{2}} - 5x^{\frac{1}{2}}\right)\mathrm{d}x$

$$= \frac{x^{\frac{7}{2}}}{\frac{5}{2}+1} - \frac{x^{\frac{3}{2}}}{\frac{1}{2}+1} + C = \frac{2}{7}x^{\frac{7}{2}} - \frac{2}{3}x^{\frac{3}{2}} + C.$$

例 7 求 $\displaystyle\int 2^x\mathrm{e}^x\mathrm{d}x.$

解 $\displaystyle\int 2^x\mathrm{e}^x\mathrm{d}x = \int (2\mathrm{e})^x\mathrm{d}x = \frac{(2\mathrm{e})^x}{\ln 2\mathrm{e}} + C = \frac{2^x\mathrm{e}^x}{\ln 2 + 1} + C.$

例 8 求 $\displaystyle\int \frac{1+x+x^2}{x(1+x^2)}\mathrm{d}x.$

解 $\displaystyle\int \frac{1+x+x^2}{x(1+x^2)}\mathrm{d}x = \int \left(\frac{1}{x} + \frac{1}{1+x^2}\right)\mathrm{d}x = \ln|x| + \arctan x + C.$

注 拆分后的不定积分的计算中, 后面只需加一个任意常数即可.

例 9 求 $\displaystyle\int \frac{1}{x^2(1+x^2)}\mathrm{d}x.$

解 $\displaystyle\int \frac{1}{x^2(1+x^2)}\mathrm{d}x = \int \frac{1+x^2-x^2}{x^2(1+x^2)}\mathrm{d}x$

$$= \int \left(\frac{1}{x^2} - \frac{1}{1+x^2}\right)\mathrm{d}x = -\frac{1}{x} - \arctan x + C.$$

例 10　求 $\int \sin^2 \dfrac{x}{2} \mathrm{d}x$.

解　$\int \sin^2 \dfrac{x}{2} \mathrm{d}x = \int \dfrac{1 - \cos x}{2} \mathrm{d}x = \dfrac{1}{2} \int (1 - \cos x) \mathrm{d}x = \dfrac{1}{2}(x - \sin x) + C$.

例 11　求 $\int \tan^2 x \mathrm{d}x$.

解　$\int \tan^2 x \mathrm{d}x = \int (\sec^2 x - 1) \mathrm{d}x = \tan x - x + C$.

在不定积分的计算中, 通常需要将被积函数通过加项与减项、三角函数之间的关系等作适当的恒等变形, 拆分成可利用基本积分公式进行计算的和差形式, 再逐项积分. 可通过适量的练习并不断总结, 摸索求不定积分的方法与技巧.

小结与思考

1. 小结

本节主要介绍原函数与不定积分的概念、几何意义; 原函数存在定理; 不定积分的性质及基本积分公式. 给出了两个概念之间的本质区别与联系, 强调了三种运算 (积分、微分、求导) 之间的关系与化简, 比较了导数和不定积分的定义方法的不同, 揭示了不定积分计算的本质就是寻求原函数及如何熟记基本积分公式后计算一些简单的不定积分.

2. 思考

设 $f(x) = \mathrm{e}^{|x|}$, 求 $f(x)$ 的原函数 $F(x)$.

对于分段函数求原函数或不定积分的时候, 我们要注意什么? 分段函数的原函数是否也是分段函数及每段函数表达式中的常数 C 是否要统一.

进一步思考, 如果分段函数在分界点不连续, 那么它是否还具有原函数? 它的原函数的存在与否与其间断点的类型和个数是否有关?

习　题　4.1

1. 利用求导运算验证下列等式:

(1) $\int \dfrac{1}{\sqrt{x^2 + a^2}} \mathrm{d}x = \ln(x + \sqrt{x^2 + a^2}) + C$;

(2) $\int \arcsin x \mathrm{d}x = x \arcsin x + \sqrt{1 - x^2} + C$;

(3) $\int x \ln x \mathrm{d}x = \dfrac{x^2}{2} \ln x - \dfrac{x^2}{4} + C$.

2. 写出下列函数的一个原函数:

(1) $\sin 2x$ 的一个原函数 _____;

(2) $3x^2 + 1$ 的一个原函数_____;

(3) e^{-x} 的一个原函数_____;

(4) $\tan^2 x$ 的一个原函数_____.

3. 利用不定积分的性质及基本积分公式计算下列不定积分:

(1) $\displaystyle\int (2 + x^2)^2 \mathrm{d}x$;

(2) $\displaystyle\int \frac{1 - x^2}{\sqrt{x}} \mathrm{d}x$;

(3) $\displaystyle\int \frac{x^2}{1 + x^2} \mathrm{d}x$;

(4) $\displaystyle\int 3^x e^x \mathrm{d}x$;

(5) $\displaystyle\int \cos^2 \frac{x}{2} \mathrm{d}x$;

(6) $\displaystyle\int \frac{\mathrm{d}x}{1 + \cos 2x}$;

(7) $\displaystyle\int \frac{\cos 2x \mathrm{d}x}{\sin^2 x \cos^2 2}$;

(8) $\displaystyle\int \sec x(\sec x - \tan x)\mathrm{d}x$;

(9) $\displaystyle\int (2\tan^2 x + \csc^2 x)\mathrm{d}x$;

(10) $\displaystyle\int \cot^2 x \mathrm{d}x$.

4. 设曲线过点 $(e^2, 3)$, 且在任意一点处的切线斜率等于该点横坐标的倒数, 求该曲线方程.

5. 设物体由静止开始运动, 经后 ts 后的速度是 $3t^2 \mathrm{m/s}$, 问:

(1) 在 3s 后物体离开出发点的距离是多少?

(2) 物体走完 360m 需要多少时间?

6. 证明: 函数 $\arcsin(2x - 1)$, $\arccos(1 - 2x)$, $2\arctan\sqrt{\dfrac{x}{1-x}}$ 都是 $\dfrac{1}{\sqrt{x - x^2}}$ 的原函数.

7. 下列推断正确的是 ( ).

A. 在区间 I 上, 如果 $f(x)$ 有原函数, 则 $f(x)$ 必连续

B. 初等函数在其有定义的区间内必有原函数, 且为初等函数

C. 在区间 $[a, b]$ 上, 如果 $f(x) \leqslant g(x)$, 则 $\displaystyle\int f(x)\mathrm{d}x \leqslant \int g(x)\mathrm{d}x$

D. 有理函数必有原函数, 且为初等函数

8. 已知分段函数 $f(x) = \begin{cases} -\cos x, & x \geqslant 0, \\ x, & x < 0, \end{cases}$ 求不定积分 $\displaystyle\int f(x)\mathrm{d}x$.

4.2 换元积分法

教学目标: 理解第一类换元积分法、第二类换元积分法的基本思想和方法.

教学重点: 不定积分的第一类换元积分法——凑微分法.

教学难点: 不定积分的第二类换元积分法——根式代换、三角代换、倒代换.

教学背景: 不定积分基本计算公式的局限性, 函数的初等变形技巧.

思政元素: 不忘初心, 勤思多练, 成功在每一步的努力之中.

在不定积分的计算中, 利用基本积分公式和性质, 仅仅能计算某些简单的积分, 对于复杂一些的不定积分的计算, 还需要进一步研究不定积分的算法. 对应于复合函数的求导法则和乘积的求导法则, 可以通过巧妙的中间变量的代换, 将复杂积分转化为对新的积分变量的简单积分, 再进行回代, 得到复合函数的不定积分方法, 即本节课要讲的换元积分法. 利用换元积分法, 化繁为简, 化难为易, 寻求解题的捷径.

4.2.1　第一类换元积分法

引例　如何计算下列积分:

$$\int \cos 2x \mathrm{d}x, \int \cos(x-1)\mathrm{d}x, \int \cos x \sin x \mathrm{d}x.$$

慕课4.2.1

分析　被积函数为 x 的复合函数, 我们可将复杂部分或中间变量设为新的变量, 然后转化为求 u 的原函数, 最后再将 u 进行回代.

如对于 $\displaystyle\int \cos 2x \mathrm{d}x$, 可设 $u=2x$, 同时要求出 $\mathrm{d}u=2\mathrm{d}x$, 则

$$\int \cos 2x \mathrm{d}x = \frac{1}{2}\int \cos u \mathrm{d}u = \frac{1}{2}\sin u + C = \frac{1}{2}\sin 2x + C.$$

可见, 如果不定积分 $\displaystyle\int f(x)\mathrm{d}x$ 用直接积分法不易求得, 可作变量代换 $u=\varphi(x)$, 则可将原积分转化

$$\int f(x)\mathrm{d}x = \int g\left[\varphi(x)\right]\varphi'(x)\mathrm{d}x = \int g\left[\varphi(x)\right]\mathrm{d}\varphi(x) = \int g(u)\mathrm{d}u.$$

设 $g(u)$ 具有原函数 $F(u)$, 即 $\displaystyle\int g(u)\mathrm{d}u = F(u)+C$, 再将 u 进行回代, 即

$$\int f(x)\mathrm{d}x = \int g\left[\varphi(x)\right]\varphi'(x)\mathrm{d}x = \int g\left[\varphi(x)\right]\mathrm{d}\varphi(x)$$

$$= \int g(u)\mathrm{d}u = F(u)+C = F(\varphi(x))+C.$$

定理 4.2.1 (第一类换元积分法)　设 $f(u)$ 均有原函数 $F(x)$, 且 $u=\varphi(x)$ 是可导函数, 则

$$\int f\left[\varphi(x)\right]\varphi'(x)\mathrm{d}x = F[\varphi(x)]+C = \left[\int f(u)\mathrm{d}u\right]_{u=\varphi(x)}.$$

证明　设 $F(u)$ 为 $f(u)$ 的原函数, 于是 $\displaystyle\int f(u)\mathrm{d}u = F(u)+C$.

根据复合函数微分法, 有 $\{F\left[\varphi(x)\right]\}' = F'(u)\varphi'(x) = f\left[\varphi(x)\right]\varphi'(x)$, 所以

$$\int f\left[\varphi(x)\right]\varphi'(x)\mathrm{d}x = F\left[\varphi(x)\right]+C = \left[F(u)+C\right]_{u=\varphi(x)} = \left[\int f(u)\mathrm{d}u\right]_{u=\varphi(x)}.$$

说明几个问题

(1) 将被积函数 $f(x)$ 进行恰当分解, 即 $f(x)=g\left[\varphi(x)\right]\varphi'(x)$, 于是可令 $u=\varphi(x)$.

(2) 其换元后的本质是将 $\varphi'(x)\mathrm{d}x$ 凑微分, 得 $\varphi'(x)\mathrm{d}x = \mathrm{d}\varphi(x)$, 因而第一类换元积分法又称为**凑微分法**, 是复合函数求导的逆运算.

(3) 把 x 的不定积分 $\int f(x)\mathrm{d}x$ 转化为 u 的不定积分 $\int g(u)\mathrm{d}u$, 一般地, $g(u)$ 的原函数易于求得, 求出后要将 $u=\varphi(x)$ 进行回代.

(4) 第一类换元积分法的口诀: 换元 "靠帮扶", 回代 "见初心".

例 1 求 $\int \dfrac{1}{2-x}\mathrm{d}x$.

解 令 $u=2-x$, 则 $x=2-u$, $\mathrm{d}x=-\mathrm{d}u$, 则

$$\int \frac{1}{2-x}\mathrm{d}x = -\int \frac{1}{u}\mathrm{d}u = -\ln|u|+C = -\ln|2-x|+C.$$

也可用凑微分形式写成 $\int \dfrac{1}{2-x}\mathrm{d}x = -\int \dfrac{1}{2-x}\mathrm{d}(2-x) = -\ln(2-x)+C.$

例 2 求 $\int 2x\mathrm{e}^{x^2}\mathrm{d}x$.

解 $\int 2x\mathrm{e}^{x^2}\mathrm{d}x = \int \mathrm{e}^{x^2}\cdot 2x\mathrm{d}x = \int \mathrm{e}^{x^2}\mathrm{d}x^2 = \mathrm{e}^u+C = \mathrm{e}^{x^2}+C.$

例 3 求 $\int \dfrac{x^2\mathrm{d}x}{(x+2)^3}$.

解
$$\int \frac{x^2\ \mathrm{d}x}{(x+2)^3} = \int \frac{(x+2-2)^2}{(x+2)^3}\ \mathrm{d}(x+2) = \int \frac{(u-2)^2}{u^3}\ \mathrm{d}u$$

$$= \int (u^{-1}-4u^{-2}+4u^{-3})\mathrm{d}u = \ln|u|+4u^{-1}-2u^{-2}+C$$

$$= \ln|x+2|+\frac{4}{x+2}-\frac{2}{(x+2)^2}+C.$$

注 熟练后, 可不必写出中间变量 u, 直接积分便可.

例 4 求 $\int x\sqrt{1-x^2}\mathrm{d}x$.

解
$$\int x\sqrt{1-x^2}\mathrm{d}x = \int \sqrt{1-x^2}\cdot x\mathrm{d}x = \frac{1}{2}\int \sqrt{1-x^2}\mathrm{d}x^2$$

$$= -\frac{1}{2}\cdot \frac{(1-x^2)^{\frac{3}{2}}}{\frac{1}{2}+1}+C = -\frac{1}{3}(1-x^2)^{\frac{3}{2}}+C.$$

例 5　求 $\int \dfrac{\mathrm{d}x}{x(1+2\ln x)}$.

解　$\int \dfrac{\mathrm{d}x}{x(1+2\ln x)} = \int \dfrac{1}{1+2\ln x}\cdot\dfrac{1}{x}\mathrm{d}x = \int \dfrac{1}{1+2\ln x}\mathrm{d}\ln x$

$$= \dfrac{1}{2}\int \dfrac{1}{1+2\ln x}\mathrm{d}(1+2\ln x) = \dfrac{1}{2}\ln(1+2\ln x)+C.$$

例 6　求 $\int \dfrac{\mathrm{e}^{3\sqrt{x}}}{\sqrt{x}}\mathrm{d}x$.

解　$\int \dfrac{\mathrm{e}^{3\sqrt{x}}}{\sqrt{x}}\mathrm{d}x = 2\int \mathrm{e}^{3\sqrt{x}}\mathrm{d}(\sqrt{x}) = \dfrac{2}{3}\int \mathrm{e}^{3\sqrt{x}}\mathrm{d}(3\sqrt{x}) = \dfrac{2}{3}\mathrm{e}^{3\sqrt{x}}+C.$

注　练习中要注意总结常用的凑微分公式.

例 7　求 $\int \dfrac{\mathrm{d}x}{a^2+x^2}$.

解　$\int \dfrac{\mathrm{d}x}{a^2+x^2} = \int \dfrac{\mathrm{d}x}{a^2\left(1+\frac{x^2}{a^2}\right)} = \dfrac{1}{a}\int \dfrac{1}{\left(1+\frac{x^2}{a^2}\right)}\mathrm{d}\left(\dfrac{x}{a}\right) = \dfrac{1}{a}\arctan\dfrac{x}{a}+C.$

例 8　求 $\int \dfrac{\mathrm{d}x}{\sqrt{a^2-x^2}}(a>0)$.

解　$\int \dfrac{1}{\sqrt{a^2-x^2}}\mathrm{d}x = \dfrac{1}{a}\int \dfrac{1}{\sqrt{1-\frac{x^2}{a^2}}}\mathrm{d}x = \int \dfrac{1}{\sqrt{1-\frac{x^2}{a^2}}}\mathrm{d}\left(\dfrac{x}{a}\right) = \arcsin\dfrac{x}{a}+C.$

例 9　求 $\int \dfrac{\mathrm{d}x}{x^2-a^2}$.

解　$\int \dfrac{\mathrm{d}x}{x^2-a^2} = \dfrac{1}{2a}\int \left(\dfrac{1}{x-a}-\dfrac{1}{x+a}\right)\mathrm{d}x$

$$= \dfrac{1}{2a}\left(\int \dfrac{1}{x-a}\mathrm{d}x - \int \dfrac{1}{x+a}\mathrm{d}x\right)$$

$$= \dfrac{1}{2a}[\ln(x-a)-\ln(x+a)]+C = \dfrac{1}{2a}\ln\dfrac{x-a}{x+a}+C.$$

注　以上三例, 要注意区分被积表达式形式, 然后作适当变形再进行积分.

例 10　求 $\int \sin^3 x\mathrm{d}x$.

解　$\int \sin^3 x\mathrm{d}x = \int \sin^2 x\sin x\mathrm{d}x = -\int \sin^2 x\mathrm{d}(\cos x)$

$$= -\int (1-\cos^2 x)\mathrm{d}(\cos x) = -\cos x + \frac{\cos^3 x}{3} + C.$$

例 11 求 $\int \sin^3 x \cos^5 x \mathrm{d}x$.

解
$$\int \sin^3 x \cos^5 x \mathrm{d}x = \int \sin^2 x \cos^5 x \sin x \mathrm{d}x = -\int \sin^2 x \cos^5 x \mathrm{d}(\cos x)$$

$$= -\int (1-\cos^2 x)\cos^5 x \mathrm{d}(\cos x)$$

$$= -\int (\cos^5 x - \cos^7 x)\mathrm{d}(\cos x)$$

$$= -\frac{\cos^6 x}{6} + \frac{\cos^8 x}{8} + C.$$

例 12 求 $\int \tan x \mathrm{d}x$.

解
$$\int \tan x \mathrm{d}x = \int \frac{\sin x}{\cos x}\mathrm{d}x = -\int \frac{1}{\cos x}\mathrm{d}\cos x = -\ln|\cos x| + C.$$

同理
$$\int \cot x \mathrm{d}x = \int \frac{\cos x}{\sin x}\mathrm{d}x = \int \frac{1}{\sin x}\mathrm{d}\sin x = \ln|\sin x| + C.$$

注 当三角函数为奇数次方时, 可考虑凑微分, 然后化成关于三角函数的幂函数形式的积分.

例 13 求 $\int \cos^2 x \mathrm{d}x$.

解
$$\int \cos^2 x \mathrm{d}x = \int \frac{1+\cos 2x}{2}\mathrm{d}x = \frac{1}{2}\int 1\mathrm{d}x + \frac{1}{4}\int \cos 2x \, \mathrm{d}2x$$

$$= \frac{1}{2}x + \frac{1}{4}\sin 2x + C.$$

注 当三角函数为偶数次方时, 可考虑分别用降幂公式, 如

$$\cos^2 x = \frac{1+\cos 2x}{2}, \quad \sin^2 x = \frac{1-\cos 2x}{2}.$$

例 14 求 $\int \tan^5 x \sec^3 x \mathrm{d}x$.

解
$$\int \tan^5 x \sec^3 x \mathrm{d}x = \int \tan^4 x \sec^2 x \sec x \tan x \mathrm{d}x$$

$$= \int \tan^4 x \sec^2 x \mathrm{d}(\sec x)$$

$$= \int (\sec^2 x - 1)\sec^2 x \mathrm{d}(\sec x)$$

$$= \int (\sec^6 x - 2\sec^4 x + \sec^2 x) \mathrm{d}(\sec x)$$

$$= \frac{1}{7}\sec^7 x - \frac{2}{5}\sec^5 x + \frac{1}{3}\sec^3 x + C.$$

例 15　求 $\displaystyle\int \sec^6 x \mathrm{d}x$.

解　$\displaystyle\int \sec^6 x \mathrm{d}x = \int (\tan^2 x + 1)^2 \sec^2 x \mathrm{d}x = \int (\tan^2 x + 1)^2 \mathrm{d}(\tan x)$

$$= \int (\tan^4 x + 2\tan^2 x + 1) \mathrm{d}(\tan x)$$

$$= \frac{1}{5}\tan^5 x + \frac{2}{3}\tan^3 x + \tan x + C.$$

例 16　求 $\displaystyle\int \sec x \mathrm{d}x$.

解　$\displaystyle\int \sec x \mathrm{d}x = \int \frac{\sec x(\sec x + \tan x)}{\sec x + \tan x} \mathrm{d}x$

$$= \int \frac{\sec x(\sec x + \tan x)}{\sec x + \tan x} \mathrm{d}x = \int \frac{\sec^2 x + \sec x \tan x}{\sec x + \tan x} \mathrm{d}x$$

$$= \int \frac{\mathrm{d}(\sec x + \tan x)}{\sec x + \tan x} = \ln|\sec x + \tan x| + C.$$

例 17　求 $\displaystyle\int \csc x \mathrm{d}x$.

解法一

$$\int \csc x \mathrm{d}x = \int \frac{1}{\sin x} \mathrm{d}x = \int \frac{\sin x}{\sin^2 x} \mathrm{d}x = \int \frac{\sin x}{\cos x - 1} \mathrm{d}(\cos x) = \ln\left|\tan \frac{x}{2}\right| + C.$$

解法二

$$\int \csc x \mathrm{d}x = \int \frac{1}{\sin x} \mathrm{d}x = \int \frac{1}{2\sin\dfrac{x}{2}\cos\dfrac{x}{2}} \mathrm{d}x = \int \frac{1}{\tan\dfrac{x}{2}} \mathrm{d}\left(\tan\frac{x}{2}\right) = \ln\left|\tan\frac{x}{2}\right| + C.$$

注　不同的积分方法会得到形式不一样的原函数, 只要保证其求导后等于被积函数, 那么积分结果都是正确的, 不必化成同一形式.

例 18　求 $\displaystyle\int \cos 3x \cos 2x \mathrm{d}x$.

解　$\displaystyle\int \cos 3x \cos 2x \mathrm{d}x = \frac{1}{2}\int (\cos x + \cos 5x) \mathrm{d}x = \frac{1}{2}\sin x + \frac{1}{10}\sin 5x + C.$

注 若被积函数为不同角的同名三角函数的乘积, 可利用积化和差公式进行初等变形, 拆分后逐项积分.

常用的 (凑) 微分公式

(1) $f(ax+b)\mathrm{d}x = \dfrac{1}{a}f(ax+b)\mathrm{d}(ax+b) \quad (a \neq 0);$

$$f(ax^k+b) \cdot x^{k-1}\mathrm{d}x = \dfrac{1}{ka}f(ax^k+b)\mathrm{d}(ax^k+b) \quad (a \neq 0);$$

$$f(\sqrt{x}) \cdot \dfrac{1}{\sqrt{x}}\mathrm{d}x = 2f(\sqrt{x})\mathrm{d}\sqrt{x};$$

$$f\left(\dfrac{1}{x}\right) \cdot \dfrac{1}{x^2}\mathrm{d}x = -f\left(\dfrac{1}{x}\right)\mathrm{d}\left(\dfrac{1}{x}\right).$$

(2) $f(\mathrm{e}^x) \cdot \mathrm{e}^x\mathrm{d}x = f(\mathrm{e}^x)\mathrm{d}(\mathrm{e}^x).$

(3) $f(\ln x) \cdot \dfrac{1}{x}\mathrm{d}x = f(\ln x)\mathrm{d}(\ln x); \dfrac{\varphi'(x)}{\varphi(x)}\mathrm{d}x = \mathrm{d}\ln|\varphi(x)| \ (\varphi(x) \neq 0).$

(4)
$$f(\cos x) \cdot \sin x\mathrm{d}x = -f(\cos x)\mathrm{d}(\cos x);$$

$$f(\cos x) \cdot \sin x\mathrm{d}x = -f(\cos x)\mathrm{d}(\cos x);$$

$$f(\tan x) \cdot \sec^2 x\mathrm{d}x = f(\tan x)\mathrm{d}(\tan x);$$

$$f(\cot x) \cdot \csc^2 x\mathrm{d}x = -f(\cot x)\mathrm{d}(\cot x).$$

(5)
$$f(\arcsin x) \cdot \dfrac{1}{\sqrt{1-x^2}}\mathrm{d}x = f(\arcsin x)\mathrm{d}(\arcsin x);$$

$$f(\arccos x) \cdot \dfrac{1}{\sqrt{1-x^2}}\mathrm{d}x = -f(\arccos x)\mathrm{d}(\arccos x);$$

$$f(\arctan x) \cdot \dfrac{1}{1+x^2}\mathrm{d}x = f(\arctan x)\mathrm{d}(\arctan x).$$

4.2.2 第二类换元积分法

定理 4.2.2 (第二类换元积分法) 设 $x = \varphi(t)$ 是单调、有连续导数的函数, 且 $\varphi'(t) \neq 0$. $f(x)$ 为连续函数, 则有换元公式

慕课4.2.2

$$\int f(x)\mathrm{d}x = \left\{\int f[\varphi(t)]\varphi'(t)\mathrm{d}t\right\}_{t=\varphi(x)},$$

其中 $t = \varphi(x)$ 为 $x = \varphi^{-1}(t)$ 的反函数.

证明 由假设可知 $f[\varphi(t)]\varphi'(t)$ 连续, 所以它的原函数存在, 设为 $F(t)$, 从而有 $\int f[\varphi(t)]\varphi'(t)\mathrm{d}t = F(t) + C$. 由于

$$F'[\varphi(x)] = \dfrac{\mathrm{d}F}{\mathrm{d}t} \cdot \dfrac{\mathrm{d}t}{\mathrm{d}x} = f[\varphi(t)]\varphi'(t) \cdot \dfrac{1}{\varphi'(t)} = f[\varphi(t)] = f(x),$$

即 $F\left[\varphi(x)\right]$ 是 $f(x)$ 的原函数, 所以有

$$F'\left[\varphi(x)\right]=\frac{\mathrm{d}F}{\mathrm{d}t}\cdot\int f(x)\mathrm{d}x=F\left[\varphi(x)\right]+C=F(t)+C=\left\{\int f\left[\varphi(t)\right]\varphi'(t)\mathrm{d}t\right\}_{t=\varphi(x)}.$$

第二类换元积分法常用的变量代换如下.

(1) 根式代换.

把被积函数中的根式直接设为新变量, 这种方法往往可使原积分转化为较易计算的积分.

如果被积函数中含有不同根指数的同一个函数的根式, 那么为了消除被积函数中的这些根式, 往往令以各不同根指数的最小公倍数为根指数, 然后以该函数的根式为新的积分变量.

例 19　求 $\displaystyle\int\frac{1}{1+\sqrt{x+1}}\mathrm{d}x$.

解　设 $t=\sqrt{x+1}$, 则 $x=t^2-1$, $\mathrm{d}x=2t\mathrm{d}t$, 则

$$\int\frac{1}{1+\sqrt{x+1}}\mathrm{d}x=\int\frac{1}{1+t}2t\mathrm{d}t=2\int\frac{t+1-1}{1+t}\mathrm{d}t=2[t-\ln(1+t)]+C$$
$$=2[\sqrt{1+x}+\ln(1+\sqrt{1+x})]+C.$$

例 20　求 $\displaystyle\int\frac{1}{\sqrt{x}\left(1+\sqrt[3]{x}\right)}\mathrm{d}x$.

解　设 $t=\sqrt[6]{x}$, 则 $x=t^6$, $\mathrm{d}x=6t^5\mathrm{d}t$, 故

$$\int\frac{1}{\sqrt{x}\left(1+\sqrt[3]{x}\right)}\mathrm{d}x=\int\frac{t^3}{1+t^2}6t^5\mathrm{d}t=6\int\frac{t^8}{1+t^2}\mathrm{d}t$$
$$=2\int\left(t^6-t^4+t^2-1+\frac{1}{1+t^2}\right)\mathrm{d}t$$
$$=\frac{6}{7}t^7-\frac{6}{5}t^5+2t^3-6t+6\arctan t+C$$
$$=\frac{6}{7}x\sqrt[6]{x}-\frac{6}{5}\sqrt[6]{x^5}+2\sqrt{x}-6\sqrt[6]{x}+6\arctan\sqrt[6]{x}+C.$$

(2) 三角代换.

当被积函数含有 $\sqrt{a^2-x^2}$, $\sqrt{x^2+a^2}$, $\sqrt{x^2-a^2}$ 时, 可利用三角恒等式换元, 以消除被积函数中的根号, 从而使被积表达式简化, 即

① 当被积函数含有 $\sqrt{a^2-x^2}$ 时, 常用代换 $x=a\sin t\left(-\frac{\pi}{2}<t<\frac{\pi}{2}\right)$;

② 当被积函数含有 $\sqrt{x^2+a^2}$ 时, 常用代换 $x=a\tan t\left(-\frac{\pi}{2}<t<\frac{\pi}{2}\right)$;

③ 当被积函数含有 $\sqrt{x^2 - a^2}$ 时, 常用代换 $x = a\sec t \left(0 < t < \dfrac{\pi}{2}\right)$, 其中 a 为常数.

注意适当选取 t 的范围, 使 $x = \varphi(t)$ 单调可导.

例 21 求 $\displaystyle\int \sqrt{a^2 - x^2}\,\mathrm{d}x \ (a > 0)$.

解 设 $x = a\sin t \left(-\dfrac{\pi}{2} \leqslant t \leqslant \dfrac{\pi}{2}\right)$, 则 $\sqrt{a^2 - x^2} = a\sqrt{1 - \sin^2 t} = a\cos t$, $\mathrm{d}x = a\cos t\,\mathrm{d}t$, 于是

$$\int \sqrt{a^2 - x^2}\,\mathrm{d}x = \int a^2 \cos^2 t\,\mathrm{d}t = a^2 \int \frac{1 + \cos 2t}{2}\,\mathrm{d}t$$
$$= \frac{a^2}{2}\left(t + \frac{1}{2}\sin 2t\right) + C = \frac{a^2}{2}(t + \sin t \cos t) + C,$$

回代时, 根据变换 $x = a\sin t \left(-\dfrac{\pi}{2} \leqslant t \leqslant \dfrac{\pi}{2}\right)$, 可借助辅助三角形 (图 4-2-1), 得

$$\cos t = \frac{\sqrt{a^2 - x^2}}{a}, \quad t = \arcsin\frac{x}{a},$$

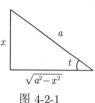

图 4-2-1

故

$$\int \sqrt{a^2 - x^2}\,\mathrm{d}x = \frac{a^2}{2}\left(\arcsin\frac{x}{a} + \frac{x}{a}\frac{\sqrt{a^2 - x^2}}{a}\right) + C.$$

例 22 求 $\displaystyle\int \frac{1}{\sqrt{a^2 + x^2}}\,\mathrm{d}x\,(a > 0)$.

解 设 $x = a\tan t \left(-\dfrac{\pi}{2} < t < \dfrac{\pi}{2}\right)$, 则 $\sqrt{x^2 + a^2} = a\sqrt{1 + \tan^2 t} = a\sec t$, $\mathrm{d}x = a\sec^2 t\,\mathrm{d}t$, 于是

$$\int \frac{1}{\sqrt{a^2 + x^2}}\,\mathrm{d}x = \int \frac{a\sec^2 t}{a\sec t}\,\mathrm{d}t = \int \sec t\,\mathrm{d}t = \ln|\sec t + \tan t| + C_1.$$

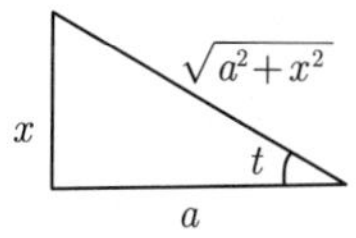

图 4-2-2

回代时, 根据变换 $\tan t = \dfrac{x}{a}$, 可借助辅助三角形 (图 4-2-2), 得

$$\sec t = \frac{\sqrt{x^2 + a^2}}{a}, \quad t = \arcsin\frac{x}{a},$$

故

$$\int \frac{1}{\sqrt{a^2 + x^2}}\,\mathrm{d}x = \ln\left|\frac{\sqrt{x^2 + a^2}}{a} + \frac{x}{a}\right| + C_1$$

$$= \ln \left| \sqrt{x^2 + a^2} + x \right| - \ln a + C_1 = \ln \left| \sqrt{x^2 + a^2} + x \right| + C.$$

例 23 求 $\int \dfrac{1}{\sqrt{x^2 - a^2}} \mathrm{d}x (a > 0).$

解 当 $x > a$ 时, 设 $x = a \sec t \left(0 < t < \dfrac{\pi}{2} \right)$, 则 $\sqrt{x^2 - a^2} = a \tan t$, $\mathrm{d}x = a \sec t \tan t \mathrm{d}t$, 于是如图 4-2-3, 有

$$\int \frac{1}{\sqrt{x^2 - a^2}} \mathrm{d}x = \int \frac{a \sec t \tan t}{a \tan t} \mathrm{d}t = \int \sec t \mathrm{d}t = \ln |\sec t + \tan t| + C_1$$

$$= \ln \left| \frac{\sqrt{x^2 + a^2}}{a} + \frac{x}{a} \right| + C_1 = \ln \left| \sqrt{x^2 + a^2} + x \right| + C.$$

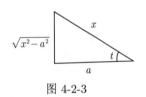

图 4-2-3

同理, 当 $x < -a$ 时, 令 $x = -u$, 那么 $u > a$, 利用上面结果, 有

$$\int \frac{1}{\sqrt{x^2 - a^2}} \mathrm{d}x = - \int \frac{1}{\sqrt{u^2 - a^2}} \mathrm{d}u$$

$$= - \ln \left| u + \sqrt{u^2 - a^2} \right| + C$$

$$= - \ln \left| -x + \sqrt{x^2 + a^2} \right| + C$$

$$= \ln \left| -x - \sqrt{x^2 + a^2} \right| + C_1.$$

所以

$$\int \frac{1}{\sqrt{x^2 - a^2}} \mathrm{d}x = \ln \left| x + \sqrt{x^2 - a^2} \right| + C.$$

(3) 倒代换 $\dfrac{1}{x} = t.$

利用它常可消去被积函数的分母中的变量因子 x; 分母次数较高时宜使用倒 (数) 代换.

例 24 求 $\int \dfrac{\sqrt{a^2 - x^2}}{x^4} \mathrm{d}x (a > 0).$

解 设 $x = \dfrac{1}{t}$, 则 $\mathrm{d}x = - \dfrac{\mathrm{d}t}{t^2}$, 于是

$$\int \frac{\sqrt{a^2 - x^2}}{x^4} \mathrm{d}x = \int \frac{\sqrt{a^2 - \dfrac{1}{t^2}}}{\dfrac{1}{t^4}} \cdot \frac{-\mathrm{d}t}{t^2} = - \int (a^2 t^2 - 1)^{\frac{1}{2}} t \mathrm{d}t$$

$$= -\frac{1}{3a^2}(a^2t^2 - 1)^{\frac{3}{2}} + C = -\frac{(a^2 - x^2)^{\frac{3}{2}}}{3a^2 x^3} + C.$$

在本节的例题中, 有几个积分是以后经常会遇到的, 所以它们通常也被当作公式使用. 这样, 常用的积分公式, 除了基本积分表中的几个外, 再添加下面几个 (其中常数 $a > 0$).

基本积分公式表 (二)

(1) $\displaystyle\int \tan x \mathrm{d}x = -\ln|\cos x| + C;$

   $\displaystyle\int \cot x \mathrm{d}x = \ln|\sin x| + C;$

   $\displaystyle\int \sec x \mathrm{d}x = \ln|\sec x + \tan x| + C;$

   $\displaystyle\int \csc x \mathrm{d}x = \ln|\csc x - \cot x| + C.$

(2) $\displaystyle\int \frac{\mathrm{d}x}{x^2 + a^2} = \frac{1}{a}\arctan\frac{x}{a} + C.$

(3) $\displaystyle\int \frac{\mathrm{d}x}{x^2 - a^2} = \frac{1}{2a}\ln\left|\frac{x - a}{x + a}\right| + C.$

(4) $\displaystyle\int \frac{\mathrm{d}x}{\sqrt{a^2 - x^2}} = \arcsin\frac{x}{a} + C;$

   $\displaystyle\int \frac{\mathrm{d}x}{\sqrt{a^2 + x^2}} = \ln\left(x + \sqrt{a^2 + x^2}\right) + C.$

(5) $\displaystyle\int \frac{\mathrm{d}x}{\sqrt{x^2 - a^2}} = \ln\left|x + \sqrt{x^2 - a^2}\right| + C.$

(6) $\displaystyle\int \sqrt{a^2 - x^2}\,\mathrm{d}x = \frac{1}{2}x\sqrt{a^2 - x^2} + \frac{a^2}{2}\arcsin\frac{x}{a} + C.$

(7) $\displaystyle\int \sqrt{a^2 - x^2}\,\mathrm{d}x = \frac{1}{2}x\sqrt{a^2 - x^2} + \frac{a^2}{2}\arcsin\frac{x}{a} + C.$

小结与思考

1. 小结

两种换元积分法的实质. 两种方法的目的都是要使原积分化为易于积分的形式, 第一类换元积分法是把原积分化为以它的积分变量的某个函数作为新的积分

变量, 而第二类换元积分法则是把原积分的积分变量换成另一个变量的函数. 换元过程的关键步骤为

$$\int f\left[\varphi(x)\right]\varphi'(x)\mathrm{d}x \xrightleftharpoons[\text{换元法二}]{\text{换元法二}} \int f(u)\mathrm{d}u, u=\varphi(x).$$

换元函数往往不止一个, 在尝试中可选取容易积分的换元函数进行计算. 另外, 要多注意被积表达式的结构, 多练习多总结, 积分计算能力的提高不是一蹴而就的, 需要积累凝练.

2. 思考

导数的加法运算, 可对应不定积分的线性运算; 复合求导法则, 可对应不定积分的换元积分法; 那么对于导数的乘法运算, 对应的不定积分的运算又会有怎样的运算规则呢?

习　题　4.2

1. 在下列等式右端空白横线处填入适当的系数, 使等式成立:

(1) $\mathrm{d}x = \underline{\qquad}\mathrm{d}(5x);$ 　　　(2) $\mathrm{d}x = \underline{\qquad}\mathrm{d}(3x-1);$

(3) $x\mathrm{d}x = \underline{\qquad}\mathrm{d}(x^2);$ 　　(4) $xe^{x^2}\mathrm{d}x = \underline{\qquad}\mathrm{d}(e^{x^2});$

(5) $3^x\mathrm{d}x = \underline{\qquad}\mathrm{d}(3^x);$ 　　(6) $e^{3x}\mathrm{d}x = \underline{\qquad}\mathrm{d}(3x);$

(7) $\dfrac{1}{x}\mathrm{d}x = \underline{\qquad}\mathrm{d}(1-2\ln x);$ 　(8) $\dfrac{1}{\sqrt{x}}\mathrm{d}x = \underline{\qquad}\mathrm{d}(2\sqrt{x});$

(9) $\dfrac{1}{\sqrt{1-x^2}}\mathrm{d}x = \underline{\qquad}\mathrm{d}(2-\arcsin x);$ 　(10) $\sin 2x\mathrm{d}x = \underline{\qquad}\mathrm{d}(\cos 2x);$

(11) $\dfrac{1}{1+x^2}\mathrm{d}x = \underline{\qquad}\mathrm{d}(2\arctan x-1);$ 　(12) $\dfrac{x}{\sqrt{1-x^2}}\mathrm{d}x = \underline{\qquad}\mathrm{d}(\sqrt{1-x^2});$

(13) $\sec^2(3x-1)\mathrm{d}x = \underline{\qquad}\mathrm{d}(\tan(3x-1));$ 　(14) $\sec 5x\tan 5x\mathrm{d}x = \underline{\qquad}\mathrm{d}(\sec 5x).$

2. 利用第一类换元积分法计算下列积分:

(1) $\displaystyle\int \cos(1-3x)\mathrm{d}x;$ 　　(2) $\displaystyle\int (2x-1)^4\mathrm{d}x;$

(3) $\displaystyle\int \dfrac{1}{\sqrt{2-3x}}\mathrm{d}x;$ 　　(4) $\displaystyle\int \dfrac{x^2}{1+4x^3}\mathrm{d}x;$

(5) $\displaystyle\int 2x\sqrt{1+x^2}\mathrm{d}x;$ 　　(6) $\displaystyle\int \dfrac{4x^4}{1+x^5}\mathrm{d}x;$

(7) $\displaystyle\int e^{-3x+1}\mathrm{d}x;$ 　　(8) $\displaystyle\int \dfrac{1}{e^x+e^{-x}}\mathrm{d}x;$

(9) $\displaystyle\int \dfrac{e^x}{e^x-1}\mathrm{d}x;$ 　　(10) $\displaystyle\int \dfrac{1}{x\ln x}\mathrm{d}x;$

(11) $\displaystyle\int \frac{1+\ln x}{(x\ln x)^2}\mathrm{d}x$;

(12) $\displaystyle\int \frac{1}{x\ln x\ln\ln x}\mathrm{d}x$;

(13) $\displaystyle\int \frac{\sin x}{\cos^3 x}\mathrm{d}x$;

(14) $\displaystyle\int \cos^3 x\mathrm{d}x$;

(15) $\displaystyle\int \frac{\sin\sqrt{t}}{\sqrt{t}}\mathrm{d}t$;

(16) $\displaystyle\int \tan^3 x\sec x\mathrm{d}x$;

(17) $\displaystyle\int \frac{\arctan\sqrt{x}}{\sqrt{x}\,(1+x)}\mathrm{d}x$;

(18) $\displaystyle\int \frac{\ln\tan x}{\cos x\sin x}\mathrm{d}x$.

3. 利用第二类换元积分法计算下列积分:

(1) $\displaystyle\int \frac{\sqrt{x-1}}{x}\mathrm{d}x$;

(2) $\displaystyle\int \frac{1}{\sqrt{x}\,(1+\sqrt[4]{x})}\mathrm{d}x$;

(3) $\displaystyle\int \frac{1}{1+\sqrt{2x}}\mathrm{d}x$;

(4) $\displaystyle\int \frac{1}{x+\sqrt{1-x^2}}\mathrm{d}x$;

(5) $\displaystyle\int \frac{\mathrm{d}x}{\sqrt{(1+x^2)^3}}$;

(6) $\displaystyle\int \frac{1}{\sqrt{x-x^2}}\mathrm{d}x$;

(7) $\displaystyle\int \frac{\sqrt{x^2-9}}{x}\mathrm{d}x$;

(8) $\displaystyle\int \frac{1}{x^2\sqrt{4+x^2}}\mathrm{d}x$.

4. 求 $\displaystyle\int \frac{1}{\sqrt{1+x-x^2}}\mathrm{d}x$.

4.3 分部积分法

教学目标: 掌握不定积分的分部积分公式及其在具体计算问题中的应用.

教学重点: 不定积分的分部积分公式.

教学难点: 对被积表达式进行适当变形, 使其具备进行分部积分的运行条件.

教学背景: 乘积的求导运算与不定积分计算的 "逆过程" 关系.

思政元素: 客观认知, 准确评判, 合理才能合适.

本节课我们利用两个函数乘积的求导法则, 来推导另一个求不定积分的基本方法——分部积分法.

引例 如何计算下列积分:

$$\int x\cos x\mathrm{d}x, \quad \int \cos(x-1)\mathrm{d}x, \quad \int \cos x\sin x\mathrm{d}x.$$

分析 被积函数为 x 的复合函数, 我们可将复杂部分或中间变量设为新的变量, 然后转化为求 u 的原函数, 最后再将 u 进行回代.

4.3.1 分部积分公式的推导

慕课4.3

设函数 $u = u(x)$ 及 $v = v(x)$ 具有连续导数, 两个函数乘积的导数公式为

$$(uv)' = u'v + uv',$$

移项, 得 $uv' = (uv)' - u'v$, 然后两边求不定积分, 得

$$\int uv'\mathrm{d}x = uv - \int u'v\mathrm{d}x,$$

或记为

$$\int u\mathrm{d}v = uv - \int v\mathrm{d}u.$$

将上述公式称为**分部积分公式**.

说明几个问题

(1) 当被积函数中含有两种不同类型函数的乘积时, 常考虑分部积分法.

(2) 其实质是将左侧 $\int u\mathrm{d}v$ 的积分转化为 $\int v\mathrm{d}u$ 的相对容易的积分;

(3) 应用分部积分公式时要恰当选取被积函数中的某类函数, 执行 "凑微分" 的任务, 凑出函数 v, 将所求积分先化为 $\int u\mathrm{d}v$, 再利用分部积分公式计算, 即分部积分法的公式为

$$\int f(x)\mathrm{d}x = \int u(x)v'(x)\mathrm{d}x = \int u\mathrm{d}v = uv - \int u'v\mathrm{d}x.$$

恰当地选取 u 和 $\mathrm{d}v$, 一般要考虑下面两点: ① v 要容易凑微分得到; ② $\int v\mathrm{d}u$ 要比 $\int u\mathrm{d}v$ 容易积出.

4.3.2 分部积分公式的应用

例 1 $\int x\cos x\mathrm{d}x.$

解 被积函数由幂函数和三角函数两种函数构成, 我们选取幂函数作为 u, 即令 $u = x$, 那么被积表达式其余部分 $\cos x\mathrm{d}x$ 可凑微分得到 $\mathrm{d}(\sin x)$, 即 $\cos x\mathrm{d}x = \mathrm{d}(\sin x)$, 于是 $v(x) = \sin x$, 则利用分部积分公式得

$$\int x\cos x\mathrm{d}x = \int x\mathrm{d}(\sin x) = x\sin x - \int \sin x\mathrm{d}x$$

$$= x\sin x - (-\cos x) + C = x\sin x + \cos x + C.$$

思考: 若改变 u 的选取方式, 结果是否一样呢?

令 $u = \cos x$, 则 $x\mathrm{d}x = \mathrm{d}\left(\dfrac{x^2}{2}\right)$, 那么 $v = \dfrac{x^2}{2}$, 则利用分部积分公式得

$$\int x\cos x\mathrm{d}x = \int \cos x\mathrm{d}\left(\frac{x^2}{2}\right) = \frac{x^2}{2}\cos x + \int \frac{x^2}{2}\sin x\mathrm{d}x,$$

转化后的积分显然比原积分更难计算, 所以 u 的选取方式只可采用第一种情形.

例 2 $\displaystyle\int x\mathrm{e}^x\mathrm{d}x.$

解 令 $u = x$, 则 $\mathrm{e}^x\mathrm{d}x = \mathrm{d}(\mathrm{e}^x)$, 那么 $v = \mathrm{e}^x$, 则利用分部积分公式得

$$\int x\mathrm{e}^x\mathrm{d}x = \int x\mathrm{d}\mathrm{e}^x = x\mathrm{e}^x - \int \mathrm{e}^x\mathrm{d}x = x\mathrm{e}^x - \mathrm{e}^x + C.$$

例 3 $\displaystyle\int x^2\mathrm{e}^x\mathrm{d}x.$

解 令 $u = x^2$, 则 $\mathrm{e}^x\mathrm{d}x = \mathrm{d}(\mathrm{e}^x)$, 那么 $v = \mathrm{e}^x$, 则利用分部积分公式得

$$\int x^2\mathrm{e}^x\mathrm{d}x = \int x^2\mathrm{d}\mathrm{e}^x = x^2\mathrm{e}^x - 2\int \mathrm{e}^x\mathrm{d}x = x^2\mathrm{e}^x - 2\mathrm{e}^x + C.$$

由以上三例可见, 当被积函数为指数函数 (或三角函数) 与 $x^n(n$ 为正整数) 的乘积时, 必须将幂函数 x^n 留下作为 u, 其余部分结合 $\mathrm{d}x$ 凑出 $\mathrm{d}v$, 即对下列积分: $\displaystyle\int x^m\mathrm{e}^{ax}\mathrm{d}x$; $\displaystyle\int x^m\sin ax\mathrm{d}x$; $\displaystyle\int x^m\cos ax\mathrm{d}x$ (m 为正整数, a 为常数), 均可令 $u = x^m$, 指数函数和三角函数执行凑微分的任务, 凑出 $\mathrm{d}v$.

我们再看以下例题.

例 4 $\displaystyle\int x\ln x\mathrm{d}x.$

解 当被积函数是幂函数与对数函数的乘积时, 我们只能选取 $u = \ln x$, 则 $x\mathrm{d}x = \mathrm{d}\left(\dfrac{x^2}{2}\right)$, 则利用分部积分公式得

$$\int x\ln x\mathrm{d}x = \int \ln x\mathrm{d}\left(\frac{x^2}{2}\right) = \frac{x^2}{2}\ln x - \int \frac{x^2}{2}\cdot\frac{1}{x}\mathrm{d}x = \frac{x^2}{2}\ln x - \frac{x^2}{4} + C.$$

例 5 $\displaystyle\int \arccos x\mathrm{d}x.$

解 此时, 令 $u = \arccos x$, $\mathrm{d}v = \mathrm{d}x$, 则 $v = x$,

$$\int \arccos x\mathrm{d}x = x\arccos x - \int x\mathrm{d}(\arccos x)$$

$$= x \arccos x + \int \frac{x}{\sqrt{1-x^2}} \mathrm{d}x$$

$$= x \arccos x - \frac{1}{2} \int \frac{1}{\sqrt{1-x^2}} \mathrm{d}(1-x^2)$$

$$= x \arccos x - \frac{1}{3}(1-x^2)^{\frac{3}{2}} + C.$$

例 6 $\displaystyle\int x \arctan x \mathrm{d}x.$

解 $\displaystyle\int x \arctan x \mathrm{d}x = \frac{1}{2} \int \arctan x \mathrm{d}(x^2)$

$$= \frac{x^2}{2} \arctan x - \int \frac{x^2}{2} \mathrm{d}(\arctan x)$$

$$= \frac{x^2}{2} \arctan x - \frac{1}{2} \int \frac{x^2}{1+x^2} \mathrm{d}x$$

$$= \frac{x^2}{2} \arctan x - \frac{1}{2} \int \frac{x^2+1-1}{1+x^2} \mathrm{d}x$$

$$= \frac{x^2}{2} \arctan x - \frac{1}{2} \int \left(1 - \frac{1}{1+x^2}\right) \mathrm{d}x$$

$$= \frac{x^2}{2} \arctan x - \frac{1}{2}(x - \arctan x) + C.$$

由以上三例可见, 当被积函数为对数函数 (或反三角函数) 与 x^n(n 为正整数) 的乘积时, 需令 x^n 结合 $\mathrm{d}x$ 作为 $\mathrm{d}v$, 其余部分作为 u, 即对下列积分: $\displaystyle\int x^n \ln x \mathrm{d}x$; $\displaystyle\int x^n \arcsin x \mathrm{d}x$; $\displaystyle\int x^n \arccos x \mathrm{d}x$; $\displaystyle\int x^n \arctan x \mathrm{d}x$ 均可令 $x^n \mathrm{d}x = \mathrm{d}v$, 其余部分作为 u.

以下例子使用的方法也是比较典型的方法.

例 7 $\displaystyle\int \mathrm{e}^x \sin x \mathrm{d}x.$

解 $\displaystyle\int \mathrm{e}^x \sin x \mathrm{d}x = \int \sin x \mathrm{d}(\mathrm{e}^x) = \mathrm{e}^x \sin x - \int \mathrm{e}^x \mathrm{d}(\sin x)$

$$= \mathrm{e}^x \sin x - \int \mathrm{e}^x \cos x \mathrm{d}x = \mathrm{e}^x \sin x - \int \cos x \mathrm{d}(\mathrm{e}^x)$$

$$= \mathrm{e}^x \sin x - \mathrm{e}^x \cos x + \int \mathrm{e}^x \mathrm{d}(\cos x)$$

$$= e^x \sin x - \int \cos x d(e^x)$$

$$= e^x \sin x - e^x \cos x - \int \sin x e^x dx,$$

通过使用两次分部积分公式, 再次出现所求的积分, 通过移项并整理, 可得

$$\int e^x \sin x dx = \frac{1}{2} e^x (\sin x + \cos x) + C.$$

例 8 $\int \sec^3 x dx.$

解 $\int \sec^3 x dx = \int \sec x \sec^2 x dx = \int \sec x d(\tan x)$

$$= \sec x \tan x - \int \tan x d(\sec x)$$

$$= \sec x \tan x - \int \tan^2 x \sec x dx$$

$$= \sec x \tan x - \int (\sec^2 x - 1) \sec x dx$$

$$= \sec x \tan x - \int \sec^3 x dx + \int \sec x dx.$$

通过使用两次分部积分公式, 再次出现所求的积分, 通过移项并整理, 可得

$$\int \sec^3 x dx = \frac{1}{2} \sec x \tan x + \frac{1}{2} \int \sec x dx = \frac{1}{2} \sec x \tan x + \frac{1}{2} \ln |\sec x + \tan x| + C.$$

由以上两例可见, 当被积函数为指数函数与三角函数的乘积时, 例如,

$$\int e^{ax} \sin bx dx; \quad \int e^{ax} \cos bx dx, \quad u, v \text{ 任意选取 } (a, b \text{ 为常数}).$$

此类型一般是经过多次分部积分后重复出现原积分形, 然后移项整理便解得原积分的结果. 要注意的是, 此种类型积分时, u 的选取是两类函数均可, 但每次使用分部积分公式计算时, 要确保前后几次积分时, u 的选取保持一致, 才能为避免出现错误或循环计算.

可见, 如何合理选择 u 和 dv 是分部积分法计算积分的关键. 在选择 u 时, 我们可以按照 "反对幂三指" 的顺序, 也可以按照 "对反幂指三" 的顺序进行, 但幂函数始终处在中间的位置. 凑 v 的过程有时需要敢于尝试, 要注意部分函数会变形、消失或重构, 直到可以利用或反复利用分部积分公式来解决积分问题.

例 9　$\displaystyle\int \mathrm{e}^{\sqrt{x}}\mathrm{d}x.$

解　令 $t=\sqrt{x}$, 则 $x=t^2$, $\mathrm{d}x=2t\mathrm{d}t$, 故

$$\int \mathrm{e}^{\sqrt{x}}\mathrm{d}x = 2\int t\mathrm{e}^t\mathrm{d}t = 2\int t\mathrm{d}(\mathrm{e}^t) = 2\left(t\mathrm{e}^t - \int \mathrm{e}^t\mathrm{d}t\right) = 2\mathrm{e}^t(t-1) + C.$$

例 10　设 $f(\ln x)=\dfrac{\ln(1+x)}{x}$, 计算 $\displaystyle\int f(x)\mathrm{d}x.$

解法一　令 $u=\ln x$, 则 $x=\mathrm{e}^u$, $f(u)=\dfrac{\ln(1+\mathrm{e}^u)}{\mathrm{e}^u}$, 故

$$
\begin{aligned}
\int f(x)\mathrm{d}x &= \int \frac{\ln(1+\mathrm{e}^x)}{\mathrm{e}^x}\mathrm{d}x = \int \ln(1+\mathrm{e}^x)\mathrm{d}\mathrm{e}^{-x} \\
&= \mathrm{e}^{-x}\ln(1+\mathrm{e}^x) - \int \mathrm{e}^{-x}\mathrm{d}\ln(1+\mathrm{e}^x) \\
&= \mathrm{e}^{-x}\ln(1+\mathrm{e}^x) - \int \mathrm{e}^{-x}\frac{\mathrm{e}^x}{1+\mathrm{e}^x}\mathrm{d}x \\
&= \mathrm{e}^{-x}\ln(1+\mathrm{e}^x) - \int \frac{1}{1+\mathrm{e}^x}\mathrm{d}x \\
&= \mathrm{e}^{-x}\ln(1+\mathrm{e}^x) - \int \frac{1+\mathrm{e}^x-\mathrm{e}^x}{1+\mathrm{e}^x}\mathrm{d}x \\
&= \mathrm{e}^{-x}\ln(1+\mathrm{e}^x) - \int \left(1-\frac{\mathrm{e}^x}{1+\mathrm{e}^x}\right)\mathrm{d}x \\
&= \mathrm{e}^{-x}\ln(1+\mathrm{e}^x) - x + \ln(1+\mathrm{e}^x) + C.
\end{aligned}
$$

解法二　令 $x=\ln t$, 则

$$
\begin{aligned}
\int f(x)\mathrm{d}x &= \int \frac{f(\ln t)}{t}\mathrm{d}t = \int \frac{\ln(1+t)}{t^2}\mathrm{d}t = \int \ln(1+t)\mathrm{d}\left(-\frac{1}{t}\right) \\
&= \int \ln(1+t)\mathrm{d}\left(-\frac{1}{t}\right) = -\frac{1}{t}\ln(1+t) + \int \frac{1}{t(1+t)}\mathrm{d}t \\
&= -\frac{1}{t}\ln(1+t) + \int \left(\frac{1}{t}-\frac{1}{1+t}\right)\mathrm{d}t = -\frac{1}{t}\ln(1+t) + \ln\frac{t}{1+t} + C \\
&= \mathrm{e}^{-x}\ln(1+\mathrm{e}^x) - x + \ln(1+\mathrm{e}^x) + C.
\end{aligned}
$$

小结与思考

1. 小结

利用分部积分法计算不定积分时, 恰当地选取 u 及 v' 的一般方法: 把被积函数视为两个函数之积, 按反 (反三角函数)、对 (对数函数)、幂 (幂函数)、指 (指数函数) 三 (三角函数)" 的顺序, 前者为 u, 后者为 v'. 应当注意的是, 在积分的求解过程中, 往往要兼用换元积分法与分部积分法.

2. 思考

求不定积分 $\displaystyle\int \frac{x\mathrm{e}^x}{\sqrt{\mathrm{e}^x - 1}}\mathrm{d}x$.

习 题 4.3

1. 计算下列不定积分:

(1) $\displaystyle\int x\sin x\mathrm{d}x$;

(2) $\displaystyle\int x^2\cos 5x\mathrm{d}x$;

(3) $\displaystyle\int x\mathrm{e}^{-x}\mathrm{d}x$;

(4) $\displaystyle\int \ln x\mathrm{d}x$;

(5) $\displaystyle\int x^2\ln x\mathrm{d}x$;

(6) $\displaystyle\int \ln^2 x\mathrm{d}x$;

(7) $\displaystyle\int \arcsin x\mathrm{d}x$;

(8) $\displaystyle\int (\arcsin x)^2\mathrm{d}x$;

(9) $\displaystyle\int \mathrm{e}^{-x}\cos x\mathrm{d}x$;

(10) $\displaystyle\int x^2\arctan x\mathrm{d}x$;

(11) $\displaystyle\int x\sin x\cos x\mathrm{d}x$;

(12) $\displaystyle\int x^2\cos^2\frac{x}{2}\mathrm{d}x$.

2. 计算下列不定积分:

(1) $\displaystyle\int \frac{x^2\mathrm{e}^x}{(x+2)^2}\mathrm{d}x$;

(2) $\displaystyle\int \ln(x+\sqrt{1+x^2})\mathrm{d}x$;

(3) $\displaystyle\int \frac{\ln^3 x}{x^2}\mathrm{d}x$;

(4) $\displaystyle\int \cos\ln x\mathrm{d}x$;

(5) $\displaystyle\int \mathrm{e}^{\sqrt{3x+9}}\mathrm{d}x$;

(6) $\displaystyle\int \sqrt{x}\cos\sqrt{x}\mathrm{d}x$;

(7) $\displaystyle\int \csc^3 x\mathrm{d}x$;

(8) $\displaystyle\int \frac{x\arctan x}{\sqrt{1+x^2}}\mathrm{d}x$.

4.4 几种特殊类型的积分

教学目标: 掌握几类特殊结构的函数的不定积分计算方法.

教学重点:　有理分式函数的不定积分.

教学难点:　有理分式函数的拆分.

教学背景:　初等函数的不定积分不一定总能表达为初等函数形式.

思政元素:　特殊到一般, 以巧破千斤, 复杂问题分解为多项简单问题.

任何初等函数的导数仍是初等函数, 反之不然, 初等函数不一定都能找到初等形式的原函数. 已经证明如下积分是积不出来的: $\displaystyle\int e^{-x^2}dx$, $\displaystyle\int e^{\frac{1}{x}}dx$, $\displaystyle\int \frac{\sin x}{x}dx$, $\displaystyle\int \sin\frac{1}{x}dx$, $\displaystyle\int \ln\frac{1}{x}dx$.

然而, 任何一个有理函数都能找到初等形式的原函数.

4.4.1　有理函数的积分

1. 有理函数的概念

定义 4.4.1　两个多项式的商 $\dfrac{P(x)}{Q(x)}$ 称为**有理函数**, 也称**有理分式**. 形如

慕课4.4

$$\frac{P(x)}{Q(x)} = \frac{a_0 x^n + a_1 x^{n-1} + \cdots + a_{n-1}x + a_n}{b_0 x^m + b_1 x^{m-1} + \cdots + b_{m-1}x + b_m},$$

其中 $a_0, a_1, a_2, \cdots, a_n$ 及 $b_0, b_1, b_2, \cdots, b_m$ 为常数, 且 $a_0 \neq 0$, $b_0 \neq 0$.

如果分子 $P(x)$ 的次数 n 小于分母 $Q(x)$ 的次数 m, 称为**真分式**; 如果分子 $P(x)$ 的次数 n 大于分母 $Q(x)$ 的次数 m, 称为**假分式**. 利用多项式除法可得, 任一假分式可转化为多项式与真分式之和. 例如, $\dfrac{x^3 + x + 1}{x^2 + 1} = x + \dfrac{1}{x^2 + 1}$.

由于多项式的积分是没有困难的, 所以有理函数的积分主要是解决**有理真分式**的积分问题, 而解决问题的关键在于将真分式如何化为若干个最简真分式之和.

2. 真分式的积分

根据多项式理论, 任一多项式 $Q(x)$ 在实数范围内能分解为一次因式和二次质因式的乘积, 即

$$Q(x) = b_0(x-a)^{\alpha} \cdots (x-b)^{\beta}(x^2 + px + q)^{\lambda} \cdots (x^2 + rx + s)^{\mu}, \tag{4-4-1}$$

其中 $p^2 - 4q < 0$, $\cdots$, $r^2 - 4s < 0$.

真分式 $\dfrac{P(x)}{Q(x)}$ 可分解如下

$$\frac{P(x)}{Q(x)} = \frac{A_1}{(x-a)^{\alpha}} + \frac{A_2}{(x-a)^{\alpha-1}} + \cdots + \frac{A_{\alpha}}{x-a}$$

$$+ \cdots$$

$$+ \frac{B_1}{(x-b)^\beta} + \frac{B_2}{(x-b)^{\beta-1}} + \cdots + \frac{B_\beta}{x-b}$$

$$+ \frac{M_1 x + N_1}{(x^2+px+q)^\lambda} + \frac{M_2 x + N_2}{(x^2+px+q)^{\lambda-1}} + \cdots + \frac{M_\lambda x + N_\lambda}{x^2+px+q}$$

$$+ \cdots$$

$$+ \frac{R_1 x + NS_1}{(x^2+rx+s)^\mu} + \frac{R_2 x + S_2}{(x^2+rx+s)^{\mu-1}} + \cdots + \frac{R_\mu x + S_\mu}{x^2+rx+s}. \qquad (4\text{-}4\text{-}2)$$

(4-4-2) 表明, 任何有理真分式都可以分解成下列四种类型的简单分式之和:

$$\frac{A}{x-a}, \quad \frac{A}{(x-a)^k}, \quad \frac{Px+Q}{x^2+px+q}, \quad \frac{Px+Q}{(x^2+px+q)^k} \quad (k>1),$$

其中, A, P, Q, a, p, q 都是实常数, 且 $p^2 - 4q < 0$, k 为大于 1 的正整数.

下面介绍真分式分解为部分分式的方法.

1) 待定系数法

$$\frac{x+1}{x^2-5x+6} = \frac{A}{x-3} + \frac{B}{x-2} = \frac{A(x-2)+B(x-3)}{x^2-5x+6},$$

其中 A, B 为待定系数. 上式两端去分母后, 得 $x+1 = A(x-2) + B(x-3)$, 即 $x+1 = (A+B)x - 2A - 3B$, 比较上式分子两端同次幂的系数, 即有

$$\begin{cases} A + B = 1, \\ 2A + 3B = -1, \end{cases} \quad \text{从而解得 } A = 4, B = -3.$$

2) 赋值法

等式 $x+1 = A(x-2) + B(x-3)$ 对一切 $x \in \mathbf{R}$ 都成立, 故可令 $x=2$, 得 $B=-3$; 令 $x=3$ 得 $A=4$.

3) 拼凑法

$$\frac{1}{x(x-1)^2} = \frac{x-(x-1)}{x(x-1)^2} = \frac{1}{(x-1)^2} - \frac{1}{x(x-1)} = \frac{1}{(x-1)^2} - \frac{x-(x-1)}{x(x-1)}$$

$$= \frac{1}{(x-1)^2} - \frac{1}{x-1} + \frac{1}{x}.$$

因此, 有理真分式的积分问题, 就可归结为下面四种简单分式的积分

(1) $\displaystyle\int \frac{A}{x-a} \mathrm{d}x$;   (2) $\displaystyle\int \frac{A}{(x-a)^k} \mathrm{d}x$;

(3) $\displaystyle\int \frac{Px+Q}{x^2+px+q}\mathrm{d}x$;   (4) $\displaystyle\int \frac{Px+Q}{(x^2+px+q)^k}\mathrm{d}x$.

现在让我们分别来考虑这四种类型的积分. 对于 (1) 和 (2) 可直接积分得到结果.

(1) $\displaystyle\int \frac{A}{x-a}\mathrm{d}x = A\ln|x-a| + C$;

(2) $\displaystyle\int \frac{A}{(x-a)^k}\mathrm{d}x = -\frac{A}{(k-1)(x-a)^{k-1}} + C$.

下面重点讨论 (3) 和 (4) 的积分

将 (3) $\displaystyle\int \frac{Px+Q}{x^2+px+q}\mathrm{d}x$ 和 (4) $\displaystyle\int \frac{Px+Q}{(x^2+px+q)^k}\mathrm{d}x \ (k>1)$ 的分子改写成其中有一部分恰巧是分母的导数.

例 1 求下列不定积分:

(1) $\displaystyle\int \frac{x+1}{x^2-5x+6}\mathrm{d}x$;   (2) $\displaystyle\int \frac{x+2}{(1+2x)(x^2+x+1)}\mathrm{d}x$;

(3) $\displaystyle\int \frac{x-3}{(x-1)(x^2-1)}\mathrm{d}x$.

解 (1) 被积函数的分母分解成 $(x-3)(x-2)$, 则被积函数可分解为

$$\frac{x+1}{x^2-5x+6} = \frac{A}{x-3} + \frac{B}{x-2},$$

其中 A, B 为待定系数, 上式两端去分母后, 得

$$x+1 = A(x-2) + B(x-3),$$

即

$$x+1 = (A+B)x - 2A - 3B.$$

比较上式两端同次幂的系数, 即有

$$\begin{cases} A+B = 1, \\ 2A+3B = -1, \end{cases}$$

从而解得 $A=4, B=-3$, 于是

$$\int \frac{x+3}{x^2-5x+6}\mathrm{d}x = \int \left(\frac{4}{x-3} - \frac{3}{x-2}\right)\mathrm{d}x = 4\ln|x-3| - 3\ln|x-2| + C.$$

(2) 设被积函数可分解为

$$\frac{x+2}{(1+2x)(x^2+x+1)} = \frac{A}{1+2x} + \frac{Bx+D}{x^2+x+1},$$

则

$$x+2 = (A+2B)x^2 + (Bx+D)(2x+1),$$

即

$$x+2 = (A+2B)x^2 + (A+B+2D)x + A+D.$$

比较上式两端同次幂的系数, 即有

$$\begin{cases} A+2B=0, \\ A+B+2D=1, \\ A+D=2, \end{cases}$$

从而解得 $A=4$, $B=-3$, $D=0$, 于是

$$\int \frac{x+2}{(1+2x)(x^2+x+1)}\mathrm{d}x = \int \left(\frac{2}{1+2x} - \frac{x}{x^2+x+1}\right)\mathrm{d}x$$

$$= \ln|2x+1| - \frac{1}{2}\int \frac{(2x+1)-1}{x^2+x+1}\mathrm{d}x$$

$$= \ln|2x+1| - \frac{1}{2}\int \frac{\mathrm{d}(x^2+x+1)}{x^2+x+1} + \frac{1}{2}\int \frac{\mathrm{d}x}{\left(x+\dfrac{1}{2}\right)^2 + \dfrac{3}{4}}$$

$$= \ln|2x+1| - \frac{1}{2}\ln(x^2+x+1) + \frac{1}{\sqrt{3}}\arctan\frac{2x+1}{\sqrt{3}} + C.$$

(3) 按照被积函数的分母, 设被积函数可分解为

$$\frac{x-3}{(x-1)^2(x+1)} = \frac{Ax+B}{(x-1)^2} + \frac{D}{x+1},$$

其中 A, B, D 为待定系数, 上式两端去分母后, 得

$$x-3 = (Ax+B)(x+1) + D(x-1)^2,$$

即

$$x-3 = (A+D)x^2 + (A+B-2D)x + B+D.$$

比较上式两端同次幂的系数, 即有

$$\begin{cases} A+D=0, \\ A+B-2D=1, \\ B+D=-3, \end{cases}$$

从而解得 $A = 1, B = -2, D = -1$, 于是

$$\int \frac{x-3}{(x-1)(x^2-1)}\mathrm{d}x = \int \frac{x-3}{(x-1)^2(x+1)}\mathrm{d}x = \int \left[\frac{x-2}{(x-1)^2} - \frac{1}{x+1}\right]\mathrm{d}x$$

$$= \int \frac{x-1-1}{(x-1)^2}\mathrm{d}x - \ln\ln|x+1|$$

$$= \ln|x-1| + \frac{1}{x-1} - \ln|x+1| + C.$$

4.4.2　三角函数有理式的积分

所谓三角函数的有理式是指常数与三角函数通过有限次的四则运算所组成的函数. 因为三角函数中正切、余切和正割、余割都可以用正弦、余弦表示, 所以我们把三角函数有理式记作 $R(\sin x, \cos x)$.

由万能公式知, $\sin x$ 与 $\cos x$ 都可用 $\tan \dfrac{x}{2}$ 来表示:

$$\sin x = \frac{2\sin\dfrac{x}{2}\cos\dfrac{x}{2}}{\sin^2\dfrac{x}{2}+\cos^2\dfrac{x}{2}} = \frac{2\tan\dfrac{x}{2}}{1+\tan^2\dfrac{x}{2}}, \quad \cos x = \frac{\cos^2\dfrac{x}{2}-\sin^2\dfrac{x}{2}}{\sin^2\dfrac{x}{2}+\cos^2\dfrac{x}{2}} = \frac{1-\tan^2\dfrac{x}{2}}{1+\tan^2\dfrac{x}{2}}.$$

因此, 如果令 $t = \tan\dfrac{x}{2}$, 那么 $\sin x = \dfrac{2t}{1+t^2}$, $\cos x = \dfrac{1-t^2}{1+t^2}$, $x = 2\arctan t$, $\mathrm{d}x = \dfrac{2t}{1+t^2}\mathrm{d}t$, 这样, 我们就把三角函数有理式化成了有理函数的积分. 由于有理函数的积分一定可以积出, 所以三角函数有理式的积分也是一定可以积出的.

例 2　求 $\displaystyle\int \frac{1+\sin x}{\sin x(1+\cos x)}\mathrm{d}x$.

解　令 $t = \tan\dfrac{x}{2}$, 那么 $\sin x = \dfrac{2t}{1+t^2}$, $\cos x = \dfrac{1-t^2}{1+t^2}$, $x = 2\arctan t$, $\mathrm{d}x = \dfrac{2t}{1+t^2}\mathrm{d}t$, 于是

$$\int \frac{1+\sin x}{\sin x(1+\cos x)}\mathrm{d}x = \int \frac{1+\dfrac{2t}{1+t^2}}{\dfrac{2t}{1+t^2}\left(1+\dfrac{1-t^2}{1+t^2}\right)}\cdot\frac{2}{1+t^2}\mathrm{d}t = \frac{1}{2}\int \left(t+2+\frac{1}{t}\right)\mathrm{d}t$$

$$= \frac{1}{2}\left(\frac{u^2}{2}+2u+\ln|u|\right)+C$$

$$= \frac{1}{4}\tan^2\frac{x}{2}+\tan\frac{x}{2}+\frac{1}{2}\ln\left|\tan\frac{x}{2}\right|+C.$$

例 3 求 $\int \dfrac{1}{\sin^4 x}\mathrm{d}x$.

解 令 $t = \tan\dfrac{x}{2}$, 那么 $\sin x = \dfrac{2t}{1+t^2}$, $x = 2\arctan t$, $\mathrm{d}x = \dfrac{2t}{1+t^2}\mathrm{d}t$, 于是

$$\int \frac{1}{\sin^4 x}\mathrm{d}x = \int \frac{1}{\left(\dfrac{2t}{1+t^2}\right)^4}\cdot\frac{2}{1+t^2}\mathrm{d}t = \int \frac{1+3t^2+3t^4+t^6}{8t^4}\mathrm{d}t$$

$$= \frac{1}{8}\left(-\frac{1}{3t^3}-\frac{3}{t}+3t+\frac{t^3}{3}\right)+C$$

$$= \frac{1}{-24\left(\tan\dfrac{x}{2}\right)^3}-\frac{3}{8\tan\dfrac{x}{2}}+\frac{3}{8}\tan\frac{x}{2}+\frac{1}{24}\left(\tan\frac{x}{2}\right)^3+C.$$

例 4 求 $I = \int \dfrac{\sin x}{\sin x+\cos x}\mathrm{d}x$, $J = \int \dfrac{\cos x}{\sin x+\cos x}\mathrm{d}x$.

解 将两个积分相加, 得 $I + J = \int \mathrm{d}x = x + C_1$.

再将两个积分相减, 得

$$I - J = \int \frac{\sin x-\cos x}{\sin x+\cos x}\mathrm{d}x = -\int \frac{(\sin x+\cos x)'}{\sin x+\cos x}\mathrm{d}x$$

$$= \ln|\sin x+\cos x|+C_2.$$

因此 $I = \dfrac{1}{2}[x-\ln|\sin x+\cos x|]+C$, $J = \dfrac{1}{2}[x+\ln|\sin x+\cos x|]+C$.

小结与思考

1. 小结

本节学习了有理函数的积分及可化为有理函数的积分. 计算时, 可归结为下面的几个步骤:

(1) 如果有理函数为假分式, 可利用除法将其化为整式多项式与真分式之和. 多项式部分可直接积分.

(2) 将真分式的分母进行分解因式, 进而将被积函数分解成部分分式.

(3) 再根据以上四种类型的积分的求法, 求出各部分分式的积分, 便可得出所求的积分.

2. 思考

求 $\int \dfrac{1}{a^2\sin^2 x+b^2\cos^2 x}\mathrm{d}x$ $(ab \neq 0)$.

习 题 4.4

1. 计算下列不定积分:

(1) $\displaystyle\int \frac{x^3}{x+3}\mathrm{d}x$;

(2) $\displaystyle\int \frac{2x+3}{x^2+3x-10}\mathrm{d}x$;

(3) $\displaystyle\int \frac{x+1}{x^2-2x+5}\mathrm{d}x$;

(4) $\displaystyle\int \frac{\mathrm{d}x}{x(x^2+1)}$;

(5) $\displaystyle\int \frac{3}{x^3+1}\mathrm{d}x$;

(6) $\displaystyle\int \frac{x^2+1}{(x+1)^2(x-1)}\mathrm{d}x$;

(7) $\displaystyle\int \frac{x\mathrm{d}x}{(x+1)(x+2)(x+3)}$;

(8) $\displaystyle\int \frac{x^5+x^4-8}{x^3-x}\mathrm{d}x$;

(9) $\displaystyle\int \frac{2x+3}{(x^2+1)(x^2+x)}\mathrm{d}x$;

(10) $\displaystyle\int \frac{1}{x^4-1}\mathrm{d}x$.

2. 计算下列不定积分:

(1) $\displaystyle\int \frac{\mathrm{d}x}{3+\cos x}$;

(2) $\displaystyle\int \frac{\mathrm{d}x}{2+\sin x}$;

(3) $\displaystyle\int \frac{\mathrm{d}x}{1+\sin x+\cos x}$;

(4) $\displaystyle\int \frac{\mathrm{d}x}{2\sin x-\cos x+5}$.

4.5 利用 MATLAB 求不定积分

教学目标: 掌握 MATLAB 求不定积分方法.

教学重点: MATLAB 求不定积分的命令语句.

教学难点: 实操 MATLAB 求不定积分.

教学背景: MATLAB 软件是工科学习的有力工具.

思政元素: 通过不定积分数学软件的学习, 提升学生解决实际问题的能力.

4.5.1 利用 MATLAB 求极限

MATLAB 中用于求函数 $f(x)$ 的不定积分的是 "int(f)", 它表示求函数 $f(x)$ 关于变量 x 的不定积分, 为缺省变量, 不必标出. 如果函数中有多个字母, 则需要标出积分变量, 形式是 "int(f, x)". MATLAB 中不定积分的计算结果仅仅是被积函数的一个原函数, 而不定积分的结果为被积函数的全体原函数, 是一组函数, 故最终结果要加上常数 C.

例 1 用 MATLAB 语言书写求不定积分 $\displaystyle\int \frac{1+x}{\sqrt[3]{1+3x}}\mathrm{d}x$.

解 在命令行窗口输入以下代码:

```
>> syms x;
>> f =(1+x)/(1+3*x)^(1/3);
>> y =int(f);
y=
  ((1+3*x)^(2/3) * (6+3*x))/15;
```

故 $\int \dfrac{1+x}{\sqrt[3]{1+3x}}\mathrm{d}x = \dfrac{(3x+6)\sqrt[3]{(3x+1)^2}}{15} + C.$

例 2 用 MATLAB 语言书写求不定积分 $\int \sqrt{a^2-x^2}\mathrm{d}x(a>0).$

解 在命令行窗口输入以下代码:

```
>> syms a x;
>>assume(a>x);
>> f = (a^2-x^2) ^(1/2);
>>int(f , x)
ans=
(a^2asin(x/a))/2+(x*(a^2-x^2) ^(1/2))/2;
```

故 $\int \sqrt{a^2-x^2}\mathrm{d}x = \dfrac{a^2}{2}\arcsin\dfrac{x}{a} + \dfrac{x\sqrt{a^2-x^2}}{2} + C.$

总 习 题 4

1. (1993, 数一) 计算不定积分 $F(x) = \displaystyle\int \dfrac{x\mathrm{e}^x}{\sqrt{\mathrm{e}^x-1}}\mathrm{d}x.$

2. (1997, 数二) 计算不定积分 $\displaystyle\int \dfrac{\mathrm{d}x}{\sqrt{x(4-x)}}.$

3. (1998, 数二) 计算不定积分 $\displaystyle\int \dfrac{\ln\sin x}{\sin^2 x}\mathrm{d}x.$

4. (1999, 数二) 计算不定积分 $\displaystyle\int \dfrac{x+5}{x^2-6x+13}\mathrm{d}x.$

5. (1999, 数一) 设 $f(x)$ 是连续函数, $F(x)$ 是 $f(x)$ 的原函数, 则 (   ).

A. 当 $f(x)$ 是奇函数时, $F(x)$ 必是偶函数

B. 当 $f(x)$ 是偶函数时, $F(x)$ 必是奇函数

C. 当 $f(x)$ 是周期函数时, $F(x)$ 必是周期函数

D. 当 $f(x)$ 是单调增函数时, $F(x)$ 必是单调增函数

6. (2000, 数二) 设 $f(\ln x) = \dfrac{\ln(1+x)}{x}$, 求 $\displaystyle\int f(x)\,\mathrm{d}x.$

7. (2001, 数二) 计算不定积分 $\displaystyle\int \frac{\mathrm{d}x}{(2x^2+1)\sqrt{x^2+1}}$.

8. (2001, 数一) 计算不定积分 $\displaystyle\int \frac{\arcsin \mathrm{e}^x}{\mathrm{e}^{2x}}\,\mathrm{d}x$.

9. (2002, 数四) 已知 $f(x)$ 的一个原函数为 $\ln^2 x$, 则 $\displaystyle\int xf'(x)\mathrm{d}x =$ _____.

10. (2002, 数三) 设 $f(\sin^2 x) = \dfrac{x}{\sin x}$, 求 $\displaystyle\int \frac{\sqrt{x}}{\sqrt{1-x}}f(x)\,\mathrm{d}x$.

11. (2003, 数二) 计算不定积分 $\displaystyle\int \frac{x\mathrm{e}^{\arctan x}}{(1+x^2)^{\frac{3}{2}}}\,\mathrm{d}x$.

12. (2004, 数一) 已知 $f'(\mathrm{e}^x) = x\mathrm{e}^{-x}$ 且 $f(1) = 0$, 则 $f(x) =$ _____.

13. (2004, 数四) 计算不定积分 $\displaystyle\int \frac{\arcsin \sqrt{x}}{\sqrt{x}}\mathrm{d}x =$ _____.

14. (2005, 数一) 设 $F(x)$ 是连续函数 $f(x)$ 的一个原函数, "$M \Leftrightarrow N$" 表示 "M 的充分必要条件是 N", 则 (　　).

　A. $F(x)$ 是偶函数时 $\Leftrightarrow f(x)$ 是偶函数

　B. $F(x)$ 是奇函数时 $\Leftrightarrow f(x)$ 是偶函数

　C. $F(x)$ 是周期函数时 $\Leftrightarrow f(x)$ 是周期函数

　D. $F(x)$ 是单调函数时 $\Leftrightarrow f(x)$ 是单调偶函数

15. (2006, 数二) 计算不定积分 $\displaystyle\int \frac{\arcsin \mathrm{e}^x}{\mathrm{e}^x}\,\mathrm{d}x$.

16. (2009, 数二) 计算不定积分 $\displaystyle\int \ln\left(1 + \sqrt{\frac{1+x}{x}}\right)\mathrm{d}x\,(x > 0)$.

17. (2011, 数三) 计算不定积分 $\displaystyle\int \frac{\arcsin \sqrt{x} + \ln x}{\sqrt{x}}\,\mathrm{d}x$.

18. (2018, 数一) 计算不定积分 $\displaystyle\int \mathrm{e}^{2x}\arctan \sqrt{\mathrm{e}^x - 1}\mathrm{d}x$.

19. (2019, 数二) 计算不定积分 $\displaystyle\int \frac{3x+6}{(x-1)^2(x^2+x+1)}\mathrm{d}x$.

第 4 章思维导图

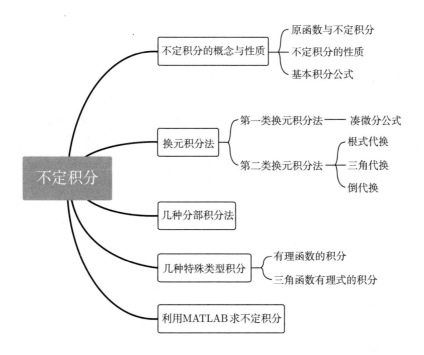

第 5 章 定 积 分

微积分的创立, 被誉为 "人类精神的最高胜利" (恩格斯《自然辩证法》).

微积分对数学的一个划时代和不朽的贡献, 就是它把运动变化和无限的思想引入数学, 并成为一种基本的数学思想. 其中积分学的思想萌芽由来已久, 可以追溯到古代的 "穷竭法" 和 "割圆术", 借助微积分, 辩证法思想步入数学殿堂.

本章首先通过实际问题引出微积分学又一个重要的基本概念——定积分, 然后讨论其性质和计算, 以及如何运用元素法解决几何学和物理学中的相关问题, 最后将定积分推广, 介绍两种反常积分.

一、教学基本要求

1. 理解并掌握定积分的概念.
2. 掌握定积分的性质及积分中值定理.
3. 掌握牛顿–莱布尼茨公式的运用, 理解积分上限函数的性质及求导运算. 掌握极限的性质及四则运算法则.
4. 熟练掌握定积分的换元法和分部积分法.
5. 理解广义积分的概念, 会计算一些简单的广义积分.
6. 中国古代数学家刘徽提出的割圆术 "割之弥细, 所失弥少, 割之又割, 以至于不可割, 则与圆合体, 而无所失矣" 包含了朴素的极限思想、无穷思想和量变到质变的哲学思想.

二、教学重点

1. 定积分的概念及性质、积分上限函数的导数.
2. 微积分基本公式.
3. 定积分的计算、广义积分的计算.

三、教学难点

1. 积分上限函数的导数及其应用.
2. 定积分的各类证明问题.

3. 定积分计算中的换元及分部积分的技巧.

5.1 定积分的概念与性质

教学目标: 理解一元函数定积分的概念, 领会定积分的几何意义, 灵活运用定积分的性质.

教学重点: 定积分的定义与性质.

教学难点: 对定积分几何意义的理解, 对定积分中值定理的理解.

教学背景: 曲边梯形面积问题、变速直线运动物体的路程问题、变力做功问题.

思政元素: 不积跬步, 无以至千里; 不积小流, 无以成江海.

5.1.1 引例

引例 1　求曲边梯形的面积.

慕课5.1.1

设函数 $y = f(x)$ 在 $[a,b]$ 上非负且连续, 由曲线 $y = f(x)$ 与直线 $x = a$, $x = b$ 及 x 轴所围成的图形称为**曲边梯形**, 如图 5-1-1 所示, 求曲边梯形的面积 A.

问题分析　由于曲边梯形的高 $f(x)$ 是连续变化的, 故无法用梯形或矩形的面积公式直接计算, 需要寻求新的方法. 由割圆术的思想, 可将曲边梯形分割成若干个小的曲边梯形, 再求其面积之和. 显然, 曲边梯形分得越细, 所得到的曲边梯形面积近似值的精度就越高. 由 $f(x)$ 的连续性可知, 当分割后的小曲边梯形的底边长很小的时候, 每个小曲边梯形的面积都可以由小矩形的面积近似代替, 于是把区间 $[a,b]$ 无限细分后,

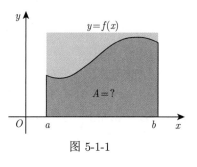

图 5-1-1

当每个小区间的长度都趋近于零时, 对所有小曲边梯形的面积之和取极限, 其极限值便是曲边梯形的面积的精确值.

这个方法的具体步骤可分为以下四步来进行, 具体如下:

(1) **分割**　把以区间 $[a,b]$ 为底边的曲边梯形分成若干个小曲边梯形, 即在区间 (a,b) 内任意插入 $n-1$ 个分点

$$a = x_0 < x_1 < x_2 < \cdots < x_{i-1} < x_i < \cdots < x_{n-1} < x_n = b,$$

把区间 $[a,b]$ 任意分成 n 个小区间: $[x_0, x_1], [x_1, x_2], \cdots, [x_{i-1}, x_i], \cdots, [x_{n-1}, x_n]$, 它们的长度依次为 $\Delta x_1 = x_1 - x_0, \Delta x_2 = x_2 - x_1, \cdots, \Delta x_i = x_i - x_{i-1}, \cdots,$ $\Delta x_n = x_n - x_{n-1}$. 并用符号 $\lambda = \max\{\Delta x_i\}\,(i = 1, 2, \cdots, n)$ 表示所有小区间长度的最大值.

(2) **近似** 求小曲边梯形面积的近似值 (图 5-2-2).

当区间长度 Δx_i 很小时, 在每个小区间 $[x_{i-1}, x_i]$ 上任取一点 $\xi_i (i = 1, 2, \cdots, n)$, 可以用以 $[x_{i-1}, x_i]$ 为底、$f(\xi_i)$ 为高的小矩形面积 $f(\xi_i) \Delta x_i$ 近似替代第 i 个小曲边梯形面积 $\Delta A_i (i = 1, 2, \cdots, n)$, 即 $\Delta A_i \approx f(\xi_i) \Delta x_i$.

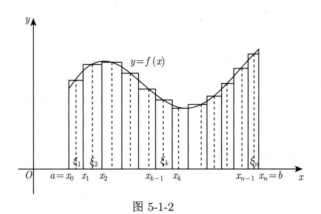

图 5-1-2

(3) **求和** 把 n 个小矩形的面积相加, 便得到曲边梯形面积的近似值, 即

$$A \approx \sum_{i=1}^{n} \Delta A_i = \sum_{i=1}^{n} f(\xi_i) \Delta x_i.$$

(4) **取极限** 当区间 $[a, b]$ 分割越来越细, 即 n 越来越大, 同时每个小区间的长度越来越小时, n 个小矩形的面积和就越来越接近于曲边梯形的面积. 要得到精确值, 必须让 $[a, b]$ 的分割份数 n 无限地增大, 同时每一个小区间的长度无限地变小, 运用极限概念, 取上述和式的极限, 便得曲边梯形的面积

$$A = \lim_{\lambda \to 0} A_n = \lim_{\lambda \to 0} \sum_{i=1}^{n} f(\xi_i) \Delta x_i.$$

求曲边梯形面积的这种方法可概括说成 "**分割求近似, 求和取极限**".

引例 2 求物体做变速直线运动的路程.

设物体做变速直线运动, 已知速度函数 $v = v(t)$, 求时间间隔 $[a, b]$ 一段时间内所经过的路程 $s(t)$.

问题分析 由于物体做非匀速直线运动, 这里 v 不再是常量而是变量, 故不能用公式 $s = vt$ 来直接计算. 我们可以用类似于解决曲边梯形面积问题的方法与步骤来解决变速运动的路程问题. 具体步骤如下:

(1) **分割** 在时间区间 $[a, b]$ 内任意插入 $n - 1$ 个分点

$$a = t_0 < t_1 < t_2 < \cdots < t_{k-1} < t_k < \cdots < t_{n-1} < t_n = b,$$

把时间区间 $[a, b]$ 任意分成 n 个小段 $[t_0, t_1], [t_1, t_2], \cdots, [t_{k-1}, t_k], \cdots, [t_{n-1}, t_n]$, 各小段时间的长度依次为

$$\Delta t_1 = t_1 - t_0, \quad \Delta t_2 = t_2 - t_1, \cdots, \Delta t_k = t_k - t_{k-1}, \cdots, \Delta t_n = t_n - t_{n-1}.$$

(2) **近似**   由于运动速度 $v = v(t)$ 是连续变化的, 当时间间隔 Δt_k 很小时, 速度变化也很小, 因而可以在 Δt_k 上任取一个时刻 ξ_k, 用该时刻的速度 $v(\xi_k)$ 近似代替 Δt_k 上的速度 $v(t)$. 于是在小范围内可以通过匀速运动的路程公式求出真实路程 ΔS_k 的近似值, 即

$$\Delta S_k \approx v(\xi_k) \Delta t_k \quad (k = 1, 2, \cdots, n).$$

(3) **求和**   把 n 个子区间 Δt_k 上按匀速运动计算出的路程加起来, 就得到真实路程 S 的近似值, 即 $S \approx \sum\limits_{k=1}^{n} v(\xi_k) \Delta t_k$.

(4) **取极限**   当对时间间隔 $[a, b]$ 的分割越来越细, 小区段上看作匀速运动时的路程之和就越来越接近于真实路程. 于是, 当 $\lambda \to 0$ 时和式 $\sum\limits_{k=1}^{n} v(\xi_k) \Delta t_k$ 的极限就是真实路程, 即

$$S = \lim_{\lambda \to 0} \sum_{k=1}^{n} v(\xi_k) \Delta t_k.$$

从以上两例可见, 问题的实际背景虽不相同, 但思想方法有共性, 通过"分割、近似、求和、取极限", 都能化为形如 $\sum\limits_{i=1}^{n} f(\xi_i) \Delta x_i$ 的和式的极限问题. 由此可抽象出定积分的概念.

5.1.2 定积分的概念

1. 定积分的定义

定义 5.1.1   设函数 $f(x)$ 在 $[a, b]$ 上有界, 在 $[a, b]$ 内任意插入 $n - 1$ 个分点,

$$a = x_0 < x_1 < x_2 < \cdots < x_{i-1} < x_i < \cdots < x_{n-1} < x_n = b,$$

把区间 $[a, b]$ 分成 n 个小区间: $[x_0, x_1], [x_1, x_2], \cdots, [x_{i-1}, x_i], \cdots, [x_{n-1}, x_n]$, 各个小区间的长度依次为 $\Delta x_1 = x_1 - x_0, \cdots, \Delta x_i = x_i - x_{i-1}, \cdots, \Delta x_n = x_n - x_{n-1}$. 在每个小区间 $[x_{i-1}, x_i]$ 上任取一点 $\xi_i (i = 1, 2, \cdots, n)$, 作函数值 $f(\xi_i)$ 与小区间

长度 Δx_i 的乘积 $f(\xi_i)\Delta x_i (i=1,2,\cdots,n)$, 并作出和

$$S_n = \sum_{i=1}^{n} f(\xi_i)\Delta x_i. \tag{5-1-1}$$

记 $\lambda = \max\{\Delta x_1, \Delta x_2, \cdots, \Delta x_n\}$, 如果不论对 $[a,b]$ 怎样分法, 也不论在小区间 $[x_{i-1}, x_i]$ 上点 ξ_i 怎样取法, 只要当 $\lambda \to 0$ 时, 和 S_n 的极限存在, 这时我们称这个极限为函数 $f(x)$ 在区间 $[a,b]$ 上的**定积分**, 记作

$$\int_a^b f(x)\mathrm{d}x,$$

即

$$\int_a^b f(x)\mathrm{d}x = \lim_{\lambda\to 0}\sum_{i=1}^{n} f(\xi_i)\Delta x_i, \tag{5-1-2}$$

其中 $f(x)$ 叫做**被积函数**, $f(x)\mathrm{d}x$ 叫做**被积表达式**, x 叫做**积分变量**, a 叫做**积分下限**, b 叫做**积分上限**, $[a,b]$ 叫做**积分区间**, 和 $\sum_{k=1}^{n} f(\xi_k)\Delta x_k$ 通常称为 $f(x)$ 的**积分和**.

如果 $f(x)$ 在区间 $[a,b]$ 上的定积分存在, 我们就说 $f(x)$ 在区间 $[a,b]$ 上**可积**, 否则称为不可积.

由定积分的概念, 前面所讨论的两个实际问题可以分别表述如下:

(1) 曲边梯形的面积 A 等于函数 $f(x)$ 在 $[a,b]$ 上的定积分, 即 $A = \int_a^b f(x)\mathrm{d}x$.

(2) 以速度 $v(t)$ 做变速直线运动的物体, 时间间隔为 $[a,b]$ 所经过的路程 S 等于函数 $v(t)$ 在区间 $[a,b]$ 上的定积分, 即 $S = \int_a^b v(t)\mathrm{d}t$.

关于定义的几点说明 (1) 定义中区间 $[a,b]$ 的**划分是任意的**, ξ_i 在区间 $[x_{i-1}, x_i]$ 上的**选取也是任意**, 对于不同的划分和不同的选取, 将有不同的和数 S_n, 但当 $\lambda\to 0$ 时, 所有的和数 S_n 的极限是同一个数值. 当和的极限存在时, 定积分就存在.

(2) 定积分是一个数值, 它只与被积函数和积分区间有关, 而与积分变量的符号名称无关, 即

$$\int_a^b f(x)\mathrm{d}x = \int_a^b f(t)\mathrm{d}t = \cdots = \int_a^b f(u)\mathrm{d}u.$$

(3) 区间 $[a,b]$ 划分的细密程度不能仅由分点个数的多少或 n 的大小来确定. 因为尽管 n 很大, 一子区间的长度却不一定都很小, 所以在求和数的极限时, 必须**要求最大子区间的长度** $\lambda \to 0$, 才能确保分割足够细, 这时当然也有 $n \to \infty$.

定积分与不定积分概念的区别 函数 $f(x)$ 的定积分是具有某种形式的和数的极限, 它是一个确定的数; 而 $f(x)$ 的不定积分是它的全体原函数 $F(x) + C$, 它是一族函数.

例 1 利用定积分的定义计算定积分 $\displaystyle\int_0^1 x^2 \mathrm{d}x$.

解 对积分区间 $[0,1]$ 采取平均分割的方式, 分成 n 等份, 每个小区间 $[x_{i-1}, x_i]$ 的长度 $\Delta x_i = \dfrac{1}{n}$, 其分点即为 $x_i = \dfrac{i}{n}(i = 1, 2, \cdots)$, 由于 $\xi_i \in \left[\dfrac{i-1}{n}, \dfrac{i}{n}\right]$, 取 $\xi_i = \dfrac{i}{n}$, 则

$$\sum_{i=1}^n f(\xi_i)\Delta x_i = \sum_{i=1}^n \xi_i^2 \Delta x_i = \sum_{i=1}^n x_i^2 \Delta x_i = \sum_{i=1}^n \left(\frac{i}{n}\right)^2 \cdot \frac{1}{n} = \frac{1}{n^3}\sum_{i=1}^n i^2$$

$$= \frac{1}{n^3} \cdot \frac{1}{6}n(n+1)(2n+1) = \frac{1}{6}\left(1 + \frac{1}{n}\right)\left(2 + \frac{1}{n}\right),$$

于是两边取极限得

$$\int_0^1 x^2 \mathrm{d}x = \lim_{\lambda \to 0}\sum_{i=1}^n \xi_i^2 \Delta x_i = \lim_{n \to \infty}\frac{1}{6}\left(1 + \frac{1}{n}\right)\left(2 + \frac{1}{n}\right) = \frac{1}{3}.$$

注 对区间采取平均分割时, 当 $\lambda \to 0$ 等价于 $n \to \infty$, 另外 ξ_i 特殊选取右端点, 可使数列的极限计算相对简单.

2. 函数可积的条件

对于函数 $f(x)$ 满足怎样的条件可使得 $f(x)$ 在 $[a,b]$ 上一定可积呢? 这个问题我们不作深入讨论, 而是不加证明的给出以下可积的必要条件和充分条件.

定理 5.1.1 (可积的必要条件) 若函数 $f(x)$ 在 $[a,b]$ 上可积, 则 $f(x)$ 在 $[a,b]$ 上有界.

这个定理指出, **任何可积函数一定是有界的**, 即**可积则有界**. 由与它等价的逆否命题可知: **无界函数一定不可积**. 然而, 有界函数不一定可积, 如狄利克雷函数 $D(x)$ 在 $[0,1]$ 上是有界的, 但是它在 $[0,1]$ 上不可积.

定理 5.1.2 (可积的充分条件) (1) 若 $f(x)$ 是闭区间 $[a,b]$ 上的连续函数, 则 $f(x)$ 在 $[a,b]$ 上可积.

(2) 若 $f(x)$ 在闭区间 $[a,b]$ 上有界, 且只有有限个间断点, 则 $f(x)$ 在 $[a,b]$ 上可积.

利用函数可积的必要条件常常用于证明函数不可积 (即: 若 $f(x)$ 在 $[a,b]$ 上至少有一个无界点, 则 $f(x)$ 在 $[a,b]$ 上不可积); 利用函数可积的充分条件常常是判断函数可积的重要方法.

3. 定积分的几何意义

在区间 $[a,b]$ 上, 当 $f(x) \geqslant 0$ 时, $\displaystyle\int_a^b f(x)\mathrm{d}x$ 的值是正的; 当 $f(x) \leqslant 0$ 时, 由于 $f(\xi_i) \leqslant 0$, 而 $\Delta x_i > 0$, 从定义可知 $\displaystyle\int_a^b f(x)\mathrm{d}x \leqslant 0$, 此时定积分 $\displaystyle\int_a^b f(x)\mathrm{d}x$ 在几何上表示上述曲边梯形面积的负值; 所以当 $f(x)$ 在 $[a,b]$ 上的值有正有负时, 函数 $f(x)$ 的图形某些部分在 x 轴的上方, 而其他部分在 x 轴下方, 此时定积分 $\displaystyle\int_a^b f(x)\mathrm{d}x$ 的数值是各个曲边梯形面积的**代数和** (图 5-1-3), 即

$$\int_a^b f(x)\mathrm{d}x = A_1 - A_2 + A_3 - A_4.$$

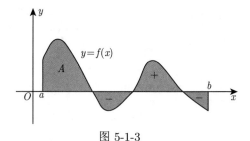

图 5-1-3

从几何意义看, 不难理解以下两个等式.

(1) 当 $a = b$ 时, 有 $\displaystyle\int_a^a f(x)\mathrm{d}x = 0$;

(2) 当 $a > b$ 时, 有 $\displaystyle\int_a^b f(x)\mathrm{d}x = -\int_b^a f(x)\mathrm{d}x$;

(3) 当 $f(x)$ 为奇函数时, 有 $\displaystyle\int_{-a}^a f(x)\mathrm{d}x = 0$;

(4) 当 $f(x)$ 为偶函数时, 有 $\displaystyle\int_{-a}^a f(x)\mathrm{d}x = 2\int_0^a f(x)\mathrm{d}x$.

注 当积分区间为对称区间时, 根据被积函数的奇偶性可及时化简, 这一 "奇零偶倍" 的对称性质后面还会给出严格的证明方法.

例 2 设函数 $f(x)$ 在 $[a,b]$ 上连续, 则曲线 $y = f(x)$ 与直线 $x = a, x = b$, $y = 0$ 所围成的平面图形的面积等于 (   ).

A. $\displaystyle\int_a^b f(x)\mathrm{d}x$ B. $\left|\displaystyle\int_a^b f(x)\mathrm{d}x\right|$

C. $\displaystyle\int_a^b |f(x)|\,\mathrm{d}x$ D. $f(\xi)(b-a)(a<\xi<b)$

例 3 试将图 5-1-4 中的面积用定积分表示

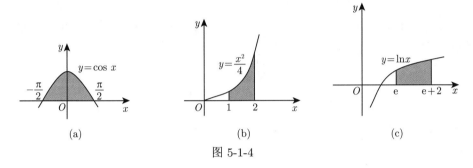

(a)   (b)   (c)

图 5-1-4

解 (a) $A_1 = \displaystyle\int_{-\frac{\pi}{2}}^{\frac{\pi}{2}} \cos x\mathrm{d}x$;   (b) $A_2 = \displaystyle\int_1^2 \frac{1}{4}x^2\mathrm{d}x$;   (c) $A_3 = \displaystyle\int_e^{e+2} \ln x\mathrm{d}x$.

例 4 用定积分的几何意义计算定积分 $\displaystyle\int_0^1 \sqrt{1-x^2}\mathrm{d}x$.

解 曲边梯形是由曲线 $y=\sqrt{1-x^2}$ 与 $x=0$, $x=1$ 及 x 轴所围成的四分之一的圆, 则定积分的值为圆面积的四分之一, 即 $\displaystyle\int_0^1 \sqrt{1-x^2}\mathrm{d}x = \frac{\pi}{4}$.

5.1.3 定积分的性质

假定以下所给函数在相关闭区间上都是连续的, 因此定积分都是存在的.

慕课5.1.2

性质 5.1.1 (线性性质) 若 α 和 β 均为常数, 则有

$$\int_a^b (\alpha f(x) \pm \beta g(x))\mathrm{d}x = \alpha \int_a^b f(x)\mathrm{d}x \pm \beta \int_a^b g(x)\mathrm{d}x.$$

性质 5.1.2 (积分区间的可加性) 无论 a,b,c 大小关系如何, 都有

$$\int_a^b f(x)\mathrm{d}x = \int_a^c f(x)\mathrm{d}x + \int_c^b f(x)\mathrm{d}x.$$

例如, 当 $a<b<c$ 时, 则有 $\displaystyle\int_a^c f(x)\mathrm{d}x = \int_a^b f(x)\mathrm{d}x + \int_b^c f(x)\mathrm{d}x$, 于是得

$$\int_a^b f(x)\mathrm{d}x = \int_a^c f(x)\mathrm{d}x - \int_b^c f(x)\mathrm{d}x = \int_a^c f(x)\mathrm{d}x + \int_c^b f(x)\mathrm{d}x.$$

性质 5.1.3 (度量性)　如果在区间 $[a,b]$ 上, $f(x) \equiv 1$, 则 $\int_a^b 1 \mathrm{d}x = \int_a^b \mathrm{d}x = b - a$.

性质 5.1.4 (保序性)　(1) 若在区间 $[a,b]$ 上, 有 $f(x) \geqslant 0$, 则 $\int_a^b f(x)\mathrm{d}x \geqslant 0$.

(2) 若在区间 $[a,b]$ 上, 有 $f(x) \geqslant g(x)$, 则 $\int_a^b f(x)\mathrm{d}x \geqslant \int_a^b g(x)\mathrm{d}x$.

性质 5.1.5 (估值性)　设 m, M 分别是函数 $f(x)$ 在区间 $[a,b]$ 上的最大值和最小值, 若 $f(x)$ 在 $[a,b]$ 上可积, 则

$$m(b-a) \leqslant \int_a^b f(x)\mathrm{d}x \leqslant M(b-a).$$

性质 5.1.6 (绝对值不等式)　若 $f(x)$ 在 $[a,b]$ 上可积, 则 $|f(x)|$ 在 $[a,b]$ 上也可积, 且

$$\left| \int_a^b f(x)\mathrm{d}x \right| \leqslant \int_a^b |f(x)| \, \mathrm{d}x.$$

性质 5.1.7 (积分中值定理)　若函数 $f(x)$ 在闭区间 $[a,b]$ 上连续, 则在积分区间 $[a,b]$ 上至少存在一个点 ξ, 使得

$$\int_a^b f(x)\mathrm{d}x = f(\xi)(b-a) \quad (a \leqslant \xi \leqslant b).$$

证明　因为 $f(x)$ 在闭区间 $[a,b]$ 上连续, 所以 $f(x)$ 在闭区间 $[a,b]$ 上一定存在最大值和最小值, 由定积分的估值性, 得

$$m(b-a) \leqslant \int_a^b f(x)\mathrm{d}x \leqslant M(b-a),$$

即

$$m \leqslant \frac{1}{b-a} \int_a^b f(x)\mathrm{d}x \leqslant M.$$

由闭区间上连续函数的介值定理知, 在区间 $[a,b]$ 上至少存在一点 ξ, 使

$$f(\xi) = \frac{1}{b-a} \int_a^b f(x)\mathrm{d}x,$$

即

$$\int_a^b f(x)\mathrm{d}x = f(\xi)(b-a).$$

积分中值定理有如下的几何解释: 若函数 $f(x)$ 在闭区间 $[a,b]$ 上连续且非负, 则在区间 $[a,b]$ 上至少存在一点 ξ, 使得以区间 $[a,b]$ 为底边、以曲线 $y=f(x)$ 为曲边的曲边梯形的面积等于同一底边上, 其高为 $f(\xi)$ 的一个矩形的面积, 如图 5-1-5 所示.

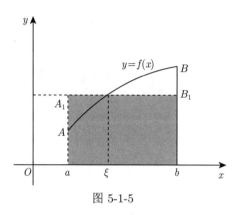

图 5-1-5

积分中值定理中, 不论 $a<b$ 或 $a>b$, 其结论 $\int_a^b f(x)\mathrm{d}x = f(\xi)(b-a)$($\xi$ 在 a 与 b 之间) 都是成立的, 结论变形所得

$$f(\xi) = \frac{1}{b-a}\int_a^b f(x)\mathrm{d}x.$$

上式 $\dfrac{1}{b-a}\int_a^b f(x)\mathrm{d}x$ 称为**函数 $f(x)$ 在区间 $[a,b]$ 上的平均值**, $f(\xi)$ 它表示曲边梯形的平均高度, 它是有限个数的算术平均值的推广. 定积分中值定理对于解决平均速度、平均电流等问题有一定的帮助.

例 5 估计定积分 $\int_0^\pi (1+\sin^2 x)\mathrm{d}x$ 的值.

解 当 $x\in[0,\pi]$, 有 $0\leqslant \sin x\leqslant 1$, 则 $0\leqslant \sin^2 x\leqslant 1$, 于是有 $1\leqslant 1+\sin^2 x\leqslant 2$, 则

$$\pi\leqslant\int_0^\pi(1+\sin^2 x)\mathrm{d}x\leqslant 2\pi.$$

例 6 求函数 $y=x^2$ 在 $[0,1]$ 上的平均值.

解 由平均值公式有

$$f(\xi) = \frac{1}{b-a}\int_a^b f(x)\mathrm{d}x = \frac{1}{1-0}\int_0^1 x^2\mathrm{d}x = \frac{1}{3}.$$

小结与思考

1. 小结

定积分是为了计算平面曲线围成的图形的面积而产生的, 可归结为计算具有特定结构的和式的极限. 人们在实践中逐步认识到, 这种特定结构的和式的极限, 不仅是计算图形面积的数学形式, 而且也是计算许多实际问题 (如变力做功、水压力、立体的体积等) 的数学形式. 因此, 无论在理论上还是在实践中, 定积分具有普遍的意义.

(1) 定积分的实质: 特殊和式的极限, 实质是一个和式的极限值.

(2) 定积分的步骤: 分割、近似、求和、取极限.

(3) 定积分的性质: 有极限和不定积分所具备的性质, 也有自己特殊的性质.

(4) 积分中值定理: 给出连续函数在区间上的平均值公式.

2. 思考

如何用定积分的思想求 "手柄轮廓线围成图形" 的面积? 如图 5-1-6 所示. (机械制图中的设计实例)

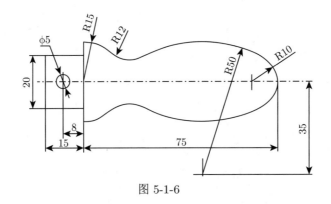

图 5-1-6

习 题 5.1

1. 利用定积分的几何意义, 求下列积分:

(1) $\int_{-1}^{2} |x| \, dx$;

(2) $\int_{-2}^{4} (x+3) dx$;

(3) $\int_{-\pi}^{\pi} \cos x \, dx$;

(4) $\int_{-3}^{3} \sqrt{9-x^2} dx$.

2. 设在区间 $[a,b]$ 上, $f(x) > 0$, $f'(x) < 0$, $f''(x) > 0$, $S_1 = \int_a^b f(x) dx$, $S_2 = f(b)(b-a)$, $S_3 = \frac{1}{2}[f(a)+f(b)](b-a)$, 则 (   ).

A. $S_1 < S_2 < S_3$ 　　　　　　　　　　B. $S_2 < S_1 < S_3$

C. $S_3 < S_1 < S_2$ 　　　　　　　　　　D. $S_2 < S_3 < S_1$

3. 比较定积分的大小:

(1) $\displaystyle\int_1^2 \ln x \mathrm{d}x$ 与 $\displaystyle\int_1^2 \ln^2 x \mathrm{d}x$;　　　　　　(2) $\displaystyle\int_3^4 \ln x \mathrm{d}x$ 与 $\displaystyle\int_3^4 \ln^2 x \mathrm{d}x$.

4. 设 $I = \displaystyle\int_0^{\frac{\pi}{4}} \ln \sin x \mathrm{d}x$; $J = \displaystyle\int_0^{\frac{\pi}{4}} \ln \cot x \mathrm{d}x$; $K = \displaystyle\int_0^{\frac{\pi}{4}} \ln \cos x \mathrm{d}x$, 则 I, J, K 的大小关系为 (　　).

A. $I < J < K$ 　　　　　　　　　　B. $I < K < J$

C. $J < I < K$ 　　　　　　　　　　D. $K < J < I$

5. 下列等式中错误的是 (　　).

A. $\displaystyle\int_0^1 |e^x - 1| \mathrm{d}x = \int_0^1 (e^x - 1) \mathrm{d}x$

B. $\displaystyle\int_1^3 |2 - x| \mathrm{d}x = \int_1^2 (2 - x) \mathrm{d}x + \int_2^3 (x - 2) \mathrm{d}x$

C. $\displaystyle\int_0^\pi \sqrt{1 - \sin^2 x} \mathrm{d}x = \int_0^\pi \cos x \mathrm{d}x$

D. $\displaystyle\int_1^{e^2} |\ln x - 1| \mathrm{d}x = \int_1^e (1 - \ln x) \mathrm{d}x + \int_e^{e^2} (\ln x - 1) \mathrm{d}x$

6. 设 $a < b$, 问 a, b 取什么值时, 积分 $\displaystyle\int_a^b (x - x^2) \mathrm{d}x$ 取得最大值?

7. 设 $f(x)$ 在 $[0,1]$ 上连续, 证明 $\displaystyle\int_0^1 f^2(x) \mathrm{d}x \geqslant \left(\int_0^1 f^2(x) \mathrm{d}x \right)^2$.

8. (积分第一中值定理) 设 $f(x)$ 在区间 $[0,1]$ 上连续, $g(x)$ 在区间 $[0,1]$ 上连续且不变号, 证明至少有一点 $\xi \in [0,1]$, 使得下式成立

$$\int_0^1 f(x)g(x)\mathrm{d}x \geqslant f(\xi) \int_0^1 g(x)\mathrm{d}x.$$

9. 设 $f(x) = \begin{cases} 1, & 0 \leqslant x \leqslant 0.5, \\ 0, & 0.5 < x \leqslant 1, \end{cases}$ 是否存在 $\xi \in [0,1]$, 使 $f(\xi) = \displaystyle\int_0^1 f(x)\mathrm{d}x$?

10. 设 $f(x)$ 是连续函数, 且 $f(x) = x + 1 + 2\displaystyle\int_0^1 f(t)\mathrm{d}t$, 求 $f(x)$.

11. 根据定积分的定义, 将下列极限表示为定积分:

(1) $\displaystyle\lim_{n\to\infty} \left(\frac{n}{n^2 + 1} + \frac{n}{n^2 + 2^2} + \cdots + \frac{n}{n^2 + n^2} \right)$;

(2) $\displaystyle\lim_{n\to\infty} \frac{1}{n} \left(\sqrt{1 + \frac{1}{n}} + \sqrt{1 + \frac{2}{n}} + \cdots + \sqrt{1 + \frac{n}{n}} \right)$;

(3) $\lim\limits_{n\to\infty}\dfrac{1}{n}\left(\sin\dfrac{\pi}{n}+\sin\dfrac{2\pi}{n}+\cdots+\sin\dfrac{n\pi}{n}\right)$.

5.2　牛顿–莱布尼茨公式

教学目标: 理解积分上限函数的定义及性质, 会用微积分基本公式解决定积分计算问题.

教学重点: 掌握积分上限函数相关求导法则, 运用微积分基本公式计算定积分.

教学难点: 对积分上限函数的理解以及一般积分限函数的基本求导法则的应用.

教学背景: "割圆求周"(三国刘徽), 圆周率、球体积、球表面积的研究 (祖冲之、祖暅).

思政元素: 微分和积分之间的辩证统一关系, 用辩证唯物主义观点分析问题.

如果利用定积分的定义来计算定积分的值, 其计算步骤和过程是非常繁杂的, 我们有必要去寻求简便有效的计算方法来解决定积分的计算问题. 牛顿、莱布尼茨等在这方面的突出贡献就是从另一个角度揭示了微分和积分的内在联系, 即微积分基本定理, 并由此推导出计算定积分的简便公式, 即牛顿–莱布尼茨公式.

在证明这个公式之前, 我们首先引入一个新的函数, 它是用积分形式来表达的函数关系——积分上限函数.

5.2.1　积分上限函数

设函数 $f(x)$ 在区间 $[a,b]$ 上连续, x 为 $[a,b]$ 上的任意一点. 现在构造这样的一个定积分: $\displaystyle\int_a^x f(x)\mathrm{d}x$. 其特点是: 首先, 由于 $f(x)$

慕课5.2.1

在 $[a,x]$ 上也是连续的, 所以这个定积分存在. 其次, x 既表示定积分的上限, 又表示积分变量, 为了表示区分, 可以把积分变量改用其他符号, 可用 t 表示, 则上面的定积分可以写成 $\displaystyle\int_a^x f(t)\mathrm{d}t$.

显然, 当上限 x 在区间 $[a,b]$ 上任意取值时, 定积分 $\displaystyle\int_a^x f(t)\mathrm{d}t$ 与取定的 x 值存在对应的函数关系, 所以该积分随 x 变化而变化, 那么它就是定义在 $[a,b]$ 上关于 x 的一个函数.

给予它一个函数的符号, 我们记为 $\Phi(x)$.

定义 5.2.1　设函数 $f(x)$ 在区间 $[a,b]$ 上连续, 并且设 x 为 $[a,b]$ 上的一点, 则

$$\Phi(x) = \int_a^x f(t)\mathrm{d}t \quad (a \leqslant x \leqslant b)$$

称为**积分上限函数**或**变上限积分函数**.

如 $\Phi(x)$ 在不同点的函数值分别为

$$\Phi(1) = \int_a^1 f(t)\mathrm{d}t, \quad \Phi(a) = \int_a^a f(t)\mathrm{d}t = 0, \quad \Phi(b) = \int_a^b f(t)\mathrm{d}t.$$

关于函数 $\Phi(x)$ 的性质, 我们有如下定理.

定理 5.2.1 (微积分学第一基本定理) 如果函数 $f(x)$ 在区间 $[a,b]$ 上连续, 则积分上限函数 $\Phi(x) = \int_a^x f(t)\mathrm{d}t$ 在 $[a,b]$ 上可导, 并且它的导数是

$$\Phi'(x) = \frac{\mathrm{d}}{\mathrm{d}x}\int_a^x f(t)\mathrm{d}t = f(x) \quad (a \leqslant x \leqslant b).$$

证明 设 $\Phi(x) = \int_a^x f(t)\mathrm{d}t$ 在自变量 x 取得增量 Δx 后, 对应的函数增量为

$$\Delta\Phi(x) = \Phi(x + \Delta x) - \Phi(x) = \int_a^{x+\Delta x} f(t)\mathrm{d}t - \int_a^x f(t)\mathrm{d}t$$

$$= \int_a^x f(t)\mathrm{d}t + \int_x^{\Delta x} f(t)\mathrm{d}t - \int_a^x f(t)\mathrm{d}t$$

$$= \int_x^{\Delta x} f(t)\mathrm{d}t,$$

利用积分中值定理, 有 $\int_x^{\Delta x} f(t)\mathrm{d}t = f(\xi)\Delta x$, 其中 ξ 介于 x 与 Δx 之间, 由导数的定义及 $f(x)$ 的连续性, 则

$$\Phi'(x) = \lim_{\Delta x \to 0} \frac{\Delta\Phi(x)}{\Delta x} = \lim_{\Delta x \to 0} \frac{f(\xi)\Delta x}{\Delta x} = \lim_{\xi \to x} f(\xi) = f(x).$$

这个重要结论给出了如何求变上限积分函数的导数, 即求导后的结果等于 "**被积函数代入积分上限**". 同时, 结论还表明了积分 (变上限积分) 与微分 (导数) 之间的内在联系, 所以该定理也叫微积分基本定理. 我们要用辩证唯物主义的观点理解微分和积分的辩证统一的关系.

那么由原函数的定义可知, $\Phi(x) = \int_a^x f(t)\mathrm{d}t$ 就是 $f(x)$ 在 $[a,b]$ 上的一个原函数, 这就肯定了连续函数的原函数是存在的. 因此, 我们引出如下的原函数的存在定理.

定理 5.2.2 (原函数存在定理)   如果函数 $f(x)$ 在区间 $[a,b]$ 上连续, 那么 $f(x)$ 在区间 $[a,b]$ 上的原函数一定存在, 且变上限积分 $\Phi(x) = \int_a^x f(t)\mathrm{d}t$ 就是被积函数 $f(x)$ 的一个原函数.

这个定理的重要意义是: 一方面肯定了连续函数的原函数是存在的; 另一方面初步地揭示了积分学中的定积分与原函数之间的联系. 因此, 我们就有可能通过原函数来计算定积分.

关于积分限函数求导数的更一般的结论如下.

设 $f(x)$ 在区间 I 上连续, $g(x)$, $h(x)$ 在 $[a,b]$ 上可导, 且 $g(x)$ 和 $h(x)$ 的值域包含于 I. 若 $\Phi(x) = \int_{g(x)}^{h(x)} f(t)\mathrm{d}t$, 则由函数的复合求导法则有

$$\Phi'(x) = \frac{\mathrm{d}}{\mathrm{d}x}\int_{g(x)}^{h(x)} f(t)\mathrm{d}t = f[h(x)]h'(x) - f[g(x)]g'(x), \quad x \in [a,b].$$

例 1   计算下列各函数的导数:

(1) $\dfrac{\mathrm{d}}{\mathrm{d}x}\displaystyle\int_0^{x^2} \sqrt{1+t^2}\mathrm{d}t$;   (2) $\dfrac{\mathrm{d}}{\mathrm{d}x}\displaystyle\int_{-x}^{x^2} \mathrm{e}^{2t}\mathrm{d}t$.

解   (1) $\dfrac{\mathrm{d}}{\mathrm{d}x}\displaystyle\int_0^{x^2} \sqrt{1+t^2}\mathrm{d}t = \sqrt{1+x^2}\cdot 2x = 2x\sqrt{1+x^2}$;

(2) $\dfrac{\mathrm{d}}{\mathrm{d}x}\displaystyle\int_{-x}^{x^2} \mathrm{e}^{2t}\mathrm{d}t = \mathrm{e}^{2x^2}(2x) - \mathrm{e}^{-2x}(-1) = 2x\mathrm{e}^{2x^2} + \mathrm{e}^{-2x}$.

例 2   求 $\lim\limits_{x\to 0} \dfrac{\int_{\mathrm{e}^x}^1 \cos t^2\ \mathrm{d}t}{\int_0^x \mathrm{e}^{-t}\ \mathrm{d}t}$.

解 $\lim\limits_{x\to 0} \dfrac{\int_{\mathrm{e}^x}^1 \cos t^2\mathrm{d}t}{\int_0^x \mathrm{e}^{-t}\mathrm{d}t} = \lim\limits_{x\to 0} \dfrac{\left(\int_{\mathrm{e}^x}^1 \cos t^2\mathrm{d}t\right)'}{\left(\int_0^x \mathrm{e}^{-t}\mathrm{d}t\right)'} = \lim\limits_{x\to 0} \dfrac{-\cos(\mathrm{e}^x)^2\cdot \mathrm{e}^x}{\mathrm{e}^{-x}} = -\cos 1.$

例 3   设 $f(x)$ 在 $[0,+\infty)$ 内连续且 $f(x) > 0$. 证明函数 $F(x) = \dfrac{\int_0^x tf(t)\mathrm{d}t}{\int_0^x f(t)\mathrm{d}t}$

在 $(0,+\infty)$ 内为单调增加函数.

证明　$F'(x) = \dfrac{xf(x)\displaystyle\int_0^x f(t)\mathrm{d}t - f(x)\displaystyle\int_0^x tf(t)\mathrm{d}t}{\left(\displaystyle\int_0^x f(t)\mathrm{d}t\right)^2}$

$$= \dfrac{f(x)\displaystyle\int_0^x f(t)(x-t)\mathrm{d}t}{\left(\displaystyle\int_0^x f(t)\mathrm{d}t\right)^2},$$

由 $0 < t < x$, $f(t) > 0$, 可知 $(x-t)f(t) > 0$, 则 $F'(x) > 0$ $(x > 0)$, 从而

$$F(x) = \dfrac{\displaystyle\int_0^x tf(t)\mathrm{d}t}{\displaystyle\int_0^x f(t)\mathrm{d}t}$$

在 $(0, +\infty)$ 内为单调增加函数.

5.2.2　牛顿–莱布尼茨公式

定理 5.2.3 (微积分学第二基本定理)　如果函数 $F(x)$ 是 $f(x)$ 在区间 $[a, b]$ 上的一个原函数, 则

慕课5.2.2

$$\int_a^b f(x)\mathrm{d}x = F(x)\Big|_a^b = F(b) - F(a). \tag{5-2-1}$$

证明　因为 $F(x)$ 和 $\Phi(x) = \displaystyle\int_a^x f(t)\mathrm{d}t$ 都是 $f(x)$ 在 $[a, b]$ 上的原函数, 故有

$$\Phi(x) = F(x) + C, \quad \forall x \in [a, b],$$

即有

$$\int_a^x f(t)\mathrm{d}t = F(x) + C, \quad \forall x \in [a, b].$$

先令 $x = a$, 有 $\displaystyle\int_a^a f(t)\mathrm{d}t = F(x) + C = 0$, 于是 $C = -F(x)$;

再令 $x = b$, 有 $\displaystyle\int_a^b f(t)\mathrm{d}t = F(b) + C = F(b) - F(a)$.

微积分学第二基本定理中的 (5-2-1) 称做**牛顿–莱布尼茨公式**, 简记 N-L 公式, 也是**微积分基本公式**. 这个公式进一步揭示了定积分与被积函数的原函数或

不定积分之间的联系. 利用 N-L 公式, 定积分的计算问题便可归结为求被积函数的原函数在上、下限的函数值之差的问题. 这使定积分的计算更有效、更简便.

在 5.1 节引例 2 中, 物体以速度 $v(t)$ 在时间间隔 $[T_1, T_2]$ 内所经过的路程可表示为定积分 $\displaystyle\int_{T_1}^{T_2} v(t)\mathrm{d}t$, 同时这段路程也可通过位置函数 $s(t)$ 在区间 $[T_1, T_2]$ 上的增量来表示, 而位移函数是速度函数的一个原函数, 即有

$$\int_{T_1}^{T_2} v(t)\mathrm{d}t = s(T_2) - s(T_1).$$

这便是微积分基本公式的物理意义的解释.

在微积分基本定理的证明中, 变上限积分函数的可导性起到了关键性的作用, 它是微积分基本公式的理论基础, 许多问题的研究与求解都与其有关. 我国很多重大工程核心技术的突破是提升国家实力的关键, 要立志钻研关键核心科技, 树立坚定的科技报国远大志向.

例 4 计算下列各定积分:

(1) $\displaystyle\int_0^1 \frac{\mathrm{d}x}{\sqrt{1-x^2}}$;   (2) $\displaystyle\int_{-1}^1 \frac{\mathrm{d}x}{1+x^2}$.

解 (1) $\displaystyle\int_0^1 \frac{\mathrm{d}x}{\sqrt{1-x^2}} = \arcsin x \Big|_0^1 = \arcsin 1 - \arcsin 0 = \frac{\pi}{2}$.

(2) $\displaystyle\int_{-1}^1 \frac{\mathrm{d}x}{1+x^2} = \arctan x \Big|_{-1}^1 = \arctan 1 - \arctan(-1) = \frac{\pi}{4} - \left(-\frac{\pi}{4}\right) = \frac{\pi}{2}$.

例 5 计算正弦曲线 $y = \sin x$ 在 $\left[0, \dfrac{\pi}{2}\right]$ 上与 x 轴所围成的平面图形的面积.

解 $A = \displaystyle\int_0^{\frac{\pi}{2}} \sin x \mathrm{d}x = -\cos x \Big|_0^{\frac{\pi}{2}} = -\left(\cos\frac{\pi}{2} - \cos 0\right) = 1$.

例 6 设函数 $f(x)$ 在闭区间 $[a, b]$ 上连续, 证明在开区间 (a, b) 内至少存在一点 ξ, 使

$$\int_a^b f(x)\mathrm{d}x = f(\xi)(b-a) \quad (a < \xi < b).$$

证明 由 N-L 公式, 有

$$\int_a^b f(x)\mathrm{d}x = F(b) - F(a),$$

再由微分中值定理, 有

$$F(b) - F(a) = F'(\xi)(b - a), \quad \xi \in (a, b),$$

故有

$$\int_a^b f(x)\mathrm{d}x = f(\xi)(b - a), \quad \xi \in (a, b).$$

本例是利用微分中值定理证明了积分中值定理, 其中值点 $\xi \in (a, b)$, 而不是闭区间 $\xi \in [a, b]$, 可见微分中值定理与积分中值定理的紧密联系.

例 7 设 $f(x) = \begin{cases} 2x, & 0 \leqslant x \leqslant 1, \\ 5, & 1 < x \leqslant 2, \end{cases}$ 求 $\int_0^2 f(x)\mathrm{d}x$.

解 函数 $f(x)$ 在 $x = 1$ 处间断, 所以我们把区间 $[0, 2]$ 分成 $[0, 1]$ 与 $[1, 2]$ 两个子区间, 并在子区间 $[1, 2]$ 的左端点 $x = 1$ 处的函数值规定为 5, 这样规定后, 函数便在闭区间 $[1, 2]$ 上连续. 故

$$\int_0^2 f(x)\mathrm{d}x = \int_0^1 2x\mathrm{d}x + \int_1^2 5\mathrm{d}x = x^2 \Big|_0^1 + 5x \Big|_1^2 = 1 + 5 = 6.$$

例 8 用定积分定义计算下列极限:

$$(1) \lim_{n \to \infty} \frac{1^p + 2^p + \cdots + n^p}{n^{p+1}}(p > 0); \qquad (2) \lim_{n \to \infty} \frac{1}{n\sqrt{n}} \sum_{k=1}^n \sqrt{k}.$$

解 $(1) \lim_{n \to \infty} \frac{1^p + 2^p + \cdots + n^p}{n^{p+1}} = \lim_{n \to \infty} \frac{1}{n} \left[\left(\frac{1}{n}\right)^p + \left(\frac{2}{n}\right)^p + \cdots + \left(\frac{n}{n}\right)^p \right]$

$$= \lim_{n \to \infty} \sum_{i=1}^n \left(\frac{i}{n}\right)^p \cdot \frac{1}{n}$$

$$= \int_0^1 x^p \mathrm{d}x = \frac{1}{p+1} x^{p+1} \Big|_0^1$$

$$= \frac{1}{p+1};$$

$$(2) \lim_{n \to \infty} \frac{1}{n\sqrt{n}} \sum_{k=1}^n \sqrt{k} = \lim_{n \to \infty} \frac{1}{n} \sum_{k=1}^n \frac{\sqrt{k}}{\sqrt{n}}$$

$$= \lim_{n \to \infty} \frac{1}{n} \sum_{k=1}^n \sqrt{\frac{k}{n}} = \int_0^1 \sqrt{x}\mathrm{d}x = \frac{2}{3} x^{\frac{3}{2}} \Big|_0^1 = \frac{2}{3}.$$

小结与思考

1. 小结

微积分第一基本定理阐明了由变上限积分定义的函数 $\Phi(x) = \displaystyle\int_a^x f(t)\mathrm{d}t$ 是一个可导函数 $\Phi'(x) = \dfrac{\mathrm{d}}{\mathrm{d}x}\displaystyle\int_a^x f(t)\mathrm{d}t = f(x)$. 这个结果给出了微分运算和积分运算的互逆关系.

微积分第二基本定理, 即牛顿–莱布尼茨公式为定积分的广泛应用奠定了基础, 已知速度函数 $v(t)$, 则从时刻 $t = a$ 到 $t = b$ 物体经过的路程是 $s = \displaystyle\int_a^b v(t)\mathrm{d}t$. 如果能由 $v(t)$ 求出路程函数 $s(t)$, 那么上述路程就是 $s(t)$ 在区间上的改变量: $s = s(b) - s(a)$. 于是有

$$s = \int_a^b v(t)\mathrm{d}t = s(b) - s(a).$$

2. 思考

当 $f(x)$ 为可积时, 则 $\Phi(x) = \displaystyle\int_a^x f(t)\mathrm{d}t$ 是否连续, 是否可导?

对于 $\Phi(x) = \displaystyle\int_a^x f(t)\mathrm{d}t$ 当 $f(x)$ 不一定处处连续时, 或 $f(x)$ 仅仅可积时, 是得不到 $\Phi'(x) = f(x)$ 的, 此时的 $\Phi(x)$ 不一定可导, 例如, 函数 $f(x) = \operatorname{sgn} x$ 在 $[-1, 1]$ 上可积, 但 $\Phi(x) = \displaystyle\int_{-1}^x \operatorname{sgn}(t)\mathrm{d}t = |x| - 1$ 在 $x = 0$ 处不可导.

数学文化

我国魏晋时期数学家刘徽在《九章算术·圆田术》注中提出: "割之弥细, 所失弥少"; 南北朝时期数学家、天文学家祖暅提出了著名的祖暅原理: "幂势既同, 则积不容异"; 古希腊的欧多克索斯的 "穷竭法"、阿基米德的 "逼近法" 等, 从现在课本的知识结构来看, 他们都是在没有现代极限理论的情况下, 提出了一种直接、朴素的数学方法, 这是微积分思想的雏形.

微积分基本公式是 17 世纪为了满足社会实践生产和科技发展的需求而诞生的, 当时对数学家提出了四个主要问题: ① 求已知位移与时间的函数, 求任意时刻速度和加速度的问题; ② 物体运动轨迹上任一点的切线问题; ③ 求函数最大值和最小值问题; ④ 求曲线围成的面积问题. 其中①~③ 可以说是微分问题的来源, ④ 是积分问题的来源, 牛顿和莱布尼茨正是基于这些问题的思考和前人的成果,

提出了开创性的方法, 将积分与微分统一起来, 两者存在互逆的关系, 建立了微积分基本公式, 解决了困扰学界一千多年的问题.

习 题 5.2

1. 计算下列函数的导数:

(1) $\int_0^{x^2} \sqrt{1-t^2}\,\mathrm{d}t$;

(2) $\int_{x^2}^{x^3} \dfrac{\mathrm{d}t}{t(1+t^4)}\,\mathrm{d}t$;

(3) $\int_{\sin x}^{\cos x} \sin(\pi t)\,\mathrm{d}t$.

2. 求由 $\int_0^y \mathrm{e}^t\,\mathrm{d}t + \int_0^x \cos t\,\mathrm{d}t = 1$ 所确定的隐函数对 x 的导数 $\dfrac{\mathrm{d}y}{\mathrm{d}x}$.

3. 求由参数表达式 $x = \int_0^t \sin u\,\mathrm{d}u, y = \int_0^t \cos u\,\mathrm{d}u$ 所确定的函数对 x 的导数 $\dfrac{\mathrm{d}y}{\mathrm{d}x}$.

4. 当 x 为何值时, 函数 $I(x) = \int_0^x t\mathrm{e}^{-t^2}\,\mathrm{d}t$ 有极值?

5. 求下列极限:

(1) $\lim\limits_{x\to 0} \dfrac{\int_0^x \arcsin t^2\,\mathrm{d}t}{x^2}$;

(2) $\lim\limits_{x\to 0} \dfrac{\left(\int_0^x \mathrm{e}^{t^2}\,\mathrm{d}t\right)^2}{\int_0^x t\mathrm{e}^t\,\mathrm{d}t}$;

(3) $\lim\limits_{x\to a} \dfrac{x}{x-a}\int_a^x f(t)\,\mathrm{d}t$, 其中 $f(x)$ 连续.

6. 已知两曲线 $y = f(x)$ 与 $y = \int_0^{\arctan x} \mathrm{e}^{-t^2}\,\mathrm{d}t$ 在点 $(0,0)$ 处的切线相同, 写出此切线方程, 并求极限 $\lim\limits_{n\to\infty} nf\left(\dfrac{2}{n}\right)$.

7. 计算下列各积分:

(1) $\int_0^a (3x^2 - x + 1)\,\mathrm{d}x$;

(2) $\int_1^2 \left(x^2 + \dfrac{1}{x^4}\right)\mathrm{d}x$;

(3) $\int_4^9 \sqrt{x}(1+\sqrt{x})\,\mathrm{d}x$;

(4) $\int_{\frac{1}{\sqrt{3}}}^{\sqrt{3}} \dfrac{\mathrm{d}x}{1+x^2}$;

(5) $\int_{-\frac{1}{2}}^{\frac{1}{2}} \dfrac{\mathrm{d}x}{\sqrt{1-x^2}}$;

(6) $\int_0^{\sqrt{3}a} \dfrac{\mathrm{d}x}{a^2+x^2}$;

(7) $\int_0^1 \dfrac{\mathrm{d}x}{\sqrt{4-x^2}}$;

(8) $\int_{-1}^0 \dfrac{3x^4 + 3x^2 + 1}{x^2+1}\,\mathrm{d}x$;

(9) $\int_{-\mathrm{e}-1}^{-2} \dfrac{\mathrm{d}x}{1+x}$;

(10) $\int_0^{\frac{\pi}{4}} \tan^2\theta\,\mathrm{d}\theta$;

(11) $\displaystyle\int_0^{2\pi} |\sin x|\mathrm{d}x$;

(12) $\displaystyle\int_0^2 f(x)\mathrm{d}x$, 其中 $f(x) = \begin{cases} x+1, & x \leqslant 1, \\ \dfrac{1}{2}x^2, & x > 1. \end{cases}$

8. 设 $f(x) = \begin{cases} x^2, & x \in [0,1), \\ x, & x \in [1,2), \end{cases}$ 求 $\varPhi(x) = \displaystyle\int_0^x f(t)\mathrm{d}t$ 在 $[0,2]$ 上的表达式, 并讨论 $\varPhi(x)$ 在 $(0,2)$ 内的连续性.

9. 设 $f(x) = \begin{cases} 2x + \dfrac{3}{2}x^2, & -1 \leqslant x < 0, \\ \dfrac{x\mathrm{e}^x}{(\mathrm{e}^x+1)^2}, & 0 \leqslant x \leqslant 1, \end{cases}$ 求 $F(x) = \displaystyle\int_{-1}^x f(t)\mathrm{d}t$ 的表达式.

10. 设 $f(x)$ 是连续函数, 且 $\displaystyle\int_0^{x^3-1} f(t)\mathrm{d}t = x$, 求 $f(7)$.

5.3 定积分的计算

教学目标: 掌握定积分的换元法和分部积分法及其在具体计算问题中的应用.

教学重点: 定积分的换元法.

教学难点: 灵活运用定积分换元证明的换元技巧.

教学背景: 求面积问题、路程问题.

思政元素: 定积分换元技巧——学以致用、挑战创新. 增强中华民族复兴的责任感和使命感.

　　由微积分基本公式可将定积分的计算转化为先求出被积函数的一个原函数, 再将原函数带入积分上、下限, 最后求差, 所以不定积分中的原函数的求法可直接用在定积分的计算中, 便是定积分的换元积分法和分部积分法. 下面给出定积分的这两种方法.

5.3.1 定积分的换元积分法

　　不定积分有两种换元法, 现在我们分别来介绍对应于这两种换元法的定积分换元法.

慕课5.3.1

　　换元法一　设 $g(x)$ 在 $[a,b]$ 上连续, 那么

$$\int_a^b g(x)\mathrm{d}x = \int_a^b f\left[\varphi(x)\right]\varphi'(x)\mathrm{d}x = \int_a^b f\left[\varphi(x)\right]\mathrm{d}\varphi(x). \tag{5-3-1}$$

　　公式 (5-3-1) 对应于不定积分的凑微分法, 由于我们没有把变换式 $u = \varphi(x)$ 明显写出, 积分变量仍然是 x, 所以不必改变积分上、下限.

　　换元法二　设

(1) 函数 $f(x)$ 在区间 $[a, b]$ 上连续;

(2) 函数 $x = \varphi(t)$ 在区间 $[\alpha, \beta]$ 上单调且有连续导数;

(3) 当 t 在区间 $[\alpha, \beta]$ 上变化时, $x = \varphi(t)$ 的值在 $[a, b]$ 上变化, 且 $\varphi(\alpha) = a$, $\varphi(\beta) = b$ 则有

$$\int_a^b f(x)\mathrm{d}x = \int_\alpha^\beta f\left[\varphi(t)\right]\varphi'(t)\mathrm{d}t. \tag{5-3-2}$$

公式 (5-3-2) 对应于不定积分的第二类换元法, 我们引入新的积分变量 t, 令 $t = \varphi(x)$, 所以需要求出相对应的新的上、下限, 即 $\varphi(\alpha) = a$, $\varphi(\beta) = b$. 这里积分上下限需要换限.

用换元法二时要注意几个问题

(1) **换限** 用 $x = \varphi(t)$ 换元后, 原来积分变量 x 代换为 t 时, 积分上下限也要换成相应的新变量 t 的积分上下限.

(2) **换微分** 换元后的微分需要变成 $\mathrm{d}x = \varphi'(t)\mathrm{d}t$.

(3) **换函数** 换元后被积函数化为 $f\left[\varphi(t)\right]\varphi'(t)$, 它是关于 t 的函数, 然后求出其一个原函数 $\Phi(t)$ 后, **不必像计算不定积分那样回代,** 直接把 t 的上、下限分别代入 $\Phi(t)$ 中作差即可.

例 1 计算下列各积分:

(1) $\displaystyle\int_{-2}^1 \frac{\mathrm{d}x}{(11 + 5x)^3}$;　　　　　　　(2) $\displaystyle\int_0^{\frac{\pi}{2}} \cos^3 x \sin x \mathrm{d}x$.

解 (1) $\displaystyle\int_{-2}^1 \frac{\mathrm{d}x}{(11 + 5x)^3} = \frac{1}{5}\int_{-2}^1 \frac{\mathrm{d}(11 + 5x)}{(11 + 5x)^3} = -\frac{1}{10}(11 + 5x)^{-2}\Big|_{-2}^1 = \frac{51}{512}$;

(2) $\displaystyle\int_0^{\frac{\pi}{2}} \cos^3 x \sin x \mathrm{d}x = -\int_0^{\frac{\pi}{2}} \cos^3 x \mathrm{d}\cos x = -\frac{\cos^4 x}{4}\Big|_0^{\frac{\pi}{2}} = \frac{1}{4}$.

例 2 计算下列各积分:

(1) $\displaystyle\int_{-1}^1 \frac{x\mathrm{d}x}{\sqrt{5 - 4x}}$;　　　　　　　(2) $\displaystyle\int_0^a \sqrt{a^2 - x^2}\mathrm{d}x \quad (a > 0)$.

解 (1) 令 $t = \sqrt{5 - 4x}$, 则 $x = \dfrac{5 - t^2}{4}$, $\mathrm{d}x = -\dfrac{t}{2}\mathrm{d}t$, 且

当 $x = -1$ 时, $t = 3$; 当 $x = 1$ 时, $t = 1$,

于是

$$\int_{-1}^1 \frac{x\mathrm{d}x}{\sqrt{5 - 4x}} = \int_3^1 \frac{\frac{1}{4}(5 - t^2)}{t}\left(-\frac{1}{2}t\right)\mathrm{d}t = \int_1^3 \frac{1}{8}(5 - t^2)\mathrm{d}t = \left(\frac{5}{8}t - \frac{1}{24}t^3\right)\Big|_1^3 = \frac{1}{6}.$$

(2) 令 $x = a\sin t$, 则 $\mathrm{d}x = a\cos t\mathrm{d}t$, 且

$$\text{当 } x = 0 \text{ 时}, \quad t = 0; \quad \text{当 } x = a \text{ 时}, \quad t = \frac{\pi}{2},$$

于是

$$\int_0^a \sqrt{a^2 - x^2}\mathrm{d}x = a^2 \int_0^{\frac{\pi}{2}} \cos^2 t\mathrm{d}t = \frac{a^2}{2} \int_0^{\frac{\pi}{2}} (1 + \cos 2t)\mathrm{d}t$$

$$= \frac{a^2}{2}\left[t + \frac{1}{2}\sin 2t\right]_0^{\frac{\pi}{2}} = \frac{\pi a^2}{4}.$$

例 3 计算 $\displaystyle\int_0^\pi \sqrt{1 + \cos 2x}\mathrm{d}x$.

解 $\displaystyle\int_0^\pi \sqrt{1 + \cos 2x}\mathrm{d}x = \int_0^\pi \sqrt{2\cos^2 x}\mathrm{d}x = \sqrt{2}\int_0^\pi |\cos x|\mathrm{d}x$

$$= \sqrt{2}\int_0^{\frac{\pi}{2}} \cos x\mathrm{d}x + \sqrt{2}\int_{\frac{\pi}{2}}^\pi (-\cos x)\mathrm{d}x$$

$$= \sqrt{2}\sin x\big|_0^{\frac{\pi}{2}} - \sqrt{2}\sin x\big|_{\frac{\pi}{2}}^\pi = 2\sqrt{2}.$$

例 4 设函数 $f(x) = \begin{cases} \dfrac{1}{1 + \cos x}, & -\pi \leqslant x < 0, \\ xe^{-x^2}, & x \geqslant 0, \end{cases}$ 计算 $\displaystyle\int_1^4 f(x - 2)\mathrm{d}x$.

解 设 $x - 2 = t$, 则 $\mathrm{d}x = \mathrm{d}t$, 且

$$\text{当 } x = 1 \text{ 时}, \quad t = -1; \quad \text{当 } x = 4 \text{ 时}, \quad t = 2,$$

于是

$$\int_1^4 f(x - 2)\mathrm{d}x = \int_{-1}^2 f(t)\mathrm{d}t = \int_{-1}^0 \frac{\mathrm{d}t}{1 + \cos t} + \int_0^2 te^{-t^2}\mathrm{d}t$$

$$= \left[\tan\frac{t}{2}\right]_{-1}^0 - \left[\frac{1}{2}e^{-t^2}\right]_0^2 = \tan\frac{1}{2} - \frac{1}{2}e^{-4} + \frac{1}{2}.$$

例 5 证明: $\displaystyle\int_x^1 \frac{\mathrm{d}t}{1 + t^2} = \int_1^{\frac{1}{x}} \frac{\mathrm{d}t}{1 + t^2} (x > 0)$.

证明 令 $u = \dfrac{1}{t}$, 则 $t = \dfrac{1}{u}$, $\mathrm{d}t = -\dfrac{1}{u^2}\mathrm{d}u$, 且

慕课5.3.2

$$\text{当 } t = x \text{ 时}, \quad u = \frac{1}{x}; \quad \text{当 } t = 1 \text{ 时}, \quad u = 1,$$

于是

$$\int_x^1 \frac{\mathrm{d}t}{1+t^2} = \int_{\frac{1}{x}}^1 \frac{1}{1+\frac{1}{u^2}}\left(-\frac{1}{u^2}\right)\mathrm{d}u = \int_1^{\frac{1}{x}} \frac{1}{1+u^2}\mathrm{d}u = \int_1^{\frac{1}{x}} \frac{1}{1+t^2}\mathrm{d}t, \quad \text{故得证.}$$

例 6 证明:

(1) 如果 $f(x)$ 在区间 $[-a,a]$ 上连续且为奇函数, 那么 $\int_{-a}^a f(x)\mathrm{d}x = 0$.

(2) 如果 $f(x)$ 在区间 $[-a,a]$ 上连续且为偶函数, 那么 $\int_{-a}^a f(x)\mathrm{d}x = 2\int_0^a f(x)\mathrm{d}x$.

证明 因为

$$\int_{-a}^a f(x)\mathrm{d}x = \int_{-a}^0 f(x)\mathrm{d}x + \int_0^a f(x)\mathrm{d}x,$$

其中对积分 $\int_{-a}^0 f(x)\mathrm{d}x$ 作变换 $x = -t$, 则得

$$\int_{-a}^0 f(x)\mathrm{d}x = -\int_a^0 f(-t)\mathrm{d}t = \int_0^a f(-t)\mathrm{d}t = \int_0^a f(-x)\mathrm{d}x,$$

于是

$$\int_{-a}^a f(x)\mathrm{d}x = \int_0^a f(-x)\mathrm{d}x + \int_0^a f(x)\mathrm{d}x = \int_0^a [f(x)+f(-x)]\,\mathrm{d}x.$$

(1) 若 $f(x)$ 为奇函数, 有 $f(x)+f(-x)=0$, 则 $\int_{-a}^a f(x)\mathrm{d}x = 0$.

(2) 若 $f(x)$ 为偶函数, 有 $f(x)+f(-x)=2f(x)$, 则 $\int_{-a}^a f(x)\mathrm{d}x = 2\int_0^a f(x)\mathrm{d}x$.

说明几个问题

(1) 例 6 的结论称为定积分的 "奇零偶倍" 的性质, 在计算对称区间上的定积分时, 可先考虑利用该性质进行化简;

(2) 例 6 前部分的结果具有一般性, 对于某些函数其 $f(x)+f(-x)$ 的结果要比 $f(x)$ 本身积分更容易, 即可直接利用如下结论

$$\int_{-a}^a f(x)\mathrm{d}x = \int_0^a [f(x)+f(-x)]\,\mathrm{d}x.$$

例如, 计算积分 $\int_{-\frac{\pi}{4}}^{\frac{\pi}{4}} \frac{\cos x}{1+\mathrm{e}^{-x}}\mathrm{d}x$.

由以上结论可得

$$\int_{-\frac{\pi}{4}}^{\frac{\pi}{4}} \frac{\cos x}{1 + \mathrm{e}^{-x}} \mathrm{d}x = \int_0^{\frac{\pi}{4}} \left(\frac{\cos x}{1 + \mathrm{e}^{-x}} + \frac{\cos(-x)}{1 + \mathrm{e}^x} \right) \mathrm{d}x = \int_0^{\frac{\pi}{4}} \cos x \mathrm{d}x = \frac{\sqrt{2}}{2}.$$

例 7 若 $f(x)$ 在 $[0,1]$ 上连续, 证明:

(1) $\displaystyle \int_0^{\frac{\pi}{2}} f(\sin x) \mathrm{d}x = \int_0^{\frac{\pi}{2}} f(\cos x) \mathrm{d}x$;

(2) $\displaystyle \int_0^{\pi} x f(\sin x) \mathrm{d}x = \frac{\pi}{2} \int_0^{\pi} f(\cos x) \mathrm{d}x$.

证明 (1) 设 $x = \dfrac{\pi}{2} - t$, 则 $\mathrm{d}x = -\mathrm{d}t$, 且当 $x = 0$ 时, $t = \dfrac{\pi}{2}$; 当 $x = \dfrac{\pi}{2}$ 时, $t = 0$, 于是

$$\int_0^{\frac{\pi}{2}} f(\sin x) \mathrm{d}x = -\int_{\frac{\pi}{2}}^0 f\left[\sin\left(\frac{\pi}{2} - t \right) \right] \mathrm{d}t = \int_0^{\frac{\pi}{2}} f(\cos t) \mathrm{d}t,$$

即

$$\int_0^{\frac{\pi}{2}} f(\sin x) \mathrm{d}x = \int_0^{\frac{\pi}{2}} f(\cos x) \mathrm{d}x.$$

(2) 设 $x = \pi - t$, 则 $\mathrm{d}x = -\mathrm{d}t$, 且当 $x = 0$ 时, $t = \pi$; 当 $x = \pi$ 时, $t = 0$, 于是

$$\int_0^{\pi} x f(\sin x) \mathrm{d}x = -\int_{\pi}^0 (\pi - t) f[\sin(\pi - t)] \mathrm{d}t = \int_0^{\pi} (\pi - t) f(\sin t) \mathrm{d}t$$

$$= \pi \int_0^{\pi} f(\sin t) \mathrm{d}t - \int_0^{\pi} t f(\sin t) \mathrm{d}t$$

$$= \pi \int_0^{\pi} f(\sin x) \mathrm{d}x - \int_0^{\pi} x f(\sin x) \mathrm{d}x,$$

移项整理, 得

$$\int_0^{\pi} x f(\sin x) \mathrm{d}x = \frac{\pi}{2} \int_0^{\pi} f(\cos x) \mathrm{d}x.$$

利用如上结论, 可计算 $\displaystyle \int_0^{\pi} \frac{x \sin x}{1 + \cos^2 x} \mathrm{d}x$.

$$\int_0^{\pi} \frac{x \sin x}{1 + \cos^2 x} \mathrm{d}x = \frac{\pi}{2} \int_0^{\pi} \frac{\sin x}{1 + \cos^2 x} \mathrm{d}x = -\frac{\pi}{2} \int_0^{\pi} \frac{\mathrm{d}(\cos x)}{1 + \cos^2 x}$$

$$= -\frac{\pi}{2} \left[\arctan(\cos x) \right]\big|_0^{\pi} = -\frac{\pi}{2} \left(-\frac{\pi}{4} - \frac{\pi}{4} \right) = \frac{\pi^2}{4}.$$

5.3.2　定积分的分部积分法

慕课5.3.3

分部积分法　设函数 $u = u(x)$ 和 $v = v(x)$ 在区间 $[a, b]$ 上存在连续导数, 则

$$\int_a^b u(x)v'(x)\mathrm{d}x = u(x)v(x)\big|_a^b - \int_a^b v(x)\mathrm{d}u(x). \tag{5-3-3}$$

简记作

$$\int_a^b uv'\mathrm{d}x = [uv]_a^b - \int_a^b u'v\mathrm{d}x \quad \text{或} \quad \int_a^b u\mathrm{d}v = [uv]_a^b - \int_a^b v\mathrm{d}u.$$

例 8　计算下列各积分:

$$(1) \int_0^{\frac{1}{2}} \arcsin x\mathrm{d}x; \qquad\qquad (2) \int_0^1 \mathrm{e}^{\sqrt{x}}\mathrm{d}x.$$

解　(1) $\displaystyle\int_0^{\frac{1}{2}} \arcsin x\mathrm{d}x = x \arcsin x\big|_0^{\frac{1}{2}} - \int_0^{\frac{1}{2}} \frac{x}{\sqrt{1-x^2}}\mathrm{d}x$

$$= \frac{\pi}{12} + \sqrt{1-x^2}\Big|_0^{\frac{1}{2}} = \frac{\pi}{12} + \frac{\sqrt{3}}{2} - 1.$$

(2) 令设 $t = \sqrt{x}$, 则 $x = t^2$, $\mathrm{d}x = 2t\mathrm{d}t$, 且当 $x = 0$ 时, $t = 0$; 当 $x = 1$ 时, $t = 1$, 于是

$$\int_0^1 \mathrm{e}^{\sqrt{x}}\mathrm{d}x = 2\int_0^1 t\mathrm{e}^t\mathrm{d}t = 2\int_0^1 t\mathrm{d}(\mathrm{e}^t) = 2\,t\mathrm{e}^t\big|_0^1 - 2\int_0^1 \mathrm{e}^t\mathrm{d}t = 2[\mathrm{e} - (\mathrm{e}-1)] = 2.$$

例 9　求 $I_n = \displaystyle\int_0^{\frac{\pi}{2}} \sin^n x\mathrm{d}x = \int_0^{\frac{\pi}{2}} \cos^n x\mathrm{d}x$ 的值, 其中 n 为正整数.

解　通过换元公式 $x = \dfrac{\pi}{2} - t$, 可得 $\displaystyle\int_0^{\frac{\pi}{2}} \sin^n x\mathrm{d}x = \int_0^{\frac{\pi}{2}} \cos^n x\mathrm{d}x$.

当 $n = 0$ 时, $I_0 = \displaystyle\int_0^{\frac{\pi}{2}} 1\mathrm{d}x = \frac{\pi}{2}$;

当 $n = 1$ 时, $I_1 = \displaystyle\int_0^{\frac{\pi}{2}} \sin x\mathrm{d}x = 1$;

当 $n \geqslant 2$ 时, 利用分部积分公式, 得

$$I_n = \int_0^{\frac{\pi}{2}} \sin^n x\mathrm{d}x = \int_0^{\frac{\pi}{2}} \sin^{n-1} x \sin x\mathrm{d}x = -\int_0^{\frac{\pi}{2}} \sin^{n-1} x\mathrm{d}(\cos x)$$

$$= - \sin^{n-1} x \cos x \Big|_0^{\frac{\pi}{2}} - \int_0^{\frac{\pi}{2}} \cos x \mathrm{d}(\sin^{n-1} x)$$

$$= (n-1) \int_0^{\frac{\pi}{2}} \cos x \sin^{n-2} x \cos x \mathrm{d}x$$

$$= (n-1) \int_0^{\frac{\pi}{2}} \cos^2 x \sin^{n-2} x \mathrm{d}x$$

$$= (n-1) \int_0^{\frac{\pi}{2}} (1 - \sin^2 x) \sin^{n-2} x \mathrm{d}x$$

$$= (n-1) \int_0^{\frac{\pi}{2}} (\sin^{n-2} x - \sin^n x) \mathrm{d}x,$$

可得到递推公式

$$I_n = \frac{n-1}{n} I_{n-2},$$

整理得 $I_{n-2} = \dfrac{n-3}{n-2} I_{n-4}$, $I_{n-4} = \dfrac{n-5}{n-4} I_{n-6}$, $\cdots$.

当 n 为偶数时, 最后一项为 $I_0 = \dfrac{\pi}{2}$; 当 n 为奇数时, 最后一项为 $I_1 = 1$.

综上有

$$I_n = \int_0^{\frac{\pi}{2}} \sin x \mathrm{d}x = \begin{cases} \dfrac{n-1}{n} \cdot \dfrac{n-3}{n-2} \cdots \dfrac{3}{4} \cdot \dfrac{1}{2} \cdot \dfrac{\pi}{2} = \dfrac{(n-1)!!}{n!!} \cdot \dfrac{\pi}{2}, & n \text{ 为偶数}, \\ \dfrac{n-1}{n} \cdot \dfrac{n-3}{n-2} \cdots \dfrac{4}{5} \cdot \dfrac{2}{3} \cdot 1 = \dfrac{(n-1)!!}{n!!}, & n \text{ 为奇数}. \end{cases}$$

例 10　设 $f(x)$ 为连续函数, 证明区间再现公式

$$\int_a^b f(x) \mathrm{d}x = \int_a^b f(a+b-x) \mathrm{d}x,$$

并计算 $I = \displaystyle\int_0^\pi x \sin^9 x \mathrm{d}x$.

解　设 $x = a+b-t$, 则 $\mathrm{d}x = -\mathrm{d}t$, 于是

$$\int_a^b f(x) \mathrm{d}x = - \int_b^a f(a+b-t) \mathrm{d}t = \int_a^b f(a+b-t) \mathrm{d}t = \int_a^b f(a+b-x) \mathrm{d}x.$$

对于积分 $I = \displaystyle\int_0^\pi x \sin^9 x \mathrm{d}x$, 可设 $x = \pi - t$, 则

$$I = \int_0^\pi x \sin^9 x \mathrm{d}x = \int_0^\pi (\pi - x) \sin^9(\pi - x) \mathrm{d}x = \int_0^\pi \pi \sin^9 x \mathrm{d}x - \int_0^\pi x \sin^9 x \mathrm{d}x,$$

其中

$$\int_0^\pi x\sin^9 x\mathrm{d}x = \frac{\pi}{2}\int_0^\pi \sin^9 x\mathrm{d}x,$$

所以

$$I = \frac{\pi}{2}\int_0^\pi \sin^9 x\mathrm{d}x = \frac{\pi}{2}\left(\int_0^{\frac{\pi}{2}}\sin^9 x\mathrm{d}x + \int_{\frac{\pi}{2}}^\pi \sin^9 x\mathrm{d}x\right),$$

故积分可得

$$I = \frac{\pi}{2}\int_0^\pi \sin^9 x\mathrm{d}x = \frac{\pi}{2}\left(\int_0^{\frac{\pi}{2}}\sin^9 x\mathrm{d}x - \int_{\frac{\pi}{2}}^0 \sin^9(\pi x)\mathrm{d}x\right) = \pi\int_0^{\frac{\pi}{2}}\sin^9 x\mathrm{d}x$$

$$= \pi\times\frac{8}{9}\times\frac{6}{7}\times\frac{4}{5}\times\frac{2}{3} = \frac{384}{945}\pi = \frac{128}{315}\pi.$$

小结与思考

1. 小结

根据牛顿–莱布尼茨公式可知, 定积分的计算归结为求原函数或不定积分. 定积分的换元法既换积分变量, 同时又换积分上下限, 所以找出新变量的原函数后不必换成原变量而直接可用牛顿–莱布尼茨公式, 这就是它的简便之处. 同样, 定积分的分部积分法也因定积分具有上、下限交换等性质且结果可逐步求出而计算方便.

用换元法计算定积分时应注意

(1) 三换: 一换积分变量, 二换被积函数, 三换积分上、下限.

(2) 引入新变量时要注意换元函数在积分区间上单调且具有连续导数.

(3) 作什么样的变量替换一般要从被积函数的形式入手, 与不定积分的换元法非常类似, 但又不同. 其不同之处在于定积分中积分变量的取值范围是确定的, 即上、下限, 因此在换元后被积函数的形式往往更具体.

(4) 变限积分函数一般是用其导数的性质, 如果被积函数中含积分上限变量 x, 一般先把 x 提到积分号外才能求导数; 若不能直接提到积分号外, 可先考虑用换元法把 x 变换到积分的上下限中去再求导.

2. 思考

设 $f(x)$ 是连续的周期函数, 周期为 T, 证明:

(1) $\displaystyle\int_a^{a+T} f(x)\mathrm{d}x = \int_0^T f(x)\mathrm{d}x$;

(2) $\displaystyle\int_a^{a+nT} f(x)\mathrm{d}x = n\int_0^T f(x)\mathrm{d}x(n\in\mathbf{N})$, 由此计算 $\displaystyle\int_0^{n\pi}\sqrt{1+\sin 2x}\mathrm{d}x$.

习　题　5.3

1. 计算下列定积分:

(1) $\displaystyle\int_{\frac{\pi}{3}}^{\pi} \sin\left(x + \frac{\pi}{3}\right)\mathrm{d}x;$

(2) $\displaystyle\int_{\frac{\pi}{6}}^{\frac{\pi}{2}} \cos^2\theta\mathrm{d}\theta;$

(3) $\displaystyle\int_{0}^{\frac{\pi}{2}} \sin x \cos^2 x\mathrm{d}x;$

(4) $\displaystyle\int_{-2}^{1} \frac{1}{(5x+11)^3}\mathrm{d}x;$

(5) $\displaystyle\int_{1}^{2} \frac{1}{x+1}\mathrm{d}x;$

(6) $\displaystyle\int_{1}^{\mathrm{e}^2} \frac{\mathrm{d}x}{x\sqrt{1+\ln x}};$

(7) $\displaystyle\int_{\frac{1}{\sqrt{2}}}^{0} \frac{\sqrt{1-x^2}}{x^2}\mathrm{d}x;$

(8) $\displaystyle\int_{0}^{\sqrt{2}} \sqrt{2-x^2}\mathrm{d}x;$

(9) $\displaystyle\int_{1}^{\sqrt{3}} \frac{\mathrm{d}x}{x^2\sqrt{1+x^2}};$

(10) $\displaystyle\int_{0}^{a} x^2\sqrt{a^2-x^2}\mathrm{d}x \quad (a>0);$

(11) $\displaystyle\int_{1}^{4} \frac{\mathrm{d}x}{\sqrt{x}+1};$

(12) $\displaystyle\int_{\frac{3}{4}}^{1} \frac{\mathrm{d}x}{\sqrt{1-x}-1};$

(13) $\displaystyle\int_{-2}^{0} \frac{(x+2)\mathrm{d}x}{x^2+2x+2};$

(14) $\displaystyle\int_{0}^{2} \frac{x\mathrm{d}x}{(x^2-2x+2)^2};$

(15) $\displaystyle\int_{-\frac{1}{2}}^{\frac{1}{2}} \frac{(\arcsin x)^2}{\sqrt{1-x^2}}\mathrm{d}x;$

(16) $\displaystyle\int_{0}^{1} t\mathrm{e}^{-\frac{t}{2}}\mathrm{d}t;$

(17) $\displaystyle\int_{-\frac{\pi}{2}}^{\frac{\pi}{2}} \sqrt{\cos x - \cos^3 x}\mathrm{d}x;$

(18) $\displaystyle\int_{0}^{2\pi} |\sin(x+1)|\mathrm{d}x;$

(19) $\displaystyle\int_{0}^{2} \max\{2, x^2\}\mathrm{d}x;$

(20) $\displaystyle\int_{-2}^{2} \max\{x, x^2\}\mathrm{d}x.$

2. 计算下列定积分:

(1) $\displaystyle\int_{0}^{1} x\mathrm{e}^{-x}\mathrm{d}x;$

(2) $\displaystyle\int_{1}^{\mathrm{e}} x\ln x\mathrm{d}x;$

(3) $\displaystyle\int_{0}^{\frac{2\pi}{\omega}} t\sin\omega t\mathrm{d}t \ (\omega \text{ 为常数});$

(4) $\displaystyle\int_{\frac{\pi}{4}}^{\frac{\pi}{3}} \frac{x}{\sin^2 x}\mathrm{d}x;$

(5) $\displaystyle\int_{0}^{\frac{\pi}{2}} \mathrm{e}^{2x}\cos x\mathrm{d}x;$

(6) $\displaystyle\int_{0}^{1} x\arctan x\mathrm{d}x;$

(7) $\displaystyle\int_{0}^{\pi} (x\sin x)^2\mathrm{d}x;$

(8) $\displaystyle\int_{1}^{\mathrm{e}} \sin(\ln x)\mathrm{d}x;$

(9) $\displaystyle\int_{\frac{1}{\mathrm{e}}}^{\mathrm{e}} |\ln x|\mathrm{d}x;$

(10) $\displaystyle\int_{0}^{\frac{\sqrt{3}}{2}} \arccos x\mathrm{d}x.$

3. 利用定积分的奇零偶倍的性质计算定积分:

(1) $\int_{-1}^{1} |x|\mathrm{d}x;$

(2) $\int_{-\pi}^{\pi} x^4 \sin x\mathrm{d}x;$

(3) $\int_{-1}^{1} \dfrac{x^3 \sin^2 x}{x^4 + 2x^2 + 1}\mathrm{d}x;$

(4) $\int_{-\frac{\pi}{2}}^{\frac{\pi}{2}} 4\cos^4 x\mathrm{d}x.$

4. 设 $f(x)$ 为连续函数, 计算积分 $\int_{\frac{1}{n}}^{n} \left(1 - \dfrac{1}{t^2}\right) f\left(t + \dfrac{1}{t}\right)\mathrm{d}t.$

5. 设 $f(x)$ 在 $[0,a]$ 上连续, 证明下列等式:

(1) $\int_0^a x^3 f(x^2)\mathrm{d}x = \dfrac{1}{2}\mathrm{d}\int_0^{a^2} xf(x)\mathrm{d}x;$

(2) $\int_0^a \dfrac{f(x)}{f(x) + f(a - x)}\mathrm{d}x = \dfrac{a}{2}.$

6. 证明: $\int_0^1 x^m(1-x)^n\mathrm{d}x = \int_0^1 x^n(1-x)^m\mathrm{d}x(m, n \in \mathbf{N}).$

7. 证明: $\int_0^\pi \sin^n x\mathrm{d}x = 2\int_0^{\frac{\pi}{2}} \sin^n x\mathrm{d}x.$

8. 证明: 若 $f(t)$ 是连续的奇函数, 则 $\int_0^x f(t)\mathrm{d}t$ 是偶函数;

若 $f(t)$ 是连续的偶函数, 则 $\int_0^x f(t)\mathrm{d}t$ 是奇函数.

9. 已知 $f(x)$ 的一个原函数 $\sin x \ln x$, 求 $\int_1^\pi xf'(x)\mathrm{d}x.$

10. 已知 $f(x)$ 连续, $\int_0^x tf(x - t)\mathrm{d}t = 1 - \cos x$, 求 $\int_0^{\frac{\pi}{2}} f(x)\mathrm{d}x$ 的值.

5.4 反 常 积 分

教学目标: 理解反常积分的定义, 会解决一些简单的反常积分的计算问题.
教学重点: 无限区间上的反常积分和无界函数的反常积分.
教学难点: 无界函数对应的瑕积分计算中瑕点的判定.
教学背景: 第二宇宙速度问题等.
思政元素: 正常和反常, 狭义和广义, 有限和无限, 有暇和无暇, 对立统一与辩证统一.

我们在前面介绍的定积分 $\int_a^b f(x)\mathrm{d}x$, 都假定被积函数 $f(x)$ 在积分区间 $[a,b]$ 上是有界的, 积分区间是有限的, 但在自然科学和工程技术中往往会遇到无界函数或无限区间的积分问题, 因此我们有必要把积分概念就这两种情形加以推广, 这种推广后的积分称为**广义积分** (或**反常积分**). 下面我们分别阐释两种广义积分的定义.

5.4.1 积分区间为无穷区间的广义积分

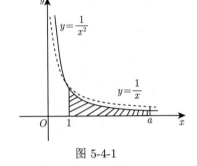

慕课5.4.1

引例 1 求由曲线 $y = \dfrac{1}{x^2}$ 和 $y = \dfrac{1}{x}$ 分别与直线 $x = 1, x = a \ (> 1)$ 以及 x 轴所围成的两个曲边梯形的面积.

问题分析 显然, 所求的面积 S_1 和 S_2 分别为

$$S_1 = \int_1^a \frac{1}{x^2}\mathrm{d}x = -\frac{1}{x}\Big|_1^a = 1 - \frac{1}{a},$$

$$S_2 = \int_1^a \frac{1}{x}\mathrm{d}x = \ln x\Big|_1^a = \ln a.$$

图 5-4-1

当 $a \to +\infty$ 时, $S_1 = 1 - \dfrac{1}{a} \to 1$, 而 $S_2 = \ln a \to +\infty$.

比较后发现, 第一, 无限区间上的积分可以在有限区间定积分的基础上, 借助极限工具巧妙地获得解决; 第二, 如果不用严密的数学工具, 单凭直觉是绝对不可能判断出两个右端线变动着的差异不大的曲边梯形, 它们的面积居然有着天壤之别. 由这一有趣的例子抽象而得到如下定义.

定义 5.4.1 设函数 $f(x)$ 在区间 $[a, +\infty)$ 上连续, 取 $t > a$, 如果极限 $\lim\limits_{t \to +\infty} \int_a^t f(x)\mathrm{d}x$ 存在, 则称此极限为函数 $f(x)$ 在无穷区间 $[a, +\infty)$ 上的**广义积分**, 记作 $\int_a^{+\infty} f(x)\mathrm{d}x$, 即

$$\int_a^{+\infty} f(x)\mathrm{d}x = \lim_{t \to +\infty} \int_a^t f(x)\mathrm{d}x.$$

这时也称广义积分 $\int_a^{+\infty} f(x)\mathrm{d}x$ **收敛**; 如果上述极限不存在, 函数 $f(x)$ 在无穷区间 $[a, +\infty)$ 上的广义积分 $\int_a^{+\infty} f(x)\mathrm{d}x$ 就没有意义, 习惯上称为广义积分 $\int_a^{+\infty} f(x)\mathrm{d}x$ **发散**, 这时记号 $\int_a^{+\infty} f(x)\mathrm{d}x$ 不再表示数值了.

类似地, 设函数 $f(x)$ 在区间 $(-\infty, b]$ 上连续, 取 $t < b$, 如果极限 $\lim\limits_{t \to -\infty} \int_t^b f(x)\mathrm{d}x$ 存在, 则称此极限为函数 $f(x)$ 在无穷区间 $(-\infty, b]$ 上的**广义积分**, 记作 $\int_{-\infty}^b f(x)\mathrm{d}x$, 即

$$\int_{-\infty}^b f(x)\mathrm{d}x = \lim\limits_{t \to -\infty} \int_t^b f(x)\mathrm{d}x.$$

设函数 $f(x)$ 在区间 $(-\infty, +\infty)$ 上连续, 如果广义积分 $\int_{-\infty}^c f(x)\mathrm{d}x$ 和 $\int_c^{+\infty} f(x)\mathrm{d}x$ 都收敛, 则称上述两个广义积分之和为函数 $f(x)$ 在无穷区间 $(-\infty, +\infty)$ 上的广义积分, 记作

$$\int_{-\infty}^{+\infty} f(x)\mathrm{d}x,$$

即

$$\int_{-\infty}^{+\infty} f(x)\mathrm{d}x = \int_{-\infty}^c f(x)\mathrm{d}x + \int_c^{+\infty} f(x)\mathrm{d}x \quad (c \in (-\infty, +\infty))$$

$$= \lim\limits_{t \to -\infty} \int_t^c f(x)\mathrm{d}x + \lim\limits_{t \to +\infty} \int_c^t f(x)\mathrm{d}x.$$

这时也称广义积分 $\int_{-\infty}^{+\infty} f(x)\mathrm{d}x$ **收敛**; 否则就称广义积分 $\int_{-\infty}^{+\infty} f(x)\mathrm{d}x$ **发散**.

上述广义积分统称为**无穷限的广义积分**.

无穷限积分的计算问题可以类似有牛顿–莱布尼茨公式的形式, 其形式上的计算如下

$$\int_a^{+\infty} f(x)\mathrm{d}x = F(x)|_a^{+\infty} = \lim\limits_{x \to +\infty} (F(x) - F(a)),$$

$$\int_{-\infty}^b f(x)\mathrm{d}x = F(x)|_{-\infty}^b = F(b) - \lim\limits_{x \to -\infty} F(x),$$

$$\int_{-\infty}^{+\infty} f(x)\mathrm{d}x = F(x)|_{-\infty}^{+\infty} = \lim\limits_{x \to +\infty} F(x) - \lim\limits_{x \to -\infty} F(x),$$

即无穷限的广义积分收敛与否取决于转化后极限是否存在, 若极限存在, 则广义积分收敛; 若极限有一个不存在, 则广义积分发散.

可以证明, **无穷限积分的敛散性及收敛时的值都与 a, b 的选取无关**. 敛散性并不依赖于 a, b 的选取, 在实际计算中为简便起见, 通常取 $a = 0$ 或 $b = 0$.

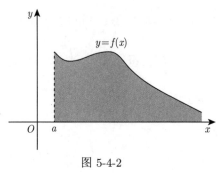

图 5-4-2

无穷限积分的几何意义   若 $f(x) \geqslant 0$, $x \in [a, +\infty)$, 则无穷限积分 $\displaystyle\int_a^{+\infty} f(x)\mathrm{d}x$ 收敛的几何意义是, 图 5-4-2 中介于曲线 $y = f(x)$、直线 $x = a$ 及 x 轴之间向右无限延伸的阴影区域有面积, 并以极限 $\displaystyle\lim_{t \to +\infty} \int_a^t f(x)\mathrm{d}x$ 的值作为它的面积.

例 1   判定下列反常积分的收敛性, 如果收敛, 计算反常积分的值:

(1) $\displaystyle\int_{-\infty}^{+\infty} \frac{1}{1+x^2}\mathrm{d}x$;   (2) $\displaystyle\int_0^{+\infty} te^{-pt}\mathrm{d}t$ (其中 p 是常数, 且 $p > 0$).

解   (1) $\displaystyle\int_{-\infty}^{+\infty} \frac{1}{1+x^2}\mathrm{d}x = \lim_{x \to +\infty} \arctan x - \lim_{x \to -\infty} \arctan x = \frac{\pi}{2} - \left(-\frac{\pi}{2}\right) = \pi.$

(2) $\displaystyle\int_0^{+\infty} te^{-pt}\mathrm{d}t = \left[-\frac{1}{p}\int t\mathrm{d}(e^{-pt})\right]_0^{+\infty} = \left[-\frac{1}{p}e^{-pt} + \frac{1}{p}\int e^{-pt}\mathrm{d}t\right]_0^{+\infty}$

$$= \left[-\frac{t}{p}e^{-pt}\right]_0^{+\infty} - \left[\frac{1}{p^2}e^{-pt}\right]_0^{+\infty}$$

$$= -\frac{1}{p}\lim_{t \to +\infty} - 0 - \frac{1}{p^2}(0-1) = \frac{1}{p^2}.$$

例 2   证明反常积分 $\displaystyle\int_a^{+\infty} \frac{1}{x^p}\mathrm{d}x (a > 0)$. (1) 当 $p > 1$ 时收敛; (2) 当 $p \leqslant 1$ 时发散.

证明   当 $p = 1$ 时, $\displaystyle\int_a^{+\infty} \frac{1}{x^p}\mathrm{d}x = \int_a^{+\infty} \frac{\mathrm{d}x}{x} = [\ln x]_0^{+\infty} = +\infty$;

当 $p \neq 1$ 时, $\displaystyle\int_a^{+\infty} \frac{1}{x^p}\mathrm{d}x = \left[\frac{x^{1-p}}{1-p}\right]_0^{+\infty} = \begin{cases} +\infty, & p < 1, \\ \dfrac{a^{1-p}}{p-1}, & p > 1. \end{cases}$

因此, 当 $p > 1$ 时, 该反常积分收敛, 其值为 $\dfrac{a^{1-p}}{p-1}$; 当 $p \leqslant 1$ 时, 该反常积分发散.

5.4.2   无界函数的广义积分

现在我们把定积分推广到被积函数为无界函数的情形.

慕课5.4.2

引例 2 求由曲线 $y = \dfrac{1}{\sqrt{x}}$ 与 x 轴、y 轴和直线 $x = 1$ 所围成的开口曲边梯形的面积.

解 面积可记作 $A = \displaystyle\int_0^1 \dfrac{1}{\sqrt{x}}\mathrm{d}x$, 其含义可理解为

$$A = \int_0^1 \frac{1}{\sqrt{x}}\mathrm{d}x = \lim_{t \to 0^+} \int_t^1 \frac{1}{\sqrt{x}}\mathrm{d}x = \lim_{t \to 0^+} 2\sqrt{x}\,\big|_t^1 = \lim_{t \to 0^+} 2(1 - \sqrt{t}) = 2.$$

如果函数 $f(x)$ 在点 a 的任一邻域内都无界, 那么点 a 称为函数 $f(x)$ 的瑕点 (也称为无界间断点). 无界函数的广义积分又称为**瑕积分**.

定义 5.4.2 设函数 $f(x)$ 在区间 $(a,b]$ 上连续, 点 a 为 $f(x)$ 的瑕点. 如果极限 $\displaystyle\lim_{t \to a^+} \int_t^b f(x)\mathrm{d}x$ 存在, 则称此极限为函数 $f(x)$ 在 $(a,b]$ 上的**广义积分**, 仍然记作 $\displaystyle\int_a^b f(x)\mathrm{d}x$, 即

$$\int_a^b f(x)\mathrm{d}x = \lim_{t \to a^+} \int_t^b f(x)\mathrm{d}x.$$

这时称广义积分 $\displaystyle\int_a^b f(x)\mathrm{d}x$ **收敛**; 如果上述极限不存在, 就称广义积分 $\displaystyle\int_a^b f(x)\mathrm{d}x$ **发散**.

类似地, 设函数 $f(x)$ 在区间 $[a,b)$ 上连续, 点 b 为 $f(x)$ 的瑕点. 取 $t < b$, 如果极限 $\displaystyle\lim_{t \to b^-} \int_a^t f(x)\mathrm{d}x$ 存在, 则定义瑕积分

$$\int_a^b f(x)\mathrm{d}x = \lim_{t \to b^-} \int_a^t f(x)\mathrm{d}x.$$

设函数 $f(x)$ 在区间 $[a,b]$ 上除点 $c\,(a < c < b)$ 外连续, 点 c 为 $f(x)$ 的瑕点. 如果两个广义积分 $\displaystyle\int_a^c f(x)\mathrm{d}x$ 与 $\displaystyle\int_c^b f(x)\mathrm{d}x$ 都收敛, 则定义瑕积分

$$\int_a^b f(x)\mathrm{d}x = \int_a^c f(x)\mathrm{d}x + \int_c^b f(x)\mathrm{d}x = \lim_{t \to c^-} \int_a^t f(x)\mathrm{d}x + \lim_{t \to c^+} \int_t^b f(x)\mathrm{d}x.$$

若极限都存在, 则瑕积分收敛, 否则, 瑕积分 $\displaystyle\int_a^b f(x)\mathrm{d}x$ 发散.

计算瑕积分时, 也可借助于牛顿-莱布尼茨公式的形式.

设 $x = a$ 为 $f(x)$ 的瑕点, 在 $(a,b]$ 上, $F'(x) = f(x)$, 如果 $\lim\limits_{x \to a^+} F(x)$ 存在, 则积分

$$\int_a^b f(x)\mathrm{d}x = F(x)\Big|_a^b = F(b) - \lim_{x \to a^+} F(x) = F(b) - F(a^+);$$

如果 $\lim\limits_{x \to a^+} F(x)$ 不存在, 则广义积分 $\int_a^b f(x)\mathrm{d}x$ **发散**.

若 $x = b$ 为 $f(x)$ 的瑕点, 则瑕积分也有类似的计算公式.

$$\int_a^b f(x)\mathrm{d}x = F(x)\Big|_a^b = \lim_{x \to b^-} F(x) - F(a) = F(b^-) - F(a).$$

例 3 判定下列反常积分的收敛性, 如果收敛, 计算积分的值:

(1) $\displaystyle\int_0^a \frac{1}{\sqrt{a^2 - x^2}}\mathrm{d}x\ (a > 0)$;   (2) $\displaystyle\int_{-1}^1 \frac{1}{x^2}\mathrm{d}x$.

解 (1) 因为 $\lim\limits_{x \to a^-} \dfrac{1}{\sqrt{a^2 - x^2}} = +\infty$, 所以点 $x = a$ 是瑕点, 于是

$$\int_0^a \frac{1}{\sqrt{a^2 - x^2}}\mathrm{d}x = \arcsin\frac{x}{a}\Big|_0^a = \lim_{x \to a^-}\arcsin\frac{x}{a} - 0 = \frac{\pi}{2}.$$

这个反常积分值的几何意义是: 位于曲线之下, x 轴之上, 直线 $x = 0$ 与 $x = a$ 之间的图形面积.

(2) 被积函数 $f(x) = \dfrac{1}{x^2}$ 在积分区间 $[-1, 1]$ 上除 $x = 0$ 外连续, 且 $\lim\limits_{x \to 0}\dfrac{1}{x^2} = \infty$. 由于

$$\int_{-1}^0 \frac{1}{x^2}\mathrm{d}x = -\frac{1}{x}\Big|_{-1}^0 = \lim_{x \to 0^-}\left(-\frac{1}{x}\right) - 1 = +\infty,$$

由于反常积分 $\displaystyle\int_{-1}^0 \frac{1}{x^2}\mathrm{d}x$ 发散, 所以反常积分 $\displaystyle\int_{-1}^1 \frac{1}{x^2}\mathrm{d}x$ 发散.

注 (1) 如果疏忽了 $x = 0$ 是被积函数的瑕点, 就会得到以下的错误结果:

$$\int_{-1}^1 \frac{1}{x^2}\mathrm{d}x = -\frac{1}{x}\Big|_{-1}^1 = -1 - 1 = -2.$$

(2) 关于定积分的对称区间的奇、偶函数的结论不能推广到反常积分. 对反常积分, 只有在收敛的条件下, 才能使用偶倍奇零的性质, 否则会出现错误.

例如 $\displaystyle\int_{-\infty}^{+\infty}\frac{1}{1+x^2}\mathrm{d}x=\pi$, $\displaystyle\int_{-\infty}^{+\infty}\frac{x}{1+x^2}\mathrm{d}x=\frac{1}{2}\ln(1+x^2)\Big|_{-\infty}^{+\infty}\neq0$ 发散.

(3) 通过换元, 反常积分和常义积分可以相互转化.

例 4 求反常积分 $\displaystyle\int_0^{+\infty}\frac{\mathrm{d}x}{\sqrt{x(x+1)^3}}$.

解 这里积分上限为 $+\infty$, 且下限 $x=0$ 为被积函数的瑕点.

令 $t=\sqrt{x}$, 则 $x=t^2$, 当 $x\to0^+$ 时 $t\to0$; 当 $x\to+\infty$ 时 $t\to+\infty$, 于是

$$\int_0^{+\infty}\frac{\mathrm{d}x}{\sqrt{x(x+1)^3}}=\int_0^{+\infty}\frac{2t\mathrm{d}t}{t(t^2+1)^{3/2}}=2\int_0^{+\infty}\frac{t\mathrm{d}t}{t(t^2+1)^{3/2}},$$

再令 $t=\tan u$, 取 $u=\arctan t$, 当 $t=0$ 时 $u=0$, $t\to+\infty$ 时 $u\to\dfrac{\pi}{2}$, 于是

$$\int_0^{+\infty}\frac{\mathrm{d}x}{\sqrt{x(x+1)^3}}=2\int_0^{\frac{\pi}{2}}\frac{\sec^2 u\mathrm{d}u}{\sec^3 u}=2\int_0^{\frac{\pi}{2}}\cos u\mathrm{d}u=2.$$

说明: 若被积函数在积分区间上仅存在有限个第一类间断点, 则本质上是常义积分, 而不是反常积分. 例如, $\displaystyle\int_{-1}^1\frac{x^2-1}{x-1}\mathrm{d}x=\int_{-1}^1(x+1)\mathrm{d}x=\int_{-1}^1\mathrm{d}x=2$.

小结与思考

1. 小结

反常积分在计算时首先要区分类型, 判断是无穷限积分还是瑕积分. 特别是无穷限积分与瑕积分的混合型, 一定要先进行分解, 分解为多个单一类型的反常积分再逐个计算.

反常积分的计算方法是转化为定积分的计算再求极限. 因此在它收敛时, 与常义定积分具有相同的性质和积分方法, 如换元法、分部积分法及牛顿–莱布尼茨公式.

2. 思考

计算积分 $\displaystyle\int_{\frac{1}{2}}^{\frac{3}{2}}\frac{\mathrm{d}x}{\sqrt{|x-x^2|}}$.

习 题 5.4

1. 判定下列各反常积分的收敛性, 如果收敛, 计算反常积分的值.

(1) $\displaystyle\int_1^{+\infty}\frac{\mathrm{d}x}{x^4}$;

(2) $\displaystyle\int_1^{+\infty}\frac{\mathrm{d}x}{\sqrt{x}}$;

(3) $\displaystyle\int_{0}^{+\infty} e^{-ax}dx(a>0)$;

(4) $\displaystyle\int_{0}^{+\infty} \frac{dx}{(1+x^4)(1+x^2)}$;

(5) $\displaystyle\int_{0}^{+\infty} e^{-pt}\sin\omega t dt(p>0,\omega>0)$;

(6) $\displaystyle\int_{-\infty}^{+\infty} \frac{dx}{x^2+2x+2}$;

(7) $\displaystyle\int_{0}^{1} \frac{xdx}{\sqrt{1-x^2}}$;

(8) $\displaystyle\int_{0}^{2} \frac{dx}{(1-x)^2}$;

(9) $\displaystyle\int_{0}^{1} \frac{xdx}{\sqrt{1-x^2}}$;

(10) $\displaystyle\int_{1}^{e} \frac{dx}{x\sqrt{1-(\ln x)^2}}$.

2. 利用递推公式计算反常积分 $I_n = \displaystyle\int_{0}^{+\infty} x^n e^{-x}dx \ (n \in \mathbf{N})$.

3. 计算反常积分 $\displaystyle\int_{0}^{1} \ln x dx$.

5.5　用 MATLAB 求定积分

教学目标: 掌握 MATLAB 求定积分方法.

教学重点: MATLAB 求定积分的命令语句.

教学难点: 实操 MATLAB 求含有其他参数的定积分.

教学背景: MATLAB 软件是工科学习的有力工具.

思政元素: 精益求精, 工匠精神.

在 MATLAB 中, 用于求函数 $f(x)$ 定积分仍然是 "int(f)", 那么函数 $f(x)$ 在积分区间 $[a,b]$ 上的定积分的语句表示如下:

$$\text{“int(f, x, a, b)”}$$

当积分变量为 x 时, x 为缺省变量, 可以不必标出.

要注意的是, 实际应用中, 有些函数的不定积分可能不存在, 但仍然需要求它在特定区间上的定积分或广义积分的值. 因此, 定积分在工程中的应用更加广泛.

例 1 计算定积分 $\displaystyle\int_{-1}^{1} \frac{dx}{1+x^2}$.

解 在命令行窗口输入以下代码并运行:

```
>> syms x;
>> f =1/(1+x ^2);
>>int(f, -1, 1)
ans=
pi/2
```

故

$$\int_{-1}^{1} \frac{\mathrm{d}x}{1+x^2} = \arctan x \big|_{-1}^{1} = \arctan 1 - \arctan(-1) = \frac{\pi}{4} - \left(-\frac{\pi}{4}\right) = \frac{\pi}{2}.$$

例 2　计算定积分 $\int_{1}^{+\infty} \frac{1}{x} \mathrm{d}x$.

解　在命令行窗口输入以下代码并运行:

```
>> syms a x
>> f =1/x;
>>int(f,1,inf)
ans=
inf
```

故广义积分 $\int_{1}^{+\infty} \frac{1}{x} \mathrm{d}x$ 发散.

例 3　计算定积分 $\int_{0}^{1} (2xy + zy + 2xz) \mathrm{d}x$.

解　在命令行窗口输入以下代码并运行:

```
>> syms x y z
>> f =2*x*y+z*y+2*x*z;
>>int(f,x,0,1)
ans=
y+z+y*z
```

故 $\int_{0}^{1} (2xy + zy + 2xz) \mathrm{d}x = y + z + yz.$

总 习 题 5

1. (2002, 数二) 设函数 $f(x)$ 连续, 则下列函数中, 必为偶函数的是 (　　).

A. $\int_{0}^{x} f(t^2)\mathrm{d}t$ 　　　　　　　　B. $\int_{0}^{x} f^2(t)\mathrm{d}t$

C. $\int_{0}^{x} t[f(t) - f(-t)]\mathrm{d}t$ 　　　　D. $\int_{0}^{x} t[f(t) + f(-t)]\mathrm{d}t$

2. (2010, 数一) 设 m, n 为正整数, 则反常积分 $\int_{0}^{1} \frac{\sqrt[m]{\ln^2(1-x)}}{\sqrt[n]{x}}\mathrm{d}x$ 的收敛性 (　　).

A. 仅与 m 取值有关 　　　　　　B. 仅与 n 取值有关
C. 与 m, n 取值都有关 　　　　　D. 与 m, n 取值都无关

3. (2011, 数一) 设 $I = \int_0^{\frac{\pi}{4}} \ln \sin x \mathrm{d}x$, $J = \int_0^{\frac{\pi}{4}} \ln \cot x \mathrm{d}x$, $K = \int_0^{\frac{\pi}{4}} \ln \cos x \mathrm{d}x$, 则
( ).

A. $I < J < K$ B. $I < K < J$

C. $J < I < K$ D. $K < J < I$

4. (2012, 数一) 设 $I_k = \int_0^{k\pi} \mathrm{e}^{x^2} \sin x \mathrm{d}x (k = 1, 2, 3)$, 则有 ( ).

A. $I_1 < I_2 < I_3$ B. $I_3 < I_2 < I_1$

C. $I_2 < I_3 < I_1$ D. $I_2 < I_1 < I_3$

5. (2014, 数一) 若 $\int_{-\pi}^{\pi} (x - a_1 \cos x - b_1 \sin x)^2 \mathrm{d}x = \min_{a,b \in R} \left\{ \int_{-\pi}^{\pi} (x - a \cos x - b \sin x)^2 \mathrm{d}x \right\}$,

则 $a_1 \cos x + b_1 \sin x = ($).

A. $2 \sin x$ B. $2 \cos x$

C. $2\pi \sin x$ D. $2\pi \cos x$

6. (2016, 数一) 若反常积分 $\int_0^{+\infty} \dfrac{1}{x^a (1+x)^b} \mathrm{d}x$ 收敛, 则 ( ).

A. $a < 1$ 且 $b > 1$ B. $a > 1$ 且 $b > 1$

C. $a < 1$ 且 $a + b > 1$ D. $a > 1$ 且 $a + b > 1$

7. (2018, 数一) 设 $M = \int_{-\frac{\pi}{2}}^{\frac{\pi}{2}} \dfrac{(1+x)^2}{1+x^2} \mathrm{d}x$, $N = \int_{-\frac{\pi}{2}}^{\frac{\pi}{2}} \dfrac{1+x}{\mathrm{e}^x} \mathrm{d}x$, $K = \int_{-\frac{\pi}{2}}^{\frac{\pi}{2}} (1 + \sqrt{\cos x}) \mathrm{d}x$,

则 ( ).

A. $M > N > K$ B. $M > K > N$

C. $K > M > N$ D. $K > N > M$

8. (2019, 数二) 下列广义积分中, 发散的是 ( ).

A. $\int_0^{+\infty} x \mathrm{e}^{-x} \mathrm{d}x$ B. $\int_0^{+\infty} x \mathrm{e}^{-x^2} \mathrm{d}x$

C. $\int_0^{+\infty} \dfrac{\arctan x}{1 + x^2} \mathrm{d}x$ D. $\int_0^{+\infty} \dfrac{x}{1 + x^2} \mathrm{d}x$

9. (2020, 数一) 当 $x \to 0^+$ 时, 下列无穷小量中最高阶的是 ( ).

A. $\int_0^x (\mathrm{e}^{t^2} - 1) \mathrm{d}t$ B. $\int_0^x \ln(1 + \sqrt{t^3}) \mathrm{d}t$

C. $\int_0^{\sin x} \sin t^2 \mathrm{d}t$ D. $\int_0^{1 - \cos x} \sqrt{\sin^3 t} \mathrm{d}t$

10. (2021, 数一) 设 $f(x)$ 函数在区间 $(0,1)$ 上连续, 则 $\int_0^1 f(x) \mathrm{d}x = ($).

A. $\lim\limits_{n \to \infty} \sum\limits_{k=1}^{n} f\left(\dfrac{2k-1}{2n}\right) \dfrac{1}{2n}$ B. $\lim\limits_{n \to \infty} \sum\limits_{k=1}^{n} f\left(\dfrac{2k-1}{2n}\right) \dfrac{1}{n}$

C. $\displaystyle\lim_{n\to\infty}\sum_{k=1}^{2n}f\left(\frac{k-1}{2n}\right)\frac{1}{n}$ D. $\displaystyle\lim_{n\to\infty}\sum_{k=1}^{2n}f\left(\frac{k}{2n}\right)\frac{2}{n}$

11. (2003, 数四) $\displaystyle\int_{-1}^{1}(|x|+x)\mathrm{e}^{-|x|}\mathrm{d}x=$ _____.

12. (2004, 数三) 设函数 $f(x)=\begin{cases}x\mathrm{e}^{x^2}, & -\dfrac{1}{2}\leqslant x\leqslant\dfrac{1}{2}, \\[2mm] -1, & x>\dfrac{1}{2},\end{cases}$ 则 $\displaystyle\int_{\frac{1}{2}}^{2}f(x-1)\mathrm{d}x=$ _____.

13. (2010, 数一) 计算 $\displaystyle\int_{0}^{\pi^2}\sqrt{x}\cos\sqrt{x}\mathrm{d}x=$ _____.

14. (2012, 数一) 计算 $\displaystyle\int_{1}^{2}x\sqrt{2x-x^2}\mathrm{d}x=$ _____.

15. (2013, 数一) 计算 $\displaystyle\int_{1}^{+\infty}\frac{\ln x}{1+x^2}\mathrm{d}x=$ _____.

16. (2015, 数一) 计算 $\displaystyle\int_{-\frac{\pi}{2}}^{\frac{\pi}{2}}\left(\frac{\sin x}{1+\cos x}+|x|\right)\mathrm{d}x=$ _____.

17. (2016, 数一) 求极限 $\displaystyle\lim_{x\to0}\frac{\displaystyle\int_{0}^{x}t\ln(1+t\sin t)\mathrm{d}t}{1-\cos x^2}=$ _____.

18. (2018, 数一) 设函数 $f(x)$ 具有二阶连续导数, 若曲线 $y=f(x)$ 过点 $(0,0)$ 且与曲线 $y=2^x$ 在点 $(1,2)$ 处相切, 则 $\displaystyle\int_{0}^{1}xf''(x)\mathrm{d}x=$ _____.

19. (2019, 数二) 设函数 $f(x)=x\displaystyle\int_{1}^{x}\frac{\sin t^2}{t}\mathrm{d}t$, 则 $\displaystyle\int_{0}^{1}f(x)\mathrm{d}x=$ _____.

20. (2021, 数一) 计算 $\displaystyle\int_{0}^{+\infty}\frac{\mathrm{d}x}{x^2+2x+2}=$ _____.

21. (2004, 数三) 设 $f(x),g(x)$ 在 $[a,b]$ 上连续, 且满足 $\displaystyle\int_{a}^{x}f(t)\mathrm{d}t\geqslant\int_{a}^{x}g(t)\mathrm{d}t$, $x\in[a,b)$, $\displaystyle\int_{a}^{b}f(t)\mathrm{d}t=\int_{a}^{b}g(t)\mathrm{d}t$, 证明: $\displaystyle\int_{a}^{b}xf(x)\mathrm{d}x\leqslant\int_{a}^{b}g(x)\mathrm{d}x$.

22. (2013, 数一) 计算 $\displaystyle\int_{0}^{1}\frac{f(x)}{\sqrt{x}}\mathrm{d}x$, 其中 $f(x)=\displaystyle\int_{1}^{x}\frac{\ln(1+t)}{t}\mathrm{d}t$.

23. (2016, 数一) 求极限 $\displaystyle\lim_{x\to+\infty}\frac{\displaystyle\int_{1}^{x}[(t^2\mathrm{e}^{\frac{1}{t}}-1)-t]\mathrm{d}t}{x^2\ln\left(1+\dfrac{1}{x}\right)}$.

24. (2017, 数一) 求 $\displaystyle\lim_{n\to0}\sum_{k=1}^{n}\frac{k}{n^2}\ln\left(1+\frac{k}{n}\right)$.

25. (2019, 数一) 设 $a_n = \int_0^1 x^n \sqrt{1-x^2}\mathrm{d}x(n=0,1,2,\cdots)$, 则 $\int_0^1 f(x)\mathrm{d}x = $_____.

(1) 证明: 数列 $\{a_n\}$ 单调减少, 且 $a_n = \dfrac{n-1}{n+2}a_{n-2}(n=2,3,\cdots)$;

(2) 求 $\lim\limits_{n\to\infty}\dfrac{a_n}{a_{n-1}}$.

26. (2019, 数二) 已知函数 $f(x)$ 在 $[0,1]$ 上具有二阶导数, 且 $f(0)=0, f(1)=1, \int_0^1 f(x)\mathrm{d}x = 1$,

证明:

(1) 证明: 存在 $\xi \in (0,1)$, 使 $f'(\xi) = 0$;

(2) 存在 $\eta \in (0,1)$, 使 $f''(\eta) < -2$.

第 5 章思维导图

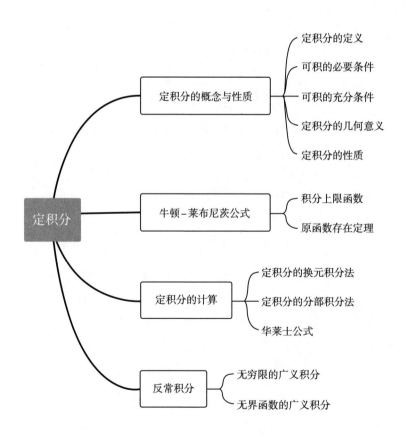

第 6 章 定积分的应用

本章我们要介绍如何利用定积分理论来分析和解决一些几何、物理中的问题. 首先介绍元素法, 即如何将一个所求量表达成定积分的分析方法, 然后利用元素法建立计算这些几何量、物理量的计算公式, 进而解决实际问题.

一、教学基本要求

1. 理解定积分的元素法并会应用.
2. 掌握平面图形的面积的计算, 掌握平面曲线的弧长、旋转体的体积的计算.
3. 会计算平行截面为已知的立体的体积.
4. 掌握用定积分表达和计算物理量 (如变力做功、引力、水压力等).
5. 自然辩证法.

二、教学重点

1. 元素法及其应用.
2. 定积分的几何应用.
3. 定积分的物理应用.

三、教学难点

1. 元素法的思想方法.
2. 几何量与物理量的微元的建立.
3. 定积分在物理上的应用.

6.1 定积分的元素法

教学目标: 理解定积分的元素法并会应用.

教学重点: 掌握定积分的微元法, 能用于列写某些几何量和物理量的定积分表达式.

教学难点: 运用元素法将一个量表达为定积分的分析方法.

教学背景: 定积分在几何学、物理学、经济学、社会学等方面都有广泛的应用.

思政元素: 局部和整体, 以直代曲, 量变和质变.

定积分在几何学、物理学、经济学、社会学等方面都有广泛的应用, 在应用定积分来解决这些实际问题时, 通常采用定积分的微元分析法, 简称为微元法, 又叫定积分的元素法. 元素法就是将一个量表达成定积分的分析方法. 它的基本思想是: 先通过分割, 将整体问题转化为局部问题. 在局部范围内, "以直代曲" 或 "以不变代变", 近似地求出整体量在局部范围内的各部分, 然后相加, 再取极限, 最后得到整体量.

6.1.1　定积分的元素法

慕课6.1

在本章一开始引出定积分的概念时, 曾讲过曲边梯形面积的求法与变速直线运动路程的求法. 现以求连续曲线 $y = f(x)(f(x) \geqslant 0)$ 为曲边、区间 $[a,b]$ 为底的曲边梯形的面积为例进行分析. 容易知道, 所求的量 (面积) A 跟区间 $[a,b]$ 与该区间上的连续函数 $f(x)$ 有关, 且这个量对区间具有可加性. 也就是说, 当把区间 $[a,b]$ 分成若干子区间后, 在 $[a,b]$ 上的量 A 等于各子区间上所对应的部分量 ΔA_k 之和 (除面积具有可加性外, 体积、弧长等对区间也具有可加性). 按定义建立定积分的四个步骤: "分割, 近似, 求和, 取极限", 则其面积

$$A = \lim_{\lambda \to 0} \sum_{i=1}^{n} f(\xi_i)\Delta x_i = \int_a^b f(x)\mathrm{d}x.$$

在第二步近似计算中, $\Delta A_i \approx f(\xi_i)\Delta x_i$, 若 $\Delta A_i \approx f(\xi_i)\Delta x_i$, 则 $A = \int_a^b f(x)\mathrm{d}x$. 可见问题的关键是找到被积表达式, 将任意小区间写成 $[x, x+\mathrm{d}x]$, 对应的面积为

$$\Delta A \approx f(x)\mathrm{d}x,$$

则 ΔA 的线性主部就是被积表达式, 记作 $\mathrm{d}A = f(x)\mathrm{d}x$, 称 $f(x)\mathrm{d}x$ 为面积元素, 则面积

$$A = \int_a^b f(x)\mathrm{d}x.$$

一般地, 如果某一实际问题中的所求量 U 应符合下列条件:

(1) U 是与一个变量 x 的变化区间 $[a, b]$ 有关的量;

(2) U 在区间 $[a, b]$ 具有可加性;

(3) 部分量 $\Delta U_i \approx f(\xi_i)\Delta x_i$,

那么就可考虑用定积分来表达这个量 U. 这个方法通常叫做**元素法**或**微元法**.

6.1.2　定积分元素法的步骤

下面给出利用元素法计算几何和物理问题时的一般步骤:

(1) 根据问题的具体情况, 选取一个变量, 例如 x 为积分变量, 并确定它的变化区间 $[a, b]$;

(2) 设想把区间 $[a, b]$ 分成 n 个小区间, 任取一小区间并记为 $[x, x + \mathrm{d}x]$, 求出该区间对应部分量 ΔU 的近似值, 把 $\Delta U \approx f(x)\mathrm{d}x$ 记作 $\mathrm{d}U = f(x)\mathrm{d}x$; 称 $\mathrm{d}U = f(x)\mathrm{d}x$ 为量 U 的**元素**.

(3) 以所求量 U 的元素 $\mathrm{d}U$ 为被积表达式, 在区间 $[a, b]$ 上作定积分, 得

$$U = \int_a^b \mathrm{d}U = \int_a^b f(x)\mathrm{d}x.$$

6.2　定积分在几何上的应用

教学目标: 掌握用定积分表达和计算一些几何量 (平面图形的面积、平面曲线的弧长、旋转体的体积及侧面积、平行截面面积为已知的立体体积).

教学重点: 掌握用定积分表达和计算一些几何量与物理量.

教学难点: 用定积分表达和计算一些几何量与物理量.

教学背景: 定生活中立体的面积、体积的计算等.

思政元素: 有限与无限的对立统一.

本节课介绍利用定积分求一些几何量.

6.2.1　平面图形的面积

1. 直角坐标系中求面积的公式

(1) 若平面图形是由连续曲线 $y = f_1(x)$, $y = f_2(x)$ 及直线 $x = a$, $x = b\ (a < b)$ 所围成的, 则该图形的面积为 (图 6-2-1)

慕课6.2.1

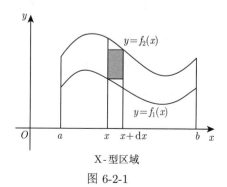

X-型区域

图 6-2-1

$$A = \int_a^b |f_2(x) - f_1(x)|\, \mathrm{d}x.$$

(2) 若平面图形是由连续曲线 $x = g_1(y)$, $x = g_2(y)$ 及直线 $y = c$, $y = d$ ($c < d$) 所围成的, 则该图形的面积为 (图 6-2-2)

$$A = \int_c^d |g_2(y) - g_1(y)|\, \mathrm{d}y.$$

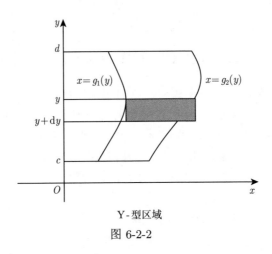

Y-型区域

图 6-2-2

一般情况下, 由曲线围成的有界区域, 总可以分成若干块 X-型区域和 Y-型区域, 分割后分别计算每块面积再进行累加即可.

例 1 计算由两条抛物线 $y^2 = x$ 和 $y = x^2$ 所围成的图形的面积.

解 这两条抛物线所围成的平面图形, 如图 6-2-3 所示, 联立方程组 $\begin{cases} y^2 = x, \\ y = x^2, \end{cases}$ 解出交点为 $(0,0)$, $(1,1)$. 图形夹在直线 $x = 0$ 与 $x = 1$ 之间, 取 x 为积分变量, 在 $x \in [0,1]$. 分割 x 轴得到小区间 $[x, x + \mathrm{d}x]$, 其面积元素是

$$\mathrm{d}A = (\sqrt{x} - x^2)\mathrm{d}x.$$

由元素法的公式, 故所求面积

$$A = \int_0^1 (\sqrt{x} - x^2)\mathrm{d}x = \left[\frac{2}{3}x^{\frac{3}{2}} - \frac{x^3}{3}\right]_0^1 = \frac{1}{3}.$$

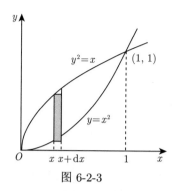

图 6-2-3

例 2 计算由曲线 $y^2 = 2x$ 和直线 $y = x - 4$ 所围成的图形的面积.

解 先求两条曲线的交点 (图 6-2-4), 解方程组 $\begin{cases} y^2 = 2x, \\ y = x - 4, \end{cases}$ 得交点为 $(2, -2)$ 和 $(8, 4)$, 可见图形在直线 $y = -2$ 和 $y = 4$ 之间. 可选取 y 为积分变量, 则 $y \in [-2, 4]$, 分割 y 轴得到小区间 $[y, y + \mathrm{d}y]$, 则面积元素为

$$\mathrm{d}A = \left(y + 4 - \frac{1}{2}y^2 \right) \mathrm{d}y.$$

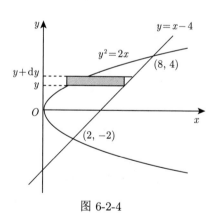

图 6-2-4

由元素法的公式, 故所求面积

$$A = \int_{-2}^{4} \left(y + 4 - \frac{1}{2}y^2 \right) \mathrm{d}y = \left[\frac{y^2}{2} + 4y - \frac{y^3}{6} \right]_{-2}^{4} = 18.$$

可见, 适当选取积分变量, 可使计算简便.

例 3 计算椭圆 $\dfrac{x^2}{a^2} + \dfrac{y^2}{b^2} = 1$ 所围成图形 (图 6-2-5) 的面积.

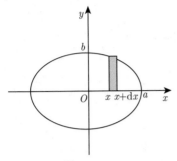

图 6-2-5

解　由椭圆的对称性知, 所求面积为第一象限面积的 4 倍, 即 $A = 4A_1 = \int_0^a y\mathrm{d}x$, 利用椭圆的参数方程

$$\begin{cases} x = a\cos t, \\ y = b\sin t \end{cases} \left(0 \leqslant t \leqslant \frac{\pi}{2}\right),$$

应用定积分换元法, 令 $x = a\cos t$, 则 $y = b\sin t$, $\mathrm{d}x = -a\sin t\mathrm{d}t$, 当 x 由 0 变到 a 时, t 由 $\frac{\pi}{2}$ 变到 0, 所以

$$A = 4\int_{\frac{\pi}{2}}^0 b\sin t(-a\sin t)\mathrm{d}t = -4ab\int_{\frac{\pi}{2}}^0 \sin^2 t\mathrm{d}t$$

$$= 4ab\int_0^{\frac{\pi}{2}} \sin^2 t\mathrm{d}t = 4ab \cdot \frac{1}{2} \cdot \frac{\pi}{2} = \pi ab.$$

当 $a = b$ 时, 即为圆的面积.

例 4　求由抛物线 $y^2 = -4(x-1)$ 与抛物线 $y^2 = -2(x-2)$ 围成的平面图形的面积.

解法一　选取 y 作为积分变量

$$S = \int_{-2}^0 \left[\frac{1}{2}\left(4 - y^2\right) - \frac{1}{4}\left(4 - y^2\right)\right]\mathrm{d}y = \frac{8}{3}.$$

解法二　选取 x 作为积分变量

$$S = 2\int_0^1 \left[\sqrt{-2(x-2)} - \sqrt{-4(x-1)}\right]\mathrm{d}x + 2\int_1^2 \sqrt{-2(x-2)}\mathrm{d}x = \frac{8}{3}.$$

2. 极坐标系中求面积的公式

如果围成平面图形的一条曲边由极坐标方程给出, 假定 $\rho(\theta)$ 在区间 $[\alpha, \beta]$ 上连续, 那么相当于直角坐标系中的曲边梯形是由曲线 $\rho = \rho(\theta)$ 及射线 $\theta = \alpha$, $\theta = \beta(\alpha < \beta)$ 所围成的扇形. 现在我们来计算这块曲边扇形的面积.

设在曲边 AB 上任取一点 P, 它的坐标为 (ρ, θ), 曲边扇形 AOP 的面积显然是 θ 的函数, 记作 $A(\theta)$. 给 θ 以增量 $\mathrm{d}\theta$, 那么 $A(\theta)$ 相应地就有增量 ΔA (图 6-2-6).

在 $[\alpha, \beta]$ 上任取一子区间 $[\theta, \theta + \mathrm{d}\theta]$, 此区间上的面积即为 $\mathrm{d}A$, 将其近似看作扇形, 则得面积元素为

$$\mathrm{d}A = \frac{1}{2}\rho^2(\theta)\,\mathrm{d}\theta,$$

故由元素法得极坐标下的面积公式为

$$A = \frac{1}{2}\int_\alpha^\beta \rho^2(\theta)\,\mathrm{d}\theta.$$

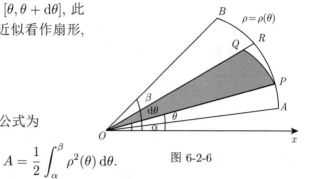

图 6-2-6

计算平面图形的面积时, 一般要先画出所围图形, 然后根据图形的特点选择是用直角坐标系还是极坐标系. 通常图形与圆有关时可考虑用极坐标系, 这样计算起来会更简单. 在直角坐标系下, 还要根据图形的形状选择适当的积分变量. 恰当地选择积分变量和积分区域可给计算带来方便. 另外, 在计算平面图形的面积时, 要充分利用图形的对称性, 不仅能简化计算, 常常还能避免错误. 因此, 熟悉一些常见曲线的方程, 如星形线、摆线、心形线、叶形线是很有用的.

例 5 计算阿基米德螺线

$$\rho = a\theta \quad (a > 0)$$

上相应于 θ 从 0 变到 2π 的一段弧与极轴所围图形的面积.

解 在指定的这段螺线上, $\theta \in [0, 2\pi]$, 在 $[0, 2\pi]$ 上取一小区间 $[\theta, \theta + \mathrm{d}\theta]$, 小区间上的窄曲边扇形的面积近似于半径为 $a\theta$, 中心角为 $\mathrm{d}\theta$ 的扇形的面积 (图 6-2-7), 从而得到面积元素

$$\mathrm{d}A = \frac{1}{2}(a\theta)^2\mathrm{d}\theta.$$

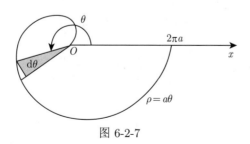

图 6-2-7

于是所求面积为

$$A = \int_0^{2\pi} \frac{a^2}{2}\theta^2\mathrm{d}\theta = \frac{a^2}{2}\left[\frac{\theta^3}{3}\right]_0^{2\pi} = \frac{4}{3}a^2\pi^3.$$

例 6　计算心形线 $\rho = a(1+\cos\theta)(a>0)$ 所围成图形的面积.

解　心形线所围成的图形如图 6-2-8 所示, 图形关于极轴对称, 因此所求图形的面积 A 是极轴以上部分图形面积 A_1 的 2 倍.

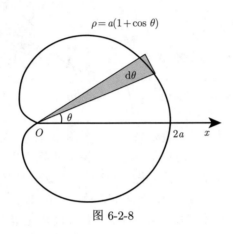

$$\rho = a(1+\cos\theta)$$

图 6-2-8

对于极轴以上部分的面积, θ 的变化区间为 $[0,\pi]$, 相应于 $[0,\pi]$ 上任一小区间 $[\theta,\theta+\mathrm{d}\theta]$ 的窄曲边扇形的面积近似与半径为 $a(1+\cos\theta)$、中心角为 $\mathrm{d}\theta$ 的扇形的面积, 从而得到面积元素

$$\mathrm{d}A = \frac{1}{2}a^2(1+\cos\theta)^2\mathrm{d}\theta,$$

于是

$$A = 2A_1 = 2\int_0^\pi \frac{a^2}{2}(1+\cos\theta)^2\mathrm{d}\theta = a^2\int_0^\pi(1+2\cos\theta+\cos^2\theta)\mathrm{d}\theta$$

$$= a^2\int_0^\pi\left(\frac{3}{2}+2\cos\theta+\frac{1}{2}\cos 2\theta\right)\mathrm{d}\theta$$

$$= a^2\left[\frac{3}{2}\theta+2\sin\theta+\frac{1}{4}\sin 2\theta\right]_0^\pi = \frac{3}{2}\pi a^2.$$

6.2.2　体积

加百利喇叭　曲线 $y = \dfrac{1}{x}$ 与直线 $x = 1$, x 轴围成的图形绕 x 轴旋转一周, 形成的图形像一只喇叭. 喇叭的体积是 π, 但它的表面积却是无穷大量. 也就是说无穷面积的表面包围有限体积的立体. 这就是著名的**喇叭悖论** (图 6-2-9).

慕课6.2.2

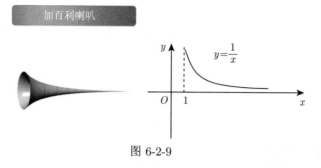

图 6-2-9

1. 旋转体的体积

旋转体: **一平面图形**绕着同平面内一条**直线**旋转一周而成的立体称为**旋转体** (图 6-2-10).

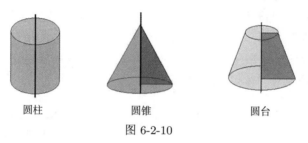

圆柱   圆锥   圆台

图 6-2-10

旋转体的形成有两个要素: 一是被旋转的平面图形; 二是旋转轴. 如平面图形矩形、直角三角形和直角梯绕旋转轴旋转后形成的分别是圆柱、圆锥、圆台等旋转体, 我们要考虑更一般的曲线所围的平面图形.

设一旋转体是由连续曲线 $y = f(x)$, 直线 $x = a$, $x = b$ 及 x 轴所围成的图形绕 x 轴旋转一周而成的立体, 求旋转体体积 (图 6-2-11).

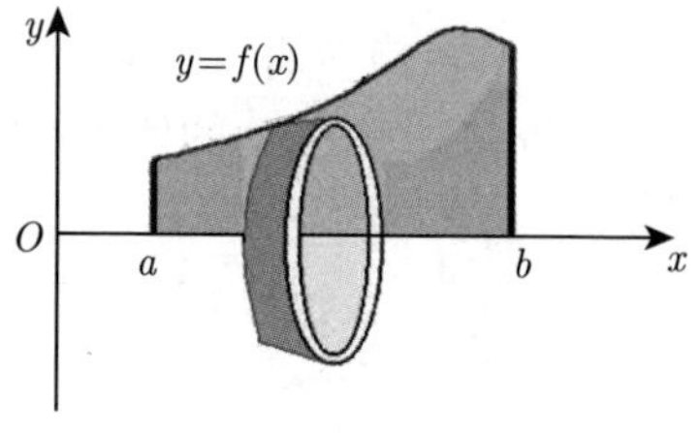

取横坐标 x 为积分变量, 它的变化区间为 $x \in [a, b]$. 相应于 $[a, b]$ 上的任一小区间 $[x, x + \mathrm{d}x]$ 的窄曲边梯形绕 x 轴旋转而成的薄片的体积, 近似于以 $f(x)$ 为底半径、$\mathrm{d}x$ 为高的扁圆柱体的体积, 即体积元素为

图 6-2-11

$$\mathrm{d}V = \pi f^2(x)\mathrm{d}x.$$

以 $\pi f^2(x)\mathrm{d}x$ 为被积表达式, 在闭区间 $[a, b]$ 上作定积分, 便得所求旋转体的体积为

$$V = \pi \int_a^b f^2(x)\mathrm{d}x.$$

类似地, 若旋转体是由连续曲线 $x = \varphi(y)$、直线 $y = c, y = d$ 及 y 轴所围成的图形绕 y 轴旋转一周而成的立体, 则体积为

$$V = \pi \int_c^d \varphi^2(y) \, \mathrm{d}y.$$

利用定积分计算旋转体体积的具体解题步骤为

(1) 根据题意画出草图;

(2) 找出曲线范围, 定出积分上、下限;

(3) 确定被积函数;

(4) 写出求体积的定积分表达式;

(5) 计算定积分, 求出体积.

例 7　求由 $y = x^2$ 及 $x = 2, x$ 轴所围成的图形分别绕 x 轴和 y 轴旋转一周而成的旋转体体积.

解　绕 x 轴旋转, 取 x 为积分变量, $x \in [0, 2]$, 分割旋转体, 取任一小区间 $[x, \, x + \mathrm{d}x]$ 上的薄片的体积, 则体积元素为

$$\mathrm{d}V = \pi(x^2)^2 \mathrm{d}x.$$

于是

$$V = \pi \int_0^2 x^4 \mathrm{d}x = \pi \left. \frac{x^5}{5} \right|_0^2 = \frac{32\pi}{5}.$$

绕 y 轴旋转时, 取 y 为积分变量, $y \in [0, 4]$, 分割旋转体, 取任一小区间 $[y, \, y + \mathrm{d}y]$ 上的薄片的体积, 则体积元素为

$$\mathrm{d}V = \left(\pi 2^2 - \pi \left(\sqrt{y} \right)^2 \right) \mathrm{d}y.$$

于是

$$V = \int_0^4 \left(\pi 2^2 - \pi \left(\sqrt{y} \right)^2 \right) \mathrm{d}y = 4\pi \cdot 4 - \pi \left. \frac{y}{2} \right|_0^4 = 14\pi.$$

例 8　计算由椭圆 $\dfrac{x^2}{a^2} + \dfrac{y^2}{b^2} = 1$ 所围成的图形绕 x 轴旋转一周而成的旋转体 (叫做旋转椭球体) 的体积.

解　由椭圆的对称性知, 旋转体可看成半个椭圆旋转所得 (图 6-2-12).

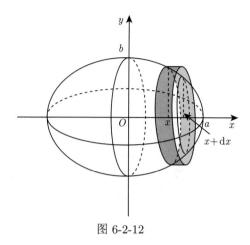

图 6-2-12

取 x 为积分变量, $x \in [-a, a]$, 分割旋转体, 取任一小区间 $[x, \ x+\mathrm{d}x]$ 上的薄片的体积, 则体积元素为

$$\mathrm{d}V = \frac{\pi b^2}{a^2}(a^2 - x^2)\mathrm{d}x.$$

于是所求旋转椭球体的体积为

$$V = \pi \int_{-a}^{a} \frac{b^2}{a^2}(a^2 - x^2)\mathrm{d}x = \frac{2\pi b^2}{a^2} \int_{0}^{a} (a^2 - x^2)\mathrm{d}x$$

$$= 2\pi \frac{b^2}{a^2} \left[a^2 x - \frac{x^3}{3} \right]_{0}^{a} = \frac{4}{3}\pi a b^2.$$

例 9 求由圆 $(x - b)^2 + y^2 = a^2$ 所围成的平面图形绕 y 轴旋转一周而成的旋转体体积, 其中 $0 < a \leqslant b$.

解 旋转体可看成是由右半圆弧与轴所围的平面图形绕 y 轴旋转的体积, 与左半圆弧与轴所围的平面图形绕 y 轴旋转的体积, 二者体积之差来求.

于是

$$V = \pi \int_{-a}^{a} \left(b + \sqrt{a^2 - y^2} \right) \mathrm{d}y - \pi \int_{-a}^{a} \left(b - \sqrt{a^2 - y^2} \right) \mathrm{d}y$$

$$= \pi \int_{-a}^{a} 4b\sqrt{a^2 - y^2}\mathrm{d}y = 2\pi^2 a^2 b.$$

下面我们再介绍一种求旋转体体积的方法, 称为**柱壳法**.

设在 xOy 平面内由曲线 $y = f_1(x)$, $y = f_2(x)$ 与直线 $x = a$, $x = b$ 所围成的平面图形 $ABCD$. 假定函数 $y = f_1(x)$ 与 $y = f_2(x)$ 在区间 $[a, b]$ 上连续, 且 $f_2(x) < f_1(x)$. 求图形 $ABCD$ 绕 y 轴旋转所成的旋转体的体积 (图 6-2-13).

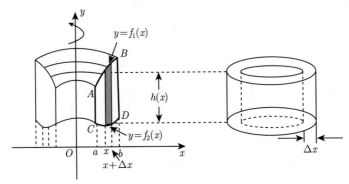

图 6-2-13

我们把平面图形分成许多平行于 y 轴的小条. 任取位于区间 $[x, x + \mathrm{d}x]$ 上的一条, 它的宽为 $\mathrm{d}x$, 高为 $h(x) = f_1(x) - f_2(x)$. 让这一小条绕 y 轴旋转就产生一薄柱壳, 这一薄柱壳的内表面的面积为 $2\pi \cdot xh(x)$ 的矩形薄板, 它的体积 $2\pi \cdot xh(x)\mathrm{d}x$, 就是薄柱壳体积的近似值, 从而得柱壳体积元素

$$\mathrm{d}V = 2\pi \cdot xh(x)\mathrm{d}x.$$

则所求旋转体的体积公式为

$$V = 2\pi \int_a^b x\left[f_1(x) - f_2(x)\right]\mathrm{d}x.$$

例 10   求在曲线 $8y = 12x - x^3$ 之上, 直线 $y = 2$ 之下, 从 $x = 0$ 到 $x = 2$ 的一块平面图形绕 y 轴旋转所产生的旋转体的体积.

解   由柱壳法公式

$$V = \int_0^2 2\pi x\left(2x - \frac{3}{2}x + \frac{1}{8}x^3\right)\mathrm{d}x = \frac{8}{5}\pi.$$

从例 10 可以看出, 如果用垂直于 y 轴的平行截面法去求体积, 那么就要从方程 $8y = 12x - x^3$ 解出 x, 但这是比较困难的.

2. 平行截面面积为已知的立体的体积

如果一个立体不是旋转体, 但却知道该立体上垂直于一定轴的各个截面的面积, 那么, 这个立体的体积也可以用定积分来计算.

取定轴为 x 轴, 且设该立体在过点 $x = a$, $x = b$ 且垂直于 x 轴的两个平面之内, 以 $A(x)$ 表示过点 x 且垂直于 x 轴的截面面积.

取 x 为积分变量, 它的变化区间为 $[a,b]$, 立体中相应于 $[a,b]$ 上任一小区间 $[x,\ x+\mathrm{d}x]$ 的一薄片的体积近似于底面积为 $A(x)$, 高为 $\mathrm{d}x$ 的扁圆柱体的体积 (图 6-2-14), 则体积元素为

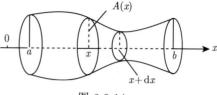

图 6-2-14

$$\mathrm{d}V = A(x)\mathrm{d}x,$$

于是该立体的体积为

$$V = \int_a^b A(x)\mathrm{d}x.$$

例 11 设有一正椭圆柱体, 其底面的长、短轴分别为 $2a$, $2b$, 用过此柱体底面的短轴, 且与底面成 α 角 $\left(0 < \alpha < \dfrac{\pi}{2}\right)$ 的平面截此柱体, 得一楔形体, 求此楔形体的体积 V(图 6-2-15).

解 底面椭圆方程 $\dfrac{x^2}{a^2} + \dfrac{y^2}{b^2} = 1$, 垂直于 y 轴的平行截面截此楔形体所得的截面为直角三角形, 且

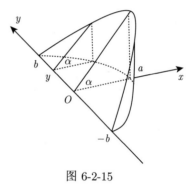

$$A(y) = \frac{1}{2} \cdot x \cdot x \tan\alpha,$$

则

图 6-2-15

$$A(y) = \frac{1}{2}a^2\left(1 - \frac{y^2}{b^2}\right)\tan\alpha,$$

于是

$$V = 2V_1 = 2\int_0^b \frac{1}{2}a^2\left(1 - \frac{y^2}{b^2}\right)\tan\alpha\,\mathrm{d}y = \frac{2}{3}a^2 b\tan\alpha.$$

6.2.3 平面曲线的弧长

平面中的光滑曲线弧是可求弧长的, 下面给出利用元素法计算平面曲线弧长的方法.

慕课6.2.3

1. 直角坐标方程情形

设 A,B 是曲线弧上的两个端点. 在弧 $\overset{\frown}{AB}$ 上依次任取分点

$$A = P_0, P_1, P_2, \cdots, P_{k-1}, P_k, \cdots, P_{n-1}, P_n = B,$$

并依次连接相邻的分点得一内接折线. 当分点的数目无限增加且每个小段 $\widehat{P_{k-1}P_k}$ 都缩向一点时, 如果此折线的长 $\displaystyle\sum_{k=1}^{n}|P_{k-1}P_k|$ 的极限存在, 则称此极限为**曲线弧** $\widehat{AB}$ **的弧长**, 并称此曲线弧 $\widehat{AB}$ 是**可求长**的 (图 6-2-16).

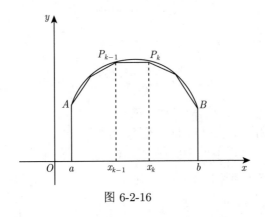

图 6-2-16

曲线弧 $\widehat{AB}$ 的长

$$
\begin{aligned}
s &= \lim_{\lambda \to 0} \sum_{k=1}^{n} |P_{k-1}P_k| = \lim_{\lambda \to 0} \sum_{k=1}^{n} \sqrt{(x_k - x_{k-1})^2 + [f(x_k) - f(x_{k-1})]^2} \\
&= \lim_{\lambda \to 0} \sum_{k=1}^{n} \sqrt{(x_k - x_{k-1})^2 + (x_k - x_{k-1})^2 [f'(\xi_k)]^2} \\
&= \lim_{\lambda \to 0} \sum_{k=1}^{n} \sqrt{1 + [f'(\xi_k)]^2} \, \Delta x_k \\
&= \int_a^b \sqrt{1 + [f'(x)]^2} \, \mathrm{d}x,
\end{aligned}
$$

或

$$
s = \int_a^b \sqrt{1 + \left(\frac{\mathrm{d}y}{\mathrm{d}x}\right)^2} \, \mathrm{d}x.
$$

设曲线的直角坐标方程为

$$
y = f(x) \quad (a \leqslant x \leqslant b),
$$

其中 $f(x)$ 在 $[a,\ b]$ 上具有一阶连续导数, 则曲线的**弧长公式**为

$$s = \int_a^b \sqrt{1+y'^2}\mathrm{d}x.$$

例 12 计算曲线 $y = \dfrac{2}{3}x^{\frac{3}{2}}$ 上相应于 x 从 a 到 b 的一段弧的长度.

解 因 $y' = x^{1/2}$, 故弧长元素为

$$\mathrm{d}s = \sqrt{1+y'^2}\mathrm{d}x = \sqrt{1+x}\mathrm{d}x,$$

由弧长计算公式得

$$s = \int_a^b \sqrt{1+x}\mathrm{d}x = \left[\frac{2}{3}(1+x)^{3/2}\right]_a^b = \frac{2}{3}[(1+b)^{3/2} - (1+a)^{3/2}].$$

2. 参数方程情形

设曲线弧的参数方程为 $\begin{cases} x = x(t), \\ y = y(t) \end{cases}$ $(\alpha \leqslant t \leqslant \beta)$, 其中 $x(t),\ y(t)$ 在 $[\alpha, \beta]$ 上具有连续导数, 则此时曲线的**弧长公式**为

$$s = \int_\alpha^\beta \sqrt{x'^2(t) + y'^2(t)}\mathrm{d}t.$$

例 13 (如图 6-2-17) 计算摆线 $\begin{cases} x = a(\theta - \sin\theta), \\ y = a(1 - \cos\theta) \end{cases}$ 的一拱 $(0 \leqslant \theta \leqslant 2\pi)$ 的长度.

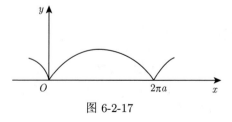

图 6-2-17

解 弧长元素为

$$\mathrm{d}s = \sqrt{a^2(1-\cos\theta)^2 + a^2\sin^2\theta}\mathrm{d}\theta$$

$$= a\sqrt{2(1-\cos\theta)}\mathrm{d}\theta$$

$$= 2a \sin \frac{\theta}{2} \mathrm{d}\theta.$$

由弧长计算公式得

$$s = \int_0^{2\pi} 2a \sin \frac{\theta}{2} \mathrm{d}\theta = 2a \left[-2 \cos \frac{\theta}{2} \right]_0^{2\pi} = 8a.$$

3. 极坐标情形

设曲线的极坐标方程

$$\rho = \rho(\theta) \quad (\alpha \leqslant \theta \leqslant \beta),$$

其中 $\rho(\theta)$ 在 $[\alpha,\ \beta]$ 上具有连续导数, 则此时曲线弧的**弧长公式**为

$$s = \int_\alpha^\beta \sqrt{\rho^2(\theta) + \rho'^2(\theta)}\, \mathrm{d}\theta.$$

例 14　计算心形线 $\rho = a(1 + \cos\theta)(a > 0)$ 的弧长.

解　弧长元素为

$$\mathrm{d}s = \sqrt{a^2\theta^2 + a^2}\mathrm{d}\theta = \sqrt{1 + \theta^2}\mathrm{d}\theta,$$

由弧长计算公式得

$$s = a \int_0^{2\pi} \sqrt{1 + \theta^2}\mathrm{d}\theta = \frac{a}{2} \left[2\pi\sqrt{1 + 4\pi^2} + \ln(2\pi + \sqrt{1 + 4\pi^2}) \right].$$

6.2.4　旋转曲面的侧面积

利用微元法也可计算旋转曲面的侧面积.

设由连续且非负的曲线及直线 $x = a$, $x = b$, x 轴围成图形绕 x 轴旋转一周, 所形成的旋转体的侧面积为

$$S = 2\pi \int_a^b f(x)\sqrt{1 + f'^2(x)}\, \mathrm{d}x.$$

例 15　有关**喇叭悖论**问题 (图 6-2-18).

旋转体的体积为 $V = \pi \displaystyle\int_1^{+\infty} f^2(x)\mathrm{d}x$

$= \pi \displaystyle\int_1^{+\infty} \dfrac{1}{x^2}\,\mathrm{d}x = \pi.$

旋转体的侧面积为

$$S = 2\pi \int_1^{+\infty} f(x)\sqrt{1 + f'^2(x)}\,\mathrm{d}x$$

$$= 2\pi \int_1^{+\infty} \frac{1}{x}\sqrt{1 + \frac{1}{x^4}}\,\mathrm{d}x = +\infty.$$

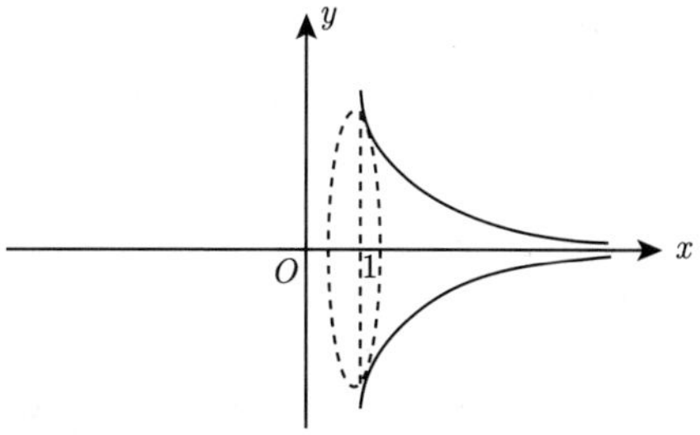

图 6-2-18

类比于此, 面积有限, 周长可以趋于无穷 (科赫曲线或雪花曲线), 体积有限并不妨碍表面积无限. 比如将一个四面体的一个顶点拉远, 但不改变它到底面的距离. 或者像纸灯笼, 它的表面有很多褶子, 所以表面积没有上限, 但体积有极限. 出现这种现象的原因, 直观来说: 一个有限测度的高维空间允许低维几何进行致密的波动以及无限的分布.

认识与实践是一个无限的渐进过程, 有限包含着无限, 无限不能脱离有限, 在相互转化和渗透中二者辩证统一.

小结与思考

1. 小结

定积分的元素法是求某一总量的数学模型, 是体现从部分到整体的思维方法. 它在几何学、物理学、经济学、社会学等方面都有着广泛而有效的应用, 推动了积分学的不断发展和完善, 显示了它的巨大魅力. 应用元素法时, 要注意所求的量是否满足元素法的条件, 掌握元素法的步骤.

在学习中应深刻领会定积分的思想方法, 不断积累和提高数学的应用能力.

2. 思考

对于不满足可加性的量是不能直接应用元素法的, 你有解决的方法吗? 试举一例.

习 题 6.2

1. 求下列曲线与直线所围平面图形的面积:

(1) $y = \dfrac{1}{2}x^2$ 与 $x^2 + y^2 = 8$ (两部分都计算);

(2) $y = \mathrm{e}^x,\ y = \mathrm{e}^{-x}$ 与 $x = 1$;

(3) $y = \ln x,\ y$ 轴与直线 $y = \ln a,\ y = \ln b\ (b > a > 0)$;

(4) $\sqrt{x} + \sqrt{y} = \sqrt{a}$ 与坐标轴 $x = 0,\ y = 0$.

2. 求下列平面图形的面积:

(1) $\rho = 3\cos\theta$ 与 $\rho = 1 + \cos\theta$;

(2) $\rho = \sqrt{2}\sin\theta$ 与 $\rho^2 = \cos 2\theta$.

3. 求摆线 $x = a(t - \sin t)$, $y = a(1 - \cos t)$ 的一拱 $(0 \leqslant t \leqslant 2\pi)$ 与横轴所围成图形的面积.

4. 求星形线 $x = a\cos^3 t$, $y = a\sin^3 t$ 所围成图形的面积.

5. 求对数螺线 $\rho = ae^{\theta}(- \leqslant \theta \leqslant \pi)$ 及射线 $\theta = \pi$ 所围成图形的面积.

6. 求位于曲线 $y = e^x$ 下方、该曲线过原点的切线的左方以及 x 轴上方之间的图形的面积.

7. 求由抛物线 $y^2 = 4ax$ 与过焦点的弦所围成图形面积的最小值.

8. 已知抛物线 $y = px^2 + qx$ (其中 $p < 0, q > 0$) 下在第一象限内与直线 $x + y = 5$ 相切, 且此抛物线与 x 轴所围的图形的面积为 A, 问 p 和 q 为何值时, A 达到最大, 并求出此最大值.

9. 求下列旋转体的体积:

(1) 求星形线 $x^{\frac{2}{3}} + y^{\frac{2}{3}} = a^{\frac{2}{3}}$ 所围区域绕 x 轴旋转一周得到的旋转体的体积;

(2) 求由圆 $x^2 + (y - a)^2 = r^2$ 所围成的平面图形绕 x 轴旋转一周得到的旋转体的体积, 其中 $0 < a \leqslant b$.

10. 设有一截锥体, 其高为 h, 上、下底均为椭圆的轴长分别为 $2a$ 与 $2b$ 和 $2A$ 与 $2B$, 求这截锥体的体积.

11. 求圆盘 $x^2 + y^2 \leqslant a^2$ 绕 $x = -b$ $(b > a > 0)$ 旋转所得到的旋转体的体积.

12. 求曲线 $y = \sin x(0 \leqslant x \leqslant \pi)$ 和 x 轴所围成的图形绕 y 轴旋转得到的旋转体的体积.

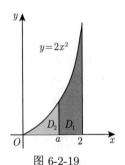

图 6-2-19

13. 设由抛物线 $y = 2x^2$ 和直线 $x = a, x = 2$ 及 $y = 0$ 所围成的平面图形为 D_1, 由抛物线 $y = 2x^2$ 和直线 $x = a$ 及 $y = 0$ 所围成的平面图形为 D_2, 其中 $0 < a < 2$.

(1) 试求 D_1 绕 x 轴旋转而成的旋转体的体积 V_1, D_2 绕 y 轴旋转而成的旋转体的体积 V_2;

(2) 问当 a 为何值时, $V_1 + V_2$ 取得最大值? 试求此最大值.

14. 求下列曲线弧的弧长:

(1) 求曲线 $y = \ln(1 - x^2)$ 在区间 $\left[0, \dfrac{1}{3}\right]$ 上的弧长;

(2) 求抛物线 $y = 2px$ 从顶点到这曲线上的一点 $M(x, y)$ 的弧长.

15. 求星形线 $x = a\cos^3 t$, $y = a\sin^3 t$ 的全长.

16. 求对数螺线 $\rho = e^{a\theta}$ 相对于 $0 \leqslant \theta \leqslant \varphi$ 的一段弧长.

17. 求曲线 $\rho\theta = 1$ 相应于 $\dfrac{3}{4} \leqslant \theta \leqslant \dfrac{4}{3}$ 的一段弧长.

18. 计算半立方抛物线 $y^2 = \dfrac{2}{3}(x - 1)^3$ 被抛物线 $y^2 = \dfrac{x}{3}$ 截得的一段弧的长度.

6.3　定积分在物理上的应用

教学目标: 掌握用定积分表达和计算一些物理量 (如变力做功、引力、水压力).

教学重点： 理解变力做功、引力、水压力和函数平均值等应用，并能解决一些实际问题.

教学难点： 变力做功、引力、水压力和函数平均值等公式的证明及灵活应用.

教学背景： 变力沿直线所做的功、引力、水压力等.

思政元素： 构建数学建模方法，培养辩证唯物主义世界观.

6.2 节我们介绍了用定积分来计算平面图形的面积、立体体积、弧长等几何方面的问题，这些问题一般说来在初等几何学中是无法解决的. 下面我们来介绍定积分在物理学方面的应用，它在这方面的应用也是十分广泛的. 解决物理问题时，首先要建立一个数学模型，即把物理问题转化为数学问题. 在解决变力沿直线做功、压力、引力、质量等问题时常要用到元素法的思想，将问题转化为定积分的计算问题.

6.3.1 变力沿直线所做的功

从中学物理我们知道，一个物体做直线运动，且在运动的过程中一直受跟运动方向一致的常力 F 的作用，那么当物体有位移 s 时，力 F 所做的功为 $W = Fs$.

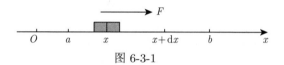

图 6-3-1

现在我们来考虑变力 F 沿直线做功的问题. 该物体在 x 轴上运动，且在从 a 移动到 b 的过程中，始终受到跟 x 轴的正向一致的力 F 的作用. 由于当物体位于 x 轴上的不同位置时，所受力也各异，也就是说，力 F 的大小随物体所在的位置而定，因此它是一个 x 的函数，可设为 $F = \varphi(x)$，而且我们假定 $\varphi(x)$ 在区间 $[a, b]$ 上是连续的.

如果我们把区间 $[a, b]$ 任意分成许多子区间，并任意取出一个子区间 $[x, x + \mathrm{d}x]$ 来考虑，因为力 $\varphi(x)$ 是连续函数，子区间又很小，因而力的大小在这子区间上的变化甚微，所以我们可以把力 F 在子区间 $[x, x + \mathrm{d}x]$ 左端点处值 $\varphi(x)$ 看作是物体经过这一子区间时所受的力，从而 $\varphi(x)\mathrm{d}x$ 就是物体从 x 移动到 $x + \mathrm{d}x$ 时，力 F 所做的功的近似值. 因此功元素为 $\mathrm{d}W = \varphi(x)\mathrm{d}x$. 所以当物体从 a 沿 x 轴移动到 b 时，作用在其上的力 $F = \varphi(x)$ 所做的功为

$$W = \int_a^b \varphi(x)\mathrm{d}x.$$

例 1 把一个带 $+q$ 电荷量的点电荷放在 r 轴上坐标原点 O 处，它产生一个电场，这个电场对周围的电荷有作用力. 由物理学知道，如果有一个单位正

电荷放在这个电场中距离原点 O 为 r 的地方, 那么电场对它的作用力的大小为 $F = k\dfrac{q}{r^2}(k$ 是常数). 如图 6-3-2, 当这个在电场中从 $r = a$ 处沿 r 轴移动到 $r = b\,(a < b)$ 处时, 计算电场力对它所做的功.

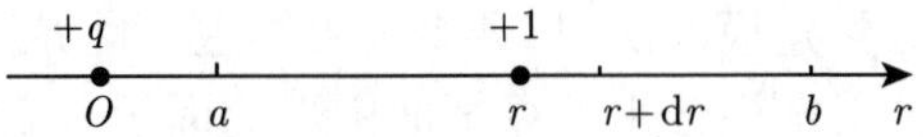

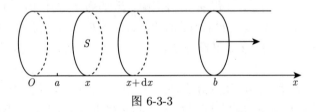

图 6-3-2

解　取 r 为积分变量, 它的变化区间为 $[a, b]$. 设 $[r, r + \mathrm{d}r]$ 为 $[a, b]$ 上的任一小区间. 当单位正电荷从 r 移动到 $r + \mathrm{d}r$ 时, 电场力对它所做的功近似于 $\dfrac{kq}{r^2}\mathrm{d}r$, 即功元素为

$$\mathrm{d}W = \frac{kq}{r^2}\mathrm{d}r,$$

于是所求的功为

$$W = \int_a^b \frac{kq}{r^2}\mathrm{d}r = kq\left(\frac{1}{a} - \frac{1}{b}\right).$$

例 2　在底面积为 S 的圆柱形容器中盛有一定量的气体. 在等温条件下, 由于气体的膨胀, 把容器中的一个活塞 (面积为 S) 从点 a 处推移到点 b 处, 计算在移动过程中, 气体压力所做的功.

解　取坐标系如图 6-3-3, 活塞的位置可以用坐标 x 来表示.

图 6-3-3

由物理学知道, 一定量的气体在等温条件下, 压强 p 与体积 V 的乘积是常数, 即 $pV = k$. 因为 $V = xS$, 所以 $p = \dfrac{k}{xS}$. 于是, 作用在活塞上的力 $F = \dfrac{k}{xS} \cdot S = \dfrac{k}{x}$.

取 x 为积分变量, 它的变化区间为 $[a, b]$. 设 $[x, x + \mathrm{d}x]$ 为 $[a, b]$ 上的任一小区间. 当活塞从 x 移动到 $x + \mathrm{d}x$ 时, 变力所做的功近似于 $\dfrac{k}{x}\mathrm{d}x$, 即功元素为

$$\mathrm{d}W = \frac{k}{x}\mathrm{d}x,$$

于是所求的功为

$$W = \int_a^b \frac{k}{x}\mathrm{d}x = k\ln\frac{b}{a}.$$

例 3 有一圆柱形大蓄水池 (图 6-3-4), 直径为 20m, 高为 30m, 内盛有水, 水深为 27m. 求将水从池口全部抽出所做的功.

解 建立直角坐标系如图 6-3-5.

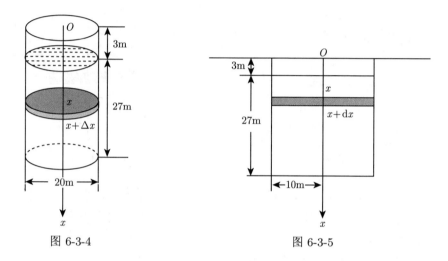

图 6-3-4   图 6-3-5

取深度 x 为积分变量, 它的变化区间为 $[3,30]$. 设 $[x, x+\mathrm{d}x]$ 为 $[3,30]$ 上的任一小区间的一薄层水的高度为 $\mathrm{d}x$. 若重力加速度取 $g = 9.8\mathrm{m/s}^2$, 则这层薄水的重力为 $9.8\pi \cdot 10^2\mathrm{d}x\mathrm{kN}$. 把这层薄水吸出桶外需做的功, 即功元素为

$$\mathrm{d}W = 9.8\pi \cdot 10^2 x\mathrm{d}x,$$

于是所求的功为

$$W = \int_3^{30} \pi \cdot 10^2 \cdot 9.8x\mathrm{d}x = 1.4 \times 10^6 (\mathrm{kJ}).$$

6.3.2 水压力

从物理学知道, 在水深为 h 处的压强为 $p = \rho gh$, 这里 ρ 是水的密度, g 是重力加速度. 如果有一面积为 A 的平板水平地放置在水深 h 处, 那么平板一侧所受的水压力为 $P = p \cdot A$.

如果平板铅直放置在水中, 那么由于水深不同的点处压强 p 不相等, 平板一侧所受的水压力就不能用上述方法计算. 下面我们举例说明它的计算方法.

例 4　一个横放着的圆柱形水桶, 桶内盛有半桶水, 如图 6-3-6 所示. 设桶的底半径为 R, 水的密度为 ρ, 计算桶的一个端面上所受的压力.

解　桶的一个端面是圆片, 所以现在要计算的是当水平面通过圆心时, 铅直放置的一个半圆片的一侧所受到的水压力.

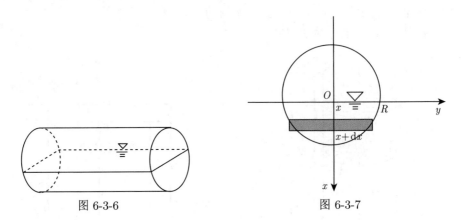

图 6-3-6   图 6-3-7

如图 6-3-7, 在这个圆片上取过圆心且铅直向下的直线为 x 轴, 过圆心的水平线为 y 轴, 半圆的方程为 $x^2 + y^2 = R^2(0 \leqslant x \leqslant R)$. 取 x 为积分变量, 它的变化区间为 $[0, R]$.

设 $[x, x + \mathrm{d}x]$ 为 $[0, R]$ 上的任一小区间. 半圆片上相应于 $[x, x + \mathrm{d}x]$ 的窄条上各点处的压强近似于 $\rho g x$, 这窄条的面积近似于 $2\sqrt{R^2 - x^2}\mathrm{d}x$. 因此, 这窄条一侧所受水压力的近似值, 即压力元素为

$$\mathrm{d}P = 2\rho g x\sqrt{R^2 - x^2}\mathrm{d}x.$$

于是所求压力为

$$P = \int_0^R 2\rho g x\sqrt{R^2 - x^2}\mathrm{d}x = \frac{2\rho g}{3}R^3.$$

6.3.3　引力

从物理学知道, 质量分别为 m_1, m_2, 相距为 r 的两质点间的引力的大小为 $F = G\dfrac{m_1 m_2}{r^2}$, 其中 G 为引力系数, 引力的方向沿着两质点的连线方向.

如果要计算一根细棒对一个质点的引力, 那么由于细棒上各点与质点的距离是变化的, 且各点对该质点的引力的方向也是变化的, 因此就不能用上述公式来计算. 下面我们举例说明它的计算方法.

例 5 设有一长度为 l、线密度为 μ 的均匀细直棒, 在其中垂线上距棒 a 单位处有一质量为 m 的质点 M, 试计算该棒对质点 M 的引力.

解 取坐标系如图 6-3-8, 使直棒位于 y 轴上, 质点 M 位于 x 轴上, 棒的中点为原点 O.

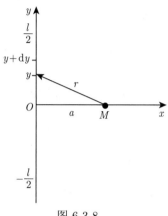

图 6-3-8

取 y 为积分变量, 它的变化区间为 $\left[-\dfrac{l}{2}, \dfrac{l}{2}\right]$. 设 $[y, y+\mathrm{d}y]$ 为 $\left[-\dfrac{l}{2}, \dfrac{l}{2}\right]$ 上的任一小区间. 把细直棒上相应于 $[y, y+\mathrm{d}y]$ 的一段近似地看成质点, 其质量为 $\mu\mathrm{d}y$, 与 M 相距 $r = \sqrt{a^2 + y^2}$. 因此可以按照两质点间的引力计算公式求出这段细直棒对质点 M 的引力 ΔF 的大小为 $\Delta F \approx G\dfrac{m\mu\mathrm{d}y}{a^2 + y^2}$, 从而求出 ΔF 在水平方向分力 ΔF_x 的元素为

$$\mathrm{d}F_x = -G\frac{am\mu\mathrm{d}y}{(a^2 + y^2)^{\frac{3}{2}}}.$$

于是得引力在水平方向分力为

$$F_x = -\int_{-\frac{l}{2}}^{\frac{l}{2}} G\frac{am\mu\mathrm{d}y}{(a^2 + y^2)^{\frac{3}{2}}} = -\frac{2Gm\mu l}{a} \cdot \frac{1}{\sqrt{4a^2 + l^2}}.$$

由对称性知, 引力在铅直方向分力为 $F_y = 0$.

当细直棒的长度 l 很大时, 可视 l 趋于无穷, 此时, 引力的大小为 $\dfrac{2Gm\mu}{a}$, 方向与细棒垂直且由 M 指向细棒.

小结与思考

1. 小结

介绍了定积分在物理上的应用, 利用元素法解决了变力沿直线做功、液体的侧压力和引力的应用实例.

(1) 变力沿直线所做的功.

(2) 液体的侧压力.

(3) 引力.

2. 思考

你能利用元素法计算其他物理量 (如转动惯量) 吗?

习　题　6.3

1. 直径 20cm, 高 80cm 的圆筒内充满压强 10N/cm^2 的蒸汽, 设温度保持不变, 要使蒸汽体积缩小一半, 问需要做多少功?

2. (1) 证明: 把质量为 m 的物体从地球表面升高到 h 处所做的功是

$$W = \frac{mgRh}{R+h},$$

其中 g 是重力加速度, R 是地球的半径.

(2) 一颗人造地球卫星的质量是 173kg, 在高于地面 630km 处进入轨道. 问把这颗卫星从地面送到 630km 的高空处, 克服地球引力要做多少功? 已知 $g = 9.8\text{m/s}^2$, 地球半径 $R = 6370\text{km}$.

3. 一物体按规律 $x = ct^3$ 做直线运动, 介质的阻力与速度的平方成正比. 计算物体由 $x = 0$ 移至 $x = a$ 时, 克服介质阻力所做的功.

4. 设一圆柱形贮水池, 深 15m, 口径 20m, 盛满水, 今一泵将水吸尽, 问要做多少功?

5. 设有一长度为 l、线密度为 μ 的均匀细棒, 在与棒的一端垂直距离为 a 单位处有一质量为 m 的质点, 试求这细棒对质点 M 的引力.

6. 设有一半径为 R、中心角为 φ 的圆弧形细棒, 其线密度为常数 μ, 在圆心处有一质量为 m 的质点 M, 试求这细棒对质点 M 的引力.

6.4　用 MATLAB 求面积和体积

教学目标: 掌握 MATLAB 求平面图形面积、求旋转体体积、求平面曲线弧弧长的方法.

教学重点: MATLAB 求定积分的命令语句.

教学难点: 利用元素法分析所求量的积分表达式, 用 MATLAB 求定积分.

教学背景: MATLAB 软件是工科学习的有力工具.

思政元素: 严谨求实、实践创新的科研精神, 科技报国的家国情怀.

下面介绍利用 MATLAB 中求平面图形的面积和旋转体的体积的实例.

例 1 计算由两条抛物线 $y^2 = x, y = x^2$ 所围成的图形的面积.

解 先画出两条抛物线的图形, 在命令行窗口输入以下命令行:

```
>> fplot(@(x)sqrt(x),[0,2])
>> hold on
>> fplot(@(x)x^2,[0,2])
>> hold off
axis([0 2 0 2])
```

再用 solve 函数求解两条抛物线方程构成的方程组, 在命令窗口键入:

```
>> [x1,y1]=solve('y^2=x,', 'y=x^2')
x1=

                0
                1
y1=

                0
                1
```

取实数解, 方程的解分别为 (0,0), (1,1).

利用定积分求曲线相交区域的面积 $A = \int_0^1 (\sqrt{x} - x^2)\mathrm{d}x$, 在命令窗口键入:

```
>> syms x
>>int(sqrt(x)-x^2)
ans= 1/3
```

故所求面积为 $A = \int_0^1 (\sqrt{x} - x^2)\mathrm{d}x = \dfrac{1}{3}$.

例 2 计算由椭圆 $\dfrac{x^2}{a^2} - \dfrac{y^2}{b^2} = 1$ 所围成的图形绕 x 轴旋转而成的旋转体的体积.

解 由定积分的元素法分析知, 体积元素为 $\mathrm{d}V = \dfrac{\pi b^2}{a^2}(a^2 - x^2)\mathrm{d}x$, 则所求椭球体的体积为

$$V = \int_{-a}^a \frac{\pi b^2}{a^2}(a^2 - x^2)\mathrm{d}x.$$

在命令行窗口输入以下代码并运行:

```
>> syms a b x
>> int(pi*b*b*(a^2-x^2)/a*a,-a,a);
```

```
ans=
    4/3*pi*b^2*a
```

故旋转椭球体的体积为 $V = \dfrac{4}{3}\pi ab^2$.

总 习 题 6

1. 求曲线 $y = xe^x$ 的一条切线 l, 使该曲线与切线 l 及直线 $x = 0, x = 2$ 所围成图形面积最小.

2. (1992, 数二) 由曲线 $y = xe^x$ 与直线 $y = ce$ 所围图形的面积 $S = \underline{\qquad\qquad}$.

3. (2003, 数二) 设曲线的极坐标方程为 $\rho = e^{a\theta}(a > 0)$, 则该曲线上相应于 θ 从 0 变到 2π 的一段弧与极轴所围成的图形的面积为 $S = \underline{\qquad\qquad}$.

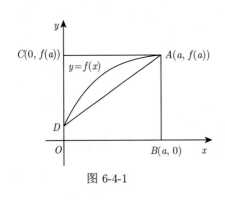

图 6-4-1

4. (2008, 数二) 如图 6-1 所示, 曲线段的方程为 $y = f(x)$, 函数 $f(x)$ 在区间 $[0, a]$ 上有连续的导数, 则定积分 $\displaystyle\int_0^a xf'(x)\mathrm{d}x$ 在几何上表示 (　　).

A. 曲边梯形 $ABOD$ 的面积

B. 梯形 $ABOD$ 的面积

C. 曲边三角形 ACD 的面积

D. 三角形 ACD 的面积

5. (2013, 数二) 设封闭曲线 L 的极坐标方程为 $r = \cos 3\theta \left(-\dfrac{\pi}{6} \leqslant \theta < \dfrac{\pi}{6}\right)$, 求 L 所形成的平面图形的面积.

6. (2019, 数一) 求曲线 $y = e^{-x}\sin x(x \geqslant 0)$ 与 x 轴所围平面图形的面积.

7. (1987, 数一) 由曲线 $y = \ln x$ 与两直线 $y = (e + 1) - x$ 及 $y = 0$ 所围成的平面图形的面积.

8. (2019, 数二) 设 n 是正整数, 记 S_n 为曲线 $y = e^{-x}\sin x(0 \leqslant x \leqslant n\pi)$ 与 x 轴之间图形的面积, 求 S_n 与 $\displaystyle\lim_{n\to\infty} S_n$.

9. (1992, 数三) 设曲线方程为 $y = e^{-x}$.

(1) 把曲线 $y = e^{-x}$、x 轴、y 轴和直线 $x = \xi$ $(\xi > 0)$ 所围平面图形绕 x 轴旋转一周所得旋转体, 求此旋转体的体积 $V(\xi)$;

(2) 在此曲线上找一点, 使过该点的切线与两个坐标轴所夹平面图形的面积最大, 并求出该面积.

10. 设平面图形 A 由 $x^2 + y^2 \leqslant 2x$ 与 $y \geqslant x$ 所确定, 求图形 A 绕直线 $x = 2$ 旋转一周所得旋转体的体积.

11. 求曲线 $y = 3 - \left|x^2 - 1\right|$ 与 x 轴围成的封闭图形绕直线 $y = 3$ 旋转所得的旋转体体积.

12. (1990, 数一) 过点 $P(1, 0)$ 作抛物线 $y = \sqrt{x - 2}$ 的切线与上述抛物线及 x 轴围成一平面图形, 求此图形绕 x 轴旋转一周所成旋转体的体积.

13. (2003, 数一) 过坐标原点作曲线 $y = \ln x$ 的切线, 该切线与 x 轴所围平面图形为 D.

(1) 求 D 的面积 A;

(2) 求 D 的绕直线 $x = \mathrm{e}$ 旋转一周所得旋转体的体积 V.

14. (2004, 数二) 曲线 $y = \dfrac{\mathrm{e}^x + \mathrm{e}^{-x}}{2}$ 与直线 $x = 0$, $x = t(t > 0)$ 及 $y = 0$ 围成一曲边梯形, 该曲边梯形绕 x 轴旋转一周得一旋转体, 其体积为 $V(t)$, 侧面积为 $S(t)$, 在 $x = t$ 处的底面积为 $F(t)$.

(1) 求 $\dfrac{S(t)}{V(t)}$ 的值;

(2) 计算极限 $\lim\limits_{t \to +\infty} \dfrac{S(t)}{F(t)}$.

15. (2009, 数一) 椭球面 S_1 是椭圆 $\dfrac{x^2}{4} + \dfrac{y^2}{3} = 1$ 绕 x 轴旋转而成的, 圆锥面 S_2 是由过点 $(4, 0)$ 且与椭圆 $\dfrac{x^2}{4} + \dfrac{y^2}{3} = 1$ 绕相切的直线绕 x 轴旋转而成的.

(1) 求 S_1 及 S_2 的方程;

(2) 求 S_1 与 S_2 之间的立体体积.

16. (2010, 数二) 当 $0 \leqslant \theta \leqslant \pi$ 时, 对数螺线 $r = \mathrm{e}^\theta$ 的弧长.

17. (2011, 数一) 曲线 $y = \displaystyle\int_0^x \tan t\, \mathrm{d}t \left(0 \leqslant x \leqslant \dfrac{\pi}{4}\right)$ 的弧长.

18. (2001, 数二) 设 $\rho = \rho(x)$ 是抛物线 $y = \sqrt{x}$ 上任一点 $M(x, y)(x \geqslant 1)$ 处的曲率半径, $s = s(x)$ 是该抛物线上介于点 $A(1, 1)$ 与 M 之间的弧长, 计算 $3\rho\dfrac{\mathrm{d}^2\rho}{\mathrm{d}s^2} - \left(\dfrac{\mathrm{d}\rho}{\mathrm{d}s}\right)^2$ 的值 $\left(\text{在直角坐标下曲率公式为 } K = \dfrac{|y''|}{(1 + y'^2)^{\frac{3}{2}}}\right)$.

19. (2021, 数二) 设 $f(x)$ 满足 $\displaystyle\int \dfrac{f(x)}{\sqrt{x}}\, \mathrm{d}x = \dfrac{1}{6}x^2 - x + C$, L 为曲线 $y = f(x)(4 \leqslant x \leqslant 9)$, L 的弧长为 s, L 绕 x 轴旋转所形成的曲面的面积为 A, 求 s 和 A.

20. (2012, 数二) 过点 $(0, 1)$ 作曲线 $L: y = \ln x$ 的切线、切点为 A, 又 L 与 x 轴交于 B 点, 区域 D 由 L 与直线 AB 围成, 求区域 D 的面积及 D 绕 x 轴旋转一周所得旋转体的体积.

21. (2010, 数三) 设位于曲线 $y = \dfrac{1}{\sqrt{x(1 + \ln^2 x)}}(\mathrm{e} \leqslant x < +\infty)$ 下方、x 轴上方的无界区域为 G, 则绕 x 轴旋转一周所得空间区域的体积为_____.

22. (2015, 数二) 设 $A > 0$, D 是由曲线段 $y = A\sin x \left(0 \leqslant x \leqslant \dfrac{\pi}{2}\right)$ 及直线 $y = 0$, $x = \dfrac{\pi}{2}$ 所形成的平面区域, V_1, V_2 分别表示绕 x 轴与 y 轴旋转所成旋转体的体积. 若 $V_1 = V_2$, 求 A 的值.

23. (2016, 数二) 设 D 是由曲线 $y = \sqrt{1 - x^2}(0 \leqslant x \leqslant 1)$ 与曲线 $\begin{cases} x = \cos^3 t, \\ y = \sin^3 y \end{cases} \left(0 \leqslant t \leqslant \dfrac{\pi}{2}\right)$ 所围成的平面区域, 求 D 绕 x 轴旋转一周所得旋转体的体积和表面积.

24. (2020, 数二) 斜边长为 $2a$ 的等腰直角三角形平板铅直地沉没在水中, 且斜边与水面相齐, 记重力加速度为 g, 水密度为 ρ, 则三角形平板的一侧受到的水压力为_____.

25. (1988, 数一) 设位于 $(0,1)$ 的质点 A 对质点 M 的引力大小为 $\dfrac{k}{r^2}$ ($k > 0$ 为常数, r 为质点 A 与 M 之间的距离), 质点 M 沿曲线 $y = \sqrt{2x - x^2}$ 自 $B(2,0)$ 运动到 $O(0,0)$, 求在此运动过程中质点 A 对质点 M 的引力所做的功.

第 6 章思维导图

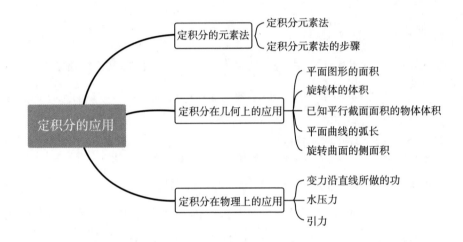

第 7 章 微 分 方 程

微分方程是现代数学的一个重要分支, 其起源和微积分几乎相同, 它是研究客观世界的强有力工具, 已被广泛应用于科学技术、生产管理等各领域. 很多问题可以归结为用微分方程的数学模型来解决, 它是微积分学在解决实际问题上的应用渠道之一.

本章将介绍微分方程的基本概念, 几类一阶微分方程的求解方法、线性微分方程解的性质及解的结构原理、可降阶方程的求解方法以及高阶线性常系数齐次和非齐次方程的求解方法, 最后简单介绍利用微分方程解决实际问题的具体案例.

一、教学基本要求

1. 理解常微分方程的概念.

2. 掌握一阶微分方程的解法 (可分离变量、齐次方程、一阶线性微分方程、伯努利方程、全微分方程).

3. 会求解可降阶的高阶微分方程.

4. 理解线性微分方程解的性质、结构.

5. 掌握二阶常系数齐次线性微分方程及非齐次线性微分方程的解法, 了解欧拉方程、差分方程的解法.

6. 通过建模, 会用微分方程解决简单应用题.

二、教 学 重 点

1. 几类一阶微分方程的解法.

2. 二阶线性微分方程解的结构.

3. 二阶常系数线性微分方程的解法.

4. 用微分方程解决实际问题.

三、教 学 难 点

1. 用变量代换把非典型方程化为典型方程求解.

2. 可降阶的微分方程: $y'' = f(x, y')$ 与 $y'' = f(y, y')$ 的求解.

3. 二阶常系数非齐次线性微分方程的特解求法.

4. 实际问题的微分方程的建模.

7.1　微分方程的基本概念

教学目标: 理解微分方程及其解、通解、特解和初始条件等概念, 微分方程建模方法.

教学重点: 微分方程的相关概念.

教学难点: 实际问题的微分方程的建模.

教学背景: 传染病模型、河流的污染问题等.

思政元素: "宇宙之大, 粒子之微, 火箭之速, 化工之巧, 地球之变, 生物之谜, 日用之繁, 无处不用数学."

函数是客观事物的内部联系在数量方面的反映, 利用函数关系又可以对客观事物的规律进行研究. 因此如何寻找所需要的函数关系, 在实践中具有重要意义. 在许多问题中, 往往不能直接找出所需要的函数关系, 但是根据问题所提供的情况, 有时可以列出含有要找的函数及其导数的关系式, 这样的关系就是所谓的微分方程. 在建立微分方程后, 可对它进行求解研究, 找出的未知函数, 这就是解微分方程.

7.1.1　引例

例 1　一曲线通过点 $(1,2)$, 且在该曲线上任一点 $M(x,y)$ 处的切线的斜率为 $2x$, 求该曲线的方程.

慕课7.1

解　设所求曲线的方程为 $y = f(x)$, 根据导数的几何意义, 可知未知函数 $y = f(x)$ 应满足关系式

$$\frac{\mathrm{d}y}{\mathrm{d}x} = 2x. \tag{7-1-1}$$

此外, $y = f(x)$ 还应满足下列条件: 当 $x = 1$ 时, $y = 2$, 简记为

$$y|_{x=1} = 2. \tag{7-1-2}$$

对 (7-1-1) 式两端积分, 得

$$y = \int 2x \mathrm{d}x,$$

即

$$y = x^2 + C \quad (\text{其中 } C \text{ 是任意常数}). \tag{7-1-3}$$

把条件 "$x=1$ 时, $y=2$" 代入 (7-1-3) 式, 得 $2=1^2+C$, 由此解出 $C=1$. 再将 $C=1$ 代入 (7-1-3) 式, 则所求曲线方程为

$$y=x^2+1. \tag{7-1-4}$$

例 2 列车在平直线路上以 20m/s 的速度行驶, 当制动时列车获得加速度 -0.4m/s^2. 问开始制动后多少时间列车才能停住, 以及列车在这段时间里行驶了多少路程?

解 设列车在开始制动后 t s 行驶了 s m. 根据题意, 反映制动阶段列车运动规律的函数 $s=s(t)$ 应满足关系式

$$\frac{\mathrm{d}^2s}{\mathrm{d}t^2}=-0.4. \tag{7-1-5}$$

此外, 未知函数 $s=s(t)$ 还应满足下列条件

当 $t=0$ 时 $s=0$, $v=\dfrac{\mathrm{d}s}{\mathrm{d}t}=20$. 简记为

$$s|_{t=0}=0, \quad s'|_{t=0}=20. \tag{7-1-6}$$

把 (7-1-5) 式两端积分一次, 得

$$v=\frac{\mathrm{d}s}{\mathrm{d}t}=-0.4t+C_1, \tag{7-1-7}$$

再积分一次, 得

$$s=-0.2t^2+C_1t+C_2 \quad (C_1,C_2 \text{ 都是任意常数}). \tag{7-1-8}$$

把条件 $v|_{t=0}=20$ 代入 (7-1-7) 式, 得 $C_1=20$; 把条件 $s|_{t=0}=0$ 代入 (7-1-8) 式, 得 $C_2=0$.

将 C_1,C_2 的值代入 (7-1-7) 式及 (7-1-8) 式, 得

$$v=-0.4t+20, \tag{7-1-9}$$
$$s=-0.2t^2+20t. \tag{7-1-10}$$

在 (7-1-9) 式中, 令 $v=0$, 得到列车从开始制动到完全停住所需的时间 $t=\dfrac{20}{0.4}=50(\text{s})$, 再把 $t=50$ 代入 (7-1-10) 式, 得到列车在制动阶段行驶的路程

$$s=-0.2\times 50^2+20\times 50=500(\text{m}).$$

上述两个例子中的关系式 (7-1-1) 式和 (7-1-5) 式都含有未知函数的导数, 它们都是**微分方程**.

从例 1、例 2 中可看出微分方程解决问题的**基本步骤是**

(1) 建立实际问题的数学模型, 即建立反映实际问题的微分方程;

(2) 求解这个微分方程;

(3) 用所得的结果解释实际问题.

7.1.2　微分方程的基本概念

定义 7.1.1　一般地, 凡表示未知函数、未知函数的导数与自变量之间的关系的方程, 叫**微分方程**. 未知函数是一元函数的微分方程, 叫**常微分方程**. 未知函数是多元函数的微分方程, 叫**偏微分方程**. 我们主要介绍常微分方程的解法.

定义 7.1.2　微分方程中所出现的未知函数的最高阶导数的阶数, 叫**微分方程的阶**.

例如, 方程 (7-1-1) 是一阶微分方程; 方程 (7-1-5) 是二阶微分方程.

一般地, n 阶微分方程的一般形式是

$$F(x, y, y', \cdots, y^{(n)}) = 0. \tag{7-1-11}$$

在方程 (7-1-11) 中, $y^{(n)}$ 是必须出现的, 而 $x, y, y', \cdots, y^{(n-1)}$ 等变量则可以不出现. 例如, n 阶微分方程 $y^{(n)} + 1 = 0$ 中, 除 $y^{(n)}$ 外, 其他变量都没有出现.

如果能从方程 (7-1-11) 解出最高阶导数, 则可得微分方程形式

$$y^{(n)} = f(x, y, y', \cdots, y^{(n-1)}), \tag{7-1-12}$$

以后我们讨论的微分方程都是已解出最高阶导数的方程或能解出最高阶导数的方程.

定义 7.1.3　由前面的例子我们看到, 在研究某些实际问题时, 首先要建立微分方程, 然后找出满足微分方程的函数, 把该函数代入微分方程能使方程恒成立, 这个函数叫做该**微分方程的解**.

设函数 $y = \varphi(x)$ 在区间 I 上有 n 阶连续导数, 如果在区间 I 上, 满足

$$F(x, \varphi(x), \varphi'(x), \cdots, \varphi^{(n)}(x)) \equiv 0,$$

那么函数 $y = \varphi(x)$ 就叫做**微分方程** $F(x, y, y', \cdots, y^{(n)}) = 0$ 在区间 I 上的**解**.

定义 7.1.4　如果微分方程的解中含有任意常数, 且任意常数的个数与微分方程的阶数相同, 这样的解叫做**微分方程的通解**.

由于通解中含有任意常数, 所以还不能完全确定地反映某一客观事物的规律性. 要完全确定地反映客观事物的规律性, 必须确定这些常数的具体数值. 为此, 要根据问题的实际情况, 提出确定这些常数的条件.

设微分方程中的未知函数为 $y = \varphi(x)$, 如果微分方程是一阶的, 通常用来确定任意常数的条件是当 $x = x_0$ 时 $y = y_0$, 或写成 $y|_{x=x_0} = y_0$, 其中 x_0, y_0 都是给定的值; 如果微分方程是二阶的, 通常用来确定任意常数的条件是当 $x = x_0$ 时 $y = y_0$, $y' = y_0'$, 或写成 $y|_{x=x_0} = y_0$, $y'|_{x=x_0} = y_0'$, 其中 x_0, y_0 和 y_0' 都是给定的值.

定义 7.1.5　用于确定通解中任意常数的条件, 称为**初始条件**. 确定了通解中的任意常数后, 就得到**微分方程的特解**.

定义 7.1.6 求微分方程 $y' = f(x, y)$ 满足初始条件 $y \mid_{x=x_0} = y_0$ 的特解这样一个问题, 叫做一阶微分方程的**初值问题**, 记作

$$\begin{cases} y' = f(x, y), \\ y(x_0) = y_0. \end{cases} \tag{7-1-13}$$

7.1.3 解的几何意义

微分方程的解的图形是一条曲线, 叫做**微分方程的积分曲线**. 初值问题 (7-1-13) 的几何意义, 就是求微分方程的通过点 (x_0, y_0) 的那条积分曲线. 二阶微分方程的初值问题

$$\begin{cases} y'' = f(x, y, y'), \\ y \mid_{x=x_0} = y_0, y' \mid_{x=x_0} = y_0' \end{cases}$$

的几何意义, 是求微分方程的通过点 (x_0, y_0) 且在该点处的切线斜率为 y_0' 的那条积分曲线.

例 3 验证: 函数

$$x = C_1 \cos kt + C_2 \sin kt \tag{7-1-14}$$

是微分方程

$$\frac{\mathrm{d}^2 x}{\mathrm{d}t^2} + k^2 x = 0 \tag{7-1-15}$$

的解.

解 对函数 (7-1-14) 两边求导

$$\frac{\mathrm{d}x}{\mathrm{d}t} = -kC_1 \sin kt + kC_2 \cos kt, \tag{7-1-16}$$

$$\frac{\mathrm{d}^2 x}{\mathrm{d}t^2} = -k^2 C_1 \cos kt - k^2 C_2 \sin kt = -k^2 (C_1 \cos kt + C_2 \sin kt),$$

将导数代入微分方程中, 得

$$-k^2 (C_1 \cos kt + C_2 \sin kt) + k^2 (C_1 \cos kt + C_2 \sin kt) \equiv 0,$$

因此, 函数 (7-1-14) 是微分方程 (7-1-15) 的解.

例 4 已知函数 (7-1-14) 当 $k \neq 0$ 时是微分方程 (7-1-15) 的通解, 求满足初始条件 $x \mid_{t=0} = A$, $\left. \dfrac{\mathrm{d}x}{\mathrm{d}t} \right|_{t=0} = 0$ 的特解.

解 将条件 "$x \mid_{t=0} = A$" 代入函数 (7-1-14), 得 $C_1 = A$, 将条件 "$\left. \dfrac{\mathrm{d}x}{\mathrm{d}t} \right|_{t=0} = 0$" 代入导函数 (7-1-16), 得 $C_2 = 0$, 把 C_1, C_2 的值代入 (7-1-14) 式, 得所求特解为 $x = A \cos kt$.

小结与思考

1. 小结

本节主要是介绍常微分方程的一些最基本的概念, 包括常微分方程和偏微分方程、方程的解和隐式解、通解和特解、积分曲线、初值问题等. 本章的其余几节将要讨论某些具体类型的常微分方程的**初等解法**. 初等解法也称为**初等积分法**.

2. 思考

请举例说出微分方程在工程技术和经济领域的一些应用.

习　题　7.1

1. 指出下列微分方程的阶数:

(1) $xy''' + 2y'' + x^2 y = 0$;

(2) $(7x - 6y)\mathrm{d}x + (x + y)\mathrm{d}y = 0$;

(3) $L\dfrac{\mathrm{d}^2 Q}{\mathrm{d}t^2} + R\dfrac{\mathrm{d}Q}{\mathrm{d}t} + \dfrac{Q}{C} = 0$;

(4) $\dfrac{\mathrm{d}\rho}{\mathrm{d}\theta} + \rho = \sin^2 \theta$.

2. 指出下列各题中的函数是否为所给微分方程的解:

(1) $xy' = 2y, y = 5x^2$;

(2) $y'' + y = 0, y = 3\sin x - 4\cos x$;

(3) $y'' - 2y' + y = 0, y = x^2 \mathrm{e}^x$;

(4) $y'' - (\lambda_1 + \lambda_2)y' + \lambda_1 \lambda_2 y = 0, y = C_1 \mathrm{e}^{\lambda_1 x} + C_2 \mathrm{e}^{\lambda_2 x}$.

3. 求下列关系式中满足初始条件的未知参数.

(1) $x^2 - y^2 = C, y|_{x=0} = 5$;

(2) $y = (C_1 + C_2 x)\mathrm{e}^{2x}, y|_{x=0} = 0, y'|_{x=0} = 1$;

(3) $y = C_1 \sin(x - C_2), y|_{x=\pi} = 1, y'|_{x=\pi} = 0$.

4. 写出由下列条件确定的曲线所满足的方程.

(1) 曲线在点 (x, y) 处的切线的斜率等于该点横坐标的平方;

(2) 曲线上点 $P(x, y)$ 处的法线与 x 轴的交点为 Q, 且线段 PQ 被 y 轴平分.

5. 解下列初值问题.

(1) $\begin{cases} y' = \sin x, \\ y|_{x=0} = 1; \end{cases}$

(2) $\begin{cases} y'' = 6x, \\ y|_{x=0} = 1, y'|_{x=0} = 2. \end{cases}$

6. 证明函数 $y = C\mathrm{e}^{-x} + x - 1$ 是微分方程 $y' + y = x$ 的通解, 并求满足初始条件 $y|_{x=0} = 2$ 的特解.

7. 证明函数 $\mathrm{e}^y + C_1 = (x + C_2)^2$ 是微分方程 $y'' + (y')^2 = 2\mathrm{e}^{-y}$ 的通解, 并求满足初始条件 $y|_{x=0} = 0$ 的特解.

7.2　一阶微分方程

教学目标: 掌握可分离变量方程、齐次方程及一阶线性微分方程的解法, 会求伯努利方程和全微分方程的解, 会用变量代换解某些微分方程.

教学重点: 可分离变量方程、齐次方程及一阶线性微分方程的解法.

教学难点: 伯努利方程和全微分方程的解法, 运用变量代换求解某些微分方程.

教学背景: 人口的预测和控制问题、放射性元素的衰败与考古问题、跳伞问题等.

思政元素: 常数和变数, 一般和特殊, 科学思维, 数学之美.

放射性元素的衰变与考古问题 由生物学知, 活着的生物通过新陈代谢体内 ^{14}C(碳-14) 的含量不变, 死亡后, 新陈代谢停止, 由于 ^{14}C 是放射性元素, 随着时间的增加, 体内 ^{14}C 将逐渐减少. 由原子物理学知, 放射性元素的衰变速度与现有量成正比. 已知 ^{14}C 的半衰期 $T = 5568$ 年, 假设生物死亡时 $(t = 0)$ 体内 ^{14}C 的含量为 x_0, 分析 1972 年 8 月出土的长沙马王堆一号墓埋葬的年限. 这个考古模型中的微分方程就是可分离变量方程.

7.2.1 可分离变量的方程

形如

慕课7.2

$$\frac{\mathrm{d}y}{\mathrm{d}x} = f(x)g(y)$$

的方程, 称为**可分离变量微分方程**, 其中 $f(x), g(y)$ 分别是 x, y 的连续函数. 方程的特点是右端函数是两个因式的乘积, 其中一个因式是只含 x 的函数, 另一个因式是只含 y 的函数.

可分离变量方程的解法:

(1) 先分离变量, 把微分方程写成一端只含 y 的函数和 $\mathrm{d}y$, 另一端只含 x 的函数和 $\mathrm{d}x$, 即

$$\frac{\mathrm{d}y}{g(y)} = f(x)\mathrm{d}x;$$

(2) 再两端积分

$$\int \frac{\mathrm{d}y}{g(y)} = \int f(x)\mathrm{d}x + C,$$

积分后得

$$G(y) = F(x) + C;$$

(3) 最后求出由 $G(y) = F(x) + C$ 所确定的隐函数 $y = \Phi(x)$ 或 $x = \Psi(y)$.

其中, $G(y) = F(x) + C$ 称为**隐式通解**; $y = \Phi(x) x = \Psi(y)$ 都是方程的显式通解.

注 变量分离的同时, 有时会漏掉一些解, 最后需要补上漏掉的解.

例 1 求微分方程 $\dfrac{\mathrm{d}y}{\mathrm{d}x} = 2xy$ 的通解.

解 将方程分离变量, 得

$$\frac{\mathrm{d}y}{y} = 2x\mathrm{d}x,$$

两边积分, 得

$$\int \frac{1}{y}\mathrm{d}y = \int 2x\mathrm{d}x,$$

得

$$\ln|y| = x^2 + C_1,$$

从而有

$$y = \pm\mathrm{e}^{x^2+C_1} = \pm\mathrm{e}^{C_1}\cdot\mathrm{e}^{x^2} = C\mathrm{e}^{x^2} \quad (C = \pm\mathrm{e}^{C_1}),$$

即方程的通解为 $y = C\mathrm{e}^{x^2}$.

注 本题中要对任意常数进行改写, 使解的形式更简单.

例 2 求微分方程 $x\dfrac{\mathrm{d}y}{\mathrm{d}x} = y\ln y$ 的通解.

解 将方程分离变量, 得

$$\frac{1}{y}\ln y\mathrm{d}y = \frac{1}{x}\mathrm{d}x,$$

两边积分,

$$\int \frac{1}{y}\ln y\mathrm{d}y = \int \frac{1}{x}\mathrm{d}x,$$

得

$$\ln|\ln y| = \ln|x| + C_1,$$

改写任意常数的形式

$$\ln|\ln y| = \ln|x| + \ln C_2,$$

整理得

$$\ln y = \ln|C_2 x|,$$

方程的通解为

$$y = \mathrm{e}^{Cx} \quad (C = \pm C_2).$$

注 本题中将任意常数 C_1 可根据题中的函数形式变形为 $\ln C_2$ 的形式, 而且 $\ln C_2$ 也是任意常数, 这样处理便于合并整理.

例 3 求微分方程 $x\mathrm{d}y + 2y\mathrm{d}x = 0$ 满足 $y|_{x=2} = 1$ 的特解.

解 将方程分离变量, 得

$$\frac{\mathrm{d}y}{2y} = -\frac{\mathrm{d}x}{x},$$

两边积分, 得

$$\frac{1}{2}\ln|y| = -\ln|x| + C,$$

代入初始条件 $y|_{x=2} = 1, \frac{1}{2}\ln 1 = -\ln 2 + C$, 得 $C = \ln 2$, 整理得

$$\ln|y| = 2\ln\frac{2}{|x|},$$

故所求特解为

$$x^2 y = 4.$$

注 在求特解时, 及时将初始条件代入隐式通解中, 确定 C 的值后, 再整理特解, 这样可使计算简便.

7.2.2 齐次方程

形如

$$\frac{\mathrm{d}y}{\mathrm{d}x} = \varphi\left(\frac{y}{x}\right)$$

慕课7.3

的微分方程称为**齐次方程**, 即方程右边是关于 $\frac{y}{x}$ 的函数.

齐次方程的解法如下:

令 $u = \frac{y}{x}$, 则 $y = ux$, 于是

$$\frac{\mathrm{d}y}{\mathrm{d}x} = u + x\frac{\mathrm{d}u}{\mathrm{d}x},$$

代入原方程, 化为 u 和 x 的可分离变量方程

$$u + x\frac{\mathrm{d}u}{\mathrm{d}x} = \varphi(u),$$

分离变量 u 和 x, 得

$$\frac{\mathrm{d}u}{\varphi(u) - u} = \frac{1}{x}\mathrm{d}x,$$

两端分别积分后, 得

$$\int \frac{\mathrm{d}u}{\varphi(u) - u} = \ln|x| + C_1,$$

得到通解为 $u = \varphi(x, C)$, 再用 $\dfrac{y}{x}$ 代替 u, 便得到原方程的通解.

例 4 求微分方程 $xy' = y(1 + \ln y - \ln x)$ 的通解.

解 将方程变形成齐次方程

$$\frac{\mathrm{d}y}{\mathrm{d}x} = \frac{y}{x}\left(1 + \ln\frac{y}{x}\right),$$

令 $u = \dfrac{y}{x}$, 则 $y = ux$, 于是方程可化为

$$u + x\frac{\mathrm{d}u}{\mathrm{d}x} = u(1 + \ln u),$$

分离变量后, 得

$$\frac{\mathrm{d}u}{u\ln u} = \frac{1}{x}\mathrm{d}x,$$

两边积分, 得

$$\ln|\ln u| = \ln x + \ln|C|,$$

则 $\ln u = Cx$, 即 $u = \mathrm{e}^{Cx}$, 将 $u = \dfrac{y}{x}$ 回代, 得方程的通解为

$$y = x\mathrm{e}^{Cx}.$$

例 5 求微分方程 $(x^2 + 2xy - y^2)\mathrm{d}x + (y^2 + 2xy - x^2)\mathrm{d}y = 0$ 满足初始条件 $y|_{x=1} = 1$ 的特解.

解 将方程变形成齐次方程

$$\frac{\mathrm{d}y}{\mathrm{d}x} = \frac{(y/x)^2 - (y/x) - 1}{(y/x)^2 + 2(y/x) - 1},$$

令 $u = \dfrac{y}{x}$, 则 $y = ux$, 于是方程可化为

$$u + x\frac{\mathrm{d}u}{\mathrm{d}x} = \frac{u^2 - 2u - 1}{u^2 + 2u - 1},$$

分离变量后, 得

$$\frac{\mathrm{d}x}{x} = -\frac{u^2 + 2u - 1}{u^3 + u^2 + u + 1}\mathrm{d}u,$$

整理得

$$\frac{\mathrm{d}x}{x} = \left(\frac{1}{u+1} - \frac{2u}{u^2+1}\right)\mathrm{d}u,$$

两边积分, 得

$$\ln|x| + \ln|C| = \ln\left|\frac{u+1}{u^2+1}\right|,$$

则 $u + 1 = Cx(u^2 + 1)$, 将 $u = \dfrac{y}{x}$ 回代, 得方程的通解为

$$x + y = C(x^2 + y^2),$$

由初始条件 $y|_{x=1} = 1$ 可得 $C = 1$, 故方程的特解为

$$x + y = x^2 + y^2.$$

7.2.3 一阶线性微分方程

形如

$$\frac{\mathrm{d}y}{\mathrm{d}x} + P(x)y = Q(x)$$

慕课7.4

的方程 (其中 $P(x), Q(x)$ 是 x 的已知连续函数), 称为**一阶线性微分方程**. 所谓线性, 是指方程关于未知函数 y 及其导数 $\dfrac{\mathrm{d}y}{\mathrm{d}x}$ 都是**一次的**方程.

当 $Q(x) \equiv 0$ 时, 方程 $\dfrac{\mathrm{d}y}{\mathrm{d}x} + P(x)y = 0$ 称为**一阶线性齐次微分方程**.

当 $Q(x) \not\equiv 0$ 时, 方程 $\dfrac{\mathrm{d}y}{\mathrm{d}x} + P(x)y = Q(x)$ 称为**一阶线性非齐次微分方程**.

下面讨论线性方程的解法.

1. 一阶线性齐次方程的通解

当 $Q(x) \equiv 0$ 时, 线性齐次方程 $\dfrac{\mathrm{d}y}{\mathrm{d}x} + P(x)y = 0$ 是一个变量可分离方程, 易于求解.

先分离变量, 得

$$\frac{\mathrm{d}y}{y} = -P(x)\mathrm{d}x,$$

再两边积分, 得

$$\ln|y| = -\int P(x)\mathrm{d}x + C_1,$$

即

$$y = Ce^{-\int P(x)\mathrm{d}x} \quad (C = \pm e^{C_1}).$$

注意到 $y = 0$ 也是方程 $\dfrac{\mathrm{d}y}{\mathrm{d}x} + P(x)y = 0$ 的解, 所以齐次线性方程的通解公式为

$$y = Ce^{-\int P(x)\mathrm{d}x}.$$

2. 一阶线性非齐次方程的通解

下面根据其对应的齐次方程的通解公式, 使用常数变易法来求线性非齐次方程的解.

常数变易法思想是: 将齐次线性方程通解中的常数 C 变易成 x 的未知函数 $u(x)$, 即可设非齐次线性方程的解的形式为 $y = u(x)\mathrm{e}^{-\int P(x)\mathrm{d}x}$, 其中 $u(x)$ 待定, 然后通过 $Q(x)$ 来确定 $u(x)$.

设非齐次线性方程的解为

$$y = u(x)\mathrm{e}^{-\int P(x)\mathrm{d}x},$$

将其代入非齐次线性方程中, 得

$$u'(x)\mathrm{e}^{-\int P(x)\mathrm{d}x} - u(x)\mathrm{e}^{-\int P(x)\mathrm{d}x}P(x) + P(x)u(x)\mathrm{e}^{-\int P(x)\mathrm{d}x} = Q(x),$$

化简得

$$u'(x) = Q(x)\mathrm{e}^{\int P(x)\mathrm{d}x},$$

积分后, 得

$$u(x) = \int Q(x)\mathrm{e}^{\int P(x)\mathrm{d}x}\mathrm{d}x + C,$$

于是非齐次线性方程的**通解公式为**

$$y = \mathrm{e}^{-\int P(x)\mathrm{d}x}\left[\int Q(x)\mathrm{e}^{\int P(x)\mathrm{d}x}\mathrm{d}x + C\right].$$

这种将常数变易为待定函数的方法, 我们通常称为**常数变易法**. 它不但适用于一阶线性方程, 而且也适用于高阶线性方程和线性方程组.

将非齐次方程的通解公式打开括号写成求和的形式, 即

$$y = C\mathrm{e}^{-\int P(x)\mathrm{d}x} + \mathrm{e}^{-\int P(x)\mathrm{d}x}\cdot\int Q(x)\mathrm{e}^{\int P(x)\mathrm{d}x}\mathrm{d}x.$$

可发现它由两项组成: 第一项是对应的齐次方程的通解, 第二项是非齐次方程的一个特解 (当 $C = 0$ 时的一个特解). 因此有如下的一般结论: 非齐次线性方程的通解等于对应的齐次线性方程通解与非齐次线性方程的一个特解之和. 即可表示为

$$y = y_C + y^*.$$

我们称其为一阶线性微分方程的解的结构, 这个结论对于高阶线性微分方程也是适用的. 在解一阶线性微分方程的时候, 可以既利用常数变易法, 也可直接利用求通解的公式进行求解, 在利用公式法求解时要注意, 公式中不定积分的计算不需要再加积分常数.

例 6 求方程 $\dfrac{\mathrm{d}y}{\mathrm{d}x} - \dfrac{2y}{x+1} = (x+1)^{\frac{5}{2}}$ 的通解.

解法一 常数变易法.

先求对应的齐次方程 $\dfrac{\mathrm{d}y}{\mathrm{d}x} - \dfrac{2y}{x+1} = 0$ 的通解, 分离变量得

$$\frac{\mathrm{d}y}{\mathrm{d}x} = \frac{2y}{x+1},$$

两边积分, 得

$$\int \frac{\mathrm{d}y}{y} = \int \frac{2}{x+1}\mathrm{d}x,$$

得

$$\ln|y| = 2\ln|x+1| + C_1,$$

则齐次方程的通解为

$$y = C(x+1)^2.$$

再由常数变易法, 把 C 变为函数 $u(x)$, 设非齐次方程的解为 $y = u(x)(x+1)^2$, 求导后代入原方程, 化简后可得

$$u'(x) = (x+1)^{\frac{1}{2}},$$

两边积分, 得

$$u(x) = \frac{2}{3}(x+1)^{\frac{3}{2}} + C,$$

将其代入通解中, 即得所求方程的通解为

$$y = (x+1)^2 \left[\frac{2}{3}(x+1)^{\frac{3}{2}} + C \right].$$

解法二 利用公式法求通解.

由一阶线性微分方程通解公式

$$
\begin{aligned}
y &= \mathrm{e}^{-\int P(x)\mathrm{d}x} \left[\int Q(x)\mathrm{e}^{\int P(x)\mathrm{d}x}\mathrm{d}x + C \right] \\
&= \mathrm{e}^{\int \frac{2}{x+1}\mathrm{d}x} \left[\int (x+1)^{\frac{5}{2}}\mathrm{e}^{-\int \frac{2}{x+1}\mathrm{d}x}\mathrm{d}x + C \right] \\
&= \mathrm{e}^{2\ln(x+2)} \left[\int (x+1)^{\frac{5}{2}}\mathrm{e}^{-2\ln(x+1)}\mathrm{d}x + C \right] \\
&= (x+2)^2 \left[\int (x+1)^{\frac{1}{2}}\mathrm{d}x + C \right]
\end{aligned}
$$

$$= (x+2)^2 \left[\frac{2}{3}(x+1)^{\frac{3}{2}} + C \right].$$

例 7 求方程 $\dfrac{\mathrm{d}y}{\mathrm{d}x} = \dfrac{1}{x+y}$ 的通解.

解法一 若把所给方程变形为 $\dfrac{\mathrm{d}x}{\mathrm{d}y} = x+y$, 即为一阶线性方程, 则按一阶线性方程的解法可求得通解.

解法二 作变量代换, 令 $x+y = u$, 则 $y = u-x$, $\dfrac{\mathrm{d}x}{\mathrm{d}y} = \dfrac{\mathrm{d}u}{\mathrm{d}x} - 1$, 代入原方程得

$$\frac{\mathrm{d}u}{\mathrm{d}x} - 1 = \frac{1}{u},$$

分离变量, 得

$$\frac{u}{u+1}\mathrm{d}u = \mathrm{d}x,$$

两边积分, 得

$$u - \ln|u+1| = x + C,$$

将 $x+y = u$ 回代, 得

$$y - \ln|x+y+1| = x + C,$$

或

$$x = C_1 \mathrm{e}^y - y - 1 \quad (C_1 = \pm \mathrm{e}^{-C}).$$

*7.2.4 伯努利方程

形如

$$\frac{\mathrm{d}y}{\mathrm{d}x} + P(x)y = Q(x)y^n \quad (n \neq 0, 1)$$

的方程, 叫做**伯努利** (Bernoulli) **方程**.

当 $n = 0$ 或 $n = 1$ 时, 这是**线性微分方程**.

当 $n \neq 0, 1$ 时, 此时方程不是线性的, 而是非线性方程, 我们可通过适当的变量代换, 将非线性方程转化为线性方程来求解.

先将方程两端同除以 y^n, 得

$$y^{-n}\frac{\mathrm{d}y}{\mathrm{d}x} + P(x)y^{1-n} = Q(x), \tag{7-2-1}$$

上式左端第一项与 $\dfrac{\mathrm{d}}{\mathrm{d}x}(y^{1-n})$ 只差一个常数因子 $1-n$, 因此我们引入新的因变量.

令 $z = y^{1-n}$, 则 $\dfrac{\mathrm{d}z}{\mathrm{d}x} = (1-n)y^{-n}\dfrac{\mathrm{d}y}{\mathrm{d}x}$, 代入 (7-2-1) 式, 把 (7-2-1) 式化成以 z 为未知函数的线性方程

$$\frac{\mathrm{d}z}{\mathrm{d}x} + (1-n)P(x)z = (1-n)Q(x).$$

求出这个方程的通解后, 以 y^{1-n} 回代 z 便得到伯努利方程的通解.

例 8 求方程 $\dfrac{\mathrm{d}y}{\mathrm{d}x} + \dfrac{y}{x} = a(\ln x)y^2$ 的通解.

解 先将方程两端同除以 y^2, 得

$$y^{-2}\frac{\mathrm{d}y}{\mathrm{d}x} + \frac{1}{x}y^{-1} = a\ln x,$$

即

$$-\frac{\mathrm{d}(y^{-1})}{\mathrm{d}x} + \frac{1}{x}y^{-1} = a\ln x.$$

令 $z = y^{-1}$, 则化成以 z 为未知函数的线性方程为

$$\frac{\mathrm{d}z}{\mathrm{d}x} - \frac{1}{x}z = -a\ln x,$$

其通解为

$$z = x\left[C - \frac{a}{2}(\ln x)^2\right],$$

以 y^{-1} 回代 z, 得到伯努利方程的通解为

$$yx\left[C - \frac{a}{2}(\ln x)^2\right] = 1.$$

7.2.5 全微分方程

设有微分方程

$$P(x,y)\mathrm{d}x + Q(x,y)\mathrm{d}y = 0, \tag{7-2-2}$$

其左端表达式恰好是某一函数 $u(x,y)$ 的全微分, 即

$$\mathrm{d}u = P(x,y)\mathrm{d}x + Q(x,y)\mathrm{d}y,$$

则称方程 (7-2-2) 为**全微分方程**, 此时有 $\mathrm{d}u(x,y) = 0$, 故其通解为 $u(x,y) = c$.

注 当 $P(x,y)$, $Q(x,y)$ 在单连通区域 G 内具有一阶连续偏导数时, 则 $P(x,y)\mathrm{d}x + Q(x,y)\mathrm{d}y$ 是某函数的全微分的充分必要条件是 $\dfrac{\partial P}{\partial y} = \dfrac{\partial Q}{\partial x}$.

在区域 G 恒成立, 并且可用积分法求出 $u(x, y)$, 其通解为

$$u(x, y) = \int_{(x_0, y_0)}^{(x, y)} P\mathrm{d}x + Q\mathrm{d}y = \int_{x_0}^{x} P(x, y_0)\mathrm{d}x + \int_{y_0}^{y} Q(x, y)\mathrm{d}y,$$

其中 (x_0, y_0) 是在区域 G 内适当选定的点 $M_0(x_0, y_0)$ 的坐标.

注　由于 $\dfrac{\partial u}{\partial x} = P(x, y)$ 及 $\dfrac{\partial u}{\partial y} = Q(x, y)$, 也可用不定积分法来求得 $u(x, y)$.

对 $\dfrac{\partial u}{\partial x} = P(x, y)$ 两边同时积分, 把 y 暂时看成常数, 得 $u(x, y) = \displaystyle\int P(x, y)\mathrm{d}x$ $+\varphi(y)$, 再将所得到的 $u(x, y)$ 两边对 y 求偏导数并等于 $Q(x, y)$, 有

$$\frac{\partial}{\partial y}\left[\int P(x, y)\mathrm{d}x\right] + \varphi'(y) = Q(x, y),$$

从上式中确定出 $\varphi'(y)$, 再积分求得 $\varphi(y)$, 从而确定出 $u(x, y)$.

例 9　求微分方程 $(3x^2 + 6xy^2)\mathrm{d}x + (6x^2y + 4y^2)\mathrm{d}y = 0$ 的通解.

由题意得 $P(x, y) = 3x^2 + 6xy^2$, $Q(x, y) = 6x^2y + 4y^2$, 则 $\dfrac{\partial P}{\partial y} = 12xy = \dfrac{\partial Q}{\partial x}$, 因此所求方程是全微分方程.

解法一　曲线积分法, 取 $(x_0, y_0) = (0, 0)$, 则

$$\begin{aligned}
u(x, y) &= \int_{(x_0, y_0)}^{(x, y)} P\mathrm{d}x + Q\mathrm{d}y \\
&= \int_{x_0}^{x} P(x, y_0)\mathrm{d}x + \int_{y_0}^{y} Q(x, y)\mathrm{d}y \\
&= \int_{0}^{x} (3x^2 + 6x \cdot 0^2)\mathrm{d}x + \int_{0}^{y} (6x^2y + 4y^2)\mathrm{d}y \\
&= x^3 + 3x^2y^2 + \frac{4}{3}y^3,
\end{aligned}$$

所以方程的通解为

$$x^3 + 3x^2y^2 + \frac{4}{3}y^3 = C.$$

解法二　将 $\dfrac{\partial u}{\partial x} = P(x, y) = 3x^2 + 6xy^2$ 两边对 x 积分得

$$u(x, y) = P(x, y) = x^3 + 3x^2y^2 + \varphi(y),$$

上式两边对 y 求偏导数, 又因为 $\dfrac{\partial u}{\partial x} = Q(x, y) = 6x^2y + 4y^2$, 所以

$$6x^2y + \varphi'(y) = 6x^2y + 4y^2,$$

即 $\varphi'(y) = 4y^2$, 两边对 y 积分, 得

$$\varphi(y) = \frac{4}{3}y^3 + C,$$

从而方程的通解为

$$x^3 + 3x^2y^2 + \frac{4}{3}y^3 = C.$$

小结与思考

1. 小结

本节介绍了一阶微分方程的求解方法, 其中包括可分离变量的微分方程、齐次方程、一阶线性微分方程、伯努利方程及全微分方程的求解方法, 并介绍了用变量替换求解微分方程的方法. 求解一阶微分方程的关键是能判别出方程所属的类型, 再按所属的类型进行求解.

2. 思考

求微分方程 $\dfrac{\mathrm{d}y}{\mathrm{d}x} = \left(\dfrac{x+y-1}{x+y+1}\right)^2$ 的通解.

习 题 7.2

1. 求解可分离变量方程的通解:

(1) $x\mathrm{d}y = (1 + y^2)\mathrm{d}x$;

(2) $y' = \mathrm{e}^{x-2y}$;

(3) $(1+x)\mathrm{d}y - (1-y)\mathrm{d}x = 0$;

(4) $x\mathrm{d}y + y\ln x\mathrm{d}x = 0$;

(5) $\sqrt{1-x^2}\,y' = \sqrt{1-y^2}$;

(6) $\sec^2 x\tan y\mathrm{d}x + \sec^2 y\tan x\mathrm{d}y = 0$;

(7) $(\mathrm{e}^{x+y} - \mathrm{e}^x)\mathrm{d}x + (\mathrm{e}^{x+y} + \mathrm{e}^y)\mathrm{d}y = 0$;

(8) $(y+1)^2\dfrac{\mathrm{d}y}{\mathrm{d}x} + x^3 = 0$.

2. 求解可分离变量方程的特解:

(1) $\cos x\sin y\mathrm{d}y = \cos y\sin x\mathrm{d}x$, $y|_{x=0} = \dfrac{\pi}{4}$;

(2) $y'\sin x = y\ln y$, $y|_{x=\frac{\pi}{4}} = \mathrm{e}$;

(3) $\cos y\mathrm{d}x + (1+\mathrm{e}^{-x})\sin y\mathrm{d}y = 0$, $y|_{x=0} = \dfrac{\pi}{4}$;

(4) $x\mathrm{d}y + 2y\mathrm{d}x = 0$, $y|_{x=2} = 1$.

3. 求解齐次方程的通解:

(1) $x\dfrac{\mathrm{d}y}{\mathrm{d}x} = y\ln\dfrac{y}{x}$;

(2) $(x^2 + y^2)\mathrm{d}x - xy\mathrm{d}y = 0$;

(3) $\left(2x\sin\dfrac{y}{x} + 3y\cos\dfrac{y}{x}\right)\mathrm{d}x - 3x\cos\dfrac{y}{x}\mathrm{d}y = 0$;

(4) $(2\mathrm{e}^{\frac{x}{y}} + 1)\mathrm{d}x + 2\mathrm{e}^{\frac{x}{y}}\left(1 - \dfrac{x}{y}\right)\mathrm{d}y = 0$.

4. 求解齐次方程的特解:

(1) $y' = \dfrac{x}{y} + \dfrac{y}{x}$, $y|_{x=1} = 2$;

(2) $(x^2 + 2xy - y^2)\mathrm{d}x + (y^2 + 2xy - x^2)\mathrm{d}y = 0$, $y|_{x=1} = 1$.

5. 求解一阶线性微分方程的通解:

(1) $y' + y\cos x = \mathrm{e}^{-\sin x}$;

(2) $y' + y\tan x = \sin 2x$;

(3) $(x - 2)\dfrac{\mathrm{d}y}{\mathrm{d}x} = y + 2(x - 2)^3$;

(4) $y\ln y\,\mathrm{d}x + (x - \ln y)\mathrm{d}y = 0$.

6. 求解一阶线性微分方程的特解:

(1) $\dfrac{\mathrm{d}y}{\mathrm{d}x} - y\tan x = \sec x$, $y|_{x=0} = 0$;

(2) $\dfrac{\mathrm{d}y}{\mathrm{d}x} + \dfrac{y}{x} = \dfrac{\sin x}{x}$, $y|_{x=\pi} = 1$;

(3) $\dfrac{\mathrm{d}y}{\mathrm{d}x} + y\cot x = 5\mathrm{e}^{\cos x}$, $y|_{x=\frac{\pi}{2}} = -4$;

(4) $\dfrac{\mathrm{d}y}{\mathrm{d}x} + \dfrac{2 - 3x^2}{x^3}y = 1$, $y|_{x=1} = 0$.

7. 用适量代换求解下列方程的通解:

(1) $\dfrac{\mathrm{d}y}{\mathrm{d}x} = (x + y)^2$;

(2) $\dfrac{\mathrm{d}y}{\mathrm{d}x} - 3xy = xy^2$;

(3) $xy' + y = y(\ln x + \ln y)$;

(4) $y(xy + 1)\mathrm{d}x + x(1 + xy + x^2y^2)\mathrm{d}y = 0$.

8. 求解伯努利方程的通解:

(1) $\dfrac{\mathrm{d}y}{\mathrm{d}x} + \dfrac{1}{3}y = \dfrac{1}{3}(1 - 2x)y^4$;

(2) $x\mathrm{d}y - [y + xy^3(1 + \ln x)]\mathrm{d}x = 0$;

(3) $\dfrac{\mathrm{d}y}{\mathrm{d}x} - 3xy = xy^2$;

(4) $\dfrac{\mathrm{d}y}{\mathrm{d}x} - y = xy^5$.

7.3　可降阶的高阶微分方程

教学目标: 会用降阶法解下列微分方程: $y^{(n)} = f(x)$, $y'' = f(x, y')$, $y'' = f(y, y')$.

教学重点: $y'' = f(x, y')$ 型的微分方程的解法.

教学难点: $y'' = f(y, y')$ 型的微分方程的解法.

教学背景: 第二宇宙速度问题, 高空物体下落的速度与时间问题, 悬链线问题.

思政元素: 高阶和低阶, 一般和特殊, 航天精神, 中国空间站, 求实创新, 勇攀高峰.

一般地, 高阶微分方程求解很困难, 而且没有普遍适用的方法. 但有一些高阶微分方程可以通过降低微分方程的阶数来求解, 这类方程称为可降阶的高阶微分方程.

第二宇宙速度问题: 用火箭将一质量为 m 的航天器送入太空, 问航天器与火箭分离时, 航天器获得的初速度 v_0 为多少时才能脱离地球的引力的束缚, 遨游太空. 要解决这个问题, 我们要先介绍下面的微分方程的解法.

7.3.1 $y^{(n)} = f(x)$ 型的微分方程

形如

$$y^{(n)} = f(x) \tag{7-3-1}$$

慕课7.5

的微分方程, 其特点是方程的右端仅含自变量 x, 其解法可两端直接进行积分 n 次.

容易看出, 只要把 $y^{(n-1)}$ 作为新的未知函数, 那么 (7-3-1) 式就是新未知函数的一阶微分方程. 两边积分, 就得到一个 $n-1$ 阶微分方程

$$y^{(n-1)} = \int f(x)\mathrm{d}x + C_1,$$

同理可得

$$y^{(n-2)} = \int \left[\int f(x)\mathrm{d}x + C_1 \right] \mathrm{d}x + C_2.$$

依此法继续进行, 接连积分 n 次, 每积分一次会产生独立的一个任意常数, 方程 (7-3-1) 的通解中一共含有 n 个任意常数.

例 1 求微分方程 $y''' = \mathrm{e}^{2x} - \cos x$ 的通解.

解 对方程两边连续积分, 得

$$y'' = \int (\mathrm{e}^{2x} - \cos x)\mathrm{d}x = \frac{1}{2}\mathrm{e}^{2x} - \sin x + C,$$

$$y' = \int \left(\frac{1}{2}\mathrm{e}^{2x} - \sin x + C \right) \mathrm{d}x = \frac{1}{4}\mathrm{e}^{2x} + \cos x + Cx + C_2,$$

$$y = \int \left(\frac{1}{4}\mathrm{e}^{2x} + \cos x + Cx + C_2 \right) \mathrm{d}x = \frac{1}{8}\mathrm{e}^{2x} + \sin x + \frac{C}{2}x^2 + C_2 x + C_3,$$

即所求方程的通解为

$$y = \int \left(\frac{1}{4}\mathrm{e}^{2x} + \cos x + C_1 x + C_2 \right) \mathrm{d}x = \frac{1}{8}\mathrm{e}^{2x} + \sin x + C_1 x^2 + C_2 x + C_3 \left(C_1 = \frac{C}{2} \right).$$

7.3.2 $y'' = f(x, y')$ 型的微分方程

形如

$$y'' = f(x, y') \tag{7-3-2}$$

的微分方程, 其特点是方程右端的函数不显含未知函数 y.

其解法如下:

设 $y' = p(x)$, 那么 $y'' = \dfrac{\mathrm{d}p}{\mathrm{d}x} = p'$, 则方程可化为

$$p' = f(x, p),$$

这是一个关于变量 x, p 的一阶微分方程. 设其通解为 $p = \varphi(x, C_1)$, 但是 $p = \dfrac{\mathrm{d}y}{\mathrm{d}x}$, 因此得到一个一阶微分方程 $\dfrac{\mathrm{d}y}{\mathrm{d}x} = \varphi(x, C_1)$. 对它进行积分, 便得方程 (7-3-2) 的通解为

$$y = \int \varphi(x, C_1)\mathrm{d}x + C_2.$$

例 2　求微分方程 $xy'' + y' = 0$ 的通解.

解　所给方程是函数不显含 y 的类型, 属于 $y'' = f(x, y')$ 型.

设 $y' = p(x)$, 那么 $y'' = \dfrac{\mathrm{d}p}{\mathrm{d}x} = p'$, 代入方程并分离变量后, 得

$$\frac{\mathrm{d}p}{p} = -\frac{\mathrm{d}x}{x},$$

两边积分, 得

$$\ln|p| = -\ln x + \ln C_1,$$

即

$$p = \frac{C_1}{x},$$

则

$$y' = \frac{C_1}{x},$$

于是所求方程的通解为

$$y = C_1 \ln|x| + C_2.$$

例 3　求微分方程 $(1 + x^2)y'' = 2xy'$ 满足初始条件 $y\,|_{x=0} = 1$, $y'\,|_{x=0} = 3$ 的特解.

解　所给方程是函数不显含 y 的类型, 属于 $y'' = f(x, y')$ 型.

设 $y' = p(x)$, 则 $y'' = \dfrac{\mathrm{d}p}{\mathrm{d}x}$, 代入方程并分离变量后, 得

$$\frac{\mathrm{d}p}{p} = \frac{2x}{1 + x^2}\mathrm{d}x,$$

两边积分, 得

$$\ln|p| = \ln(1 + x^2) + C,$$

即

$$p = y' = C_1(1 + x^2) \quad (C_1 = \pm e^C),$$

由条件 $y'|_{x=0} = 3$ 得, $C_1 = 3$, 所以 $y' = 3(1 + x^2)$, 两端再积分, 得

$$y = x^3 + 3x + C_2.$$

又由条件 $y|_{x=0} = 1$, 得 $C_2 = 1$, 于是所求方程的特解为

$$y = x^3 + 3x + 1.$$

7.3.3 $y'' = f(y, y')$ 型的微分方程

形如

$$y'' = f(y, y') \tag{7-3-3}$$

的微分方程, 其特点是方程右端的函数中不显含 x.

其方程解法如下:

我们令 $y' = p$, 并利用复合函数的求导法则, 把 y'' 化为对 y 的导数, 即

$$y'' = \frac{\mathrm{d}p}{\mathrm{d}x} = \frac{\mathrm{d}p}{\mathrm{d}y}\frac{\mathrm{d}y}{\mathrm{d}x} = p\frac{\mathrm{d}p}{\mathrm{d}y}.$$

由于函数中不显含 x, 就可将 y 当作自变量, 而把 y' 看成 y 的函数 $p(y)$. 这样, 方程可转化为关于 p 和 y 的一阶微分方程, 即

$$p\frac{\mathrm{d}p}{\mathrm{d}y} = f(y, p),$$

设它的通解为 $y' = p = \varphi(y, C_1)$, 通过分离变量并积分, 便得方程 (7-3-3) 的通解为

$$\int \frac{\mathrm{d}y}{\varphi(y, C_1)} = x + C_2.$$

例 4 求微分方程 $yy'' - y'^2 = 0$ 的通解.

解 方程属于不显含的 x 类型, 可设 $y' = p$, 则 $y'' = p\dfrac{\mathrm{d}p}{\mathrm{d}y}$, 代入方程得

$$yp\frac{\mathrm{d}p}{\mathrm{d}x} - p^2 = 0.$$

当 $y = 0$ 时, 它是原方程的解;

当 $y \neq 0, p \neq 0$ 时, 约去 p 并分离变量, 得

$$\frac{\mathrm{d}p}{p} = \frac{\mathrm{d}y}{y},$$

两端积分, 得

$$\ln |p| = \ln |y| + C,$$

即

$$p = C_1 y \quad \text{或} \quad y' = C_1 y \quad (C_1 = \pm \mathrm{e}^C),$$

再分离变量并两边积分, 得方程的通解为

$$\ln |y| = C_1 x + C_2'$$

或

$$y = C_2 \mathrm{e}^{C_1 x} \quad (C_2 = \pm \mathrm{e}^{C_2'}).$$

例 5　质量为 m 的质点受力 F 的作用沿 Ox 轴做直线运动. 设力 F 仅是时间 t 的函数 $F = F(t)$. 在开始时刻 $t = 0$ 时, $F(0) = F_0$. 随着时间 t 的增大, 此力 F 均匀地减小, 直到 $t = T$ 时, $F(T) = 0$. 如果开始时质点位于原点, 且初速度为零, 求该质点的运动规律.

解　设 $x = x(t)$ 表示在时刻质点的位置, 根据牛顿第二定律, 质点运动的微分方程为

$$m \frac{\mathrm{d}^2 x}{\mathrm{d}t^2} = F(t).$$

由题设, 力 $F(t)$ 随 t 增大而减小, 且当 $t = 0$ 时, $F(0) = F_0$, 所以 $F(t) = F_0 - kt$; 又当 $t = T$ 时, $F(T) = 0$, 从而

$$F(t) = F_0 \left(1 - \frac{t}{T} \right).$$

于是方程可以写成初值问题为

$$\begin{cases} \dfrac{\mathrm{d}^2 x}{\mathrm{d}t^2} = \dfrac{F_0}{m} \left(1 - \dfrac{t}{T} \right), \\ x|_{t=0} = 0, \ \dfrac{\mathrm{d}x}{\mathrm{d}t} \bigg|_{t=0} = 0, \end{cases}$$

对方程两端积分, 得

$$\frac{\mathrm{d}x}{\mathrm{d}t} = \frac{F_0}{m} \int \left(1 - \frac{t}{T} \right) \mathrm{d}t = \frac{F_0}{m} \left(t - \frac{t^2}{2T} \right) + C_1,$$

代入初始条件 $\dfrac{\mathrm{d}x}{\mathrm{d}t}\Big|_{t=0}=0$, 得 $C_1=0$, 于是有

$$\frac{\mathrm{d}x}{\mathrm{d}t}=\frac{F_0}{m}\left(t-\frac{t^2}{2T}\right),$$

两端积分, 得

$$x=\frac{F_0}{m}\left(\frac{t^2}{2}-\frac{t^3}{6T}\right)+C_2,$$

再代入初始条件 $x|_{t=0}=0$, 得 $C_2=0$, 于是所求质点的运动规律为

$$x=\frac{F_0}{m}\left(\frac{t^2}{2}-\frac{t^3}{6T}\right)\quad(0\leqslant t\leqslant T).$$

例 6 (悬链线方程)　设有一均匀、柔软的绳索, 两端固定, 绳索仅受重力的作用而下垂, 试问该绳索在平衡状态时的曲线方程?

解　设绳索的最低点为 A, 取 y 轴通过 A 点铅直向上, 如图 7-3-1 建立坐标系, 且 $|OA|$ 等于某个固定值.

设绳索的曲线方程为 $y=f(x)$, 绳索上点 A 到另一点 $M(x,y)$ 间的**一段弧** $\overparen{AB}$, 设其长为 s.

假定绳索的线密度为 ρ, 则弧 $\overparen{AB}$ 所受重力为 $\rho g s$, 由于绳索是柔软的, 因而在点 A 处的张力沿水平的切线方向, 其大小设为 H; 在点 M 处的张力沿该点处的切线方向, 设其倾角为 θ, 其大小为 T, 因作用于弧段 $\overparen{AB}$ 的外力相互平衡, 把作用于弧 $\overparen{AB}$ 上的力沿铅直及水平方向分解, 得

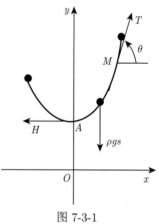

图 7-3-1

$$T\sin\theta=\rho g s,\quad T\cos\theta=H,$$

两式相除, 得

$$\tan\theta=\frac{1}{a}s\quad\left(a=\frac{H}{\rho g}\right),$$

由于 $\tan\theta=y'$, $s=\displaystyle\int_0^x\sqrt{1+y'^2}\mathrm{d}x$, 代入上式即得

$$y'=\frac{1}{a}\int_0^x\sqrt{1+y'^2}\mathrm{d}x.$$

将上式两端对 x 求导, 便得 $y = f(x)$ 满足的微分方程

$$y'' = \frac{1}{a}\sqrt{1 + y'^2}.$$

取原点 O 到点 A 的距离为定值 a, 即 $|OA| = a$, 那么初始条件为

$$y|_{x=0} = a, \quad y'|_{x=0} = 0.$$

下面来解方程, 该方程属于不显含 y 的类型.

设 $y' = p(x)$, 则 $y'' = \dfrac{\mathrm{d}p}{\mathrm{d}x}$, 代入方程并分离变量后, 得

$$\frac{\mathrm{d}p}{\sqrt{1 + p^2}} = \frac{\mathrm{d}x}{a},$$

两边积分, 得

$$\ln(p + \sqrt{1 + p^2}) = \frac{x}{a} + C_1,$$

把初始条件 $y'|_{x=0} = 0$ 代入, 得 $C_1 = 0$, 对于 $\ln(p + \sqrt{1 + p^2}) = \dfrac{x}{a}$, 解得

$$p = \frac{1}{2}\left(\mathrm{e}^{\frac{x}{a}} - \mathrm{e}^{-\frac{x}{a}}\right),$$

即 $y' = \dfrac{1}{2}\left(\mathrm{e}^{\frac{x}{a}} - \mathrm{e}^{-\frac{x}{a}}\right)$, 积分得

$$y = \frac{a}{2}\left(\mathrm{e}^{\frac{x}{a}} + \mathrm{e}^{-\frac{x}{a}}\right) + C_2,$$

再将条件 $y|_{x=0} = a$ 代入, 得 $C_2 = 0$, 于是该绳索的形状可由曲线方程

$$y = \frac{a}{2}\left(\mathrm{e}^{\frac{x}{a}} + \mathrm{e}^{-\frac{x}{a}}\right)$$

来表示, 这就是悬链线曲线.

例 7 (第二宇宙速度问题) 将一质量为 m 的航天器送入太空, 问航天器与火箭分离时, 航天器获得的初速度为多少才能脱离地球引力的束缚, 遨游太空. 地球的半径为 $R = 6.4 \times 10^6 \mathrm{m}$.

解 航天器与火箭分离的高度通常远远小于地球的半径 $R = 6.4 \times 10^6 \mathrm{m}$, 故可认为分离时航天器到地心的距离为 R, 但这个高度以上空气稀薄, 可不考虑空气阻力. 分离后, 航天器仅受地球引力 $F = G\dfrac{m_1 m}{r^2}$ 作用, 其中 G 为万有引力, m_1 为地球的质量, $r = r(t)$ 是 t 时刻航天器到地心的距离.

根据牛顿第二定律 $F = ma = m\dfrac{\mathrm{d}^2 r}{\mathrm{d}t^2}$, 所以 $r = r(t)$ 是初值问题

$$\begin{cases} \dfrac{\mathrm{d}^2 r}{\mathrm{d}t} = -G\dfrac{m_1}{r^2}, \\ r(0) = R, \quad r'(0) = v_0 \end{cases}$$

的解. 这时该问题变为: 确定 v_0 的值, 使 $r \to +\infty$ (当 $t \to +\infty$ 时).

令 $v = \dfrac{\mathrm{d}r}{\mathrm{d}t}$, 将 r 视为自变量, 则 $\dfrac{\mathrm{d}^2 r}{\mathrm{d}t^2} = \dfrac{\mathrm{d}v}{\mathrm{d}t} = \dfrac{\mathrm{d}v}{\mathrm{d}r} \cdot \dfrac{\mathrm{d}r}{\mathrm{d}t} = v\dfrac{\mathrm{d}v}{\mathrm{d}r}$, 方程降阶为可分离变量方程的一阶微分方程

$$v\dfrac{\mathrm{d}v}{\mathrm{d}r} = -\dfrac{Gm_1}{r^2},$$

其通解为

$$v^2 = \dfrac{2Gm_1}{r} + C_1,$$

由初值条件 $t = 0$ 时, $r = R$, $v = r' = v_0$, 确定 $C_1 = v_0^2 - \dfrac{2Gm_1}{R}$, 因此

$$v^2 = \dfrac{2Gm_1}{r} + v_0 - \dfrac{2Gm_1}{R}.$$

由此可见, 要保证 $r \to +\infty$, 必有

$$v^2 \geqslant \dfrac{2Gm_1}{r},$$

由于在地球表面上, 物体与地球间的万有引力等于重力, 即 $G\dfrac{m_1 m}{R^2} = mg$, 所以

$$Gm_1 = R^2 g,$$

代入上式得

$$v_0 \geqslant \sqrt{2gR} \approx \sqrt{2 \times 9.8 \times 6.4 \times 10^6} = 11.2 \times 10^3 (\mathrm{m/s}).$$

小结与思考

1. 小结

本节介绍了三种可降阶的高阶微分方程的解法及应用实例.

(1) $y^{(n)} = f(x)$ 型的微分方程.

(2) $y'' = f(x, y')$ 型的微分方程 (不显含 y).

(3) $y'' = f(y, y')$ 型的微分方程 (不显含 x).

2. 思考

你能建立关于第二宇宙速度问题的微分方程模型吗?

习 题 7.3

1. 求解下列方程的通解:

(1) $y'' = \dfrac{1}{1 + x^2}$;

(2) $y''' = x\mathrm{e}^x$;

(3) $y'' = y' + x$;

(4) $y'' = y'^2 + 1$;

(5) $yy'' + 2y'^2 = 0$;

(6) $y^3 y'' - 1 = 0$;

(7) $y'' = \dfrac{1}{\sqrt{y}}$;

(8) $y'' = y'^3 + y'$.

2. 求解下列方程的特解:

(1) $y^3 y'' + 1 = 0, y|_{x=1} = 1, y'|_{x=1} = 0$;

(2) $y''' = \mathrm{e}^{ax}, y|_{x=1} = y'|_{x=1} = y''|_{x=1} = 0$;

(3) $y'' = 3\sqrt{y}, y|_{x=0} = 1, y'|_{x=0} = 2$;

(4) $y'' + (y')^2 = 1, y|_{x=0} = 0, y'|_{x=0} = 0$.

3. 求微分方程 $y''[x + (y')^2] = y'$ 满足初始条件 $y|_{x=1} = y'|_{x=1} = 1$ 的特解.

4. 求微分方程 $xy'' + 3y' = 0$ 的通解.

7.4 高阶线性微分方程

教学目标: 理解二阶线性微分方程解的结构, 掌握二阶常系数齐次线性方程与非齐次线性方程通解的形式, 会求 n 阶常系数齐次线性微分方程的通解.

教学重点: 二阶线性微分方程解的性质, 二阶常系数齐次线性方程与二阶常系数非齐次线性方程的解法.

教学难点: 二阶常系数非齐次线性微分方程的解法, n 阶常系数齐次线性微分方程的通解.

教学背景: 弹簧的振动问题, 串联电路的振荡方程等.

思政元素: 线性和非线性, 齐次和非齐次, 特殊性和普遍性, 科学思维与科学精神.

在这一节里, 我们讨论二阶及二阶以上的微分方程, 即高阶微分方程的理论. 在微分方程的理论中, 线性微分方程是非常值得重视的一部分内容. 这不仅因为线性微分方程的一般理论发展得比较完整, 而且线性微分方程是研究非线性微分方程的基础, 它在自然科学和工程技术中也有着广泛的应用. 下面介绍一个二阶线性微分方程的例子.

设有一个弹簧, 它的上端固定, 下端挂一个质量为 m 的物体, 当物体处于静止状态时, 作用在物体上的重力与弹性力大小相等, 方向相反. 这个位置称为物体的平衡位置. 取 x 轴铅直向下, 并取物体的平衡位置为坐标原点, 根据牛顿第二定律, 弹簧的振动方程为

$$m\frac{\mathrm{d}^2 x}{\mathrm{d}t^2} = -cx - \mu\frac{\mathrm{d}x}{\mathrm{d}t},$$

其中 c 为弹性系数, μ 为介质的阻尼系数.

记 $2n = \dfrac{\mu}{m}$, $k^2 = \dfrac{c}{m}$, 则方程可写为

$$\frac{\mathrm{d}^2 x}{\mathrm{d}t^2} + 2n\frac{\mathrm{d}x}{\mathrm{d}t} + k^2 x = 0,$$

该方程称为弹簧振子的自由振动方程.

如果弹簧振动过程中, 受到铅直外力 $F = H\sin pt$ 的作用, 则弹簧振动方程为

$$\frac{\mathrm{d}^2 x}{\mathrm{d}t^2} + 2n\frac{\mathrm{d}x}{\mathrm{d}t} + k^2 x = h\sin pt,$$

该方程称为弹簧振子的强迫振动方程, 其中 $h = \dfrac{H}{m}$, 它就是一个二阶线性微分方程.

7.4.1　二阶线性微分方程解的结构

二阶线性微分方程的一般形式如下

$$\frac{\mathrm{d}^2 y}{\mathrm{d}x^2} + P(x)\frac{\mathrm{d}y}{\mathrm{d}x} + Q(x)y = f(x),$$

慕课7.6

其中 $P(x)$, $Q(x)$, $f(x)$ 是已知的关于 x 的函数, $f(x)$ 称为**方程的自由项**.

如果 $f(x) \equiv 0$, 则方程 $\dfrac{\mathrm{d}^2 y}{\mathrm{d}x^2} + P(x)\dfrac{\mathrm{d}y}{\mathrm{d}x} + Q(x)y = 0$ 称为**二阶齐次线性微分方程**;

如果 $f(x) \neq 0$, 则方程 $\dfrac{\mathrm{d}^2 y}{\mathrm{d}x^2} + P(x)\dfrac{\mathrm{d}y}{\mathrm{d}x} + Q(x)y = f(x)$ 称为**二阶非齐次线性微分方程**.

1. 二阶齐次线性方程解的结构

二阶齐次线性方程 $y'' + P(x)y' + Q(x)y = 0$, 其解的结构具有如下定理.

定理 7.4.1　如果函数 $y_1(x)$ 与 $y_2(x)$ 是二阶齐次线性方程 $y'' + P(x)y' + Q(x)y = 0$ 的两个解, 那么 $y = C_1 y_1(x) + C_2 y_2(x)$ 也是二阶齐次线性方程的解, 其中 C_1, C_2 是任意常数.

齐次线性方程的这个性质说明它的解符合**叠加原理**.

注　$y = C_1 y_1(x) + C_2 y_2(x)$ 虽然是二阶齐次线性方程的解, 但不一定是通解. 当 C_1, C_2 可以合并为一个任意常数时, $y = C_1 y_1(x) + C_2 y_2(x)$ 就不是通解.

下面需要引入一个新的概念, 才能解决常数是否可以合并的问题, 即函数组的线性相关与线性无关.

定义 7.4.1　设 $y_1(x), y_2(x), \cdots, y_n(x)$ 为定义在区间 I 上的 n 个函数, 如果存在 n 个不全为零的常数 $k_1, k_2, \cdots, k_n$, 使得当 $x \in I$ 时有恒等式

$$k_1 y_1 + k_2 y_2 + \cdots + k_n y_n = 0$$

成立, 那么称这 n 个函数在区间 I 上**线性相关**; 否则称为**线性无关**.

对于两个函数的情形, 它们线性相关与否, 只要看它们的比是否为常数, 如果比为常数, 那么它们就线性相关, 否则就线性无关.

例如, $1, \cos^2 x, \sin^2 x$ 在整个数轴上是线性相关的, 因为存在不全为零的常数 $k_1 = 1, k_2 = -1, k_3 = -1$, 有恒等式

$$1 - \cos^2 x - \sin^2 x \equiv 0.$$

而函数 $1, x, x^2$ 在任何区间 (a, b) 内是线性无关的. 因为如果 k_1, k_2, k_3 不全为零, 那么在该区间内至多只有两个 x 值能使二次三项式

$$k_1 + k_2 x + k_3 x^2 = 0,$$

要使上式成立, 只有 k_1, k_2, k_3 全为零.

定理 7.4.2　若函数 $y_1(x)$ 与 $y_2(x)$ 是二阶齐次线性微分方程的两个线性无关的特解, 则

$$y = C_1 y_1(x) + C_2 y_2(x) \quad (C_1, C_2 \text{ 是任意常数})$$

就是二阶齐次线性微分方程的**通解**.

例如, 方程 $y'' + y = 0$ 是二阶齐次线性方程. 容易验证, $y_1 = \cos x$ 与 $y_2 = \sin x$ 是所给方程的两个解, 且 $\dfrac{y_2}{y_1} = \dfrac{\sin x}{\cos x} = \tan x$, 即它们是线性无关的. 因此方程 $y'' + y = 0$ 的通解为 $y(x) = C_1 \cos x + C_2 \sin x$.

2. 二阶非齐次线性方程解的结构

定理 7.4.3　设 $y^*(x)$ 是二阶非齐次线性微分方程 $y'' + P(x)y' + Q(x)y = f(x)$ 的一个特解, $Y(x)$ 是与其对应的齐次方程的通解, 那么 $y = Y(x) + y^*(x)$ 是二阶非齐次线性微分方程的**通解**.

证明 将 $y = Y(x) + y^*(x)$ 代入方程中, 有

$$(Y + y^*)'' + P(x)(Y + y^*)' + Q(x)(Y + y^*)$$

$$= [Y'' + P(x)Y' + Q(x)Y] + [y^{*''} + P(x)y^{*'} + Q(x)y^*]$$

$$= 0 + f(x) = f(x),$$

可得 $y = Y(x) + y^*(x)$ 是方程的解.

定理 7.4.4 设非齐次线性微分方程的右端函数 $f(x)$ 是两个函数之和, 即

$$y'' + P(x)y' + Q(x)y = f_1(x) + f_2(x),$$

而 $y_1^*(x)$ 与 $y_2^*(x)$ 分别是方程

$$y'' + P(x)y' + Q(x)y = f_1(x) \quad \text{与} \quad y'' + P(x)y' + Q(x)y = f_2(x)$$

的特解, 那么 $y_1^*(x) + y_2^*(x)$ 是原方程的特解.

证明 将 $y_1^*(x) + y_2^*(x)$ 代入方程 $y'' + P(x)y' + Q(x)y = f_1(x) + f_2(x)$ 中, 得

$$(y_1^* + y_2^*)'' + P(x)(y_1^* + y_2^*)' + Q(x)(y_1^* + y_2^*)$$

$$= [y_1^{*''} + P(x)y_1^{*'} + Q(x)y_1^*] + [y_2^{*''} + P(x)y_2^{*'} + Q(x)y_2^{*''}]$$

$$= f_1(x) + f_2(x).$$

因此 $y_1^*(x) + y_2^*(x)$ 是方程 $y'' + P(x)y' + Q(x)y = f_1(x) + f_2(x)$ 的解.

7.4.2 二阶常系数齐次线性微分方程

对于一般的齐次线性微分方程, 人们至今没有找到一个求通解的一般方法. 但是, 当齐次方程的系数都是实常数时, 求它的基本解的问题却可以转化成一个求多项式的根的问题.

慕课7.7

下面介绍求解问题已经彻底解决的一类方程——**常系数线性微分方程**. 我们将看到, 为了求得常系数线性方程的通解, 只需解一个代数方程而不必通过积分运算.

形如

$$y^{(n)} + a_1 y^{(n-1)} + \cdots + a_{n-1} y' + a_n y = f(x)$$

的方程称为 n **阶常系数线性方程**, 其中 $a_i (i = 1, 2, \cdots, n)$ 均为实常数.

如果 $f(x) \equiv 0$, $y^{(n)} + a_1 y^{(n-1)} + \cdots + a_{n-1} y' + a_n y = 0$ 称为 n **阶常系数齐次线性微分方程**.

如果 $f(x) \neq 0$, $y^{(n)} + a_1 y^{(n-1)} + \cdots + a_{n-1} y' + a_n y = f(x)$ 称为 n **阶常系数非齐次线性方程**.

常系数线性方程, 特别是二阶常系数线性方程在工程技术中有着广泛的应用.

下面我们先讨论二阶常系数齐次线性微分方程

$$y'' + py' + qy = 0 \tag{7-4-1}$$

的解法.

由 7.3 节讨论可知, 要求出方程 (7-4-1) 的通解, 可以先求出它的两个线性无关的解 y_1 与 y_2, 即 $\dfrac{y_2}{y_1} \neq$ 常数, 那么 $y = C_1 y_1 + C_2 y_2$ 就是方程 (7-4-1) 的通解.

当 r 为常数时, 指数函数 $y = \mathrm{e}^{rx}$ 和它的各阶导数都相差一个常数因子. 由于指数函数的这个特点, 因此设想方程 (7-4-1) 的解含有 $y = \mathrm{e}^{rx}$ 的形式, 看能否选取适当的常数, 使 $y = \mathrm{e}^{rx}$ 满足方程 (7-4-1).

将 $y = \mathrm{e}^{rx}$ 代入方程 $y'' + py' + qy = 0$ 中, 得 $(r^2 + pr + q)\mathrm{e}^{rx} = 0$, 由于 $\mathrm{e}^{rx} \neq 0$, 所以有

$$r^2 + pr + q = 0. \tag{7-4-2}$$

由此可见, 只要 r 满足代数方程 (7-4-2), 函数 $y = \mathrm{e}^{rx}$ 就是微分方程 (1) 的解, 我们把这个一元二次的代数方程 (7-4-2) 叫做微分方程 (7-4-1) 的**特征方程**, 其根称为**特征根**.

可见, 微分方程 $y'' + py' + qy = 0$ 的求解问题就转化为求其特征方程 $r^2 + pr + q = 0$ 的特征根的问题, 转化后使得问题得到简化并解决. 那么根据特征根的三种情况, 我们来写出微分方程的通解.

特征方程的根与通解的关系:

(1) 当特征方程 $r^2 + pr + q = 0$ 有两个不相等的实根 r_1, r_2.

此时, 函数 $y_1 = \mathrm{e}^{r_1 x}$, $y_2 = \mathrm{e}^{r_2 x}$ 是微分方程 $y'' + py' + qy = 0$ 的两个解, 并且 $\dfrac{y_1}{y_2} = \dfrac{\mathrm{e}^{r_1 x}}{\mathrm{e}^{r_2 x}} = \mathrm{e}^{(r_1 - r_2)x}$ 不是常数, 因此微分方程 (7-4-1) 的通解为 $y = C_1 \mathrm{e}^{r_1 x} + C_2 \mathrm{e}^{r_2 x}$.

(2) 当特征方程 $r^2 + pr + q = 0$ 有两个相等的实根 $r_1 = r_2$.

此时, 只得到微分方程 $y'' + py' + qy = 0$ 的一个解, 还需求出另一个线性无关的解 y_2, 即 $\dfrac{y_2}{y_1}$ 不是常数. 可设 $\dfrac{y_2}{y_1} = u(x)$, 即 $y_2 = u(x)\mathrm{e}^{r_1 x}$, 下面来求 $u(x)$.

将 $y_2 = u(x)\mathrm{e}^{r_1 x}$, $y_2' = \mathrm{e}^{r_1 x}(u' + r_1 u)$, $y_2'' = \mathrm{e}^{r_1 x}(u'' + 2r_1 u' + r_1^2 u)$ 代入微分方程 (7-4-1), 得

$$\mathrm{e}^{r_1 x}[(u'' + 2r_1 u' + r_1^2 u) + p(u' + r_1 u) + qu] = 0,$$

约去 $\mathrm{e}^{r_1 x}$, 并以 u'', u', u 为准合并同类项, 得

$$u'' + (2r_1 + p)u' + (r_1^2 + pr_1 + q)u = 0.$$

由于 r_1 是特征方程 (7-4-2) 的二重根, 因此 $r_1^2 + pr_1 + q = 0$ 且 $2r_1 + p = 0$. 于是得 $u'' = 0$. 两次积分后得 $u = C_1 + C_2 x$, 因为这里只要得到一个不为常数的解, 所以不妨选取 $u = x$, 由此得到微分方程 (7-4-1) 的另一个解 $y_2 = x\mathrm{e}^{r_1 x}$. 从而微分方程 (7-4-1) 的通解为

$$y = C_1 \mathrm{e}^{r_1 x} + C_2 x \mathrm{e}^{r_1 x} = (C_1 + C_2 x)\mathrm{e}^{r_1 x}.$$

(3) 当特征方程 $r^2 + pr + q = 0$ 有一对共轭复根: $r_1 = \alpha + \mathrm{i}\beta$, $r_2 = \alpha - \mathrm{i}\beta$ ($\beta \neq 0$).

此时, $y_1 = \mathrm{e}^{(\alpha+\mathrm{i}\beta)x}$, $y_2 = \mathrm{e}^{(\alpha-\mathrm{i}\beta)x}$ 是微分方程 (7-4-1) 的两个解, 但它们是复值函数形式. 为了得出实值函数形式的解, 先利用欧拉公式 $\mathrm{e}^{\mathrm{i}\theta} = \cos\theta + \mathrm{i}\sin\theta$, 把 y_1, y_2 改写为

$$y_1 = \mathrm{e}^{(\alpha+\mathrm{i}\beta)x} = \mathrm{e}^{\alpha x} \cdot \mathrm{e}^{\mathrm{i}\beta x} = \mathrm{e}^{\alpha x}(\cos\beta x + \mathrm{i}\sin\beta x),$$

$$y_2 = \mathrm{e}^{(\alpha-\mathrm{i}\beta)x} = \mathrm{e}^{\alpha x} \cdot \mathrm{e}^{-\mathrm{i}\beta x} = \mathrm{e}^{\alpha x}(\cos\beta x - \mathrm{i}\sin\beta x).$$

由于复值函数 y_1 与 y_2 之间呈共轭关系, 因此, 取它们的和除以 2 就得到它们的实部; 取它们的差除以 2i 就得到它们的虚部. 由于方程 (7-4-1) 的解符合叠加原理, 所以下面的两个实值函数

$$\overline{y}_1 = \frac{1}{2}(y_1 + y_2) = \mathrm{e}^{\alpha x}\cos\beta x,$$

$$\overline{y}_2 = \frac{1}{2\mathrm{i}}(y_1 - y_2) = \mathrm{e}^{\alpha x}\sin\beta x,$$

也是微分方程 (7-4-1) 的解, 且 $\dfrac{\overline{y}_1}{\overline{y}_2} = \dfrac{\mathrm{e}^{\alpha x}\cos\beta x}{\mathrm{e}^{\alpha x}\sin\beta x} = \cot\beta x$ 不是常数, 所以微分方程 (7-4-1) 的通解为

$$y = \mathrm{e}^{\alpha x}(C_1 \cos\beta x + C_2 \sin\beta x).$$

综上所述, 二阶常系数齐次线性微分方程 $y'' + py' + qy = 0$ 的通解的求解步骤如下:

第一步, 将微分方程化标准形式 $y'' + py' + qy = 0$ 后, 写出特征方程 $r^2 + pr + q = 0$;

第二步, 求出特征方程 $r^2 + pr + q = 0$ 的特征根 r_1, r_2;

第三步, 根据特征方程的两个根的不同情况, 写出微分方程的通解.

例 1　求微分方程 $y'' - 3y' - 4y = 0$ 的通解.

解　对应的特征方程为 $r^2 - 3r - 4 = 0$, 求得特征根为 $r_1 = -1, r_2 = 4$, 根据两个不相等实根的情形, 所求通解为

$$y = C_1 \mathrm{e}^{-x} + C_2 \mathrm{e}^{4x}.$$

例 2　求方程 $\dfrac{\mathrm{d}^2 s}{\mathrm{d}t^2} - 2\dfrac{\mathrm{d}s}{\mathrm{d}t} + s = 0$ 的通解.

解　对应的特征方程为 $r^2 - 2r + 1 = 0$, 求得特征根为 $r_1 = r_2 = 1$, 根据两个相等的实根情形, 所求通解为

$$y = (C_1 + C_2 t)\mathrm{e}^t.$$

例 3　求微分方程 $y'' - 2y' + 5y = 0$ 的通解.

解　对应的特征方程为 $r^2 - 2r + 5 = 0$, 求得特征根为 $r_1 = 1 + 2\mathrm{i}, r_2 = 1 - 2\mathrm{i}$, 根据共轭复根的情形, $\alpha = 1$, $\beta = 2$, 所求通解为

$$y = \mathrm{e}^x(C_1 \cos 2x + C_2 \sin 2x).$$

7.4.3　二阶常系数非齐次线性微分方程的解法

二阶常系数非齐次线性微分方程的一般形式是

$$y'' + py' + qy = f(x) \tag{7-4-3}$$

慕课7.8

其中 p, q 是常数.

二阶常系数非齐次线性微分方程 (7-4-3) 的通解等于它的对应齐次方程的通解与它本身一个特解之和. 在 7.3 节学习了齐次方程通解的求法, 现在问题归结到如何求 (7-4-3) 的一个特解, 其方法主要有三种: 一种是常数变易法, 它是求非齐次方程特解的一般方法, 但计算比较麻烦, 而且必须经过积分运算. 可参照一阶非齐次线性方程的方法进行计算, 这里不做讨论.

下面介绍当 $f(x)$ 具有某些特殊形式 (如指数函数、正弦函数、余弦函数以及多项式等) 时所适用的一些方法——**待定系数法**. 特点是不需通过积分而用代数方法即可求得非齐次线性方程的特解. 即将求解微分方程的问题转化为某一个代数问题来处理, 因而比较简便.

对于二阶常系数非齐次线性微分方程 $y'' + py' + qy = f(x)$, 只需求出它的一个特解.

下面对于自由项 $f(x)$ 分两种情形来讨论.

1. $f(x) = P_m(x)\mathrm{e}^{\lambda x}$ 型

对于方程

$$y'' + py' + qy = P_m(x)\mathrm{e}^{\lambda x},$$

令其特解形式为 $y^* = Q(x)\mathrm{e}^{\lambda x}$, 其中 $Q(x)$ 是某个多项式, 则

$$y^{*\prime} = \mathrm{e}^{\lambda x}\left[\lambda Q(x) + Q'(x)\right], \quad y^{*\prime\prime} = \mathrm{e}^{\lambda x}\left[\lambda^2 Q(x) + 2\lambda Q'(x) + Q''(x)\right]$$

代入原方程, 得

$$Q''(x) + (2\lambda + p)Q'(x) + (\lambda^2 + p\lambda + q)Q(x) = p_m(x).$$

(i) 当 λ 不是特征方程 $r^2 + pr + q = 0$ 的根时, $\lambda^2 + p\lambda + q \neq 0$, 则

$$Q(x) = Q_m(x);$$

(ii) 当 λ 是特征方程 $r^2 + pr + q = 0$ 的单根时, $\lambda^2 + p\lambda + q = 0$ 且 $2\lambda + p \neq 0$, 则

$$Q(x) = xQ_m(x);$$

(iii) 当 λ 是特征方程 $r^2 + pr + q = 0$ 的重根时, $\lambda^2 + p\lambda + q = 0$ 且 $2\lambda + p = 0$, 则

$$Q(x) = x^2 Q_m(x).$$

注 方程的特解为: $y^* = x^k Q_m(x)\mathrm{e}^{\lambda x}$, 其中 k 按 λ 不是特征方程 $r^2 + pr + qy = 0$ 的根; 是特征方程的单根、重根依次取为 $0, 1$ 或 2.

表 7-4-1

$y'' + py' + qy = P_m(x)\mathrm{e}^{\lambda x}$ 特解形式	$y^* = x^k Q_m(x)\mathrm{e}^{\lambda x}, k$ 取 $0,1,2$
当 λ 不是特征方程	$Q(x) = Q_m(x)$
当 λ 是特征方程的单根	$Q(x) = xQ_m(x)$
当 λ 是特征方程的重根	$Q(x) = x^2 Q_m(x)$

例 4 求微分方程 $y'' - 3y' - 4y = -4x + 1$ 的特解.

解 由自由项 $f(x) = 2x + 1$ 可知对应 $\lambda = 0$, $P_m(x) = -4x + 1$, $m = 1$, 对应齐次方程的特征方程为

$$r^2 - 3r - 4 = 0,$$

求得特征根为

$$r_1 = -1, \quad r_2 = 4,$$

因为 $\lambda = 0$ 不是特征根, 所以特解可设为

$$y^* = ax + b,$$

将其代入方程, 得

$$0 - 3a - 4(ax + b) = -4x + 1,$$

由待定系数法得 $a = 1$, $b = -\dfrac{1}{2}$. 于是求得方程的特解为

$$y^* = x - \dfrac{1}{2}.$$

例 5　求微分方程 $y'' - 5y' + 6y = xe^{2x}$ 的通解.

解　由自由项为 $f(x) = xe^{2x}$, 对应 $\lambda = 2$, $P_m(x) = x$, $m = 1$, 对应齐次方程的特征方程为

$$r^2 - 5r + 6 = 0,$$

求得特征根为

$$r_1 = 2, \quad r_2 = 3,$$

因为 $\lambda = 2$ 是特征单根, 所以特解可设为

$$y^* = x \cdot (ax + b)e^{2x},$$

将其代入方程, 得

$$-2ax + 2a - b = x.$$

由待定系数法得 $a = -\dfrac{1}{2}$, $b = -1$. 于是求得方程的特解为

$$y^* = x\left(-\dfrac{1}{2} - 1\right)e^{2x}.$$

从而所求方程的通解为

$$y = C_1 e^{2x} + C_2 e^{3x} + x\left(-\dfrac{1}{2}x - 1\right)e^{2x}.$$

2. $f(x) = e^{\lambda x}\left[P_l(x)\cos\omega x + P_n(x)\sin\omega x\right]$ 型

对于方程

$$y'' + py' + qy = e^{\lambda x}\left[P_l(x)\cos\omega x + P_n(x)\sin\omega x\right],$$

其特解形式为

$$y^* = x^k \mathrm{e}^{\lambda x} \left[R_m^{(1)}(x) \cos \omega x + R_m^{(2)}(x) \sin \omega x \right],$$

其中 $R_m^{(1)}(x)$, $R_m^{(2)}(x)$ 是 m 次多项式, $m = \max\{l, n\}$, 而 k 按 $\lambda \pm \mathrm{i}\omega$ 不是特征方程的根, 是特征方程单根分别取为 0 或 1.

例 6 求微分方程 $y'' + 4y = x \cos x$ 的通解.

解 对应齐次方程的特征方程为 $r^2 + 4 = 0$, 求得特征根为 $r_1 = 2\mathrm{i}$, $r_2 = -2\mathrm{i}$, 由自由项 $f(x) = x \cos x$, 对应 $\lambda = 0$, $\omega = 1$, $\lambda + \mathrm{i}\omega = \mathrm{i}$ 不是特征方程的根, 故可设非齐次方程的特解为

$$y^* = (ax + b) \cos x + (cx + d) \sin x,$$

将其代入方程, 得

$$(3ax + 3b + 2c) \cos x + (3cx + 3d - 2a) \sin x = x \cos x.$$

由待定系数法有 $\begin{cases} 3a = 1, \\ 3b + 2c = 0, \\ 3c = 0, \\ 3d - 2a = 0, \end{cases}$ 解得 $\begin{cases} a = \dfrac{1}{3}, \\ b = 0, \\ c = 0, \\ d = \dfrac{2}{9}. \end{cases}$ 于是求得方程的特解为

$$y^* = \frac{1}{3} x \cos x + \frac{2}{9} \sin x,$$

从而所求方程的通解为

$$y = C_1 \cos 2x + C_2 \sin 2x + \frac{1}{3} x \cos x + \frac{2}{9} \sin x.$$

例 7 求微分方程 $y'' + y = \mathrm{e}^x + \cos x$ 的通解.

解 对应齐次方程的特征方程为 $r^2 + 1 = 0$, 求得特征根为 $r_1 = \mathrm{i}$, $r_2 = -\mathrm{i}$, 对应于 $y'' + y = \mathrm{e}^x$, 可设非齐次方程的特解为

$$y_1^* = A\mathrm{e}^x;$$

对应于 $y'' + y = \cos x$, $\lambda + \mathrm{i}\omega = 0 + 1 \cdot \mathrm{i} = \mathrm{i}$ 是特征方程的根, 可设非齐次方程的特解为

$$y_2^* = x(B \cos x + C \sin x),$$

则由叠加原理, 可设特解为

$$y^* = A\mathrm{e}^x + x(B \cos x + C \sin x),$$

将其代入方程, 可得

$$2Ae^x + 2C\cos x - 2B\sin x = e^x + \cos x.$$

由待定系数法得

$$A = \frac{1}{2}, \quad B = 0, \quad C = \frac{1}{2},$$

于是求得方程的特解为

$$y^* = \frac{1}{2}e^x + \frac{1}{2}x\sin x.$$

从而所求方程的通解为

$$y = C_1\cos x + C_2\sin x + \frac{1}{2}e^x + \frac{1}{2}x\sin x.$$

7.4.4 n 阶常系数齐次线性微分方程

上面讨论二阶常系数齐次线性微分方程所用的方法以及方程的通解的形式, 可推广到 n 阶常系数齐次线性微分方程上去.

n 阶常系数齐次线性微分方程的一般形式是

$$y^{(n)} + p_1y^{(n-1)} + p_2y^{(n-2)} + \cdots + p_{n-1}y' + p_ny = 0, \tag{7-4-4}$$

其中 $p_1, p_2, \cdots, p_{n-1}, p_n$ 都是常数.

有时我们用记号 D(叫做**微分算子**) 表示对 x 求导的运算 $\dfrac{d}{dx}$, 把 $\dfrac{dy}{dx}$ 记作 Dy, 把 $\dfrac{d^ny}{dx^n}$ 记作 D$^n y$, 并把方程 (7-4-4) 记作

$$(D^n + p_1D^{n-1} + \cdots + p_{n-1}D + p_n)y = 0. \tag{7-4-5}$$

记 $L(D) = D^n + p_1D^{n-1} + \cdots + p_{n-1}D + p_n$, $L(D)$ 叫做**微分算子 D 的 n 次多项式**. 于是方程 (7-4-5) 可记作

$$L(D)y = 0.$$

如同讨论二阶常系数齐次线性微分方程那样, 令 $y = e^{rx}$. 由于 D$e^{rx} = re^{rx}$, $\cdots$, D$^n e^{rx} = r^n e^{rx}$, 故 $L(D)e^{rx} = L(r)e^{rx}$. 因此把 $y = e^{rx}$ 代入方程 (7-4-5), 得

$$L(D)e^{rx} = L(r)e^{rx} = 0.$$

由此可见, 如果选取 r 是 n 次代数方程 $L(r) = 0$, 即

$$r^n + p_1 r^{n-1} + \cdots + p_{n-1} r + p_n = 0 \qquad (7\text{-}4\text{-}6)$$

的根, 那么作出的函数 $y = e^{rx}$ 就是微分方程 (7-4-5) 的一个解. 方程 (7-4-6) 叫做方程 (7-4-5) 的 **特征方程**.

特征方程的根与通解中项的对应 (表 7-4-2)

(1) 单实根 r 对应于一项: Ce^{rx}.

(2) 一对单复根 $r_{1,2} = \alpha \pm i\beta$ 对应于两项

$$e^{\alpha x}(C_1 \cos \beta x + C_2 \sin \beta x).$$

(3) k 重实根 r 对应于 k 项: $e^{rx}(C_1 + C_2 x + \cdots + C_k x^{k-1})$.

(4) 一对 k 重复根 $r_{1,2} = \alpha \pm i\beta$ 对应于 $2k$ 项

$$e^{\alpha x}[(C_1 + C_2 x + \cdots + C_k x^{k-1}) \cos \beta x + (D_1 + D_2 x + \cdots + D_k x^{k-1}) \sin \beta x].$$

表 **7-4-2**

特征根	微分方程通解中的对应项
单实根 r	给出一项: Ce^{rx}
一对单复根 $r_{1,2} = \alpha \pm i\beta$	给出两项: $e^{\alpha x}(C_1 \cos \beta x + C_2 \sin \beta x)$
k 重实根 r	给出 k 项: $e^{rx}\left(C_1 + C_2 x + \cdots + C_k x^{k-1}\right)$
一对 k 重复根	给出 $2k$ 项:
$r_{1,2} = \alpha \pm \beta i$	$e^{\alpha x}\left[\left(C_1 + \cdots + C_k x^{k-1}\right) \cos \beta x + \left(D_1 + \cdots + D_k x^{k-1}\right) \sin \beta x\right]$

从代数学知道, n 次代数方程有 n 个根 (重根按重数计算, 而特征方程的每一个根都对应着通解中的一项, 且每项各含一个任意常数. 这样就得到 n 阶常系数齐次线性微分方程的通解 $y = C_1 y_1 + C_2 y_2 + \cdots + C_n y_n$.

例 8 求方程 $y^{(4)} - 2y''' + 5y'' = 0$ 的通解.

解 对应的特征方程为

$$r^4 - 2r^3 + 5r^2 = 0,$$

即

$$r^2 \left(r^2 - 2r + 5\right) = 0,$$

它的根是

$$r_1 = r_2 = 0, \quad r_{3,4} = 1 \pm 2i,$$

因此所给微分方程的通解为

$$y = C_1 + C_2 x + \mathrm{e}^x \left(C_3 \cos 2x + C_4 \sin 2x \right).$$

例 9 求方程 $\dfrac{\mathrm{d}^4 w}{\mathrm{d} x^4} + \beta^4 w = 0$ 的通解, 其中 $\beta > 0$.

解 对应的特征方程为

$$r^4 + \beta^4 = 0,$$

即

$$r^4 + \beta^4 = r^4 + 2r^2 \beta^2 + \beta^4 - 2r^2 \beta^2$$
$$= \left(r^2 + \beta^2 \right) - 2r^2 \beta^2$$
$$= \left(r^2 + \beta^2 - \sqrt{2} r \beta \right) \left(r^2 + \beta^2 + \sqrt{2} r \beta \right),$$

它的根是

$$r_{1,2} = \frac{\beta}{\sqrt{2}} \left(1 \pm \mathrm{i} \right), \quad r_{3,4} = -\frac{\beta}{\sqrt{2}} \left(1 \pm \mathrm{i} \right),$$

因此所给微分方程的通解为

$$\omega = \mathrm{e}^{\frac{\beta}{\sqrt{2}} x} \left(C_1 \cos \frac{\beta}{\sqrt{2}} x + C_2 \sin \frac{\beta}{\sqrt{2}} x \right) + \mathrm{e}^{-\frac{\beta}{\sqrt{2}} x} \left(C_3 \cos \frac{\beta}{\sqrt{2}} x + C_4 \sin \frac{\beta}{\sqrt{2}} x \right).$$

例 10 求微分方程 $y^{(5)} + y^{(4)} + 2y''' + 2y'' + y' + y = 0$ 的通解.

解 对应的特征方程为

$$r^5 + r^4 + 2r^3 + 2r^2 + r + 1 = 0,$$

即

$$(r+1) \left(r^2 + 1 \right)^2 = 0,$$

它的特征根是

$$r_{1,2} = \mathrm{i}, \quad r_{3,4} = -\mathrm{i}, \quad r_5 = -1,$$

因此所给微分方程的通解为

$$y = (C_1 + C_2 x) \cos x + (C_3 + C_4 x) \sin x + C_5 \mathrm{e}^{-x}.$$

7.4.5 欧拉方程

变系数微分方程一般来说都是不容易求解的, 而欧拉方程是变系数微分方程的一类, 它的求解方法通常可采用变量代换法来求解, 即将所求的欧拉方程通过变换转化为常系数线性微分方程, 进而可求得欧拉方程的解, 但有些欧拉方程在用变量代换法求解时相对比较困难.

形如

$$x^n y^{(n)} + p_1 x^{n-1} y^{(n-1)} + \cdots + p_{n-1} x y' + p_n y = f(x)$$

的微分方程, 称为**欧拉方程**.

欧拉方程的一般解法: 令 $x = \mathrm{e}^t$ 或 $t = \ln x$, 将自变量 x 由变成 t, 则有

$$\frac{\mathrm{d}y}{\mathrm{d}x} = \frac{\mathrm{d}y}{\mathrm{d}t} \cdot \frac{\mathrm{d}t}{\mathrm{d}x} = \frac{1}{x} \frac{\mathrm{d}y}{\mathrm{d}t},$$

$$\frac{\mathrm{d}^2 y}{\mathrm{d}x^2} = \frac{1}{x^2} \left(\frac{\mathrm{d}^2 y}{\mathrm{d}t^2} - \frac{\mathrm{d}y}{\mathrm{d}t} \right),$$

$$\frac{\mathrm{d}^3 y}{\mathrm{d}x^3} = \frac{1}{x^3} \left(\frac{\mathrm{d}^3 y}{\mathrm{d}t^3} - 3\frac{\mathrm{d}^2 y}{\mathrm{d}t^2} + 2\frac{\mathrm{d}y}{\mathrm{d}t} \right), \cdots.$$

如果采用记号 D 表示对 t 求导的运算 $\frac{\mathrm{d}}{\mathrm{d}t}$, 那么上述计算结果可以写成

$$xy' = \frac{\mathrm{d}y}{\mathrm{d}t} = \mathrm{D}y,$$

$$x^2 y'' = \frac{\mathrm{d}^2 y}{\mathrm{d}t^2} - \frac{\mathrm{d}y}{\mathrm{d}t} = \left(\frac{\mathrm{d}^2}{\mathrm{d}t^2} - \frac{\mathrm{d}}{\mathrm{d}t} \right) = \left(\mathrm{D}^2 - \mathrm{D} \right) y = \mathrm{D}\left(\mathrm{D} - 1 \right) y,$$

$$x^3 y''' = \frac{\mathrm{d}^3 y}{\mathrm{d}t^3} - 3\frac{\mathrm{d}^2 y}{\mathrm{d}t^2} + 2\frac{\mathrm{d}y}{\mathrm{d}t} = \left(\mathrm{D}^3 - 3\mathrm{D}^2 + 2\mathrm{D} \right) y = \mathrm{D}\left(\mathrm{D} - 1 \right)\left(\mathrm{D} - 2 \right) y,$$

一般地, 有

$$x^k y^{(k)} = \mathrm{D}(\mathrm{D} - 1) \cdots (\mathrm{D} - k + 1) y,$$

将它代入欧拉方程中, 便得一个以 t 为自变量的常系数线性微分方程, 然后解出这个方程后, 把 $t = \ln x$ 回代, 即得原方程的解.

例 11 求欧拉方程 $x^2 y'' - xy' - 8y = 0$ 的通解.

解 作变换 $x = \mathrm{e}^t$ 或 $t = \ln x$, 将 $xy' = \frac{\mathrm{d}y}{\mathrm{d}t}$, $x^2 y'' = \frac{\mathrm{d}^2 y}{\mathrm{d}t^2} - \frac{\mathrm{d}y}{\mathrm{d}t}$, 代入原方程, 化为二阶常系数齐次线性微分方程

$$\frac{\mathrm{d}^2 y}{\mathrm{d}t^2} - 2\frac{\mathrm{d}y}{\mathrm{d}t} - 8y = 0,$$

其对应的特征方程是

$$r^2 - 2r - 8 = 0,$$

它的特征根为

$$r_1 = 4, \quad r_2 = -2,$$

则微分方程的通解为

$$y = C_1 \mathrm{e}^{-2t} + C_2 \mathrm{e}^{4t} = \frac{C_1}{x^2} + C_2 x^4.$$

例 12　求欧拉方程 $x^3 y''' + x^2 y'' - 4xy' = 3x^2$ 的通解.

解　作变换 $x = \mathrm{e}^t$ 或 $t = \ln x$, 原方程化为

$$\mathrm{D}\,(\mathrm{D} - 1)\,(\mathrm{D} - 2)\,y + \mathrm{D}\,(\mathrm{D} - 1)\,y - 4\mathrm{D}y = 3\mathrm{e}^{2t},$$

即

$$\mathrm{D}^3 y - 2\mathrm{D}^2 y - 3\mathrm{D}y = 3\mathrm{e}^{2t},$$

对应的齐次方程是

$$r^3 - 2r^2 - 3r = 0,$$

它的特征根是

$$r_1 = 0, \quad r_2 = -1, \quad r_3 = 3,$$

则微分方程的通解为

$$Y = C_1 + C_2 \mathrm{e}^{-t} + C_3 \mathrm{e}^{3t} = C_1 + \frac{C_2}{x} + C_3 x^3.$$

设特解的形式为

$$y^* = b\mathrm{e}^{2t} = bx^2,$$

代入原方程, 求得

$$b = -\frac{1}{2},$$

即

$$y^* = -\frac{x^2}{2},$$

于是所求欧拉方程的通解为

$$y = C_1 + \frac{C_2}{x} + C_3 x^3 - \frac{1}{2} x^2.$$

小结与思考

1. 小结

本节我们重点学习了常系数线性齐次方程的特征根法. 特征根法的要点是把微分方程的求解问题化为代数方程的求根问题. 特征根法的特点在于不需要通过积分运算. 而只要解代数方程即可求得微分方程的解.

2. 思考

求微分方程 $y'' - 3y' + 2y = \sin x$ 的通解.

习　题　7.4

1. 下列函数组哪些是线性无关的:

(1) $x, 2x$;

(2) $2\mathrm{e}^{-x}, 3\mathrm{e}^{-x}$;

(3) $\cos 2x, \sin 2x$;

(4) $x\mathrm{e}^{-x}, x^2\mathrm{e}^{-x}$;

(5) $\ln x, x\ln x$;

(6) $\mathrm{e}^x, \mathrm{e}^{-x}$.

2. 求下列齐次线性微分方程的通解:

(1) $y'' - 3y' + 2y = 0$;

(2) $y'' - 4y' = 0$;

(3) $y'' + 6y' + 13y = 0$;

(4) $y^{(4)} - y = 0$.

3. 求下列齐次线性微分方程的特解:

(1) $4y'' + 4y' + y = 0$, $y|_{x=0} = 2$, $y'|_{x=0} = 0$;

(2) $y'' - 3y' - 4y = 0$, $y|_{x=0} = 0$, $y'|_{x=0} = -5$;

(3) $y'' + 4y' + 29y = 0$, $y|_{x=0} = 0$, $y'|_{x=0} = 15$;

(4) $y'' + 25y = 0$, $y|_{x=0} = 2$, $y'|_{x=0} = 5$.

4. 求下列非齐次线性微分方程的通解:

(1) $y'' + a^2 y = \mathrm{e}^x$;

(2) $y'' + 3y' + 2y = 3x\mathrm{e}^{-x}$;

(3) $y'' - 6y' + 9y = (x+1)\mathrm{e}^{3x}$;

(4) $y'' - y = \sin^2 x$.

5. 求下列非齐次线性微分方程的特解:

(1) $y'' + y + \sin 2x = 0$, $y|_{x=\pi} = 1$, $y'|_{x=\pi} = 1$;

(2) $y'' - 10y' + 9y = \mathrm{e}^{2x}$, $y|_{x=0} = \dfrac{6}{7}$, $y'|_{x=0} = \dfrac{33}{7}$;

(3) $y'' - 4y' = 5$, $y|_{x=0} = 1$, $y'|_{x=0} = 0$;

(4) $y'' - y' = 4x\mathrm{e}^x$, $y|_{x=0} = 0$, $y'|_{x=0} = 1$.

6. 设函数 $\varphi(x)$ 连续, 且满足

$$\varphi(x) = \mathrm{e}^x + \int_0^x t\varphi(t)\mathrm{d}t - x\int_0^x \varphi(t)\mathrm{d}t,$$

求 $\varphi(x)$.

7. 已知 $y_1 = \mathrm{e}^{3x} - x\mathrm{e}^{2x}$, $y_2 = \mathrm{e}^x - x\mathrm{e}^{2x}$, $y_3 = -x\mathrm{e}^{2x}$ 都是某二阶常系数非齐次线性微分方程的 3 个解, 求该方程的通解.

7.5 差 分 方 程

教学目标: 理解差分、差分方程的基本概念, 掌握一阶常系数差分方程的解法.

教学重点: 一阶常系数齐次线性差分方程的解法, 一阶常系数非齐次线性差分方程的解法.

教学难点: 一阶常系数非齐次线性差分方程的通解和特解形式.

教学背景: 经济学、管理科学中的经济模型等.

思政元素: 离散和连续, 共性和特性.

现实世界中许多现象所涉及的自变量是离散的, 如经济变量的数据大多按等间隔时间周期来统计, 因此对应的函数值也是离散的. 如国民收入按年统计、银行存款按定期计息等等. 为了寻求它们之间的关系和变化规律, 就需要差分方程这一有力工具, 它是经济学和管理科学中最常见的离散型模型.

引例 设 A_0 是初始存款 $t = 0$ 时的存款, 年利率 $r\,(0 < r < 1)$, 如果按复利计息, 试求 t 年后本息和 A_t.

由复利计息公式可知, t 年后的本息和表示为

$$A_t = (1 + r)A_0 \quad (t = 0, 1, 2, \cdots),$$

而 $(t + 1)$ 年后的本息和与 t 年后的本息和的关系如下

$$A_{t+1} = A_t + rA_t \quad (t = 0, 1, 2, \cdots), \tag{7-5-1}$$

其中对相邻两个函数值作差, 记作 $\Delta A_t = A_{t+1} - A_t$, 称 ΔA_t 表示 A_t 在 t 时的差分, 则上式可表示为

$$\Delta A_t = rA_t \quad (t = 0, 1, 2, \cdots), \tag{7-5-2}$$

对于方程 (7-5-1) 中含有未知函数 A_t 和 A_{t+1}, 方程 (7-5-2) 中都含有未知函数 A_t 的差分 ΔA_t, 像这样的方程即为差分方程.

7.5.1 差分方程的基本概念

定义 7.5.1 设函数 $y = y(x)$, 简记 $y_x (x = 0, 1, 2, \cdots)$, 对于函数值数列 $y_0, y_1, \cdots, y_x, y_{x+1}, \cdots$, 相邻两个函数值作差

$$\Delta y_x = y_{x+1} - y_x,$$

称为函数在 x 的一阶差分; 函数的一阶差分的差分称为**二阶差分**, 记为

$$\Delta^2 y_x = \Delta(\Delta y_x) = \Delta y_{x+1} - \Delta y_x = (y_{x+2} - y_{x+1}) - (y_{x+1} - y_x) = y_{x+2} - 2y_{x+1} + y_x,$$

以此类推, 可定义函数在 t 的三阶差分, 四阶差分, $\cdots$, n 阶差分, 记作

$$\Delta^n y_x = \Delta(\Delta^{n-1} y_x) = \Delta^{n-1} y_{x+1} - \Delta^{n-1} y_x.$$

由定义知, 差分具有如下的性质.

性质 7.5.1 $\Delta(C) = 0$;

性质 7.5.2 $\Delta(C y_x) = C(\Delta y_x)$;

性质 7.5.3 $\Delta(y_x + z_x) = \Delta y_x - \Delta z_x$.

例 1 设 $y = y(x) = x^2 + 2x + 3$, 求 Δy_x, $\Delta^2 y_x$, $\Delta^3 y_x$.

解 由定义知,

$$\Delta y_x = y_{x+1} - y_x = [(x+1)^2 + 2(x+1) - 3] - (x^2 + 2x - 3) = 2x + 3,$$

$$\Delta^2 y_x = \Delta(\Delta y_x) = y_{x+2} - 2y_{x+1} + y_x = 2,$$

$$\Delta^3 y_x = \Delta(2) = 0.$$

定义 7.5.2 含有未知函数差分或表示位置函数几个时期值的方程称为**差分方程**. 其一般形式为

$$F(x, y_x, y_{x+1}, \cdots, y_{x+n}) = 0 \quad 或 \quad F(x, y_x, \Delta y_x, \Delta^2 y_x \cdots, \Delta^n y_x) = 0.$$

定义 7.5.3 差分方程中含有未知函数差分的阶数或差分方程中未知函数下标的最大值与最小值的差称为**差分方程的阶**, 上面的方程均为 n 阶差分方程.

根据函数差分的定义, 上面两个方程是可以相互转化的, 之间无本质差别.

例 2 $y_{x+2} - 2y_{x+1} - y(x) = 3^x$ 是一个二阶差分方程, 将方程转化为含有 Δy_x 形式的方程.

解 由方程左边可得

$$y_{x+2} - 2y_{x+1} - y_x$$

$$= (y_{x+2} - y_{x+1}) - (y_{x+2} - y_{x+1}) - 2y_x$$

$$= \Delta y_{x+1} - \Delta y_x - 2y_x$$

$$= \Delta^2 y_x - 2y_x,$$

则原方程可化为

$$\Delta^2 y_x - 2y_x = 3^x.$$

7.5.2　一阶常系数线性差分方程

形如

$$y_{x+1} - ay_x = f(x) \quad (a \neq 0)$$

的差分方程, 称为**一阶常系数线性差分方程**.

如果 $f(x) = 0$ 时, 方程 $y_{x+1} - ay_x = 0(a \neq 0)$ 称为**一阶常系数齐次线性差分方程**;

如果 $f(x) \neq 0$ 时, 方程 $y_{x+1} - ay_x = f(x)(a \neq 0)$ 称为**一阶常系数非齐次线性差分方程**.

与微分方程类似, 对于一阶差分方程的通解有如下的结论.

(1) 齐次差分方程的解乘以一个常数后仍是齐次差分方程的解;

(2) 非齐次差分方程的通解等于对应的齐次差分方程的通解加上非齐次差分方程的一个特解.

1. $y_{x+1} - ay_x = 0(a \neq 0)$ 的解法

我们知道, 指数的差分仍是指数函数, 可以猜测一阶常系数齐次方程有形如 $y_x = r^x(r \neq 0)$ 的解, 将其代入原方程可得

$$r^{x+1} - ar^x = r^x(r - a) = 0.$$

由于 $r \neq 0$, 故有 $(r - a) = 0$, 即 $r = a$, 所以 $y_x = a^x$ 就是齐次方程的一个解, 由上面的结论 (1), 对任意的常数 C, 函数 $y_x = Ca^x$ 也是该方程的解, 从而, **差分方程的通解**为

$$y_x = Ca^x \quad (C \text{ 为任意常数}).$$

方程 $r - a = 0$ 称为差分方程的**特征方程**, 其根 $r = a$ 称为**特征根**, 由特征根就可以确定方程的通解.

例 3　求差分方程 $y_{x+1} - 2y_x = 0$ 的通解, 并求在满足初始条件 $y_0 = 5$ 时的特解.

解　由特征方程 $r - 2 = 0$, 得特征根 $r = 2$, 于是原方程的通解为

$$y_x = C2^x.$$

代入初始条件 $y_0 = 5$, 有 $y_0 = 5 = C2^0$, 可得 $C = 5$, 所以所求的特解为

$$y_x = 5 \cdot 2^x.$$

2. $y_{x+1} - ay_x = f(x)(a \neq 0)$ 的解法

下面只讨论当 $f(x)$ 是某些特殊形式的函数时求方程的特解. 一般利用待定系数法来求解. 根据方程右边函数 $f(x)$ 的形式, 可设特解的形式与其形式相同, 但特解中会含有待定系数的函数, 然后将特解代入差分方程后, 用待定系数法确定所求特解 y^*.

当方程为 $y_{x+1} - ay_x = b^x P_m(x)$ 时, 其中 b 为常数, $P_m(x)$ 为 m 次多项式, 可设特解的形式如下:

$$y^* = \begin{cases} b^x Q_m(x), & b \text{ 不是特征值}, \\ xb^x Q_m(x), & b \text{ 是特征值}, \end{cases}$$

其中 $Q_m(x)$ 为 m 次多项式, 包含 $m+1$ 个待定系数.

例 4　求差分方程 $y_{x+1} - 3y_x = -2$ 的通解.

解　原方程对应齐次方程的特征方程 $r - 3 = 0$, 得特征根 $r = 3$, 于是对应的齐次方程的通解为

$$y_x = C3^x \quad (C \text{ 为任意常数}).$$

由于 $f(x) = -2 = 1^x \cdot (-2)$, 即 $b = 1, P_1(x) = -2$, 故可设原方程有特解

$$y^* = A,$$

代入原方程得

$$A - 3A = -2,$$

于是 $A = 1$, 即 $y^* = 1$, 因此原方程的通解为

$$y_x = C \cdot 3^x + 1 \quad (C \text{ 为任意常数}).$$

例 5　求差分方程 $y_{x+1} - y_x = 2x$ 的通解.

解　原方程对应齐次方程的特征方程 $r - 1 = 0$, 得特征根 $r = 1$, 于是对应的齐次方程的通解为

$$y_x = C \quad (C \text{ 为任意常数}).$$

由于 $f(x) = 2x$, 即 $b = 1, P_1(x) = 2x$, 故可设原方程有特解

$$y^* = x(Ax + B),$$

代入原方程得

$$(x + 1)(Ax + A + B) - x(Ax + B) = 2x,$$

于是 $A = 1, B = -1$, 即 $y^* = x(x - 1)$, 因此原方程的通解为

$$y_x = C + x(x - 1) \quad (C \text{ 为任意常数}).$$

习　题　**7.5**

1. 求下列一阶常系数齐次差分方程的通解或特解:

(1) $2y_{x+1} - 3y_x = 0$;

(2) $y_x + y_{x-1} = 0$;

(3) $y_x - y_{x-1} = 0$;

(4) $y_{x+2} - 2y_{x+1} = 0$;

(5) $\Delta y_x + 3y_x = 0$;

(6) $3y_{x+1} + 2y_x = 0, y_0 = 2$;

(7) $2\Delta y_x + 5y_x = 0, y_0 = 9$.

2. 求下列一阶常系数非齐次差分方程的通解或特解:

(1) $y_{x+1} - 5y_x = 3, y_0 = \dfrac{7}{3}$;

(2) $y_{x+1} + y_x = 2^x, y_0 = 2$;

(3) $y_{x+1} + 4y_x = 2x^2 + x - 10, y_0 = 1$.

7.6　微分方程的应用

教学目标: 理解建立微分方程模型的基本思想.

教学重点: 微分方程的实际应用.

教学难点: 建立微分方程的模型.

教学背景: 经济学、管理科学中的经济模型、工程应用等.

思政元素: 培养学生解决复杂实际工程问题的能力.

微分方程在自然科学和社会科学领域有着广泛的应用, 物理、化学、生物、工程、航空航天、医学、经济和金融领域的许多原理和规律都可以描述成是适当的微分方程. 牛顿的运动定律、万有引力定律、机械能守恒定律、能量守恒定律、人口发展规律、生态种群竞争、疾病传染、遗传基因变异、股票的涨幅趋势、利率的浮动、市场均衡价格的变化等等. 对这些规律的描述、认识和分析就归结为对相应的微分方程描述的数学模型的研究.

本节课介绍几个成熟的数学模型, 这些模型是理论知识与实际问题相结合的经典范例. 通过求解微分方程来解释实际背景的具体问题, 预测未来的发展, 进行优化和控制, 从而科学地指导社会生活和生产实践.

7.6.1　可分离变量方程案例

例 1 (人口模型)　英国人口学家马尔萨斯在 1798 年的《人口原理》一书中提出了马尔萨斯 (Malthus) 人口模型, 他的基本假设是: 在人口自然增长的过程中, 净相对增长率是常数, 记作常数 r (生命系数), 在 t 到 $t + \Delta t$ 时间内人口数量 $N = N(t)$ 的增长量为

$$N(t + \Delta t) - N(t) = rN(t)\Delta t,$$

于是 $N(t)$ 满足微分方程

$$\frac{\mathrm{d}N}{\mathrm{d}t} = rN,$$

显然这是一个可分离变量方程, 分离变量得

$$\frac{\mathrm{d}N}{N} = \mathrm{d}tr,$$

则方程的通解为

$$N = C\mathrm{e}^{rt} \quad (C \text{ 为任意常数}).$$

如果设初值条件为: 当 $t = t_0$ 时, $N(t) = N_0$, 代入上式可得

$$C = N_0\mathrm{e}^{-rt_0},$$

即方程满足初值条件的特解为

$$N = N_0\mathrm{e}^{r(t-t_0)}.$$

如果 $r > 0$, 上式说明人口总数 $N(t)$ 将按指数规律无限增长, 将 t 以 1 年或 10 年为单位离散化, 那么可以说, 人口数是以 e^r 为公比的等比数列增加的.

当人口数不大时, 生存空间、资源等相对充裕, 人口总数指数增长是有可能的. 但当人口总数非常大时, 显然指数增长与实际情况是相悖的. 这是源于 Malthus 认为生产资料对人口增长的限制是 "弹性" 的, 因此人口增长率基本维持在一个稳定水平. 而实际上人口增长数不仅受限于资源, 还受环境承载力的影响, 包括国家政策、地理环境、经济发展水平、生态环境等, 所以 Malthus 模型在 $N(t)$ 很大时是不合理的.

荷兰生物学家 Verhulst-Pearl 引入常数 N_m (环境最大容纳量), 表示自然资源和环境条件所能容纳的最大人口数, 并假设净相对增长率为 $r\left(1 - \dfrac{N(t)}{N_m}\right)$, 即净相对增长率随 $N(t)$ 的增加而减少, 当 $N(t) \to N_m$ 时, 净增长率 $\to 0$.

按以上假设, 人口增长的方程应该为

$$\frac{\mathrm{d}N}{\mathrm{d}t} = r\left(1 - \frac{N(t)}{N_m}\right)N, \tag{7-6-1}$$

这就是 Logistic(逻辑斯谛) 模型. 当 N 与 N_m 相比很大时, $\dfrac{rN^2}{N_m}$ 与 rN 相比可以忽略, 则 Logistic 模型变为 Malthus 模型; 但当 N 与 N_m 相比不是很大时, $\dfrac{rN^2}{N_m}$ 这一项就不能忽略, 人口急剧增加的速率要缓慢下来.

我们用模型来预测地球未来人数, 根据某些人口学家估计, 世界人口的自然增长率为 $r = 0.029$, 而统计得出世界人口在 1960 年为 29.8 亿, 增长率为 1.85%,

由 Logistic 模型有

$$0.0185 = 0.029 \times \left(1 - \frac{29.8 \times 10^8}{N_m}\right),$$

可得 $N_m = 82.3 \times 10^8$, 即世界人口容量为 82.3 亿. 由于 (7-6-1) 式中右端是二次多项式, 以 $N = \dfrac{N_m}{2}$ 为顶点. 当 $N < \dfrac{N_m}{2}$ 时人口增长率增加, 当 $N > \dfrac{N_m}{2}$ 时人口增长率减少, 即人口增长到 $N = \dfrac{N_m}{2} = 41.15 \times 10^8$ 时, 增长率逐渐减少. 这与世界人口在 20 世纪 70 年代为 40 亿左右时增长率最大的统计结果相符.

随着社会的进步, 人们对人口数量发展规律的认识不断加深, 人口发展问题还应考虑其他因素的影响, 例如生育率、性别比例、社会年龄结构、环境承载力、生活必需品等. 考虑到上述因素的影响, Logistic 模型中存在的不足需进一步改进.

7.6.2　一阶非齐次线性方程案例

例 2 (经济增长模型)　设 $Y(t)$ 表示时刻 t 的国民收入, $K(t)$ 表示时刻 t 的资本存量, $L(t)$ 表示时刻 t 的劳动力, 索洛曾提出如下的经济增长模型:

$$\begin{cases} Y = f(K, L) = Lf(r, 1), \\ \dfrac{\mathrm{d}K}{\mathrm{d}t} = sY(t), \\ L = L_0 \mathrm{e}^{\lambda t}, \end{cases}$$

其中 $s\,(s > 0)$ 为储备率, $\lambda\,(\lambda > 0)$ 为劳动增长率, $L_0\,(L_0 > 0)$ 表示初始劳动力, $r = \dfrac{K}{L}$ 称为资本劳力比, 表示单位劳动力平均占有的资本数量. 将 $K = rL$ 两边对 t 求导, 并利用 $\dfrac{\mathrm{d}L}{\mathrm{d}t} = \lambda L$, 有

$$\frac{\mathrm{d}N}{\mathrm{d}t} = L\frac{\mathrm{d}r}{\mathrm{d}t} + r\frac{\mathrm{d}L}{\mathrm{d}t} = L\frac{\mathrm{d}r}{\mathrm{d}t} + \lambda rL,$$

又由模型中的方程得

$$\frac{\mathrm{d}K}{\mathrm{d}t} = sLf(r, 1),$$

于是有

$$\frac{\mathrm{d}r}{\mathrm{d}t} + \lambda r = sf(r, 1),$$

取生产函数 $f(r, 1) = A_0 r^\alpha$ 代入上式, 便有

$$r^{-\alpha}\frac{\mathrm{d}r}{\mathrm{d}t} + \lambda r^{1-\alpha} = sA_0.$$

令 $r^{1-\alpha} = z$, 则

$$\frac{\mathrm{d}z}{\mathrm{d}t} + (1 - \alpha)\lambda z = sA_0(1 - \alpha),$$

这是关于 z 的一阶非齐次线性方程, 其通解为

$$z = C\mathrm{e}^{-\lambda(1-\alpha)} + \frac{sA_0}{\lambda} \quad (C \text{ 为任意常数}).$$

7.6.3 二阶常系数线性微分方程案例

包含电阻 R 、电感 L 、电容 C 及电源的电路称为 RLC **电路**, 根据电学知识, 电流 I 经过 R, L, C 的电压分别为 $RL, L\frac{\mathrm{d}I}{\mathrm{d}t}, \frac{Q}{C}$, 其中 Q 为电量, 它与电流的关系为 $I = \frac{\mathrm{d}Q}{\mathrm{d}t}$. 根据基尔霍夫第二定律, 在闭合回路中, 所有支路上的电压的代数和为零.

例 3 (RLC 电路模型) 如图 7-6-1 所示,
已知 $E = 20\mathrm{V}, C = 0.5\mathrm{F}, L = 1\mathrm{H}, R = 3\Omega$, 将
开关拨向 A, 使电容充电后再将开关拨向 B,
设开关拨向 B 的时间为 $t = 0$ 时刻, 求当 $t > 0$
时回路中的电流 $I(t)$.

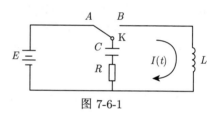

图 7-6-1

解 根据回路电压定律得 $U_R + U_L + U_C = 0$, 又由于

$$U_R = IR, \quad U_C = \frac{Q}{C}, \quad U_L = E_L = L\frac{\mathrm{d}I}{\mathrm{d}t},$$

代入上式得

$$RI + \frac{Q}{C} + L\frac{\mathrm{d}I}{\mathrm{d}t} = 0,$$

两边对 t 求导得

$$L\frac{\mathrm{d}^2I}{\mathrm{d}t^2} + R\frac{\mathrm{d}I}{\mathrm{d}t} + \frac{1}{C}I = 0,$$

即

$$\frac{\mathrm{d}^2I}{\mathrm{d}t^2} + \frac{R}{L}\frac{\mathrm{d}I}{\mathrm{d}t} + \frac{1}{LC}I = 0,$$

将 $C = 0.5, L = 1, R = 3$ 代入, 可得特征方程为 $r^2 + 3r + 2 = 0$, 特征根为
$r_1 = -1, r_2 = -2$, 所以微分方程的通解为

$$I = C_1\mathrm{e}^{-t} + C_2\mathrm{e}^{-2t},$$

求满足初始条件 $I|_{t=0} = 0$ 及 $\dfrac{\mathrm{d}I}{\mathrm{d}t}\Big|_{t=0} = \dfrac{U_C}{L}\Big|_{t=0} = \dfrac{E}{L} = 20$, 代入后得

$$
\begin{cases}
C_1 + C_2 = 0, \\
-C_1 - 2C_2 = 20,
\end{cases}
$$

解得 $C_1 = 20, C_2 = -20$, 所以回路电流为

$$
I = 20\mathrm{e}^{-t} - 20\mathrm{e}^{-2t}.
$$

习　题　7.6

1. 放射性元素铀由于不断地有原子放射出微粒子而变成其他元素, 铀的含量就不断减少, 这种现象叫做衰变. 由原子物理学知道, 铀的衰变速度与当时未衰变的铀原子的含量 M 成正比. 已知 $t = 0$ 时铀的含量为 M_0, 求在衰变过程中铀含量 $M(t)$ 随时间 t 变化的规律.

2. 设降落伞从跳伞塔自由下落后, 所受空气阻力与速度成正比, 并设降落伞离开跳伞塔时 $(t = 0)$ 速度为零, 求降落伞下落速度与时间的函数关系.

3. 有高为 1m 的半球形容器, 水从它的底部小孔流出, 小孔横截面面积为 $1\mathrm{cm}^2$. 开始时容器内盛满了水, 求水从小孔流出过程中容器里水面高度 h 随时间 t 变化的规律.

4. 探照灯是聚光镜的镜面是一张螺旋曲面, 它的形状由 xOy 坐标面上的一条曲线 L 绕 x 轴旋转而成. 按聚光镜性能的要求, 在其旋转轴 (x 轴) 上的一点 O 处发出的一切光线, 经它反射后都与旋转轴平行, 求曲线 L 的方程.

5. 设有一个由电阻 $R = 10\Omega$、电感 $L = 2\mathrm{H}$ 和电源电压 $E = 20\sin 5t\mathrm{V}$ 串联组成的电路. 开关 K 合上后, 电路中有电流通过, 求电流 I 与时间 t 的函数关系.

7.7　用 MATLAB 求解微分方程

教学目标: 掌握 MATLAB 求微分方程的方法.

教学重点: MATLAB 求微分方程的命令语句.

教学难点: 实操 MATLAB 求微分方程的通解和特解的计算.

教学背景: MATLAB 软件是工科学习的有力工具.

思政元素: 通过学习微分方程的数学软件, 提升学生工程领域数学建模的能力.

在 MATLAB 中, 用于求解微分方程的函数是 "dsolve", 微分方程用 "eqn" 表示, 即 "equation"; 微分方程所满足的初始条件用 "cond" 表示, 即 "condition"; "v" 表示自变量, 即 "variable". 在求具体通解或者特解的语句表示如下:

```
dsolve ('eqn1,eqn2,...,''cond1,cond2,...,','v')
```

一般情况下, 需要指明微分方程的自变量, 如果省略, MATLAB 默认是以 t 为自变量.

在表示微分方程时, 用字母 "D" 表示导数, 如 "Dy", "D2y", "Dny" 分别表示一阶导数、二阶导数、n 阶导数.

例 1 求微分方程 $\dfrac{\mathrm{d}y}{\mathrm{d}x} = 2xy$.

解 在命令行窗口输入以下代码并运行:

```
>> syms x;
>> y=dsolve('Dy=2*x*y');
y=
C1*exp(x^2)
```

故微分方程的通解为 $y = Ce^{x^2}$.

例 2 求微分方程 $xy' - y = x^2 e^x$ 满足初值条件 $y(1) = 1$ 的特解.

解 在命令行窗口输入以下代码并运行:

```
>> syms x
>> y=dsolve('x*Dy-y=x^2*exp(x)','y(1)=1','x');
y=
x*exp(x)-x*(exp(1)-1)
```

故微分方程的通解为 $y = xe^x - x(\mathrm{e} - 1)$.

例 3 求微分方程 $(1 + x^2)y'' = 2xy'$ 满足初值条件 $y(0) = 1, y'(0) = 3$ 的特解.

解 在命令行窗口输入以下代码并运行:

```
>> syms x
>> y=dsolve('(1+x^2)*D2y=2*x*Dy','y(0)=1,Dy(0)=3','x');
y=
x*(x^2+3)+1
```

故微分方程的通解为 $y = x(x^2 + 3) + 1$.

总 习 题 7

1. (2004, 数二) 微分方程 $y'' + y = x^2 + 1 + \sin x$ 的特解形式可设为 (   ).

A. $y^* = ax^2 + bx + c + x(A\sin x + C\cos x)$

B. $y^* = x(ax^2 + bx + c + A\sin x + C\cos x)$

C. $y^* = ax^2 + bx + c + A\sin x$

D. $y^* = ax^2 + bx + c + A\cos x$

2. (2006, 数二) 函数 $y = C_1 e^x + C_2 e^{-2x} + xe^x$ 满足的一个微分方程 (　　).

A. $y'' - y - 2y = 3xe^x$

B. $y'' - y - 2y = 3e^x$

C. $y'' + y - 2y = 3xe^x$

D. $y'' + y - 2y = 3e^x$

3. (2011, 数二) 微分方程 $y'' - \lambda^2 y = e^{\lambda x} + e^{-\lambda x}(\lambda > 0)$ 的特解形式为 (　　).

A. $y^* = a(e^{\lambda x} + e^{-\lambda x})$

B. $y^* = ax(e^{\lambda x} + e^{-\lambda x})$

C. $y^* = x(ae^{\lambda x} + be^{-\lambda x})$

D. $y^* = x^2(ae^{\lambda x} + be^{-\lambda x})$

4. (2017, 数二) 微分方程 $y'' - 4y' + 8y = e^{2x}(1 + \cos 2x)$ 的特解形式为 (　　).

A. $y^* = Ae^{2x} + e^{2x}(B\cos 2x + C\sin 2x)$

B. $y^* = Axe^{2x} + e^{2x}(B\cos 2x + C\sin 2x)$

C. $y^* = Ae^{2x} + xe^{2x}(B\cos 2x + C\sin 2x)$

D. $y^* = Axe^{2x} + xe^{2x}(B\cos 2x + C\sin 2x)$

5. (2019, 数二) 已知微分方程 $y'' + ay' + by = ce^x$ 的通解为 $y = (C_1 + xC_2)e^{-x} + e^x$, 则 a, b, c 分别为 (　　).

A. $1, 0, 1$　　　　B. $1, 0, 2$　　　　C. $2, 1, 3$　　　　D. $2, 1, 4$

6. (2011, 数一) 微分方程 $y' + y = e^{-x}\cos x$ 满足条件 $y(0) = 0$ 的解为 $y = $ _____.

7. (2004, 数二) 微分方程 $(y + x^3)dx - 2xdy = 0$ 满足 $y|_{x=1} = \dfrac{6}{5}$ 的特解为 _____.

8. (1999, 数一) 微分方程 $y'' - 4y = e^{2x}$ 的通解为 _____.

9. (2000, 数一) 微分方程 $xy'' + 3y' = 0$ 的通解为 _____.

10. (2001, 数一) 设 $y = e^x(C_1\sin x + C_2\cos x)(C_1, C_2$ 为任意常数) 为某二阶常系数线性齐次微分方程的通解, 则该微分方程为 _____.

11. (2002, 数一) 微分方程 $yy'' + y'^2 = 0$ 满足初值条件 $y|_{x=0} = 1, y'|_{x=0} = \dfrac{1}{2}$ 的特解是 _____.

12. (2005, 数一) 微分方程 $xy' + 2y = x\ln x$ 满足 $y|_{x=1} = -\dfrac{1}{9}$ 的特解为 _____.

13. (2009, 数一) 若二阶常系数齐次线性微分方程 $y'' + ay' + by = 0$ 的通解为 $y = (C_1 + C_2 x)e^x$, 则非齐次方程 $y'' + ay' + by = x$ 满足条件 $y(0) = 2, y'(0) = 0$ 的解为 $y = $ _____.

14. (2004, 数一) 欧拉方程 $x^2\dfrac{d^2 y}{dx^2} + 4x\dfrac{dy}{dx} + 2y = 0(x > 0)$ 的通解为 _____.

15. (2014, 数一) 微分方程 $xy' + y(\ln x - \ln y) = 0$ 满足条件 $y(1) = e^3$ 的解为 _____.

16. (2016, 数二) 以 $y = x^2 - e^x$ 和 $y = x^2$ 为特解的一阶非齐次线性微分方程为 _____.

17. (2017, 数一) 微分方程 $y'' + 2y' + 3y = 0$ 的通解为 _____.

18. (2019, 数一) 微分方程 $2yy' - y^2 - 2 = 0$ 的满足条件 $y(0) = 1$ 的特解为 $y = $ _____.

19. (2020, 数一) 设函数 $f(x)$ 满足 $f''(x) + af'(x) + f(x) = 0(a > 0)$, $f(0) = m$, $f'(0) = n$, 则 $\displaystyle\int_0^{+\infty} f(x)\mathrm{d}x = $ _____.

20. (2021, 数一) 欧拉方程 $x^2 y'' + xy' - 4y = 0$ 满足条件 $y(1) = 1$, $y'(1) = 2$ 的解为 _____.

21. (2010, 数一) 求微分方程 $y'' - 3y' + 2y = 2xe^x$ 的通解.

22. (2015, 数一) 设函数 $f(x)$ 是在定义域 I 上的导数大于零, 若对任意的 $x_0 \in I$, 曲线 $y = f(x)$ 在点 $(x_0, f(x_0))$ 处的切线与直线 $x = x_0$ 及 x 轴所围成的图形的面积恒为 4, 且 $f(0) = 2$, 求 $f(x)$ 的表达式.

23. (2015, 数二) 已知高温物体置于低温介质中, 任一时刻该物体温度对时间的变化率与该时刻物体和介质的温差成正比. 现将一初始温度为 120℃ 的物体在 20℃ 恒温介质中冷却, 30min 后该物体的温度降至 30℃, 若要将该物体的温度继续降至 21℃, 还需冷却多长时间?

24. (2018, 数一) 已知微分方程 $y' + y = f(x)$, 其中 $f(x)$ 是 **R** 上的连续函数.

(1) 若 $f(x) = x$, 求方程的通解;

(2) 若 $f(x)$ 是周期为 T 的函数, 证明: 方程存在唯一的以 T 为周期的解.

25. (2019, 数二) 设函数 $y(x)$ 是微分方程 $y' - xy = \dfrac{1}{2\sqrt{x}}\mathrm{e}^{\frac{x^2}{2}}$ 的满足条件 $y(1) = \sqrt{\mathrm{e}}$ 的特解, 求 $y(x)$.

26. (2021, 数二) 函数 $y = y(x)(x > 0)$ 满足 $xy' - 6y = -6$ 且 $y(\sqrt{3}) = 10$, 求 $y(x)$.

第 7 章　思维导图

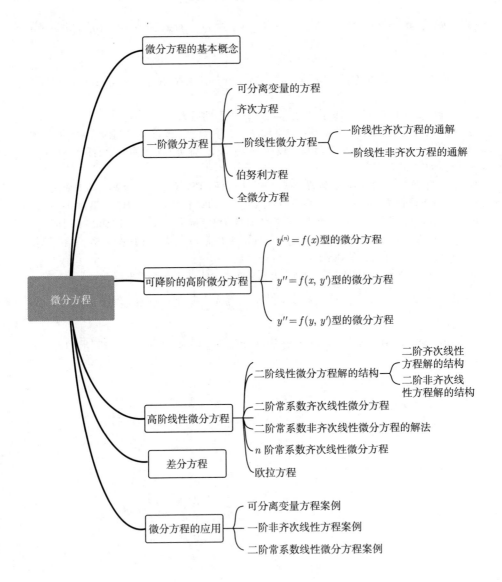

习题参考答案与提示

第 0 章

习 题 0.1

1. (1) 0； (2) $\dfrac{\pi}{2}$； (3) $\dfrac{5\pi}{6}$； (4) $\dfrac{\pi}{6}$； (5) $\cos(\arccos x) = x, |x| \leqslant 1$； (6) $\arcsin(\sin x) = x, \left[-\dfrac{\pi}{2}, \dfrac{\pi}{2}\right]$.

2. (1) 略； (2) 略； (3) $\arctan A - \arctan B = \arctan \dfrac{A-B}{1+AB}$. 提示: $x = \arctan A, y = \arctan B, A = \tan x, B = \tan y, \tan(x-y) = \dfrac{\tan x - \tan y}{1 + \tan x \tan y} = \dfrac{A-B}{1+AB}, x - y = \arctan \left(\dfrac{A-B}{1+AB}\right)$.

3. (1) $0 \leqslant x \leqslant 2$； (2) $x \in \mathbf{R}$.

4. 提示: 利用数学归纳法.

第 1 章

习 题 1.1

1. (1) $\{x > 2, x \neq 3\}$； (2) $\{x \in \mathbf{R}\}$； (3) $\{0 \leqslant x \leqslant 1\}$； (4) $(-1,0) \cup (0,1]$.

2. (1) 不同, 定义域不一样； (2) 不同, 值域不一样； (3) 不同, 定义域不一样； (4) 不同, 定义域不一样.

3. 略.

4. $m = \dfrac{1}{4}$. 提示: $2x + 3 = 6, x = 1.5, f\left(\dfrac{1}{2}x - 1\right) = f\left(-\dfrac{1}{4}\right)$, 故 $m = \dfrac{1}{4}$.

5. 略.

6. (1) 偶函数； (2) 奇函数； (3) 非奇非偶； (4) 偶函数.

7. (1) $f^{-1}(x) = \dfrac{1-x}{3}, x \in \mathbf{R}$； (2) $f^{-1}(x) = \dfrac{1-x}{1+x}, x \neq -1$.

8. 0.

9. (1) $y = (\sin x)^2, \dfrac{1}{4}, \dfrac{3}{4}$；

(2) $y = \sin 2x, \dfrac{\sqrt{2}}{2}, 1$.

10. (1) $\{0 \leqslant x \leqslant 1\}$； (2) $\left\{2k\pi \leqslant x \leqslant 2k\pi + \dfrac{\pi}{2}\right\}$.

11. (1) $1 \leqslant x \leqslant 2$;　(2) $1 \leqslant x \leqslant 2$.

12. 提示: $x < 0, g(x) = x^2 > 0$, 所以 $f[g(x)] = x^2 + 2x \geqslant 0, g(x) = -x \leqslant 0$, 故 $f[g(x)] = 1 + x$. 因此 $f[g(x)] = \begin{cases} x^2 + 2, & x < 0, \\ x + 1, & x \geqslant 0. \end{cases}$

习　题　1.2

1. (1) 收敛;　(2) 收敛;　(3) 收敛;　(4) 发散.

2. (1) 必要条件;　(2) 一定发散;　(3) 不一定收敛.

3. C.

4. C.

*5. 略.

*6. 提示: 若 $\lim\limits_{n \to \infty} u_n = a$, 则 $\forall \varepsilon > 0, \exists N \in N^+$, 当 $n > N$ 时有 $|u_n - a| < \varepsilon$. 由于 $||u_n| - |a|| \leqslant |u_n - a| < \varepsilon$, 所以 $\lim\limits_{n \to \infty} |u_n| = |a|$, 举例 $u_n = (-1)^n$.

*7. 提示: 数列 $\{x_n\}$ 有界, $\exists M > 0, \forall n, |x_n| \leqslant M$, 若 $\lim\limits_{n \to \infty} y_n = 0$, 则 $\forall \varepsilon > 0, \exists N \in \mathbf{N}^+$, 当 $n > N$ 时, 有 $|y_n - 0| < \dfrac{\varepsilon}{M}$, 从而 $|x_n y_n - 0| < \varepsilon$, 即 $\lim\limits_{x \to \infty} x_n y_n = 0$.

*8. 略.

习　题　1.3

1. (1) 0;　(2) -1;　(3) 不存在左右极限存在但不相等.

2. (1) 错;　(2) 对;　(3) 错;　(4) 错;　(5) 对;　(6) 对.

3. $f(0^+) = 1, f(0^-) = 1, \lim\limits_{x \to 0} f(x) = 1$.

4. $f(x) = \dfrac{x}{x}$ 在 $x \to 0$ 时的极限存在, $g(x) = \dfrac{\sqrt{x^2}}{x}$ 在 $x \to 0$ 时的极限不存在.

*5. 略.

6. 不存在, 提示: 左右极限不相等.

7. D.

习　题　1.4

1. 不一定, $\lim\limits_{x \to 0} \dfrac{x}{x^2} \neq 0$.

2. (1) 2;　(2) 1.

*3. 略.

4. 水平渐近线: $y = 0$; 铅直渐近线: $x = \pm\sqrt{2}$.

5. (1) 0;　(2) 0.

6. (1) $x^2 - x^3$ 是 $x - x^2$ 的高阶无穷小;　(2) $2x$ 是 $4x^2$ 的低阶无穷小.

习 题 1.5

1. (1) -9; (2) 0; (3) 0; (4) $\dfrac{1}{2}$; (5) $2x$; (6) 2; (7) $\dfrac{1}{2}$; (8) 0; (9) $\dfrac{2}{3}$; (10) 2; (11) 2; (12) $\dfrac{1}{2}$; (13) $\dfrac{1}{5}$; (14) -1.

2. (1) 对. 若 $\lim\limits_{x\to x_0}[f(x)+g(x)]$ 存在, 则 $\lim\limits_{x\to x_0}g(x)=\lim\limits_{x\to x_0}[f(x)+g(x)]-\lim\limits_{x\to x_0}f(x)$ 也存在.

(2) 错. 若 $f(x)=\mathrm{sgn}x, g(x)=-\mathrm{sgn}x$, 则它们都不存在极限, 但 $\lim\limits_{x\to x_0}[f(x)+g(x)]=0$.

(3) 错. 若 $\lim\limits_{x\to 0}x=0, \lim\limits_{x\to 0}\sin\dfrac{1}{x}$ 不存在而 $\lim\limits_{x\to 0}x\sin\dfrac{1}{x}=0$.

3. (1) 提示: $1<\sqrt{1+\dfrac{1}{n}}<1+\dfrac{1}{n}$.

(2) 提示: $n\dfrac{n}{n^2+n\pi}<n\left(\dfrac{1}{n^2+\pi}+\dfrac{1}{n^2+2\pi}+\cdots+\dfrac{1}{n^2+n\pi}\right)<n\dfrac{n}{n^2+\pi}$.

(3) 提示: 先使用数学归纳法证明有界性, 再证明单调性.

(4) 提示: $x>0,1<\sqrt[n]{1+x}<1+x; -1<x<0,1+x<\sqrt[n]{1+x}<1$.

(5) 提示: $x>0,1-x<x\left[\dfrac{1}{x}\right]\leqslant 1$.

4. $a=1,b=0$.

习 题 1.6

1. (1) ω; (2) 3; (3) $\dfrac{2}{5}$; (4) 1; (5) 2; (6) x; (7) 1; (8) -3.

2. (1) e^{-1}; (2) e^2; (3) e^2; (4) e^{-k} (k 为正整数).

3. $a=-\dfrac{3}{2}$.

4. 2.

5. $\dfrac{3\mathrm{e}}{2}$.

习 题 1.7

1. $a=-1$.

2. (1) $x=1$ 为可去间断点, $x=2$ 为无穷间断点. 补充 $y(1)=-2$.

(2) $x=0$ 为可去间断点, 补充 $y(0)=3$.

(3) $x=1$ 为跳跃间断点.

3. (1) 正确. (2) 错误. 举例: $f(x)=\begin{cases}1, & x\geqslant 0,\\ -1, & x<0.\end{cases}$

习 题 1.8

1 ～ 2. 略.

3. (1) $\sqrt{5}$; (2) 1; (3) 0; (4) $\frac{1}{2}$; (5) 2; (6) $\cos\alpha$; (7) 1; (8) $-\frac{1}{3}$.

4. (1) 1; (2) 0; (3) $e^{\frac{1}{2}}$; (4) e^3; (5) $e^{-\frac{3}{2}}$; (6) e^{-1}.

5. $a = 1$.

6. a 为任意实数, $b = k\pi, k \in \mathbf{Z}$.

总 习 题 1

1. $\arcsin(1 - x^2), [-\sqrt{2}, \sqrt{2}]$.

2. 1.

3. D.

4. (1) 必要, 充分; (2) 必要, 充分; (3) 必要, 充分; (4) 充分必要.

5. 1.

6. 1.

7. B.

8. 1.

提示: $\lim\limits_{x\to 0^+}\left(\dfrac{2+e^{\frac{1}{x}}}{1+e^{\frac{4}{x}}}+\dfrac{\sin x}{|x|}\right)=\lim\limits_{x\to 0^+}\left(\dfrac{\frac{2}{e^{\frac{4}{x}}}+e^{-\frac{3}{x}}}{\frac{1}{e^{\frac{4}{x}}}+1}+\dfrac{\sin x}{x}\right)=1$; $\lim\limits_{x\to 0^-}\left(\dfrac{2+e^{\frac{1}{x}}}{1+e^{\frac{4}{x}}}+$

$\dfrac{\sin x}{|x|}\right)=\lim\limits_{x\to 0^-}\left(\dfrac{2}{1}+\dfrac{\sin x}{-x}\right)=1$; $\lim\limits_{x\to 0}\left(\dfrac{2+e^{\frac{1}{x}}}{1+e^{\frac{4}{x}}}+\dfrac{\sin x}{|x|}\right)=1$.

9. (1) $(-\infty, 0]$; (2) $[1, e]$; (3) $\left[0, \frac{\pi}{4}\right]$; (4) $\left[2k\pi - \frac{\pi}{2}, 2k\pi + \frac{\pi}{2}\right]$.

10. (1) ∞; (2) 1; (3) e; (4) $\frac{1}{2}$; (5) $\sqrt[3]{abc}$; (6) 1; (7) $\sqrt{2}$; (8) 0; (9) $e+1$; (10) 2.

11. $a = -7, b = 6$.

12. $a = 1, b = -1$.

13. $f(x) = 2x^3 + 2x^2 + 3x$.

14. $-\frac{1}{2}$.

15. 6.

16. 1.

17. $a = 0$.

18. (1) $x = 0$ 可去间断点, $x = -1$ 无穷间断点;

(2) 提示: $f(x) = \begin{cases} 0, & x \leqslant -1 \text{ 或 } x > 1 \\ 1 + x, & -1 < x < 1, \\ 1, & x = 1, \end{cases}$ $x = 1$ 跳跃间断点.

19. (1) 略; (2) $y = 2x + 1$.

20. 提示: 令 $F(x) = f(x) - 1 + x$, 再用零点定理.

第 2 章

习 题 2.1

1. h_0 时水面的面积.

2. (1) $C'(100) = 80$; (2) $C(101) = 11079.9; C(100) = 11000; C(101) - C(100) = 79.9$; 边际成本的实际意义是近似表达产量达到 x 单位时再增加一个单位产品所需的成本.

3. (1) $A = -f'(x_0)$; (2) $A = f'(0)$; (3) $A = 2f'(x_0)$;

4. (1) 连续, 可导; (2) 连续, 不可导; (3) 不连续, 不可导.

5. B.

6. A.

7. 提示: $f(x)$ 是可导周期函数, 导函数周期为 4, 斜率为 -2.

8. D.

习 题 2.2

1. (1) $y' = 3x^2 - \dfrac{2}{x^2}$;

(2) $y' = 2\sec^2 x + \sec x \tan x$;

(3) $y' = \dfrac{1}{2\sqrt{1 - \dfrac{x^2}{4}}}$;

(4) $y' = \dfrac{1}{\cos x}(-\sin x) = -\tan x$.

2. (1) $\dfrac{\mathrm{d}y}{\mathrm{d}x} = 2f'(x^2)x$;

(2) $\dfrac{\mathrm{d}y}{\mathrm{d}x} = f'(\mathrm{e}^x \sin 3x)(\mathrm{e}^x \sin 3x + 3\mathrm{e}^x \cos 3x) + 2f'(2x)$.

3. 提示: 用导函数定义 $f'(0) = 10!$.

4. (e, e).

5. $f'(0) = \dfrac{3\pi}{4}$.

6. 提示: $x = 0$ 需要使用导数定义 $f'(x) = \begin{cases} 1, & x < 0, \\ 4x, & 0 < x \leqslant 1, \\ \text{不存在}, & x = 0. \end{cases}$

习 题 2.3

1. $\dfrac{\mathrm{d}y}{\mathrm{d}x} \dfrac{-y}{\mathrm{e}^y + x}$.

2. 1.

3. $\sqrt{2}$.

4. $\dfrac{\mathrm{d}y}{\mathrm{d}x} = \left(\ln\left(\dfrac{x}{1+x} \right) + \dfrac{1}{1+x} \right) \left(\dfrac{x}{1+x} \right)^x$.

5. $\dfrac{\mathrm{d}y}{\mathrm{d}x} = \left(\dfrac{1}{2}\dfrac{1}{x+2} - \dfrac{4}{3-x} - \dfrac{5}{1+x}\right)\dfrac{\sqrt{x+2}(3-x)^4}{(x+1)^5}.$

6. 提示: 设被扰动的水面面积为 S, 时间为 t, $S = 36\pi t^2$, 故 $\dfrac{\mathrm{d}S}{\mathrm{d}t} = 72\pi t$, 因此 $72\pi \times 2 = 144\pi \approx 452\mathrm{m}^2$.

习 题 2.4

1. (1) $y'' = 4 - \dfrac{l}{x^2}$;　(2) $y'' = 4\mathrm{e}^{2x-1}$;

(3) $y'' = 2\left(\arctan x + \dfrac{x}{1+x^2}\right)$;　(4) $y'' = \dfrac{1+x^2-2x^2}{(1+x^2)^2} = \dfrac{1-x^2}{(1+x^2)^2}.$

2. (1) $y'' = 4x^2 f''(x^2) + 2f'(x^2)$;

(2) $y'' = \dfrac{f''(x)f(x) - [f'(x)]^2}{f^2(x)}.$

3. $f^{(3)}(0) = 0.$

4. 提示: 复合函数的导函数, $f'''(2) = 2\mathrm{e}^3.$

5. C.

6. 略.

7. 提示: 利用莱布尼茨公式 $f^{(n)}(0) = n(n-1)(\ln 2)^{n-2}.$

习 题 2.5

1. (1) $\mathrm{d}y = 2\cos(2x+1)\mathrm{d}x$;　(2) $\mathrm{d}y = \dfrac{2x\mathrm{e}^{x^2}}{1+\mathrm{e}^{x^2}}\mathrm{d}x$;

(3) $\mathrm{d}y = (-3\mathrm{e}^{1-3x}\cos x - \mathrm{e}^{1-3x}\sin x)\mathrm{d}x$;　(4) $\mathrm{d}y = \dfrac{-2}{1-x}\ln(1-x)\mathrm{d}x.$

2. (1) $\dfrac{1}{2}x^2 + C$;　(2) $\dfrac{1}{\omega}\sin\omega t + C$;　(3) $2\sqrt{x} + C$;　(4) $\dfrac{1}{3}\tan 3x + C.$

3. 提示: 设 $f(x) = \sin x$, 角度要化成弧度. $\sin 30°30' \approx 0.5076.$

4. $(\ln x - 1)\mathrm{d}x.$

5. $-\pi\mathrm{d}x.$

6. 提示: 设球的半径为 x, 则球的体积为 $y = \dfrac{4}{3}\pi x^3$, 镀铜前的半径为 $x_0 = 1$, 镀上一层铜后半径增量为 $\Delta x = 0.01$, 则铜的体积为

$$\Delta y = f(x_0 + \Delta x) - f(x_0) \approx f'(x_0)\Delta x = 0.13, 0.13 \times 8.9 = 1.16(\mathrm{g}).$$

每只球需用铜 1.16g.

总 习 题 2

1. 提示: 用导数定义 $f'(0) = (-1)^{n-1}(n-1)!.$

2. D.

3. C.

4. (1) 充分, 必要;   (2) 充分必要;   (3) 充分必要.

5. 提示: 复合函数求导:

$$\frac{\mathrm{d}y}{\mathrm{d}x} = \cos\left[f\left(x^2\right)\right] \cdot f'\left(x^2\right) \cdot 2x.$$

6. (1) $y^{(n)} = \alpha(\alpha - 1)\cdots(\alpha - n + 1)x^{\alpha - n}(n \geqslant 1)$;

(2) 提示: 莱布尼茨公式

$$
\begin{aligned}
y^{(50)} &= (x^2 \sin 2x)^{(50)} \\
&= 2^{50} \sin\left(2x + 50 \cdot \frac{\pi}{2}\right) \cdot x^2 + 50 \cdot 2^{49} \sin\left(2x + 49 \cdot \frac{\pi}{2}\right) \cdot 2x \\
&\quad + \frac{50 \cdot 49}{2!} \cdot 2^{48} \sin\left(2x + 48 \cdot \frac{\pi}{2}\right) \cdot 2 \\
&= 2^{50}\left(-x^2 \sin 2x + 50x \cos 2x + \frac{1225}{2} \sin 2x\right).
\end{aligned}
$$

7. (1) $\mathrm{d}y = x^x(\ln x + 1)\mathrm{d}x$;   (2) $\mathrm{d}y = \dfrac{\sqrt{1 - x^2} + x\arcsin x}{(1 - x^2)^{\frac{3}{2}}}\mathrm{d}x.$

8. $-\pi\mathrm{d}x.$

9. $-\mathrm{e}.$

10. $y = x + 1.$

11. $y + x - \dfrac{1}{4}\pi - \ln\sqrt{2} = 0.$

12. A.

13. D.

14. $\dfrac{3}{2}\pi + 2.$

15. $y = x - 1.$

16. $\dfrac{2}{3}.$

17. $\dfrac{\sin\dfrac{1}{\mathrm{e}}}{2\mathrm{e}}.$

18. $\lim\limits_{x \to 0} \dfrac{f(\mathrm{e}^{x^2}) - 3f(1 + \sin^2 x)}{x^2} = 2, f'(1) = -1.$

19. $f'''(2\pi) = 0.$

20. C.

第 3 章

习 题 3.1

1. 略.

2. 提示: $f(x)$ 在区间 $[1, 2], [2, 3], [3, 4]$ 上分别使用罗尔定理.

3. 提示: 令 $f(x) = \arcsin x + \arccos x = \dfrac{\pi}{2}(-1 \leqslant x \leqslant 1)$. 再利用 $f'(x) = 0$ 则 $f(x) \equiv C$.

4. 提示: 令 $f(x) = \mathrm{e}^x - 1, f(x)$ 在区间 $[0, x]$ 上使用拉格朗日中值定理.

5. 提示: 令 $f(x) = \mathrm{e}^x - \mathrm{e}x$, 再利用 $f(x)$ 的单调性.

6. 提示: 令 $F(x) = x^2 f(x)$ 再利罗尔定理.

7. 提示: 令 $g(x) = x^2, h(x) = x$ 并分别与 $f(x)$ 两次利用柯西中值定理.

8. 提示: $F(x) = x^2 f(x)$ 在区间 $[0,1]$ 上利用罗尔定理有 $F'(\eta) = 0$, 又 $F'(0) = 0, F'(x)$ 在区间 $[0, \eta]$ 上再次利用罗尔定理即可.

习　题　3.2

1. (1) 1;　(2) 1;　(3) 1;　(4) $\dfrac{1}{2}$;　(5) 3;　(6) 0;　(7) 1;　(8) $\mathrm{e}^{-\frac{1}{6}}$;　(9) 1;　(10) $-\dfrac{1}{2}$.

2. 提示: $\displaystyle\lim_{x\to\infty} \frac{x+\sin x}{x} = \lim_{x\to\infty} \frac{1 + \dfrac{\sin x}{x}}{1} = 1, \lim_{x\to\infty}\frac{x+\sin x}{x} = \lim_{x\to\infty}\frac{1+\cos x}{1} = 1 + \lim_{x\to\infty}\cos x$ 不存在.

3. $a = 1, b = -\dfrac{5}{2}$.

习　题　3.3

1. (1) 0;　(2) $-\dfrac{1}{12}$;　(3) $\dfrac{1}{2}$;　(4) $\dfrac{1}{2}$.

2. (1) $\sqrt[3]{30} \approx 3.10724$;　(2) $\sin 18° \approx 0.3090$.

3 ~ 5. 略.

习　题　3.4

1. 提示: 设 $f(x) = \ln(1+x) - \dfrac{x}{1+x}$, 再利用单调性.

2. B.

3. A.

4. B.

5. 凹区间为 $(-\infty, \ln 2)$, 凸区间为 $(\ln 2, +\infty)$. 拐点为 $(\ln 2, (\ln 2)^2 - 2)$.

6. 凹区间为 $(0, +\infty)$, 凸区间为 $(-\infty, 0)$. 拐点为 $(0, -2)$.

7. (1) 提示: $f(x) = x\ln x$ 再利用凹凸定义.

(2) 提示: $f(x) = \tan x$ 再利用凹凸定义.

习　题　3.5

1. 极大值 $f(-1) = 6$, 极小值 $f(3) = -26$.

2. 提示: $y = \begin{cases} x, & x \geqslant 0, \\ -x, & x < 0, \end{cases}$ 再利用极值定义得函数在 $x = 0$ 处取得极小值, 极小值为 0.

3. 最小值 $f(1) = 0$, 最大值 $f(3) = 54$.

4. 最小值 $f(-1) = -5$, 最大值 $f(0) = 80$.

5. 最小值 $f(2) = -14$, 最大值 $f(3) = 11$.

6. 提示: 设 $DA = x$, 铁路每公里货运的运费为 $3a$, 公路每公里货运的运费为 $5a$, 总费用为 y, 有

$$y = 3a(100 - x) + 5a\sqrt{400 + x^2}, \quad x \in (0, 100).$$

7. $r = 2\text{cm}, h = 8\text{cm}$.

习 题 3.6

1 $\sim$ 3. 略.

习 题 3.7

1. 0.

2. $\dfrac{\sqrt{2}}{2}$.

3. 顶点处曲率最大.

4. 提示: 抛物线方程为 $y = Ax^2$ 且经过点 $(5, 0.25)$. 代入方程可得 $A = 0.01$, 因为 $y' = 2Ax, y'' = 2A$, 代入曲率公式可得

$$\rho = \frac{1}{k} = \frac{(1 + y')^{\frac{3}{2}}}{|y''|} = 50(\text{m}).$$

又 $mg - N = m\dfrac{v^2}{\rho}$ 代入数据可得汽车对桥面的压力为 $N = 4.54 \times 10^4 \text{N}$. (速度单位要换算成 m/s.)

总 习 题 3

1. 提示: 由拉格朗日中值定理知, $f(x + a) - f(x) = f'(\xi)(x + a - x) = f'(\xi)a$.

2. 当 $a \in (-\infty, -4) \cup (4, +\infty)$ 时有 1 个实根; 当 $a \in (-4, 4)$ 时有 3 个实根; 当 $a = \pm 4$ 时有 2 个实根.

3. 提示: 由拉格朗日中值定理知, $f\left(a - \dfrac{f(a)}{K}\right) - f(a) = -\dfrac{f(a)}{K}f'(\xi)$, 再利用零点定理.

4. B.

5. $a = -3, \quad b = -9$.

6. 略.

7. (1) 没有凹凸区间与拐点.

(2) 凹区间为 $(-1, 1)$; 凸区间为 $(-\infty, 1) \cup (1, +\infty)$; 拐点为 $(-1, \ln 2), (1, \ln 2)$.

8. 水平渐近线: 无; 铅直渐近线: $x = -1$; 斜渐近线: $y = x - 1$.

9. 1.

10. (1) $-\dfrac{3}{5}$; (2) $\dfrac{3}{2}$; (3) $-\dfrac{2}{3}$; (4) $-\dfrac{5}{6}$.

11. C.

12. 提示: 令 $F(x) = e^{x-1}f(x) - x$.

13. 提示: 令 $F(x) = x^\lambda f(x)$.

14. 提示: 反证法.

15. (1) 提示: 设 $f(x) = \dfrac{\tan x}{x}$, 再利用单调性;

(2) 提示: 设 $f(x) = (1+x)\ln(1+x) - \arctan x$, 再利用单调性.

16. 略.

17. 提示: 设函数具有水平渐近线且为 $y = 2x$.

18. D.

19. B.

20. $\dfrac{2}{3}$.

第 4 章

习 题 4.1

1. (1) $\dfrac{1}{\sqrt{x^2+a^2}}$;   (2) $\arcsin x$;   (3) $x\ln x$.

2. (1) $\dfrac{1}{2}\cos 2x$;   (2) $x^3 + x$;   (3) $-e^{-x}$;   (4) $\tan x - x$.

3. (1) $\dfrac{x^5}{5} + \dfrac{4}{3}x^3 + 4x + C$;   (2) $2x^{\frac{1}{2}} - \dfrac{2}{5}x^{\frac{5}{2}} + C$;   (3) $x - \arctan x + C$;

(4) $\dfrac{3^x e^x}{1+\ln 3} + C$;   (5) $\dfrac{1}{2}(x + \sin x) + C$;   (6) $\dfrac{1}{2}\tan x + C$;   (7) $-\cot x - \tan x + C$;

(8) $\tan x - \sec x + C$;   (9) $2(\tan x - x) - \cot x + C$;   (10) $-\cot x - x + C$.

4. $y = \ln x + 1$.

5. (1) 27m;   (2) $\sqrt[3]{360} \approx 7.11$(s).

6. 提示: 求导可证.

7. D.

8. $F(x) = \displaystyle\int f(x)\mathrm{d}x = \begin{cases} \cos x + C_1, & x \geqslant 0, \\ \dfrac{x^2}{2} + C_2, & x < 0. \end{cases}$

习 题 4.2

1. (1) $5x$;   (2) $3x - 1$;   (3) x^2;   (4) e^{x^2};   (5) 3^x;   (6) $3x$;   (7) $1 - 2\ln x$;   (8) $2\sqrt{x}$;

(9) $2 - \arcsin x$.   (10) $\cos 2x$;   (11) $2\arctan x - 1$;   (12) $\sqrt{1-x^2}$;   (13) $3x - 1$;

(14) $\sec 5x$.

2. (1) $-\dfrac{1}{3}\sin(1 - 3x) + C$;   (2) $\dfrac{(2x-1)^5}{10} + C$;   (3) $-\dfrac{2}{3}\sqrt{2-3x} + C$;

(4) $\dfrac{1}{12}\ln(1+4x^3) + C$;   (5) $\dfrac{2}{3}(1+x^2)^{\frac{3}{2}} + C$;   (6) $\ln(1+x^5) + C$;   (7) $-\dfrac{1}{3}e^{-3x+1} + C$;

(8) $\arctan e^x + C$;   (9) $\ln(e^x - 1) + C$;   (10) $\ln\ln x + C$;   (11) $\dfrac{1}{x\ln x} + C$;

(12) $\ln(\ln(\ln x)) + C$;   (13) $\dfrac{1}{2}\sec^2 x + C$;   (14) $\sin x - \dfrac{\sin^3 x}{3} + C$;   (15) $-2\cos\sqrt{t} + C$;

(16) $\dfrac{1}{3}\sec^3 x - \sec x + C$;   (17) $\left(\arctan\sqrt{x}\right)^2 + C$;   (18) $\dfrac{1}{2}\left(\ln\tan x\right)^2 + C$.

3. (1) $2(\sqrt{x-1} - \arctan\sqrt{x-1}) + C$;   (2) $4\left[\sqrt[4]{x} - \ln(1 + \sqrt[4]{x})\right] + C$;

(3) $\sqrt{2x} - \ln(1 + \sqrt{2x}) + C$;   (4) $\dfrac{1}{2}\left(\arcsin x + \ln\left|x + \sqrt{1-x^2}\right|\right) + C$;

(5) $\dfrac{x}{\sqrt{1+x^2}} + C$;   (6) $2\arcsin\sqrt{x} + C$;   (7) $\sqrt{x^2-9} - 3\arccos\dfrac{3}{|x|} + C$;

(8) $-\dfrac{\sqrt{4+x^2}}{4x} + C$.

4. $\arcsin\dfrac{2\sqrt{5}}{5}\left(x - \dfrac{1}{2}\right) + C$.

习 题 4.3

1. (1) $-x\cos x + \sin x + C$;   (2) $\dfrac{x}{5}\sin 5x + \dfrac{1}{25}\cos 5x + C$;

(3) $-\mathrm{e}^{-x}(x+1) + C$;   (4) $x(\ln x - 1) + C$;

(5) $\dfrac{1}{3}x^3\ln x - \dfrac{1}{9}x^3 + C$;   (6) $x\ln^2 x - 2x\ln x + 2x + C$;

(7) $x\arcsin x + \sqrt{1-x^2} + C$;   (8) $x(\arcsin x)^2 + \sqrt{1-x^2}\arcsin x - 2x + C$;

(9) $\dfrac{\mathrm{e}^{-x}}{2}(\sin x - \cos x) + C$;   (10) $\dfrac{1}{3}x^3\arctan x - \dfrac{1}{6}x^2 + \dfrac{1}{6}(x^2+1) + C$;

(11) $-\dfrac{1}{4}x\cos 2x + \dfrac{1}{8}\sin 2x + C$;   (12) $\dfrac{1}{6}x^3 + \dfrac{1}{2}x^2 + x\cos x - \sin x + C$.

2. (1) $\dfrac{x-2}{x+2}\mathrm{e}^x + C$;

(2) $x\ln(x + \sqrt{1+x^2}) - \sqrt{1+x^2} + C$;

(3) $-\dfrac{1}{x}(\ln^3 x + 3\ln^2 x + 6\ln x + 6) + C$;

(4) $\dfrac{x}{2}(\cos\ln x + \sin\ln x) + C$;

(5) $\dfrac{2}{3}(\sqrt{3x+9} - 1) + \mathrm{e}^{\sqrt{3x+9}} + C$;

(6) $2x\sin\sqrt{x} + 4\sqrt{x}\cos x - 4\sin\sqrt{x} + C$;

(7) $-\dfrac{1}{2}\csc x\cot x + \dfrac{1}{2}\left|\csc x - \cot x\right| + C$;

(8) $\sqrt{1+x^2}\arctan x - \ln\left|x + \sqrt{x^2+1}\right| + C$.

习 题 4.4

1. (1) $\dfrac{1}{3}x^3 - \dfrac{3}{2}x^2 + 9x - 27\ln|x+3| + C$;   (2) $\ln|x-2| + \ln|x+5| + C$;

(3) $\dfrac{1}{2}\ln(x^2 - 2x + 5) + \arctan\dfrac{x-1}{2} + C$;   (4) $\ln|x| - \dfrac{1}{2}\ln\left(x^2+1\right) + C$;

(5) $\ln|x+1| - \dfrac{1}{2}\left(x^2 - x + 1\right) + \sqrt{3}\arctan\dfrac{2x-1}{\sqrt{3}} + C;$

(6) $\dfrac{1}{x+1} + \dfrac{1}{2}\ln\left|x^2 - 1\right| + C;$　(7) $2\ln|x+2| - \dfrac{1}{2}\ln|x+1| - \dfrac{3}{2}\ln|x+3| + C;$

(8) $\dfrac{1}{3}x^3 + \dfrac{1}{2}x^2 + x + 8\ln|x| - 4\ln|x+1| - 3\ln|x-1| + C;$

(9) $\ln|x| - \dfrac{1}{2}\ln|x+1| - \dfrac{1}{4}\ln(x^2+1) - \dfrac{1}{2}\arctan x + C;$

(10) $\dfrac{1}{4}\ln\left|\dfrac{x-1}{x+1}\right| - \dfrac{1}{2}\arctan x + C.$

2. (1) $\dfrac{1}{\sqrt{2}}\arctan\dfrac{\tan\frac{x}{2}}{\sqrt{2}} + C;$　(2) $\dfrac{2}{\sqrt{3}}\arctan\dfrac{2\tan\frac{x}{2}+1}{\sqrt{3}} + C;$

(3) $\ln\left|1+\tan\dfrac{x}{2}\right| + C;$　(4) $\dfrac{1}{\sqrt{5}}\arctan 3\dfrac{2\tan\frac{x}{2}+1}{\sqrt{5}} + C.$

总 习 题 4

1. $2(x-2)\sqrt{\mathrm{e}^x - 1} + 4\arctan\sqrt{\mathrm{e}^x - 1} + C.$

2. $\arcsin\dfrac{x-2}{2} + C.$

3. $-\cot x \cdot \ln\sin x - \cot x - x + C.$

4. $\dfrac{1}{2}\ln\left|x^2 - 6x + 13\right| + 4\arctan\dfrac{x-3}{2} + C.$

5. A.

6. $-(\mathrm{e}^{-x} + 1)\ln(1 + \mathrm{e}^x) + x + C.$

7. $\arctan\left(\dfrac{x}{\sqrt{1+x^2}}\right) + C.$

8. $-\dfrac{1}{2}\left(\mathrm{e}^{-2x}\arctan\mathrm{e}^x + \mathrm{e}^{-x} + \arctan\mathrm{e}^x\right) + C.$

9. $2\ln x - \ln^2 x + C.$

10. $2\left[-\sqrt{1-x}\arcsin\sqrt{x} + \sqrt{x}\right] + C.$

11. $\dfrac{1}{2}\mathrm{e}^{\arctan x}\dfrac{x-1}{(1+x^2)^{\frac{1}{2}}} + C.$

12. $\dfrac{(\ln x)^2}{2}.$

13. $2\sqrt{x}\arcsin\sqrt{x} + 2\sqrt{1-x} + C.$

14. A.

15. $-\dfrac{\arcsin\mathrm{e}^x}{\mathrm{e}^x} + \ln\left(1 - \sqrt{1 - \mathrm{e}^{2x}}\right) - x + C.$

16. $x\ln\left(1 + \sqrt{\dfrac{1+x}{x}}\right) + \dfrac{1}{2}\ln(\sqrt{x} + \sqrt{1+x}) - \dfrac{1}{2}\dfrac{\sqrt{x}}{\sqrt{x} + \sqrt{1+x}} + C.$

17. $2\sqrt{x}\arcsin\sqrt{x} + 2\sqrt{1-x} + 2\sqrt{x}\ln x - 4\sqrt{x} + C.$

18. $\dfrac{1}{2}\mathrm{e}^{2x}\arctan\sqrt{\mathrm{e}^x - 1} - \dfrac{1}{6}(\mathrm{e}^x + 2)\sqrt{\mathrm{e}^x - 1} + C.$

19. $\ln \dfrac{x^2 + x + 1}{(x^2 - 2xx + 1)} - \dfrac{3}{x-1} + C.$

第 5 章

习 题 5.1

1. (1) $\dfrac{3}{2}$; (2) 24; (3) 0; (4) $\dfrac{9\pi}{2}$.

2. B.

3. (1) $>$; (2) $<$.

4. B.

5. C.

6. $a = 0, b = 1.$

7. 提示: 设 $\displaystyle\int_0^1 f(x)\mathrm{d}x = a$, 利用 $\displaystyle\int_0^1 [f(x) - a]^2 \,\mathrm{d}x \geqslant 0.$

8. 略.

9. 不存在.

10. $f(x) = x - 2.$

11. (1) $\displaystyle\int_0^1 \dfrac{1}{1+x}\mathrm{d}x$; (2) $\displaystyle\int_0^1 \sqrt{1+x}\mathrm{d}x$; (3) $\displaystyle\int_0^1 \sin \pi x \mathrm{d}x.$

习 题 5.2

1. (1) $2x\sqrt{1-x^2}$; (2) $\dfrac{3x}{1+x^{12}} - \dfrac{2}{1+x^8}$; (3) $-\sin x \sin(\cos x\pi) - \cos x \sin(\sin x\pi).$

2. $\dfrac{\cos x}{\sin x - 1}.$

3. $\cos t.$

4. $x = 0.$

5. (1) 1; (2) 2; (3) $af(a).$

6. $y = x,\, 2.$

7. (1) $a\left(a^2 - \dfrac{a}{2} + 1\right)$; (2) $\dfrac{21}{8}$; (3) $\dfrac{271}{6}$; (4) $\dfrac{\pi}{6}$; (5) $\dfrac{\pi}{3}$; (6) $\dfrac{\pi}{3a}$;

(7) $\dfrac{\pi}{6}$; (8) $\dfrac{\pi}{6} + 1$; (9) -1; (10) $1 - \dfrac{\pi}{4}$; (11) 4; (12) $\dfrac{8}{3}$.

8. 略.

9. $F(x) = \begin{cases} \dfrac{1}{2}x^3 + x^2 - \dfrac{1}{2}, & -1 \leqslant x < 0, \\[3mm] \ln \dfrac{\mathrm{e}^x}{\mathrm{e}^x + 1} - \dfrac{x}{\mathrm{e}^x + 1} + \ln 2 - \dfrac{1}{2}, & 0 \leqslant x \leqslant 1. \end{cases}$

10. $\dfrac{1}{12}.$

习　题　5.3

1. (1) 0;　(2) $\dfrac{\pi}{6}+\dfrac{\sqrt{3}}{8}$;　(3) $\dfrac{1}{4}$;　(4) $\dfrac{51}{512}$;　(5) $\ln\dfrac{3}{2}$;　(6) $2(\sqrt{3}-1)$;　(7) $1-\dfrac{\pi}{4}$;

(8) $\dfrac{\pi}{2}$;　(9) $\sqrt{2}-\dfrac{2\sqrt{3}}{3}$;　(10) $\dfrac{\pi a^4}{16}$;　(11) $2+2\ln\dfrac{2}{3}$;　(12) $1-2\ln 2$;　(13) $\dfrac{\pi}{2}$;

(14) $\dfrac{\pi}{4}+\dfrac{1}{2}$;　(15) $\dfrac{\pi^3}{324}$;　(16) $1-\mathrm{e}^{-\frac{1}{2}}$;　(17) $\dfrac{4}{3}$;　(18) 4;　(19) $\dfrac{4\sqrt{2}}{3}+\dfrac{8}{3}$;　(20) $\dfrac{11}{2}$.

2. (1) $1-\dfrac{2}{\mathrm{e}}$;　(2) $\dfrac{1}{4}(\mathrm{e}^2+1)$;　(3) $-\dfrac{2\pi}{\omega^2}$;　(4) $\left(\dfrac{1}{4}-\dfrac{\sqrt{3}}{9}\right)\pi+\dfrac{1}{2}\ln\dfrac{3}{2}$;　(5) $\dfrac{1}{5}(\mathrm{e}^\pi-2)$;

(6) $\dfrac{\pi}{4}-\dfrac{1}{2}$;　(7) $\dfrac{\pi^3}{6}-\dfrac{\pi}{4}$;　(8) $\dfrac{1}{2}(\mathrm{e}\sin 1-\mathrm{e}\cos 1+1)$;　(9) $2\left(1-\dfrac{1}{\mathrm{e}}\right)$;　(10) $\dfrac{1}{2}+\dfrac{\sqrt{3}}{12}\pi$.

3. (1) 1;　(2) 0;　(3) 0;　(4) $\dfrac{3\pi}{2}$.

4. 0.

5 ~ 8. 略.

9. $-\pi\ln\pi-\sin 1$.

10. 1.

习　题　5.4

1. (1) 收敛, $\dfrac{1}{3}$;　(2) 发散;　(3) 收敛, $\dfrac{1}{a}$;　(4) 收敛, $\dfrac{\sqrt{3}}{3}\pi$;　(5) 收敛, $-\dfrac{\omega}{\omega^2+p^2}$;

(6) 收敛, π;　(7) 收敛, 1;　(8) 发散;　(9) 发散;　(10) 收敛, $\dfrac{\pi}{2}$.

2 ~ 3. 略.

总 习 题 5

1. D.　2. D.　3. B.　4. D.　5. A.　6. C.　7. C.　8. D.　9. D.　10. B.

11. $2(1-\mathrm{e}^{-1})$.

12. $-\dfrac{1}{2}$.

13. -4π.

14. $-\dfrac{\pi}{2}$.

15. $\ln 2$.

16. $\dfrac{\pi^2}{4}$

17. $\dfrac{1}{2}$.

18. $2\ln 2-2$.

19. $\dfrac{\cos 1-1}{4}$.

20. $\dfrac{\pi}{4}$.

21. 略.

22. $8 - 2\pi - 4\ln 2$.

23. $\dfrac{1}{2}$.

24. $\dfrac{1}{4}$.

25 ~ 26. 略.

第 6 章

习 题 6.2

1. (1) $A_1 = 2\pi + \dfrac{4}{3}, A_2 = 6\pi - \dfrac{4}{3}$; (2) $\mathrm{e} + \dfrac{1}{\mathrm{e}} - 2$; (3) $b - a$; (4) $\dfrac{2}{3}$.

2. (1) $\dfrac{5\pi}{4}$; (2) $\dfrac{\pi}{6} + \dfrac{1 - \sqrt{3}}{2}$.

3. $3\pi a^2$.

4. $\dfrac{3\pi a^2}{8}$.

5. $\dfrac{a^2}{4}\left(\mathrm{e}^{2\pi} - \mathrm{e}^{-2\pi}\right)$.

6. $\dfrac{\mathrm{e}}{2}$.

7. $\dfrac{8a^3}{3}$.

8. $p = \dfrac{4}{5}, q = 3, \dfrac{225}{32}$.

9. (1) $\dfrac{32\pi a^3}{105}$; (2) $2a\pi^2 R^2$.

10. $\dfrac{\pi h}{6}[2(ab + AB) + aB + bA]$.

11. $2\pi^2 a^2 b$.

12. $2\pi^2$.

13. (1) $V_1 = \dfrac{4\pi}{5}(32 - a^5), V_2 = \pi a^4$; (2) $a = 1, \dfrac{129\pi}{5}$.

14. (1) $\ln 2 - \dfrac{1}{3}$; (2) $\dfrac{y}{2p}\sqrt{p^2 + y^2} + \dfrac{p}{2}\ln\dfrac{y + \sqrt{p^2 + y^2}}{p}$.

15. $6a$.

16. $\dfrac{\sqrt{a^2 + 1}}{a}(\mathrm{e}^{a\varphi} - 1)$.

17. $\ln\dfrac{3}{2} + \dfrac{5}{12}$.

18. $\dfrac{8}{9}\left[\left(\dfrac{5}{2}\right)^{\frac{3}{2}} - 1\right]$.

习 题 6.3

1. $800\pi \ln 2$J.

2. 略.

3. $W = \dfrac{27}{7}kc^{\frac{2}{3}}a^{\frac{7}{3}}$.

4. 57697.5kJ.

5. $F_x = -\dfrac{Gm\mu l}{a\sqrt{a^2+t^2}}, F_y = Gm\mu\left(\dfrac{1}{a} - \dfrac{1}{\sqrt{a^2+t^2}}\right)$.

6. 略.

总 习 题 6

1. $y = \dfrac{1}{2}(x+1)$.

2. $S = \dfrac{\mathrm{e}}{2} - 1$.

3. $\dfrac{1}{4a}(\mathrm{e}^{4\pi a} - 1)$.

4. C.

5. $\dfrac{\pi}{12}$.

6. $\dfrac{1}{2}\cdot\dfrac{1+\mathrm{e}^\pi}{\mathrm{e}^\pi-1}$.

7. $\dfrac{3}{2}$.

8. $\dfrac{1+\mathrm{e}^\pi}{2(\mathrm{e}^\pi-1)}$.

9. (1) $\dfrac{\pi}{2}(1-\mathrm{e}^{-2\xi})$;   (2) $2\mathrm{e}^{-1}$.

10. $\dfrac{\pi^2}{2} - \dfrac{2\pi}{3}$.

11. $\dfrac{448\pi}{15}$.

12. $\dfrac{\pi}{6}$.

13. (1) $A = \dfrac{\mathrm{e}}{2} - 1$;   (2) $V = \dfrac{\pi}{6}(5\mathrm{e}^2 - 12\mathrm{e} + 3)$.

14. (1) 2;   (2) 1.

15. (1) $S_1 : \dfrac{x^2}{4} + \dfrac{y^2+z^2}{3} = 1$; $S_2 : (x-4)^2 - 4y^2 - 4z^2 = 0$;   (2) π.

16. $s = \sqrt{2}(\mathrm{e}^\pi - 1)$.

17. $s = \ln(1+\sqrt{2})$.

18. $K = \dfrac{|y''|}{(1+y'^2)^{\frac{3}{2}}}$.

19. $s = \dfrac{22}{3}, A = \dfrac{425\pi}{9}$.

20. $2, \dfrac{2\pi}{3}(\mathrm{e}^2 - 1)$.

21. $\dfrac{\pi^2}{4}$.

22. $\dfrac{\pi}{8}$.

23. $\dfrac{18}{35}\pi, \dfrac{16}{5}\pi$.

24. $\dfrac{1}{3}\rho g a^3$.

25. $k\left(1 - \dfrac{1}{\sqrt{5}}\right)$.

第 7 章

习 题 7.1

1. (1) 3; (2) 1; (3) 2; (4) 1.

2. (1) 是; (2) 是; (3) 不是; (4) 是.

3. (1) $x^2 - y^2 = 25$; (2) $y = x\mathrm{e}^{2x}$; (3) $y = -\cos x$.

4. (1) $y' = x^2$; (2) $yy' + 2x = 0$.

5. (1) $y = 1 - \cos x$; (2) $y = x^3 + 2x + 1$.

6 $\sim$ 7. 略.

习 题 7.2

1. (1) $y = \tan(\ln Cx)$; (2) $\mathrm{e}^{2y} = 2\mathrm{e}^x + C$; (3) $(x+1)(y-1) = C$;

(4) $xy = C$; (5) $\arcsin y = \arcsin x + C$; (6) $\tan x \tan y = C$;

(7) $(\mathrm{e}^x + 1)(\mathrm{e}^y - 1) = C$; (8) $3x^4 + 4(y+1)^3 = C$.

2. (1) $\cos x - \sqrt{2}\cos y = 0$; (2) $\ln y = \tan \dfrac{x}{2}$;

(3) $(1 + \mathrm{e}^x)\sec y = 2\sqrt{2}$; (4) $x^2 y = 4$.

3. (1) $\ln \dfrac{y}{x} = Cx + 1$; (2) $y^2 = x^2(\ln x^2 + C)$;

(3) $\sin^3 \dfrac{y}{x} = Cx^2$; (4) $x + 2y\mathrm{e}^{\frac{x}{y}} = C$.

4. (1) $\dfrac{x^2}{y^2} = \ln x^2 + 4$; (2) $x^2 + y^2 = x + y$.

5. (1) $y = \mathrm{e}^x(x + C)$; (2) $y = C\cos x - 2\cos^2 x$;

(3) $y = (x-2)^3 + C(x-2)$; (4) $2x\ln y = \ln^2 y + C$.

6. (1) $y = \dfrac{x}{\cos x}$; (2) $y = \dfrac{\pi - 1 - \cos x}{x}$;

(3) $y\sin x + 5\mathrm{e}^{\cos x} = 1$; (4) $2y = x^3 - x^3\mathrm{e}^{x^{-2}-1}$.

7. (1) $y = -\sin x + C\mathrm{e}^x$; (2) $(x - y)^2 = -2x + C$;

(3) $y = \dfrac{1}{x}\mathrm{e}^{Cx}$; (4) $2x^2 y^2 \ln|y| - 2xy - 1 = Cx^2 y^2$.

8. (1) $\dfrac{1}{y^3} = Ce^x - 1 - 2x$;　(2) $\dfrac{x^2}{y^2} = -\dfrac{2}{3}x^3\left(\dfrac{2}{3} + \ln x\right) + C$;

(3) $\dfrac{3}{2}x^2 + \ln\left|1 + \dfrac{3}{y}\right| = C$;　(4) $\dfrac{1}{y^4} = -x + \dfrac{1}{4} + Ce^{-4x}$.

<h2 style="text-align:center">习　题　7.3</h2>

1. (1) $y = x\arctan x - \dfrac{1}{2}\ln(1 + x^2) + C_1 x + C_2$;

(2) $y = (x - 3)e^x + C_1 x^2 + C_2 x + C_3$;　　(3) $y = C_1 e^x - \dfrac{1}{2}x^2 - x + C_2$;

(4) $y = -\ln|\cos(x + C_1 x)| + C_2$;　　(5) $y^3 = C_1 x + C_2$;

(6) $C_1 y^2 - 1 = (C_1 x + C_2)^2$;

(7) $x + C_2 = \pm\left[\dfrac{2}{3}\left(\sqrt{y} + C_1\right)^{\frac{3}{2}} - 2C_1\left(\sqrt{y} + C_1\right)^{\frac{1}{2}}\right]$;

(8) $y = \arcsin\left(C_2 e^x\right) + C_1$.

2. (1) $y = \sqrt{2x - x^2}$;　　　　　　　(2) $y = \ln\sec x$;

(3) $y = \left(\dfrac{1}{2}x + 1\right)^4$;　　　　　(4) $y = \ln(e^x + e^{-x}) - \ln 2$.

3. $y = \dfrac{2}{3}x^{\frac{3}{2}} + \dfrac{1}{3}$.

4. $y = C_1 + \dfrac{C_2}{x^2}$.

<h2 style="text-align:center">习　题　7.4</h2>

1. (1) 线性相关;　(2) 线性相关;　(3) 线性无关;　(4) 线性无关;　(5) 线性无关;　(6) 线性无关.

2. (1) $y = C_1 e^{2x} + C_2 e^x$;　(2) $y = C_1 + C_2 e^{4x}$;　(3) $y = e^{-3x}(C_1 \cos 2x + C_2 \sin 2x)$;

(4) $y = C_1 e^x + C_2 e^{-x} + C_3 \cos x + C_2 \sin x$.

3. (1) $y = 4e^x + 2e^{3x}$;　　　　　　(2) $y = e^{-x} - e^{4x}$;

(3) $y = 3e^{-2x}\sin 5x$;　　　　　　(4) $y = e^{2x}\sin 3x$.

4. (1) $y = C_1 \cos ax + C_2 \sin ax + \dfrac{e^x}{1 + a^2}$;

(2) $y = C_1 e^x + C_2 e^{-2x} + \left(\dfrac{3}{2}x^2 - 3x\right)e^{-x}$;

(3) $y = (C_1 + C_2 x)e^{3x} + \dfrac{x^2}{2}\left(\dfrac{1}{3} + 1\right)e^{3x}$;

(4) $y = C_1 e^x + C_2 e^{-x} - \dfrac{1}{2} + \dfrac{1}{10}\cos 2x$.

5. (1) $y = -\cos x - \dfrac{1}{3}\sin x + \dfrac{1}{3}\sin 2x$;　(2) $y = \dfrac{1}{2}(e^x + e^{9x}) - \dfrac{1}{7}e^{2x}$;

(3) $y = \dfrac{11}{16} + \dfrac{5}{16}e^{4x} - \dfrac{5}{4}x$;　(4) $y = e^x - e^{-x} + e^x(x^2 - x)$.

6. $\varphi(x) = \dfrac{1}{2}(\cos x + \sin x + e^x)$.

7. $y = C_1 \mathrm{e}^{3x} + C_2 \mathrm{e}^x - x\mathrm{e}^{2x}$.

习 题 7.5

1. (1) $y_x = C\left(\dfrac{3}{2}\right)^x$; (2) $y_x = C(-1)^x$; (3) $y_x = C$; (4) $y_x = C2^x$;

(5) $y_x = C(-2)^x$; (6) $y_x = 2 \cdot \left(-\dfrac{2}{3}\right)^x$; (7) $y_x = 9 \cdot \left(-\dfrac{3}{2}\right)^x$.

2. (1) $y_x = -\dfrac{3}{4} + \dfrac{37}{12} \times 5^x$; (2) $y_x = \dfrac{5}{3}(-1)^x + \dfrac{1}{3} \times 2^x$;

(3) $y_x = \dfrac{61}{25}(-4)^x + \dfrac{2}{5}x^2 + \dfrac{1}{25}x - \dfrac{36}{25}$.

习 题 7.6

1. $M(t) = M_0 \mathrm{e}^{-\lambda t}$.

2. $v = \dfrac{mg}{k}\left(1 - \mathrm{e}^{-\frac{k}{m}t}\right)$.

3. $t = 1.068 \times 10^4\,\mathrm{s} = 2\mathrm{h}58\,\mathrm{min}$.

4. $y^2 = 2C\left(x + \dfrac{C}{2}\right)$.

5. $I = \mathrm{e}^{-5t} + \sqrt{2}\sin\left(5t - \dfrac{\pi}{4}\right)$.

总 习 题 7

1. A. 2. D. 3. C. 4. C. 5. D.

6. $\mathrm{e}^{-x}\sin x$.

7. $\dfrac{1}{5}x^3 + \sqrt{x}$.

8. $C_1\mathrm{e}^{-2x} + C_2\mathrm{e}^{2x} + \dfrac{1}{4}x\mathrm{e}^{2x}$.

9. $y = C_1 + \dfrac{C_2}{x^2}$.

10. $y'' - 2y' + 2y = 0$.

11. $y^2 = x + 1$.

12. $y = \dfrac{1}{3}x\ln x + \dfrac{1}{9}x$.

13. $-x\mathrm{e}^x + x + 2$.

14. $y = \dfrac{C_1}{x} + \dfrac{C_2}{x^2}$.

15. $y = x\mathrm{e}^{2x+1}$.

16. $y' - y = 2x - x^2$.

17. $y = \mathrm{e}^{-x}(C_1\cos\sqrt{2}x + C_2\sin\sqrt{2}x)$.

18. $\sqrt{3\mathrm{e}^x - 2}$.

19. $am + n$.

20. x^2.

21. $y = C_1\mathrm{e}^x + C_2\mathrm{e}^{2x} - x(x+2)\mathrm{e}^x$.

22. $f(x) = \dfrac{8}{4-x}$.

23. 30min, 温度才能将至 21℃.

24. (1) $y = x - 1 + C\mathrm{e}^{-x}$;　(2) 略.

25. $y(x) = \sqrt{x}\mathrm{e}^{\frac{x^2}{2}}$.

26. $y(x) = 1 + \dfrac{x^6}{3}$.